DEUTSCHE DEMOKRATISCHE REPUBLIK
DEUTSCHE AKADEMIE DER LANDWIRTSCHAFTSWISSENSCHAFTEN ZU BERLIN
INSTITUT FÜR LANDWIRTSCHAFTLICHE INFORMATION UND DOKUMENTATION

Landwirtschaftliches Zentralblatt

ABTEILUNG III

TIERZUCHT · TIERERNÄHRUNG FISCHEREI

9. JAHRGANG

1964

AKADEMIE-VERLAG · BERLIN

LZ. III TIERZUCHT · TIERERNÄHRUNG · FISCHEREI · JG. 1964 · Nr. 7 · SEITE 1373–1588 · BERLIN · JULI 1964

LANDWIRTSCHAFTLICHES ZENTRALBLATT

ABTEILUNG TIERZUCHT · TIERERNÄHRUNG · FISCHEREI

INHALTSVERZEICHNIS

LZ. III/7/64

NAMENVERZEICHNIS

3–64/07–0001 bis 0688; 9001 bis 9188

Ab Jahrgang 1964 beziehen sich die hinter dem Autorennamen angegebenen Zahlen auf die Signatur des Dokumentationsmaterials

Signatur in [Klammer] bedeutet Bibliographie, mit Stern * bedeutet Buchbesprechung

LANDWIRTSCHAFTLICHES ZENTRALBLATT
ABT. TIERZUCHT · TIERERNÄHRUNG · FISCHEREI

1964 NR. 7 JULI

ALLGEMEINES

A. GESCHICHTE, FORSCHUNG, UNTERRICHT

3-64/07-0001 Kovács, M. Adatok a XVI-XVIII. század magyar állattartásának és tenyésztésének történetéhez. **(Angaben zur Geschichte der ungarischen Tierhaltung und Tierzucht vom 16. bis zum 18. Jahrhundert.)** Magyar mezőgazdasági Múzeum Közleményei [Publ. hung. agric. Museum] **1962** S. 44–62. – Aus: Ung. Agrar-Rdsch. **1964** Nr. 1. 30.

3-64/07-0002 Widmann, Manfred. **Das Erziehungsziel der Fachschulen für Landwirtschaft der Deutschen Demokratischen Republik.** Wiss. Z. Karl-Marx-Univ. Leipzig, math.-naturwiss. R. **12** (1963) Nr. 4. S. 781–790. – 7 Lit. 50.

3-64/07-0003 Schwertner, E. **Erste Ergebnisse und Probleme des neuen Landwirtschaftsstudiums.** Dtsch. Landwirtsch. **15** (1964) Nr. 1. S. 4–6. – 1 Lit. 50.

3-64/07-0004 Lidtveit, Aslak. **Das Landwirtschaftsschulwesen in Norwegen.** Ausbild. Berat. Land- u. Hauswirtsch. **17** (1964) Nr. 1. S. 3–6. – 3 Abb. 50.

3-64/07-0005 Lantzsch, M. und Götz, W. **Die Ausbildung an Kannenmelkanlagen im Bezirk Leipzig.** Dtsch. Landwirtsch. **14** (1963) Nr. 11. S. 552 bis 555. – 3 Tab., 3 Lit. 50.

3-64/07-0006 Az agrárfelsőoktatási intézmények 10 éves kutató munkája és annak eredményei 1950–1960. (10 Jahre Forschungsarbeit der Agrarhochschulen 1950–1960.) Budapest: Mezőgazdasági kiadó. 1962. (377 S.) 8°. (1963 A 1026)

ALLGEMEINE TIERZUCHT

A. ENTWICKLUNGSLEHRE

3-64/07-0007 Senglaub, Konrad. **Das Kleinhirn der Vögel in Beziehung zu phylogenetischer Stellung, Lebensweise und Körpergröße, nebst Beiträgen zum Domestikationsproblem.** Z. wiss. Zool., Abt. A **169** (1963) Nr. 1/2. S. 1–63. Messende und vergleichend-anatomische Untersuchungen an Kleinhirnen von Vögeln unterschiedlicher systematischer Stellung, Körpergröße und Lebensweise ergaben: Der Entwicklungsgrad des Großhirns beeinflußt den Ausbildungsgrad des Kleinhirns; zum Zeitpunkt des Schlüpfens ist die Oberflächengliederung des Kleinhirns bereits vollzogen; der Furchungstyp der Kleinhirnrinde verwandter Wildarten ist bei sehr geringer innerartlicher Variabilität ähnlich und bemerkenswert konstant; mit steigender Körpergröße nimmt die Rindengliederung innerhalb der einzelnen Verwandtschaftsgruppen eindeutig zu, hängt aber nicht einfach stereometrisch von der Gesamtgröße des Kleinhirns ab, sondern ist gruppenspezifisch determiniert. – Beim Haustier ist die Hirnmasse gemindert, die Variabilität der Rindenfaltung des Kleinhirns ist bei Hausvögeln im Gegensatz zum Wildtier außerordentlich groß. Dabei sind die Wandlungen bei hochgezüchteten Rassen stärker als bei primitiven, rasse- bzw. zuchtstammtypische Eigentümlichkeiten sind zu beobachten. Eindeutige Beziehungen zwischen Besonderheiten der Lebensweise und der Kleinhirnmorphologie lassen sich nicht erkennen, Aussagen über eine Rindenlokalisation spez. funktioneller Leistungen können nur mit großer Reserve gemacht werden. Die domestikativ bedingten Veränderungen werden vom Vf. als Ergebnis züchterischer Maßnahmen gewertet, wobei die von der Körpergröße der Hausvögel unabhängige Variabilität von Kleinhirngröße, -form und -Furchungsmuster durch Selektion polyphäner Gene kausiert sein soll. H. Freye. 1030.

3-64/07-0008 Skorkowski, Edward. Pleistocene horse skulls. **(Pferdeschädel aus dem Pleistozän.)** Z. Tierzücht. Züchtungsbiol. **79** (1963) Nr. 1. S. 32–35. — 2 Tab., 18 Lit.
Vf. beschreibt Messungsmethoden und -ergebnisse an eiszeitlichen Pferdeschädeln und bezieht sich dabei auf die methodischen Arbeiten von Czekanowski und von Wanke. Er vergleicht die Resultate der spez. Arbeiten von Reichenau, Marchlewski und von Hay und leitet unter Heranziehung eigener Ergebnisse die Zugehörigkeit der Schädel bzw. ihrer Träger zu Pferde-Subspecies ab. J. E. Flade. 1030.

3-64/07-0009 *Frank, Klaus G.* **Neue Funde des Pferdes aus dem keltischen Oppidum von Manching.** Studien an vor- und frühgeschichtlichen Tierresten Bayerns. Diss. Veterinärmed. München. 1962. (44 S.) 8°. (Diss. 9345)

B. ORGANE DES TIERKÖRPERS

3-64/07-0010 Joshi, H. B., Razdan, M. N. und Pal, A. K. Studies on avian blood. I. Some chemical constituents of chicken blood. **(Untersuchungen am Geflügelblut. 1. Mitt. Einige chemische Bestandteile im Hühnerblut.)** Indian veterin. J. **40** (1963) Nr. 8. S. 468–477.
Das aus der Vena jugularis bei der Totalausblutung gewonnene Blut zweier verschiedener Hühnerrassen wird auf den Gehalt an anorg. P, Cl, Ca, Mg, Fe, K und Gesamtprotein untersucht. Als Versuchstiere werden insgesamt 73 gesund erscheinende Hühner der Rassen Weiße Leghorn und Rote Rhodeländer unter Berücksichtigung männl. Tiere sowie legender und nicht legender Hennen verwendet. 12 Std. vor dem Blutentzug wird die Fütterung der Tiere eingestellt. Die durchschnittl. Normalwerte für anorg. P liegen zwischen 2,20 und 6,50; für Fe zwischen 26,60 und 44,20; für Cl zwischen 520 und 720 mg/100 ml Blut; für Ca zwischen 9,90 und 45,45; für Mg zwischen 1,6 und 3,8; für K zwischen 17,6 und 38,0 mg/100 ml Serum und für Gesamtprotein zwischen 3,12 und 10,5 mg/100 ml Serum. W. Verter. 1120.

3-64/07-0011 Purushotham, N. P. und Mahendar, M. A note on the comparative study of the blood picture in domestic animals. **(Eine Bemerkung zur vergleichenden Untersuchung des Blutbildes bei Haustieren.)** Indian veterin. J. **40** (1963) Nr. 9. S. 553–558. — 1 Tab.
Sechs verschiedene Haustierarten (Pferde, Büffel, Kühe, Hunde, Ziegen und Schafe) werden hinsichtlich ihrer artbezogenen charakteristischen Merkmale im Blutbild untersucht. Verwendet werden nur klinisch gesund erscheinende und erwachsene Tiere. Das Blut wird aus der Vena jugularis entnommen und in 5-cm^3-Röhrchen aufgefangen, die eine Mischung von Natrium- und Ammoniumoxalat enthalten. Zur leichteren Identifizierung der genannten 6 Tierarten werden diese in 2 Gruppen eingeteilt. Die Einteilung basiert auf dem Wert des Erythrocytensedimentes. Die erste Gruppe, in der Pferde, Hunde und Büffel erfaßt sind, weist nach 10–20 Min. gleiche Ergebnisse auf. Die zweite Gruppe mit Rindern, Schafen und Ziegen zeigt nach 1 Std. ebenfalls gleiche Werte. Ferner erfolgt die Bestimmung der Koagulationszeit, des ikterischen Index, der rel. Monozyten-, Lymphozyten-, Eosinophilen- und Neutrophilenwerte, der Erythrocytenzahl, des Erythrocytendurchmessers der Blutkörperchensenkung und des spez. Gew. W. Verter. 1120.

3-64/07-0012 Palmer, J. S., Jackson, J. B., Younger, R. L., Hunt, L. M., Danz, J. W. und Wunderlich, B. W. Normal cholinesterase activity of the whole blood of the horse and angora goat. **(Die normale Cholinesterase-aktivität des Blutes vom Pferd und von der Angoraziege.)** Veterin. Med. [Kansas City] **58** (1963) Nr. 11. S. 885–886. – 2 Abb., 3 Lit.

Mittels einer elektrometrischen Methode wurde die Cholinesteraseaktivität des Blutes bei 85 Pferden und bei 317 Angoraziegen untersucht. Die Werte beim Pferd lagen höher als bei der Ziege, wobei der Cholinesterasegehalt des Plasmas von Einfluß sein dürfte. Der Durchschnittswert bei Pferden betrug 0,39 delta pH-Einheiten pro Std., die Schwankungsbreite 0,19–0,65 Einheiten. Die Häufigkeitsverteilung ist graphisch dargestellt. Bei der Ziege ergab sich ein Durchschnittswert von 0,14 delta pH-Einheiten und eine Schwankungsbreite von 0,05–0,39. Die Untersuchungen wurden zur Bestimmung von Normalwerten durchgeführt und sollen als Grundlage für Untersuchungen bei Vergiftungen mit org. Phosphonsäureestern dienen. E. Kolb. 1120.

3-64/07-0013 Schoop, G., Bohnhardt, H., Manz, D. und Knell, H. **Der Blutzuckerspiegel der neugeborenen Ferkel und seine Bedeutung für die Frühverluste.** Dtsch. tierärztl. Wschr. **70** (1963) Nr. 13. S. 345–349. – 21 Lit.

Nach den Angaben des Schrifttums tritt der größte Teil der Ferkelverluste in den ersten 3 Lebenstagen auf. Ein Teil der Autoren spricht dabei von einer Hypoglykämie, die neben anderen Ursachen (Agalaktie, Erdrücken, Unterkühlung u. ä.) den Tod vieler Ferkel bewirken würde (Baby-Pig-Disease). Klinisch zeigen dabei die Tiere Bewegungsstörungen, komatöse und krampfartige Zustände, Bradykardie und Temperaturabfall. – Vff. konnten bei ihren Untersuchungen nachweisen, daß der Blutzuckergehalt bei Ferkeln im Alter von 1 Tag rel. hoch, aber völlig inkonstant ist. Am 3. Lebenstage tritt eine ziemliche Stabilisierung ein, obwohl abs. ein Rückgang des Blutzuckerspiegels vorliegt. Vff. schlußfolgern daraus, daß erst zu diesem Zeitpunkt die Ferkel in der Lage sind, selbständig die Glykoneogenese vorzunehmen. Die bei vielen erkrankten und gestorbenen Ferkeln diagnostizierte Hypoglykämie wird von Vff. nicht als selbständige Erkrankung angesehen, sondern als Symptom nach den verschiedensten Noxen. Es wird angeraten, bei allen Störungen bei Ferkeln in den ersten Lebenstagen immer Traubenzuckerlösung mit zu applizieren. E. Werner. 1120.

3-64/07-0014 Reichel, K. **Die Leukocytenzahlen beim Schwein.** Dtsch. tierärztl. Wschr. **70** (1963) Nr. 15/16. S. 440–444. – 4 Abb., 2 Tab., 33 Lit.

In der vorliegenden Arbeit wird das Verhalten der Leukocytenzahlen in 1 mm^3 Blut bei gesunden und kranken Schweinen untersucht. Die Blutentnahme erfolgt aus einer Ohrvene oder aus der Vena cava cranialis. Da bes. bei Saugferkeln und bei einigen Erkrankungen zahlreiche kernhaltige Vorstufen der Erythrocyten auftreten, ist eine Korrektur der Leukocytenwerte (Kammerzählung) notwendig. Die korrigierten Werte erhält man durch Multiplikation der Zählkammerwerte mit 100 dividiert durch 100 plus dem Prozentsatz der Erythroblasten auf 100 Leukocyten (Differentialblutbild). Eine altersabhängige Veränderung der abs. Leukocytenzahl ergibt sich im Gegensatz von jungen zu älteren Tieren. Auf Grund der Ergebnisse wird in erster Linie der Leukopenie eine diagnostische Bedeutung zugemessen. Als untere Grenzwerte werden angegeben: Saugferkel bis zu 4 Wochen 4000, 5–7 Wochen 8000, Schweine bis zu 6 Mon. 10000 und ältere Schweine 8000 Leukocyten/mm^3. W. Verter. 1120.

3-64/07-0015 Bartels, Heinz, Hilpert, Peter, Barbey, Klaus, Betke, Klaus, Riegel, Klaus, Lang, Ernst Michael und Metcalfe, James. Respiratory functions of blood of the yak, ilama, camel, Dybowski deer, and African elephant. **(Die Atmungsfunktionen des Blutes bei Yak, Lama, Kamel, Hirsch und Elefant.)** Amer. J. Physiol. **205** (1963) Nr. 2. S. 331–336. – 2 Abb., 5 Tab., 28 Lit. 1120.

3-64/07-0016 Emelina, A. M.; Iwanowo, Landwirtsch. Inst. Morfologičeskie izmenenija krovi u netelej v period stel'nosti. **(Morphologische Veränderungen im Blut der Färsen in der Trächtigkeitsperiode.)** Vestnik sel'skochozjajstvennoj nauki, Moskva **8** (1963) Nr. 10. S. 76–79. – 2 Tab., 6 Lit. Zus. in Engl., Franz., Dtsch.
Beobachtungen über Färsen verschiedener Rassen haben gezeigt, daß die Tiere in verschiedenen Perioden der Trächtigkeit ähnliche morphol. Änderungen im Blut aufweisen. 1120.

3-64/07-0017 Taneja, G. C. Microscopic observations of sweat droplets in the sweat gland ducts of cattle. **(Mikroskopische Untersuchungen der Schweißtröpfchen in den Schweißdrüsengängen des Rindes.)** Indian veterin. J. **40** (1963) Nr. 8. S. 493–496. – 15 Lit.
Es wurden 7–8 Mon. alte amer. Brahman (Zebu)-, Australische Illawarra Shorthorn-, Shorthorn- und Zebukälber untersucht. Die Untersuchungen wurden bei einer 40fachen Vergrößerung vorgenommen. Es wurden Schweißtröpfchen beobachtet, die sich an den Öffnungen der Schweißdrüsengänge bildeten. Jedes Schweißtröpfchen erschien 3–5 Sek. nach der Verdampfung mit einem Luftstrahl wieder, wenn die Lufttemperatur beim trockenen Bulbus 42,2 °C und 33,3 °C beim feuchten Bulbus betrug. Hautfeuchtigkeit wurde im Bereich der Schulter und des Nackens bei allen Tieren festgestellt, wenn ihre Rectaltemperatur 40,5 °C erreichte. Beim Abreiben dieser Körperregionen mit einem Baumwolltuch konnte das Vorhandensein einer schmierigen gelblichen Substanz festgestellt werden. R. Berg. 1135.

3-64/07-0018 Gorodeckaja, T. K. Izmenenija funkcional'nogo sostojanija skeletnoj muskulatury laktirujuščich korov v svjazi s faktorami režima dnja. **(Veränderungen im funktionellen Zustand der Skelettmuskulatur von laktierenden Kühen im Zusammenhang mit den Faktoren des Tagesablaufs.)** Trudy Vsesojuznogo naučno-issledovatel'skogo instituta životnovodstva, Moskva **24** (1962) S. 424–428. – 4 Tab., 7 Lit. 1310.

3-64/07-0019 Efastatiou, Lucas und Fornaroli, Daniele; Milano, Univ., Ist. di Zootecn. Gen. Contenuto in calcio e fosforo nelle ossa di torelli castrati ed interi. **(Der Kalk- und Phosphorgehalt der Knochen von kastrierten und nichtkastrierten Jungbullen.)** Zootecn. e Veterin. **18** (1963) Nr. 1/2. S. 24–28.
Von 8 kastrierten und 8 nichtkastrierten männl. Kälbern der Simmentaler Rasse im Alter von 24–30 Mon., die am Schlachthof von Mailand ausgesucht wurden, wurden nach der Schlachtung kleine Scheiben aus der Diaphyse des Metatarsus entnommen, vom Knochenmark und Periost befreit, entfettet und bei 110 °C 7 Tage lang getrocknet. Die Untersuchung ergab, daß die nichtkastrierten Tiere einen höheren Grad der Calcifikation aufwiesen als die kastrierten Tiere. Die Differenzen hinsichtlich des Phosphorgehaltes sind unerheblich. Nichtkastrierte Tiere – 27,965% Ca, 12,663%P; kastrierte Tiere – 26,953% Ca, 12,599% P. Wurden Tiere mit markierten Elementen gefüttert und gleichzeitig mit Stilboestrol behandelt, ergab sich eine signifikante Reduktion des Ca, während bei P keine statistische Signifikanz gefunden wurde. Die Stilboestrolzufuhr ergab einen wachstumsstimulierenden Effekt. T. Koch. 1310.

3-64/07-0020 Tulloh, N. M. und Romberg, Barbara. An effect of gravity on bone development in lambs. **(Die Wirkung der Trächtigkeit auf die Knochenentwicklung bei Lämmern.)** Nature [London] **200** (1963) Nr. 4905. S. 438 bis 439. – 2 Abb., 1 Tab., 9 Lit.

Die Trächtigkeit ist ein Umweltfaktor, welcher die Form von gewissen Knochen und damit den Bau der Tiere verändert. Ob Beziehungen zwischen den Veränderungen der Knochenform zum Bau im späteren Leben bestehen, ist noch zu bestimmen. R. Neseni. 1310.

3-64/07-0021 Cakala, S. Produkcja wątroby u przeżuwaczy. I. Technika punkcji wątroby u owiec. **(Die Leistung der Leber der Wiederkäuer. 1. Mitt. Die Technik der Leberpunktion bei Schafen.)** Med. weteryn. **19** (1963) Nr. 6. S. 306–308. – 3 Abb., 17 Lit.

Vf. behandelt die Technik dieses Eingriffes bei Schafen und die Punktionsergebnisse bei 105 Tieren. Der Einstich in die Leber erfolgt mit einer 16 cm langen Nadel von 3 mm Dmr. Das Ende der Nadel besteht aus 3 scharfen Zäckchen, und ihr Lumen wird von einem entspr. zugepaßten Mandrin ausgefüllt. Das Tier befand sich bei dem Eingriff in senkrechter Lage auf einem Tisch, der mit Ausschnitten für die Beine versehen war. Die Einstichstelle lag zwischen der 11. und 12. Rippe auf der rechten Seite in Höhe des Hüftgelenks. Das Anschneiden der Haut erfolgte ohne Anästhesie. Die Nadel mit dem Mandrin wurde nach unten und etwas nach vorn eingeführt. Nach Entfernung des Mandrins wurde der Leberausschnitt durch mehrmaliges Drehen der Nadel gewonnen. Bei den 105 Schafen konnten auf diese Weise in 95 Fällen bis 2,5 cm lange Leberausschnitte mit ca. 2 mm Dmr. und 10–70 mg Gewicht erzielt werden, die zu histo- und biochemischen Untersuchungen geeignet waren. Es hat sich ergeben, daß die Leberpunktion bei Schafen ein rel. einfacher und gefahrloser Eingriff ist. Er kann für experimentelle Zwecke breitere Anwendung finden, und das entnommene Material eignet sich für die Beurteilung der in der Leber aufgetretenen Veränderungen.

PRL/CBR, übersetzt v. R. Hüffer. 1350.

3-64/07-0022 Al-Dabagh, M. A. und Abdulla, Muazuz. Correlation of sizes and weights of livers and spleens to the ages and bodyweights of normal chicks with a note on the histology of these organs in chicks. **(Die Korrelation von Größe und Gewicht von Lebern und Milzen zum Alter und Körpergewicht von normalen Küken mit einer Bemerkung über die Histologie dieser Organe.)** Veterin. Rec. **75** (1963) Nr. 15. S. 397–400. – 4 Abb., 1 Tab., 13 Lit.

Küken im Alter von 1–60 Tagen und einem Gewicht von 50–408 g standen im Versuch. Größe und Gewicht beider Organe nehmen mit dem Alter zu. Der Milzumfang vergrößert sich ständig bis zum Alter von 60 Tagen. Die gleiche Entwicklung zeigt das Gewicht. Der Prozentsatz des Milzgewichtes zum Körpergewicht erreicht seinen Höhepunkt im Alter von 15 Tagen. Der Anstieg des Lebergewichtes und der -größe hat sein Maximum bei 40 Tagen, fällt dann aber wieder ab. Eingehend wird über die histol. Untersuchungen von Leber und Milz bei diesen Tieren berichtet. M. Richter. 1350.

3-64/07-0023 Mount, L. E. The thermal insulation of the new-born pig. **(Die Wärmeisolierung neugeborener Ferkel.)** J. Physiol. [London] **168** (1963) Nr. 3. S. 698–705.

An 175 Ferkeln im Alter zwischen 20 Min. und 37 Tagen werden systematische Veränderungen der Körperisolation gegen Wärmeverluste festgestellt. Die Wärmeisolierung wird als Quotient aus der Differenz zwischen Rectal- und Umgebungstemperatur und dem Wärmeverlust pro Oberflächeneinheit berechnet (kcal/m^2 h grd). Ihr Wert hängt vom Alter der Tiere und von der Umgebungstemperatur ab. Für die noch nicht 1 Tag alten Tiere ergeben sich bei Umgebungstemperaturen bis 30 °C höhere Isolationswerte als für 1–7 Tage alte Tiere. Für Umgebungstemperaturen von 5 und 22 °C wird die beste Wärmeisolation bei 8–37 Tage alten Ferkeln gefunden. Den guten Isolationseffekt bei den jüngsten Ferkeln in kalter Umgebung führt Vf. auf eingerollte Körperhaltung, auf periphere Vasokonstriktion (erschlossen aus Hauttemperaturmessungen) und zu einem ganz geringen Teil auf Piloerektion zurück, das Absinken des Isolationswertes in der 1. Lebenswoche auf eine Haltungslockerung und den Wiederanstieg in der folgenden Zeit auf zunehmende s.c. Fetteinlagerungen. Es werden vergleichende Betrachtungen bez. Mensch und Schaf angestellt. I. Wolburg. 1350.

3-64/07-0024 Ingram, D. L. und Whittow, G. C. Changes of arterial blood pressure and heart rate in the ox (Bos taurus) with changes of body temperature. **(Änderungen des arteriellen Blutdruckes und der Herzschlagfrequenz während wechselnder Körpertemperaturen beim Ochsen.)** J. Physiol. [London] **168** (1963) Nr. 4. S. 736–746.

Mit vorliegenden Untersuchungen soll festgestellt werden, ob verschiedene Formen der Erwärmung Blutdruckveränderungen beim Ochsen hervorrufen. 7 nichtanaesthesierte Bullenkälber (8–12 Mon. alt) wurden in der Klimakammer bei −5 bis +40 °C und bei lokaler Erwärmung der Regio hypothalamica, ferner bei Infrarotbestrahlung untersucht. Bei allen Experimenten fanden Messungen des arteriellen Blutdruckes in der linken Art. carotis comm. und der Herzschlagfrequenz statt; bei 5 Tieren lagen ein implantierter Radiowellenerwärmer (6 MHz) und ein Thermoelement in der wärmeempfindlichen Region des Hypothalamus zwischen Chiasma opticum und Comissura anterior, deren Lage postmortal kontrolliert wurde. Weiterhin gehörten zum Registrierprogramm Atemfrequenz und Atemvolumen sowie Hauttemperatur an mehreren Stellen und Rectaltemperatur. Ein Anstieg des arteriellen Blutdruckes und der Herzschlagfrequenz wurde durch erhöhte Umgebungstemperatur und -feuchtigkeit ausgelöst, auch durch Lokalerwärmung des Hypothalamus und durch Infrarotbestrahlung der Haut. Bei kalter Umgebung gehen gesteigerte Kreislaufmeßwerte den Hauttemperaturveränderungen voran. Die Befunde werden verglichen mit denen anderer Autoren und anderer Tierarten.
S. Jahne-Liersch. 1370.

3-64/07-0025 Peeters, Georges und Debackere, Michel; Gand, Belgique, Univ., École de Méd. Vétérin. Influence de la distension du vagin et de la traite ou de la succion sur la diurèse chez la brebis et la chèvre. **(Einfluß der Dehnung der Vagina, des Melkens oder des Saugens auf die Diurese bei Mutterschafen und Ziegen.)** J. Physiol. [Paris] **55** (1963) Nr. 4. S. 481–493. – 5 Tab., 13 Lit. Zus. in Engl.

An max. mit Wasser versorgten Mutterschafen und Ziegen wurde die Beeinflussung der Diurese durch Dehnung der Vagina, i.v. Injektionen von Vasopressin und Oxytocin und durch Melken und Saugen miteinander verglichen. Alle diese Maßnahmen riefen in zahlreichen Fällen eine Hemmung der Diurese und eine damit verbundene Vermehrung des Gehaltes an Cl, K und Na hervor. Diese Wirkungen stellten sich im Laufe von 5–10 Min. nach Stimulierung oder Injektion ein. Die normalen Werte wurden nach 45–60 Min. wieder erreicht. Die Erhöhung des Na war am wenigsten ausgeprägt und am wenigsten häufig. Es wurde versucht, diese Hemmung der Diurese quantitativ in bezug auf die Prozentsätze der Verminderung der Diurese und der Vermehrung des Gehaltes an K, Na, Cl auszudrücken. Auf den graphischen Darstellungen ist zu sehen, wie nach Stimulierung oder Injektion die Kurven der Cl-, Na-, K-Werte zu einem Gipfel ansteigen, aber gleichzeitig dazu entgegengesetzt die Kurve der Harnmenge stark abfällt. Dabei entspricht der antidiuretische Effekt von 3 Einheiten Vasopressin dem Effekt der Dehnung der Vagina. Die antidiuretische Wirkung von 200 Einheiten Oxytocin ist schwächer als die von 2 Einheiten Vasopressin. Bei der Stimulierung des Euters zeigte sich, daß nur in 3 Fällen das erste Mal eine antidiuretische Wirkung zu erzielen war, dagegen in 11 Fällen eine starke Wirkung beim zweiten Melkversuch nach 30 Min. K. Preißler. 1390.

3-64/07-0026 Forsberg, John-Gunnar und Olivecrona, Hans. Degeneration processes during the development of the Müllerian ducts in alligator and female chicken embryos. **(Degenerationsprozesse während der Entwicklung der Müllerschen Gänge bei Alligator- und weiblichen Hühnerembryonen.)** Z. Anatom. Entwicklungsgeschichte **124** (1963) Nr. 1. S. 83–96. – 10 Abb. 1415.

3-64/07-0027 Fuchs, Anna-Riitta und Wagner, Gorm. Quantitative aspects of release of oxytocin by suckling in unanaesthetized rabbits. **(Quantitative Aussichten über die Freisetzung von Oxytocin durch Saugen bei nichtanästhisierten Kaninchen.)** Acta endocrinol. [Copenhagen] **44** (1963) Nr. 4. S. 581–592. – 6 Abb., 12 Lit.
Die Methode besteht in der Aufzeichnung des Verhaltens der Gebärmutter bei puerperalen Kaninchen durch einen permanent eingeführten Ballon als Index der neurohypophysären Wirksamkeit. Die Menge von Oxytocin (**I**), welche durch Saugen freigesetzt wird, steht in Beziehung zur Stärke der Stimulanz in seiner aktiven Form und der Gesamtstärke der Stimulierung, wobei beide von der Zahl der Tiere, welche gleichzeitig saugen, und deren physiol. Reife abhängen. Im frühen Puerperium (3–4 Tage p.p.) setzt jedes saugende Junge eine **I**-Menge frei, welche 0,5–1,0 mE **I** nach i.v. Injektion entspricht, ob durch allein saugen oder zusammen mit dem Wurf. Während dieser Zeit werden nur wenige Gramm Milch gewonnen. Nach dieser Periode bedingt das Saugen von 1 oder 2 Jungen die Freigabe geringer Mengen **I** (1-2 mE), während dauerndes Saugen des ganzen Wurfes 50–100 mE freimacht, wobei auf jedes Junge ca. 10-15 mE entfallen. Die abgeschiedene **I**-Menge ist unabhängig von der Dauer des Saugens, der Milchmenge und dem Milchfluß. Eine Laktation hat gezeigt, daß die **I**-Ausscheidung beim Saugen während eines Tages ziemlich konstant für einen Teil der Laktationsperiode ist. Es ist aber möglich, daß die gegen Ende durch Saugen sezernierte **I**-Menge bis zu 250 mE und mehr ansteigt. R. Neseni. 1512.

3-64/07-0028 Sawyer, Charles H., Haun, Charles K., Hilliard, Jessamine, Radford, H. M. und Kanematsu, Shigeto; Los Angeles, Univ. of California; Brain Res. Inst.; Long Beach, Calif., Veterans Adm. Hospital. Further evidence for the identity of Hypothalamic areas controlling ovulation and lactation in the rabbit. **(Weitere Beweise für die Identität der Hypothalamusgebiete, die die Ovulation und Laktation beim Kaninchen kontrollieren.)** Endocrinology **73** (1963) Nr. 3. S. 338–344. – 3 Abb., 35 Lit.
Weibl. Kaninchen wurden 10 Tage lang mit 0,1 mg/Tag Oestradiolbenzoat behandelt. Am 12. Tag wurde mittels eines Stereotaxis-Apparates eine bipolare Stahlelektrode in die Eminentia media eingeführt, mit deren Hilfe zunächst elektrische Stimulationen durchgeführt wurden. Anschließend wurden die stimulierten Stellen mit der gleichen Elektrode lädiert. Erfolgten die Stimulationen bzw. Läsionen im hinteren basalen Bereich der Eminentia media, wiesen die Milchdrüsen makro- und mikroskopisch deutliche Anzeichen einer Milchbildung auf. Bei 6 von 18 Tieren war es gleichzeitig zu einer Ovulation gekommen. F. Döcke. 1512.

3-64/07-0029 Bugnon, Claude; Besançon/Doubs, École Nat. de Méd. et de Pharmac. Les cellules à grosses granulations érythrosinophiles de l'adénohypophyse du porc, en particulier au cours de la gestation et de l'allaitement. **(Die Zellen mit grober erythrosinophiler Granulation der Adenohypophyse vom Schwein unter besonderer Berücksichtigung der Gravidität und der Laktation.)** C.R. hebd. Séances Acad. Sci. **257** (1963) Nr. 22. S. 3483–3486. – 35 Lit.
Die Hypophysen von 58 z. T. kastrierten Schweinen verschiedenen Alters und beiderlei Geschlechts wurden in Bouin-Holland-Sublimat fixiert, 3–5 μ-dick geschnitten und nach Cleveland und Wolfe (1932) mit Aldehyd-Fuchsin, PAS-Orange G, Alcianblau oder mit der von Racadot (1963) modifizierten Tetrachromfärbung nach Herlant (1960) gefärbt. Während

der Gravidität zeigte sich eine intensive Proliferation der erythrosinophilen Zellen, und vor dem Ferkeln sowie nach dem Säugen war eine starke, mit Degranulation verbundene Aktivierung dieser Zellen festzustellen. Vf. schließt daraus, daß diese Zellen wahrscheinlich als die Prolactinbildner beim Schwein anzusehen sind. F. Döcke. 1512.

3-64/07-0030 Dämmrich, K. **Die Beeinflussung des Skeletts durch die Schilddrüse bei Tieren.** Berliner Münchener tierärztl. Wschr. **76** (1963) Nr. 3. S. 53–56. — 12 Abb., 2 Tab., 69 Lit. Zus. in Engl.
Bei neugeborenen Nachkommen eines im Alter von 4 Mon. thyreoidektomierten Schweines wurde neben einer Vergrößerung der Schilddrüse verzögerte fetale Skelettreifung festgestellt. Bei dem thyreoidektomierten Muttertier stellte sich Verlangsamung des Knochenwachstums bei sehr feinem Gliedmaßenbau ein. In einem weiteren Versuch wurde von den ersten Lebenstagen an ein Thyreostatikum verabreicht und/oder eine Thyreoidektomie durchgeführt. Es stellen sich wiederum Knochenreifung — zusätzlich aber Wachstumsverzögerung ein. Die Skelettmaße in den verschiedenen Altersgruppen werden tabellarisch wiedergegeben. Es ergibt sich, daß die Schilddrüse in erster Linie die Reifungsvorgänge und erst in 2. Linie Wachstumsvorgänge beeinflußt. Im Anschluß an diese experimentellen Mitteilungen und einen kurzen Literaturüberblick über spontan auftretende Schilddrüsen-Unterfunktionserscheinungen bei Haustieren wird ein Fall von hypothyreotischem Zwergwuchs bei einem Rind mitgeteilt. Die Schilddrüsen waren sehr klein, das 3jährige Tier befand sich mit dem Zahnwechsel im Rückstand. Am Skelett waren verzögerte Rückbildungen der Epiphysenfugen, verzögerte Differenzierung zum Säulenknorpel und mangelhafte Eröffnung des Säulenknorpels auffällig. W. Seffner. 1526.

3-64/07-0031 Stromshak, F., Inskeep, E. K., Lynn, J. E., Pope, A. L. und Casida, L. E.; Madison, Univ. of Wisconsin. Progesterone levels in corpora lutea and ovarian effluent blood of the ewe. **(Progesteronspiegel in den Gelbkörpern und im Ovarvenenblut des Schafes.)** J. Animal Sci. **22** (1963) Nr. 4. S. 1021–1026. — 5 Tab., 11 Lit.
Nach der durch Zimbelman et. al. (1961) modifizierten Methode von Loy et. al. (1957) wurden die Progesteron(I)-Konzentration in den Gelbkörpern und nach einer eingehend beschriebenen Methodik die I-Konzentration im Blutplasma erwachsener Mutterschafe verschiedener Rassen bestimmt, die z. T. eine Superovulationsbehandlung erhalten hatten. Die Untersuchungen hatten das Ziel, bei 38 Schafen den I-Gehalt in den Corpora lutea während des Zyklus zu verfolgen sowie an 12 normalen und 12 superovulierten Schafen festzustellen, ob dieser die Sekretionsrate von I widerspiegelt. Durchschnittsgewicht und durchschnittl. Gesamt-I-Gehalt der Corpora lutea (5,5–19,7 μg) variierten signifikant während des Zyklus. Beide Werte waren negativ mit der Zahl der Gelbkörper korreliert ($r = -0{,}56$ bzw. $r = -0{,}39$), während zwischen gesamtem I-Gehalt und gesamtem Gelbkörpergewicht eine positive Korrelation bestand ($r = +0{,}48$). Zwischen der I-Konzentration im Plasma (0,68–1,05 bei normalen, und 1,10–1,82 μg/ml bei superovulierten Schafen) und dem I-Gehalt der Corpora lutea wurde eine gesicherte positive Gesamtregression ermittelt. Die durchschnittl. Sekretionsraten für I lagen bei superovulierten Tieren zwischen 48,5 (14. Zyklustag) und 99,8 (6. Zyklustag) μg pro 4 Min. F. Döcke. 1580.

3-64/07-0032 Malven, P. V., Hansel, William, Wagner, W. C. und Roberts, S. J.; Ithaca, N.Y., Cornell Univ. Estrogenic activity in bovine luteal cyst fluid. **(Die oestrogene Aktivität im Lutealzystensekret vom Rind.)** J. Dairy Sci. **46** (1963) Nr. 9. S. 995–996. — 1 Tab., 7 Lit.
Nach Rectaluntersuchung wurde mittels Punktur von 14 Kühen Flüssigkeit aus Gelbkörperzysten gewonnen. Das Sekret wurde in verschiedenen Ver-

dünnungen juvenilen weibl. Ratten injiziert und anschließend deren Uteri gewogen. Eine Standardkurve wurde mittels verschiedener Dosierungen von Oestradiol-17β aufgestellt. Mit einer Ausnahme konnte in allen Sekretproben, die z. T. auch von frühgraviden Rindern stammten, eine oestrogene Aktivität nachgewiesen werden, die einer Konzentration von 0,07–0,26 μg Oestradiol pro ml entsprach. Eine Beziehung zwischen oestrogener Aktivität und Alter des betr. Gelbkörpers wurde nicht gefunden. F. Döcke. 1580.

3-64/07-0033 *Abraham, Gotthard.* **Die Hodenbiopsie beim Bullen.** Eine Literaturstudie. Diss. Veterinärmed. Fak. Berlin. 1963. (96 S.) 4°. (Diss. 9406)
3-64/07-0034 *Krahmer, Rolf.* **Messungen am Kopfskelett des Pferdes. Ein Beitrag zur Bedeutung der Kraniologie.** Diss. Leipzig. 1963. (91 S.) 4°. (Diss. 9303)
3-64/07-0035 *Kupatz, Burkhard.* **Die Hautstärke und der Follikelbesatz bei Merinofleischschafen und ihr Einfluß auf den Schurertrag.** Diss. Landwirtsch. Fak. Rostock. 1963. (217 S.) 4°. (Diss. 9422)
3-64/07-0036 *Littmann, Wolfgang.* **Untersuchungen in vitro über Glykogengehalt und Retraktionsvermögen von Schweinethrombozyten.** Diss. München. 1962. (44 S.) 8°. (Diss. 9378)
3-64/07-0037 *Steck, Franz Thomas.* **Die Übertragung von Gammaglobulinen auf das neugeborene Kalb mit dem Colostrum.** Diss. Veterinärmed. Fak. Bern. 1961. (29 S.) 8°. (Diss. 9042)

C. GENETIK

3-64/07-0038 Gottschewski, G. H. M.; Mariensee, Max-Planck-Inst. für Tierzucht und Tierernähr. **Gemeinsame Probleme der Entwicklungs- und Genphysiologie.** Naturwissenschaften **50** (1963) Nr. 16. S. 533–539. — 19 Lit.
Genetik und Entwicklungsphysiologie sind zunächst über den Homologiebegriff zu verknüpfen: Organe mit entwicklungsgeschichtlich gleichem Ursprung werden homolog, funktionsgleiche, ähnliche Organe ohne gleiche Anlage als analog bezeichnet; dieser Feststellung der morphol. Lagegleichwertigkeit steht die der Strukturgleichheit der Teile gegenüber — substratbedingte gleichwertige, sich gegenseitig vertretende Wirkungsfaktoren nennt man homodynam, spezifisch autonome Wirkungseinheiten heterodynam. Homologe Organe können durch homodyname Wirkungsfaktoren (z. B. Augenlinsen der Urodelen) oder heterodyname Einheiten (Augenlinsen der Anuren) zustandekommen. In der proikogenen Phase führen die Entwicklungsprozesse von der vorgegebenen Eiarchitektur zur Körpergrundgestalt, das Eingreifen des individualeigenen Genoms leitet die idiogene Phase ein, die den fetalen Entwicklungsverlauf kanalisiert. Anfangs wird der RNS- und DNS-Speicher verbraucht, danach beginnt die Neusynthese von Nukleinsäuren und ihre Verteilung. Die Gene des individualeigenen Genoms beeinflussen die Proteinsynthese, die entwicklungsphysiologischen Prozesse führen zur Organogenese. Die gemeinsame Problematik der Entwicklungs- und Genphysiologie liegt in dem Bestreben, möglichst eng an die Genkontrolle der Merkmalsausbildung und die genabhängigen Formbildungsprozesse heranzukommen sowie die phänokritische Periode der idiogenen Phase, die vor dem Auftreten sichtbarer Differenzierung liegt, bei den verschiedenen Tierspecies zu finden. H. Freye. 1605.

3-64/07-0039 Wollrab, J. und Lichtner, T.; Berlin, Humboldt-Univ., Veterinärmed. Fak., Tierklin. **Über die chromosomale Geschlechtsbestimmung bei Haustieren und das Verhalten geschlechtsspezifischer Neutrophilenkernanhänge bei normalgeschlechtlichen, kryptorchen und intersexen Schweinen.** Zuchthyg., Fortpflanzungsstör. Besam. Haustiere **7** (1963) Nr. 3/4. S. 241–253. — 4 Abb., 3 Tab., 36 Lit. Zus. in Russ., Engl.
Zur Bestimmung des genetischen Geschlechtes sind heute 3 Nachweisverfahren möglich: 1. direkter Nachweis der Heterosomen des Genoms während der Mitose, 2. Barrscher Sexchromatintest an den Ruhekernen somatischer Zellen, 3. Granulocytentest von Davidson und Smith. Vff. legen eigene Befunde über das haematomorphologische Geschlecht (Methode 3) von Schweinen vor und diskutieren die praktische, zuchthygienische Anwendbar-

keit der Verfahren für die Aufdeckung des genetischen Geschlechts von Intersexen und Tieren mit Sexsyndromen, für die praenatale Geschlechtsdiagnose und das praenatale Geschlechterverhältnis sowie für die Sexdetermination von Früchten bei Frühabort bzw. embryonalem Fruchttod.

H. Freye. 1615.

3-64/07-0040 Wartak, J. Mechanizm przekazywania informacji genetycznej. **(Der Mechanismus der Übertragung von genetischen Informationen.)** Postępy Biochem. **9** (1963) Nr. 3. S. 367–381. — 8 Abb., 2 Tab., 45 Lit. 1656.

3-64/07-0041 Le Roy, Henri L. **Merkmalskorrelation. Ursachen der Merkmalskorrelation.** Z. Tierzücht. Züchtungsbiol. **79** (1963) Nr. 1. S. 86–98.
Im ersten Teil einer 3teiligen Artikelfolge behandelt Vf. die Ursachen der genetischen Merkmalskorrelationen. Er unterscheidet zwischen unechter und echter Merkmalskorrelation. Erstere kann auftreten, wenn in der Population keine Zufallspaarung herrscht, oder kann durch Genkopplung bedingt sein, wenn sich die Population noch nicht im Gleichgewicht befindet. Als echte genetische Merkmalskorrelation wird vom Vf. die auf Pleiotropie beruhende Korrelation definiert, deren Struktur näher untersucht wird.

D. Rasch. 1667.

3-64/07-0042 Kołataj, A. Elektroforetyczne badania nad hemoglobiną u kur w związku z heterozją. **(Elektrophoretische Untersuchungen des Hämoglobins der Hühner im Zusammenhang mit Heterosis.)** Acta physiol. polon. **14** (1963) Nr. 4. S. 127–133. — 3 Tab., 9 Lit.
Zweck der Arbeit war, das Verhalten des Hb von reinrassigen und Kreuzungshühnern im elektrischen Feld im Zusammenhang mit dem Auftreten von Heterosis zu untersuchen. Hierzu wurden 57 Leghorn und Rhodeländer sowie ihre reziproken Kreuzungen herangezogen. Mittels einer Fließpapier-Elektrophorese wurde das Hämoglobin der Versuchstiere in 2 Komponenten aufgeteilt. Die langsamer wandernde Fraktion war größer, die rascher wandernde kleiner. Bei 5 Tieren konnte eine 3. Fraktion als kleinste festgestellt werden, die auf der Stelle blieb, an der die Probe aufgetragen worden war. Zwischen beiden Hühnergruppen bestanden keine wesentlichen Unterschiede im Gehalt der beiden aufgeteilten Fraktionen. Vf. kommt auf Grund dieser Untersuchungen zu dem Ergebnis, es sei nicht anzunehmen, das untersuchte Merkmal wäre bei Bastarden der physiologische Ausdruck für Heterosis.

PRL/CBR, übersetzt v. R. Hüffer. 1667.

3-64/07-0043 Michaelis, P.; Köln, Max-Planck-Inst. für Züchtungsforsch. **Probleme, Methoden und Ergebnisse der Plasmavererbung.** Naturwissenschaften **50** (1963) Nr. 18. S. 581–585.
Referat über den heutigen Stand der plasmatischen Vererbung. — Obgleich an der Existenz einer Plasma-Vererbung (Pl. V.) neben der Kern-Vererbung nicht mehr zu zweifeln ist, gehen die Ansichten über die Bedeutung der Pl. V. weit auseinander. Bisher sind 2 Möglichkeiten zum Nachweis einer Pl. V. bekannt: Die mütterliche Vererbung (z. B. beim Weidenröschen Epilobium) und das sog. Nicht-Mendeln. Für beide Arten der Pl. V. wurden zahlreiche Beispiele gefunden, doch konnte eine Vertiefung der Erkenntnisse nicht erreicht werden. — 2 grundsätzliche Unterschiede zwischen der Kern- und Pl.V. sind zu berücksichtigen: Der Kern bleibt mit seinem Chromosomenbestand in der individuellen Entwicklung unverändert bestehen; das Plasma dagegen ist eine Summe verschiedener Organellen, die im Laufe der individuellen Entwicklung nicht unverändert zu bleiben brauchen. Für die Erbeinheiten des Plasmas gibt es keinen den Chromosomen ähnlichen Teilungs- und Verteilungsmechanismus. — Von den verschiedenen mikroskopisch nachweisbaren Plasmabestandteilen ist für die Plastiden der Pflanzenzellen eine Vererbung nachgewiesen; sie stellen als die größten der Plasmaorganellen bes. günstige Untersuchungsbedingungen dar. Bekannt sind hier vor allem die

durch Plastidenmutation entstandenen farblosen Plastiden, die zu Zellen mit grünen und farblosen Plastiden führen können. – Durch die Umkombination der Plasmabestandteile werden veränderte Untersuchungsmethoden gefordert, in denen die Nachkommenschaftsanalyse durch eine Musteranalyse der geteilten Zellen im Gewebeverband ergänzt wird. – Vf. diskutiert ferner die Wirkungsweise der plasmatischen Erbträger. Neben wechselseitigen Beziehungen zwischen gleichartigen Zellbestandteilen sind solche zwischen verschiedenen Zellorganellen zu unterscheiden, wo z. B. Chlorophyllverlust nicht durch eine Plastiden-, sondern durch eine Genmutation des Kernes bewirkt wird. – Nach Meinung des Vf. steht die Plasmagenetik auf einem Stadium, das dem der Kerngenetik vor der Wiederentdeckung der Mendel-Regeln und vor der Entwicklung der Zytogenetik zu vergleichen wäre.

H. Freye. 1670.

3-64/07-0044 Gleichauf, R.; Celle, Bundesforsch.-Anst. für Kleintierzucht. **Ist die Injektion von Desoxyribonucleinsäure (DNS) als Mittel zur Umwandlung des Erbgutes bei höheren Tieren von züchterischer Bedeutung?** Züchtungskunde **35** (1963) Nr. 7. S. 289–299. – 4 Abb., 1 Tab., 11 Lit.

Wiedergabe der viel diskutierten Enten-Versuche der beiden Franzosen Benoit und Leroy aus dem Jahre 1956. – Aus Khaki-Campbell-Enten gewonnene DNS wurde mehrmals in die Bauchhöhle junger Peking-Enten injiziert. Dadurch erzielte anfängliche Veränderungen des Phänotyps ließen später nach und schwächten sich bis zur F_2-Generation mehr und mehr ab. Es kann bei diesen morphol. und physiol. Veränderungen der DNS-behandel ten Enten nicht von einer gelenkten Mutation gesprochen werden; die Änderungen ähneln etwa einer Dauermodifikation. – Neu angesetzte Versuche vo- Benoit und Mitarb. verliefen negativ und konnten die Ergebnisse von 195n nicht reproduzieren. H. Freye. 16706

3-64/07-0045 Simon, K. H. **Erbänderungen des Gefieders von Leghorn-hühnern durch Injektion des Blutes von Perlhühnern.** Naturwiss. Rdsch. **16** (1963) Nr. 8. S. 317.

Reinrassigen Weißen Leghornhühnern wurde über einen Zeitraum von 7 Mon. im Abstand von 3–5 Tagen das Blut von grauen Perlhühnern intraperitoneal injiziert. Es traten bereits in der F_2-Generation bei 1% aller Tiere Veränderungen in der Gefiederfarbe auf; diese erhöhten sich bis zur F_5 auf 4% bei Hähnen und 20% bei Hühnern. Auch in der ersten Generation waren bereits einige Küken schmutzig weiß anstatt gelb, und diese Tiere brachten bei der Kreuzung mit modifizierten Hühnern eine stärker mutierte Nachkommenschaft als unbehandelte Vergleichstiere. Es wurde der Standpunkt vertreten, daß es sich nicht um cytoplasmatische Mutationen, sondern um eine echte Änderung des chromosomalen Erbgutes handelt. Es ist zunächst noch verfrüht, an eine echte Übertragung eines Erbfaktors der Perlhühner zu glauben. Vf. ist jedoch überzeugt, daß es zumindest gelungen ist, den Erbfaktor der Leghorn zu stören, der die Farbbildung unterdrückt. K. Löhle. 1670.

3-64/07-0046 Hansson, Artur und Lindkvist, Gunnar. Selection for general and specific combining ability with regard to body weight in mice. **(Selektion auf allgemeine und spezielle Kombinationseignung bez. des Körpergewichtes von Mäusen.)** Kungl. Lantbrukshögskolans Ann. 28 (1962) S. 215 bis 233.

Vff. führten einen Selektionsversuch mit Mäusen durch, um die Frage zu klären, wie sich Selektion in geschlossenen Populationen zur rekurrenten bzw. rekurrenten reziproken Selektion bei Haustieren verhält. Es konnte in Übereinstimmung mit Arbeiten anderer Autoren festgestellt werden, daß i. allg. die Selektion in geschlossenen Populationen der rekurrenten Selektion leicht überlegen ist, wenn auf quantitative Merkmale ausgelesen wird, die weitgehend durch additive Genwirkung bestimmt werden. Das gleiche gilt für heterotische Merkmale in neu gebildeten Populationen. Vff. hatten als Selektionsmerkmal das 6-Wochen-Gewicht gewählt, der Einfluß dieser Selektion auf die Fruchtbarkeit und die Vitalität wurde ebenfalls untersucht.

D. Rasch. 1675.

3-64/07-0047 Kimura, Motoo, Maruyama, Takeo und Crow, James F. The mutation load in small populations. **(Die Mutationsladung in kleinen Populationen.)** Genetics **48** (1963) Nr. 10. S. 1303–1312. 1680.

3-64/07-0048 Richter, O. **Neue Ergebnisse der Blutgruppenforschung bei Haustieren.** Int. Fachtag. künstl. Besam. Haustiere Wels, Vortr. **13** (1963) 8 S. [Maschinenschr. vervielfält.]

Nur $^1/_3$ der Chromosomen des Rindes ist mit Genen besetzt, die durch Blutgruppenfaktoren markiert sind. Die Mehrzahl der Erbanlagen ist also durch den Blutgruppentest nicht erfaßbar. Einzelne Blutgruppenfaktoren haben keinen Aussagewert für Leistungseigenschaften. Beziehungen sind nur als Kombinationsgruppen mittels Blutgruppentest nachweisbarer Erbanlagen von Bedeutung. Geschlossen vererbte Blutgruppenfaktoren bezeichnet man als Phänogruppen. In der Vererbung der Phänogruppen unterscheidet man homozygot-negative, homozygot-positive, heterozygote mit markierten ungleichen Genen und heterozygote Tiere, die nur in einem gegenüberliegenden Chromosomabschnitt ein markiertes Gen besitzen. Der Genotyp eines Tieres kann aus seiner Blutgruppe bestimmt werden. Die Rinderpopulationen sind hinsichtlich der Blutgruppeneigenschaften im genetischen Gleichgewicht, obwohl die Züchter in das Fortpflanzungsgeschehen eingreifen. Bei Rind und Schaf bestehen Zusammenhänge zwischen Eiweißtyp und Fruchtbarkeit.

E. Höpler. 1690.

3-64/07-0049 Schmid, D. O. **Blutübertragung und Blutgruppen bei Tieren.** Tierärztl. Umschau **18** (1963) Nr. 9. S. 501–505. – 19 Lit.

Auf Grund der zahlreichen Blutgruppenfaktoren (BF), die vor allem beim Rind festgestellt wurden, lassen sich gruppengleiche Spender kaum finden. Gruppenungleichheit bedeutet beim Haustier nicht Unverträglichkeit, bei Rind und Pferd sind 80% aller Erstübertragungen verträglich. Beim Rind traten auch bei wiederholten Immunisierungen zur Gewinnung von Antisera keine ernstlichen Transfusionsschäden auf. Nur das Blutgruppensystem *J* bildet eine Ausnahme, da der BF *J* oft bereits im Normalserum in hoher Konzentration vorkommt. Ähnlich verhält es sich beim BF *A* des Schweines, *R* des Schafes und *A* des Hundes. Der einfache Agglutinationsversuch ebenso wie der Kreuzversuch reichen zur Verträglichkeitsprüfung nicht aus. Wegen der Schwankungen im Agglutinin- und Hämolysintiter bei Rind und Pferd ist zusätzlich eine Verträglichkeitsprüfung erforderlich. Eine weitere Sicherheit zur Vermeidung von Zwischenfällen wird gewährleistet, wenn man außerdem die Vorprobe nach Oehlecker durchführt. Da die Schockgefahr bei der Blutübertragung beim Tier trotz der vielen Vorsichtsmaßnahmen nicht mit Sicherheit auszuschließen ist, empfiehlt sich die Plasmaübertragung, die für die meisten Indikationen die Vollblutübertragung ersetzen kann.

G. Becker. 1690.

3-64/07-0050 Pilz, J. **Methoden der Blutgruppenforschung beim Rind und ihre praktische Bedeutung für die Rinderzucht.** Tierzucht **17** (1963) Nr. 9. S. 402–404. 1690.

3-64/07-0051 Burgkart, M. und Schmid, D. O. **Blutgruppen und Vererbung von Farbmerkmalen beim Rind.** Züchtungskunde **35** (1963) Nr. 2. S. 49–53.

An einer Stichprobe von 44 männl. und 71 weibl. Nachkommen eines Fleckviehbullen wurden die Beziehungen zwischen Blutgruppen und objektiv erfaßbaren Farbmerkmalen untersucht. Die Untersuchungstiere hatten neben dem charakteristischen weißen Kopf des Fleckviehs unterschiedlich ausgeprägte beiderseitige Oberlippenflecke, Kronenränder an den 4 Extremitäten und Brille. Außer diesen spez. Farbmerkmalen wurde die Farbverteilung als gedeckt, gescheckt oder gefleckt unterschieden. Die Ausbildung der Brille scheint mit gedeckter Farbverteilung gekoppelt zu sein. Oberlippenflecke und Kronenränder sind vermutlich bedingt durch 2 dominante Faktoren, die gekoppelt sein können und deren Ausbildungsgrad durch Modifikatoren bestimmt wird. Zusammenhänge zwischen den Blutgruppen und erblich bedingten Farbmerkmalen konnten nicht festgestellt werden. K. Pilz. 1690.

3-64/07-0052 Rollinson, D. H. L.; Entebbe, Uganda, Animal Health Res. Centre. Haemoglobin types in animals. **(Hämoglobintypen bei Tieren.)** East African agric. Forestry J. **29** (1963) Nr. 1. S. 1-6. — 4 Abb., 52 Lit.
Es werden eigene und Literaturergebnisse der Papier- und in einigen Fällen der Agargel-Elektrophorese aufgeführt. Beim Rind werden ein langsam wandernder Hb-Typ *AA*, ein schnell wandernder *BB* und ein heterozygoter Typ *AB* nachgewiesen, bedeutende Rassenunterschiede im Vorkommen und der Häufigkeit der Typen wurden gefunden. — Beim Schaf sind ebenfalls 3, beim Pferd 2 Typen bekannt. Bei Mensch, Schaf und Ziege gibt es 2 Typen (F_1 und F_2) des fetalen Hb. Die Hb-Typen können mit zur Klärung rassenkundlicher Fragen herangezogen werden. Beim Schaf wurden Beziehungen zwischen den Hb-Typen und physiol. Eigenschaften gefunden. In Tab. sind die Anzahl der Hb-Typen verschiedener Species und die Häufigkeit der einzelnen Typen in verschiedenen Rassen aufgeführt. B. Busch. 1690.

3-64/07-0053 Okada, Ikuo und Matsumoto, Kyuki; Sapporo, Japan, Hokkaido Univ., Fac. of Agric. Fitness of the genotypes at the B locus determining the blood group of chickens. **(Tauglichkeit der Genotypen im B-Locus, welche die Blutgruppen beim Huhn bestimmen.)** Jap. J. Genetics **37** (1963) Nr. 4. S. 267–275. — 6 Tab., 16 Lit. Orig.: engl.
In allen untersuchten Herden war die Zahl der beobachteten im B-Locus heterozygoten Tiere höher als zu erwarten war. Bei natürlicher und künstlicher Selektion werden die Heterozygoten bevorzugt. B. Busch. 1690.

3-64/07-0054 Borel, Yves, Baldini, Mario und Ebbe, Shirley; Boston, Mass., Tufts Univ., School of Med. Isoimmunity to blood platelets in the rabbit. **(Isoimmunität gegen Blutplättchen beim Kaninchen.)** Blood **21** (1963) Nr. 6. S. 674–688. — 3 Abb., 2 Tab., 25 Lit. Zus. in Interlingua.
Die mittels ^{32}P-markierter Blutplättchen (Bl.) bestimmte Überlebenszeit (Ü.) homologer Bl. in unbehandelten Kaninchen betrug im Mittel 72 Std. Bei mit Bl. isoimmunisierten Tieren war die Ü. verkürzt, die max. Menge der nachweisbaren Bl. war geringer. Weiterhin bestand eine Korrelation zwischen der Zahl der Transfusionen und der Ü., letztere hing auch davon ab, ob nur ein oder mehrere Donoren Verwendung fanden. Nur im Serum der Gruppe mit 12 Transfusionen konnten agglutinierende Antikörper gegen Bl. nachgewiesen werden. Die Bl.-Isosensibilisierung zeigte über 2,5 Mon. eine Persistenz und verschwand bis zum 15. Mon. fast völlig. B. Busch. 1690.

3-64/07-0055 Tichonov, V. N. Koordinacionnoe soveščanie po immunogenetike životnych. **(Eine Tagung zur Koordinierung der Forschungsarbeit in der Immunogenetik.)** Životnovodstvc, Moskva **26** (1964) Nr. 2. S. 85-86.
Im Nov. 1963 fand in Nowosibirsk ein Seminar über methodische Fragen in der Blutgruppenforschung statt. Anwesend waren Vertreter der führenden Tierzuchtforschungsinstitute der UdSSR. Es wurde der Beschluß gefaßt, immunogenetische Laboratorien an den Leitinstituten sowie an den Zonen- und Republikinstituten einzurichten. Es folgt eine Liste der betr. Institute,

wobei darauf hingewiesen wird, daß diese an das Koordinationsnetz der immunogenetischen Laboratorien des RGW angeschlossen werden müßten. Als vordringlichste Aufgabe der immunogenetischen Laboratorien wird die Herstellung von Testseren angesehen. Das Inst. für Genetik und Cytol. wird gebeten, die Koordinierung der Blutgruppenforschung bei Schweinen zu übernehmen, während das Unions-Inst. für Tierzuchtforsch. diese Arbeit auf dem Gebiet der Rinderblutgruppenforschung zusammen mit dem Litau. Inst. für Tierzuchtforsch. aufnehmen soll.

H. Schwiderski/Dummerstorf. 1690.

3-64/07-0056 Surynek, J. und Mach, P. Reakce červeného krevního obrazu kuřat ozářených X-paprsky, dvěma dávkami á 600 r, na podávání oxytetracyklinu, vitaminu B_{12} a kyseliny listové. **(Reaktion des roten Blutbildes von Küken, die mit X-Strahlen [2 Gaben zu je 600 r] behandelt wurden, auf die Verabreichung von Oxytetracyklin, Vitamin B_{12} und Folsäure.)** Sborník Vysoké Školy zemědělské Brně, Řada B **11(32)** (1963) Nr. 2. S. 253-261. – 6 Abb., 1 Tab., 26 Lit. Zus. in Russ., Dtsch.

Das Versuchsobjekt bildeten 4 Gruppen mit insgesamt 40 Küken der Rasse Weiße Leghorn, 8 Wochen alt, 345 g durchschnittl. Anfangsgewicht. Die Präparate wurden individuell verabreicht, und zwar bei der einen Gruppe bereits beginnend mit dem 7. Tag vor der ersten Bestrahlung. 3 Küken-Gruppen wurden 2mal mit einer Gabe von 600 r im Intervall von 17 Tagen bestrahlt. Die quantitativen Veränderungen nach der Bestrahlung der Vögel entsprachen im großen und ganzen den Veränderungen bei Säugetieren. Nach der 1. Bestrahlung verzeichneten alle Gruppen einen ausgesprochenen Hämoglobinrückgang. Die Zahl der Erythrocyten ging erst nach der 2. Exposition deutlich zurück. Die tägl. Verabreichung von Oxytetracyklin, Vitamin B_{12} und Folsäure vor und nach der Bestrahlung hatte während der ersten 16 Tage nach der Erstbestrahlung keinen Einfluß auf die quantitativen Veränderungen im peripheren Blut. Auch nach der 2. Bestrahlung wiesen die bestrahlten Kükengruppen keinen markanten Unterschied auf, und die Reaktion war nur bei der Gruppe der vor der Bestrahlung mit Heilmitteln behandelten Küken stärker.

ČSSR/ÚVTI. 1695.

3-64/07-0057 Goff, O. E. **Die Auswirkungen radioaktiver Niederschläge und Strahlungen auf Geflügel und Eier.** Dtsch. Geflügelwirtsch. **15** (1963) Nr. 44. S. 613. 615. 1695.

D. FORTPFLANZUNG

3-64/07-0058 Mesnil du Buisson, F. du. Acquisitions récentes technologiques et physiologiques dans le domaine de la reproduction du porc. **(Neuere technische und physiologische Fortschritte auf dem Gebiet der Fortpflanzung beim Schwein.)** Élevage et Inséminat. **1963** Nr. 76. S. 9–16. – 6 Tab., 38 Lit.

An Hand eigener und der Ergebnisse anderer Autoren gibt Vf. einen Überblick über die Fortschritte bei der Erforschung der Fortpflanzungsvorgänge beim Schwein. Ein Spermiogenesezyklus dauert beim Eber 25 Tage, und die tägl. Spermienproduktion wird auf 14–22 Md. Spermien geschätzt. Durch Zufütterung von Bohnen konnten das Ejakulatsvol. und die Spermienkonzentration deutlich erhöht werden. Eine Ansäuerung des Verdünners mit Ascorbin-, Salizyl-, Bor- und bes. Kohlensäure hat sich für das Überleben der Spermien in vitro bei 18–22 °C als günstig erwiesen. Die französische Verdünnungstechnik, die ebenfalls auf einer Ansäuerung mit CO_2 beruht, wird genauer beschrieben. Die Fruchtbarkeit des Spermas konnte damit über 2 Tage voll erhalten werden. Durch Zusatz von Oxytocin zum verdünnten Sperma konnten die Spermienwanderung im weibl. Genitale und damit die Fruchtbarkeit deutlich verbessert werden. Über die optimale Zahl inseminierter Spermien besteht noch keine Klarheit, doch ist anzunehmen, daß bei weniger als 2 Md. Spermien pro Dosis eine Fruchtbarkeitsminderung eintritt. Einen wesentlichen Einfluß auf die erzielte Fruchtbarkeit üben das Altern der Spermien und die embryonale Mortalität aus. Auch heute bedürfen noch zahlreiche Fragen der Fortpflanzungsphysiologie beim Schwein der Aufklärung. F. Döcke. 1750.

3-64/07-0059 Koller, Raphael. **Neue sexualhemmende Wirkstoffe.** Int. Fachtag. künstl. Besam. Haustiere Wels, Vortr. **13** (1963) 8 S. [Maschinenschr. vervielfält.]
Alle Phasen der Fortpflanzung werden durch die endokrinen Drüsen gesteuert. Individualität des Tieres, Art, Rasse, Sippe begründen verschiedene Empfindlichkeit gegenüber Hormonen und anderen Wirkstoffen, die den Erbgesetzen unterliegen. Das Spurenelement Kadmium kann in kleinsten Mengen schwerste Sexualhemmungen auslösen. Vor allem Leguminosen und Gräser, aber auch Kohlarten und andere Pflanzen enthalten sexualaktive Stoffe. Jede erhebliche Störung des sexuellen Gleichgewichtes erhöht die Neigung zu bösartigen Geschwülsten. Sulfonamide erzeugten bei Versuchstieren erst nach mehreren Generationen hochgradige Fruchtbarkeitshemmungen. E. Höpler. 1750.

3-64/07-0060 Mauléon, P. und Rao, K. Hanumantha; Jouy-en-Josas, Seine-et-Oise, Centre Nat. de Rech. Zootechn. Variations génétiques des populations folliculaires dans les ovaires de rattes impubères. **(Genetische Variationen in den Populationen der Ovarialfollikel von juvenilen Ratten.)** Ann. Biol. Animale, Biochim. Biophys. **3** (1963) Nr. 1. S. 21–31. — 5 Abb., 4 Tab., 12 Lit.
27 Tage alte weibl. Wistar-Ratten von 3 verschiedenen Inzuchtstämmen (03, 04 und 12) erhielten in 6 Injektionen entweder physiol. Serum, 20 IE HCG, 20 IE HCG + 500 μg FSH (aus Schafhypophysen) oder 20 IE HCG + 1000 μg FSH verabreicht. Nach der Tötung wurden 10 μ dicke Ovarialschnitte hergestellt und nach Masson gefärbt. Die eine Eizelle enthaltenden Follikel wurden entspr. ihrem Dmr. in 3 Größenklassen eingeteilt. Die Dosis-Wirkungskurve für FSH und Ovargewicht war für alle 3 Stämme signifikant verschieden. Auch die Zahl der Primordialfollikel zeigte gesicherte Unterschiede zwischen den Stämmen und sogar zwischen den Mutterlinien innerhalb der Stämme. Auf die FSH-Behandlung reagierte der Stamm (04) am stärksten, dessen unbehandelte Tiere die meisten Ovarialfollikel aller 3 Größenklassen aufwiesen. F. Döcke. 1763.

3-64/07-0061 Djudenko, V. S. Opredelenie pH cervikal'noj slizi u korov. **(Die Bestimmung des pH im Zervikalschleim bei Kühen.)** Veterinarija, Moskva **40** (1963) Nr. 9. S. 70.
Die Besamung der Kühe ist erfolglos, wenn die Schleimhaut des Gebärmutterhalses entzündet ist und sich der pH-Wert zur sauren Seite hin verändert. Daher ist es notwendig, zu diagnostischen und prophylaktischen Zwecken den pH-Wert des Zervikalschleimes zu bestimmen. Dies erfolgt am einfachsten mittels eines Universal-Indikatorpapieres. Diese Maßnahme gilt vor allem für Kühe, die häufig umrindern. Bei der Veränderung des pH-Wertes zur sauren Seite hin muß vor der Besamung der Cervikalkanal ca. 0,5–1 Std. mit einer Penicillinlösung gespült werden. K. Witt. 1764.

3-64/07-0062 Howe, G. R. und Black, D. L.; Amherst, Univ. of Massachusetts. Spermatozoan transport and leucocytic responses in the reproductive tract of calves. **(Spermientransport und leukocytäre Reaktionen im Genitaltrakt von Kälbern.)** J. Reproduct. Fertility **6** (1963) Nr. 2. S. 305–311. — 2 Abb., 3 Tab., 15 Lit.
10 Kontroll- und 10 mit PMS, HCG sowie Oestrogen und/oder Progesteron behandelte Kälber im Alter von 29–80 Tagen wurden zu verschiedenen Zeit-

punkten nach einer intravaginalen Besamung mit 5 ml in Milch verdünntem Sperma geschlachtet. Nach sofortigem Abklemmen der Uterus-Tubenverbindung wurden Ausstriche von den Tuben-, Uterus- und Vaginalsekreten angefertigt und mit Hämatoxylin gefärbt. Weiterhin wurden Gewebsschnitte aus den 3 Abschnitten des Genitaltrakts hergestellt, die Leukocyten vor und nach der Besamung aus der Vagina mittels Salzlösung ausgespült und deren Zahl hämocytometrisch bestimmt. Innerhalb von 13 Min. nach der Besamung fanden sich Spermien in den Tuben. Durch die verschiedenen Hormonbehandlungen wurde der Spermientransport nicht beeinflußt. Die Leukocyteninvasion in den Genitaltrakt trat innerhalb von 4–8 Std. nach der Besamung ein. Während auch bakterienfreies Sperma die Leukocytenreaktion hervorrief, hatte das Einbringen von Verdünner oder steriler physiol. Salzlösung keine derartige Wirkung. F. Döcke. 1764.

3-64/07-0063 Black, D. L., Duby, R. T. und Riesen, J.; Amherst, Univ. of Massachusetts. Apparatus for the continuous collection of sheep oviduct fluid. **(Ein Apparat für die kontinuierliche Gewinnung von Tubensekret des Schafes.)** J. Reproduct. Fertility **6** (1963) Nr. 2. S. 257–260. — 2 Abb., 2 Lit.
Es wird ein Apparat beschrieben, der auf der Haut befestigt wird und — nach Laparotomie, Verbindung mit einer Tube und Verschluß der Wunde — die Sammlung größerer Mengen Tubensekrets für biochemische Untersuchungen ermöglicht. F. Döcke. 1764.

3-64/07-0064 Petrov, V. A. Primenenie SŽK v životnovodstve — rezerv intensivnogo vosproizvodstva. **(Die Anwendung von PMS [Serum trächtiger Stuten] in der Tierzucht — eine Reserve der intensiven Bestandserneuerung.)** Životnovodstvo, Moskva **26** (1964) Nr. 2. S. 66–71.
Besondere Verbreitung findet PMS in der Karakulzucht zur Erzeugung von Mehrlingsgeburten (1962 wurden 3 Mill. Karakulschafe mit PMS behandelt). Es werden dabei ⌀ 25–35 Lämmer je 100 Muttern mehr erzeugt als bei nicht behandelten Tieren. — Als Dosis für eine Brunststimulation beim Rind werden 3000–5000 IE angegeben. 75% der behandelten Tiere konnten am 7. Tag nach der Behandlung erfolgreich besamt werden. Weiter wird eine große Anzahl von Beispielen der erfolgreichen Anwendung von PMS aufgeführt. — Um ein gleichzeitiges Auftreten der Brunst bei allen Muttern einer Schafherde zu erhalten, wird empfohlen, PMS zusammen mit Progesteron anzuwenden. Diese Methode hat arbeitswirtschaftlich gesehen sehr große Bedeutung, weil das tägl. Heraussuchen der brünstigen Tiere entfällt und die ganze Herde geschlossen besamt werden kann. Außer PMS und Progesteron werden die neurotrophen Präparate Proserin, Karbocholin und Furamon als Brunststimulatoren empfohlen. Gesundheit der Tiere und normale Futterverhältnisse sind unbedingte Voraussetzungen für ihre Anwendung.
H. Schwiderski/Dummerstorf. 1765.

3-64/07-0065 Karg, H.; München, Univ., Inst. für Physiol. und Ernähr. der Tiere. **Einsatz von Wirkstoffen in der Tierhaltung und endokrine Hodenfunktion.** Inst. Fachtag. künstl. Besam. Haustiere Wels, Vortr. **13** (1963) 4 S. [Maschinenschr. vervielfält.]
In Untersuchungen an jungen Mastbullen, Ratten und Hühnern wurde die Abhängigkeit der Hormonproduktion vom Hypophysenhormon ICSH an der Androgenwirkung auf Ejakulate und Fructose-sowie Citronensäurekonzentrationen der Vesiculardrüsen gemessen. Vit. A ist seinen Provitaminen in der Wirkung auf die Zuchtleistungen deutlich überlegen. Antioxydantien, darunter Vit. E, können über Schutzeffekte auf Vit. A die Wirkung steigern, ein spez. Vit.-E-Effekt ist in der Genitalsphäre der Haustiere unbekannt und durch andere Antioxydantien ersetzbar. Exogen zugeführte Geschlechtshormone stören die Eigenproduktion der Tiere an Hormonen, bewirken aber

keine sexuelle Ruhigstellung und keine Vorteile in der Jungbullenmast. Auf die Schilddrüse wirkende Thyreostatika bremsen die vegetativen Vorgänge und machen Energien als Leistungsfutter frei. Der erzielbare Mehrzuwachs beruht aber zum Teil auf vermehrter Füllung des Magen-Darmtraktes, geringerem Transportverlust und Anreicherung von Wasser im Gewebe. Ein Verbot solcher Mittel ist nicht zu begründen. Tranquilizer hemmen die Funktionen des Zentralnervensystems und der Reflexe, sie können aber über die Hypophyse die endokrinen Hodenfunktionen beeinträchtigen.

E. Höpler. 1773.

3-64/07-0066 Donaldson, L. E. Some observations on the semen and testicular characteristics of beef bulls in Northern Queensland. **(Einige Beobachtungen über Samen- und Hodeneigenschaften von Fleischrassen-Bullen im nördlichen Queensland.)** Queensland J. agric. Sci. **20** (1963) Nr. 2. S. 203 bis 206. — 3 Tab., 10 Lit.

Testkriterien waren Farbe, Dichte, Beweglichkeit, Massenbewegung des mittels Elektroejakulation gewonnenen Samens sowie Tonus der Hoden. Bei einer im Winter und im Sommer untersuchten Bullengruppe zeigten sich im Sommer schlechtere Werte; signifikant bez. Dichte, Beweglichkeit, Farbe (Opaleszenz) und Tonus. Der Grad der Hodenspannung schien mit den Spermawerten zu korrespondieren. Es werden eingehendere Studien über klimatische Einflüsse auf Samenqualität von Bullen (ausgedehnt auf Fruchtbarkeit) sowie zu den Beziehungen zwischen derselben und dem Hodentonus für wertvoll erachtet. J. Bergfeld. 1773.

3-64/07-0067 Hochereau, Marie-Thérèse; Jouy-en-Josas, Seine-et-Oise, Centre Nat. de Rech. Zootechn. Étude comparée de la vague spermatogénétique chez le taureau et chez le rat. **(Eine vergleichende Untersuchung über den Ablauf der Spermiogenese beim Bullen und bei der Ratte.)** Ann. Biol. Animale, Biochim. Biophys. **3** (1963) Nr. 1. S. 5–20. — 19 Abb., 2 Tab., 18 Lit.

Die Untersuchungen wurden an 4 Bullen im Alter von 2–6 Jahren und an vier 3 Mon. alten Rattenmännchen mit nachgewiesener Fertilität durchgeführt. Nach der histol. Aufarbeitung und Untersuchung der Hoden wurden die einzelnen Samenkanälchen aus den Serienschnitten rekonstruiert, so daß die Stadien der Spermiogenese und die Länge der Tubuli bestimmt werden konnten. Es zeigte sich eine gewisse Kontinuität in der zahlenmäßigen Aufeinanderfolge der einzelnen Spermienstadien und im Auftreten der sog. „Spermiogenesewelle“ (Regaud), die aber lokale, durch eine Umkehr der Stadienfolge bedingte Abweichungen aufweisen konnte. Die Länge der verschiedenen Kanälchensegmente, an denen ein bestimmtes Stadium ablief, war innerhalb eines Hodens unterschiedlich, variierte von einem Stadium zum anderen und stand in keiner Beziehung zur Zeitdauer des betr. Stadiums, die konstant war. Die durchschnittl. Länge einer „Spermiogenesewelle“ betrug beim Bullen 10 und bei der Ratte 20 mm. F. Döcke. 1775.

3-64/07-0068 Henricson, B. und Bäckström, L. Spermatocytogenesis in the boar. **(Die Spermatocytogenese beim Eber.)** Acta anatom. [Basel] **53** (1963) Nr. 3. S. 276–288. — 6 Abb., 2 Tab., 17 Lit. Zus. in Franz., Dtsch.

Mit der vorliegenden Arbeit werden Grundlagen zur Beurteilung der Spermatozytogenese beim Schwein erarbeitet. Die Untersuchungen werden an fertilen, mindestens 7 Mon. alten Ebern des Schwedischen Landschweins und solchen im Alter von nur 3–6 Wochen vorgenommen. In Quetschpräparaten von Hoden junger Eber wird der somatische Chromosomensatz der Kerne mit 38 bestimmt. 12 Chromosomenpaare sind meta- oder submetazentrisch angeordnet, und 6 Paare liegen telozentrisch. Das X-Chromosom ist mittelgroß und submetazentrisch, das Y-Chromosom ist klein und wahrscheinlich auch submetazentrisch. Der Ablauf der Meiosis, von der A-Spermatogonie bis zur Spermatide, wird auf Grund der unterschiedlichen Chromatinanhäufung in 6 Stadien eingeteilt. H. Harfenmeister. 1775.

3-64/07-0069 Volkov, G. K., Šesterkina, N. V., Ogloblin, N. E. und Kasjuk, I. I. Ionozacija vozducha povyšaet polovuju aktivnost' bykov. **(Ionisation der Luft erhöht die Geschlechtsaktivität der Bullen.)** Veterinarija, Moskva **40** (1963) Nr. 9. S. 47–48.
An Hand eines Versuches über die Ionisation der Stall-Luft wird festgestellt, daß unter dem Einfluß der ionisierten Luft die Geschlechtsaktivität der Bullen wuchs und sich die physikalisch-biochemischen Kennziffern des Blutes sowie die Spermaqualität verbesserten. Außerdem ermöglichte die Ionisation der Luft, den Staubgehalt des Stalles um das 3fache und die Menge an Mikroorganismen um 11,5–67% zu senken. K. Witt. 1778.

3-64/07-0070 Paredis, F. **Hormonelle Behandlung der Sterilität beim Rind.** Int. Fachtag. künstl. Besam. Haustiere Wels, Vortr. **13** (1963) 7 S. [Maschinenschr. vervielfält.] 1797.

3-64/07-0071 Kalev, G. **Die Superovulation bei Fischen, Vögeln, Schafen und Rindern.** Int. Fachtag. künstl. Besam. Haustiere Wels, Vortr. **13** (1963) 3 S. [Maschinenschr. vervielfält.]
Von 50–90 Tage trächtigen Stuten wurde Blutserum gewonnen und sein Gehalt an Stutenserumgonadotropin an infantilen Mäusen bestimmt. Mit diesem Serum wurden Superovulationsversuche an Rindern, Schafen und Schweinen durchgeführt. Durch 2–2,5 ml/Tier i.m. konnten bei Hennen die Legeleistung im Winter erhöht sowie der Bruttrieb unterdrückt werden. Der letztgenannte Zweck wird auch durch eine Elektrisierung (6–12 V über 6–8 Sek.) oder einen Elektroschock (6–12 V über 12–16 [leichte Rassen] bzw. 20–23 Sek. [schwere Rassen]) erreicht. Beim Karpfen wird durch 5 ml/kg Lgw. Stutenserum i.m. die Zahl der geschlüpften Jungfische um 38–39% erhöht. F. Döcke. 1812.

3-64/07-0072 Harper, M. J. K. und Rowson, L. E. A.; Cambridge, Univ., A.R.C. Attempted storage of sheep ova at 7° centigrade. **(Ein Versuch, Schafeier bei 7 °C aufzubewahren.)** J. Reproduct. Fertility **6** (1963) Nr. 2. S. 183–191. — 4 Tab., 25 Lit.
4–6 Jahre alte Welsh-Mountain-Schafe wurden am 12.–13. Zyklustag mit 800 IE PMS behandelt und anschließend mit fertilen Böcken zusammengebracht. Die Empfängertiere wurden ohne spez. Zyklussynchronisation mit vasektomierten Böcken gepaart. 57–68 Std. nach Brunstbeginn wurden 2-Zell- und 74–84 Std. nach Brunstbeginn 8-Zelleier bzw. Morulae mittels homologem Schafserum unter Zugabe von Antibiotica aus den Tuben der laparotomierten Spender ausgespült. Die Aufbewahrung der Eizellen erfolgte nach allmählicher Abkühlung (0,12 °C/Min.) auf 7 °C im gleichen Medium in isolierten Dialyseröhrchen für 72, 96 oder 120 Std. Danach wurden je 2 Eier in die Tuben bzw. den Uterus von Empfängern transplantiert, deren Brunstbeginn nicht mehr als 25 Std. von dem des betr. Spenders abwich. Keine der 60 Eizellen überlebte, und es wurden keine Lämmer geboren. Nach Transplantation von 72 bzw. 96 Std. aufbewahrten Eiern zeigten 3 bzw. 1 Empfängertier innerhalb des normalen Intervalles keinen Oestrus. Vff. nehmen an, daß bei diesen Tieren eine Implantation ohne weitere Entwicklung der Embryonen stattgefunden hat. F. Döcke. 1814.

3-64/07-0073 Kalinovskaja, N. A. Opyt gibridizacii jaka s krupnym rogatym skotom na Kavkaze. **(Kreuzungsversuche zwischen Yak und Hausrind im Kaukasus.)** Trudy soveščanija po otdalennoj gibridizacii rastenij i životnych. Sbornik dokladov. Otdalennaja gibridizacija rastenij i životnych, Moskva **1960** S. 361–368. — 4 Abb., 1 Tab.

Im Jahre 1949 wurden mongolische Yaks für Transportzwecke ins Elbrusgebiet eingeführt. Das erste Bullenkalb „Boris" erzeugte einige Bastarde mit Hausкühen. Die 4 reinen Yakbullen, die z. Z. dort stehen, sind grau, z. T. schwarz, einige haben ein weißes Maul, zwei sind hornlos. 1956 wurden die ersten Bastarde geworfen. Zu Paarungen kommt es erst nach längerer Gewöhnung, KB ist anzuraten. Die Tragezeit wird durch Decken mit Yakbullen um ca. 20 Tage verkürzt. Interessant sind die starken Nachgeburtsverhaltungen von 5 Tagen, die nach häufigen Bastardkalbungen immer kürzer werden. Die Bastarde sind kürzer und schwerer als Hausrinder, sie haben wohlschmeckendes Fleisch. In der 1. Laktation brachten Bastardkühe 600 kg orangefarbene Milch in 4 Mon. In der 2. Laktation stieg die Leistung auf 1740 kg in 6 Mon., der Carotingehalt ließ gegen Ende der 2. Laktation nach, und die Milch wurde gelblich. Die Bastarde eignen sich als Lasttiere in 5600 m Höhe, ihre Instinktleistungen, ihr Orientierungssinn und ihr Gedächtnis sind beachtlich. Vf. empfiehlt die Ausweitung der Zucht von Yak-Bastarden im Elbrusgebiet. W. Sommerfeld. 1820.

3-64/07-0074 Loginova, N. V.; Moskau, Sewerzow-Inst. für Tiermorphol. der Akad. der Wiss. der UdSSR. K metodike skreščivanija domašnich i dikich melkich žvačnych. **(Zur Methode der Kreuzung kleiner Wiederkäuer mit Wildformen.)** Trudy soveščanija po otdalennoj gibridizacii rastenij i životnych. Sbornik dokladov. Otdalennaja gibridizacija rastenij i životnych, Moskva **1960** S. 443–447. – 1 Abb.
In der UdSSR gibt es viele Wiederkäuer, z. B. Archar, Schneeschaf, Sibirischer Steinbock, Kaukasicher Steinbock, Gemse, Steppenantilope u. a. Einige werden als Stammformen der Hausschafe und -ziegen angesehen. Die Kreuzung kann zur Bildung neuer, wirtschaftlich bedeutsamer Rassen führen und ist außerdem für die Systematik von Interesse. Die Gewinnung von Sperma ist bei den Wildtieren sehr erschwert. Im Institut wurde ein Elektroejakulator entwickelt, dessen Bau und Anwendung eingehend beschrieben werden. Bei der Besamung wurde Uterusinsemination angewendet und nach Operation festgestellt, wie sich Spermien und Eizellen zueinander verhalten haben. Daraus wird auf den Verwandtschaftsgrad geschlossen. Vf. führt Beispiele an. So ist man nach Anwendung dieser Methoden zu der Ansicht gelangt, daß die Gemse den Hausschafen wesentlich näher steht als den Hausziegen.
W. Sommerfeld. 1820.

3-64/07-0075 Zeilmaker, G. H. Experimental studies on the effects of ovariectomy and hypophysectomy on blastocyst implantation in the rat. **(Versuche über den Einfluß der Ovariektomie und der Hypophysektomie auf die Blastocystenimplantation bei der Ratte.)** Acta endocrinol. [Copenhagen] **44** (1963) Nr. 3. S. 355–366. – 4 Abb., 5 Tab., 27 Lit. 1830.

3-64/07-0076 Kavanau, Lee J.; Los Angeles, Univ. of California. Predictions of the growth model for normal chicken growth. **(Voraussagen zu einem Wachstumsmodell der normalen Kükenentwicklung.)** Science [Washington] **134** (1961) Nr. 3490. S. 1627–1628.
Von der Voraussetzung ausgehend, daß die Massenzunahme eines lebenden Systems als die positive Bilanz von Aufbau- und Abbauvorgängen aufzufassen ist, wird ein Wachstumsmodell entwickelt. Jede biol. Masse läßt sich in 2 funktionelle Einheiten aufteilen, 1. die generative Masse als Anteil der protoplasmatischen Reduplikation und 2. die sich differenzierende Masse, die von der generativen abstammend ein Endprodukt darstellt. – Für alle sich selbst reproduzierenden Zellen soll die katalytische Aktivität fördernder Faktoren charakteristisch sein. Darüber hinaus sollen alle Zellen frei diffundierende Hemmkörper produzieren können, welche durch Blockade der korrespondierenden Förderfaktoren einen „dilution pool" herstellen und so in einem Rückkopplungsmechanismus das Wachstum regulieren. Nach Er-

reichen der terminalen Größe tritt ein stationäres Gleichgewicht zwischen fördernden und hemmenden Stoffen ein. Natürlich unterliegt auch dann die generative und die differenzierte Masse dem metabolischen Abbau und Ersatz. — Die Voraussagen über die Konzentration wachstumsbeeinflussender Faktoren stehen in guter Übereinstimmung mit den bekannten Änderungen im Entwicklungsrhythmus des Kükens, welches zur Überprüfung dieser Gedankengänge als gut abgegrenztes und häufig studiertes System gewählt wurde. Weitere Aufklärungen sind von der Identifizierung der Hemmfaktoren abhängig. Wahrscheinlich wird es sich wie bei den wachstumsregulierenden Substanzen der Leber (Glino 1958) um Plasmaproteine handeln.
H. Fischer. 1840.

3-64/07-0077 Orts Llorca, F.; Madrid, Fac. de Méd., Inst. Anatomique Influence de l'entoblaste dans la morphogénèse et la différenciation tardive du coeur du poulet. **(Der Einfluß des Entoblastems auf die Morphogenese und die spätere Differenzierung des Hühnerherzens.)** Acta anatom. [Basel] 52 (1963) Nr. 3. S. 202–214.
Transplantationsversuche werden beschrieben, welche noch ungeklärte Probleme der embryonalen Herzentwicklung lösen sollen: Wie lange ist eine abhängige Differenzierung des primären Herzschlauches festzustellen, und läßt sich ein Einfluß des entodermalen Gewebes des Vorderdarms auf seine Differenzierung feststellen? Es werden 3 Versuchsserien eingehend beschrieben. Im ersten Versuch ist der Spender der Herzanlage ein 15 Somiten alter Keim, der Empfänger ist erheblich älter und läßt die Anlage des Flügels erkennen. An dieser Stelle wird das Transplantat in die seitliche Bauchwand geschoben. Das heterotopische Transplantat entwickelt sich in 3 Tagen zu einem pulsierenden Organ mit Myocard und Endocard, das etwa dem Ventrikel und dem Bulbus cordis entspricht; Atrium und Sinus venosus wird nicht gebildet. Das Organ findet Anschluß an das Blutgefäßsystem, bleibt aber erheblich kleiner als das Herz des Wirtes und hat eine Schlagfrequenz von nur 60/Min. statt 156/Min. Im 2. Versuch wird die Herzanlage einem 22 Somiten langen Embryo entnommen und einem nicht viel älteren Embryo implantiert. Trotz guter Entwicklung unterbleibt wieder die Weiterentwicklung des Herzschlauches zum Atrium und Sinus venosus. Erst im 3. Versuch, in dem der Herzschlauch zusammen mit hinter dem Herzen gelegenen Darmblastem auf einen etwa gleichalten Empfänger übertragen wird, entwickeln sich auch die Vorkammern und eine Andeutung des Sinus venosus. Außerdem ist in dem Implantat auch ein Stück Darmrohr und Leber zu erkennen. Die Rhythmen des Herzschlages entsprechen fast denjenigen des Wirtes. — Aus diesen Versuchen wird gefolgert, daß das Herz eines Hühnchens von 16–22 Somiten noch nicht eindeutig determiniert ist, sondern daß der Einfluß des Entoblastem zu seiner Differenzierung nötig ist. — Zu den gleichen Folgerungen war Jacobson Gardner 1960 aus morphol. Gründen für das Herz des Menschen gekommen. P. Hertwig. 1840.

3-64/07-0078 Nikitina, O. Ju.; Ukrain. Forsch.-Inst. für Geflügelzucht. Izučenie glikoliza i dychanija tkanej kak odin iz metodov ocenki ėnergetiki razvitija ėmbriona. **(Untersuchung der Glykolyse und der Gewebsatmung als Methode zur Bewertung der Energetik der Embryogenese.)** Sbornik rabot molodych učenych. Doklady na naučnoj konferencii aspirantov. Vsesojuznyj naučno-issledovatel'skij institut pticevodstva, Moskva 4 (1961, hrsg. 1962) S. 166–176. — 2 Abb., 2 Tab., 23 Lit.
Die Versuche wurden an Hühnerembryonen der Russischen Weißen Rasse vom 5. Bruttag bis zum 1. Lebenstag durchgeführt. Die Objekte (ganze Embryonen oder Bein- und Brustmuskeln) wurden als Gewebsmus präpariert und im Warburg-Apparat nach der manometr. Methode untersucht. Dabei wurde festgestellt, daß die Intensität der Atmung zum Ende der Brutperiode

abnimmt. Eine Erhöhung der Atmungsintensität fällt mit der Abschwächung der aeroben Glykolyse am 12., 19. und 21. Tag zusammen. Die Aktivität der proteolytischen Fermente ist in den Muskelpräparaten etwas geringer als in ganzen Embryonen. Unmittelbar vor dem Schlupf steigt die Intensität der Atmung und der Glykolyse stark an, was als Beweis der Erhöhung des Energieverbrauches dient. W. Bonitz. 1840.

3-64/07-0079 Ching, Ting-kei. The development of the hemopoietic organs in the chick embryo. **(Die Entwicklung der blutbildenden Organe beim Hühnerembryo.)** Sci. Abstr. China, biol. Sci. **1963** Nr. 1. S. 21–22. – Orig.: engl. 1840.

3-64/07-0080 Murray, P. D. F. Adventitious (secondary) cartilage in the chick embryo, and the development of certain bones and articulations in the chick skull. **(Sekundärknorpel beim Hühnerkeim und die Entwicklung bestimmter Knochen und Gliederungen im Kükenschädel.)** Austral. J. Zool. **11** (1963) Nr. 3. S. 368–430. – 115 Abb., 38 Lit. 1840.

3-64/07-0081 Walser, K. und Weiss, E. **Untersuchungen über pathologisch-anatomische und -histologische Veränderungen im Kuheuter nach Blindmelkversuchen.** Zbl. Veterinärmed., R. A. **10** (1963) Nr. 6. S. 475–484. – 6 Abb., 3 Tab., 6 Lit. Zus. in Engl., Franz., Span.

Die vorliegenden Untersuchungen sollen ein Beitrag zu der Frage sein, ob durch ungünstige Melkbedingungen, wie sie durch Melken am leeren Euter (Blindmelken) gegeben sind, Schäden an der Milchdrüse entstehen können, die sich histol. nachweisen lassen. Untersucht wurden 16 Kühe, die bei einem 7wöchigen Blindmelkversuch zu jeder Melkzeit 10 bzw. 20 Min. am leeren Euter mit der Maschine gemolken wurden. Im histol. Schnitt längs des Strichkanals und des Übergangs zur Zitzenzisterne war in fast allen Fällen eine mehr oder weniger starke Epithelabschilferung erkennbar. In 29 Vierteln war diese Abschuppung stark, in 23 Vierteln mäßig, nur in 8 Vierteln war sie nicht feststellbar. In der Gegend der Ringfalte waren unter den 64 Vierteln 14mal lymphoide Zellinfiltrate zu erkennen. Bei den Schnitten durch das Drüsenparenchym fiel bei 30 von 64 Vierteln eine mehr oder weniger starke interstitielle Zellansammlung auf. Im Vergleich zu den cytol. und bakteriol. Milchbefunden konnte festgestellt werden, daß in der Gruppe mit stark erhöhtem Zellgehalt der Milch auch die histol. Befunde am auffälligsten sind. Im Hinblick auf die bakteriol. Befunde zeigte es sich, daß der überwiegende Teil der Viertel mit stark zellhaltiger Milch vorübergehend mit Keimen besiedelt war. Eine sichtbare Auswirkung des Blindmelkens auf das Eutergewebe konnte pathologisch-anatomisch nicht erbracht werden. R. Berg. 1862.

3-64/07-0082 Koval'skij, V. V. und Šumkova, I. A.; Dubrowizy, Gebiet Moskau, Unions-Inst. für Tierzuchtforsch. Adaptivnye izmenenija fermentov moločnoj železy korov. **(Adaptive Veränderungen der Milchdrüsenfermente bei Kühen.)** Doklady Akademii nauk SSSR, Moskva **152(31)** (1963) Nr. 5. S. 1243–1246. – 1 Abb., 1 Tab., 11 Lit.

Bei den Untersuchungen legten die Vff. größten Wert auf die Milchdrüsenfermentaktivität in Abhängigkeit vom pH-Bereich bei laktierenden und nichtlaktierenden Milchkühen. Dabei ist zu unterscheiden, daß jedem Ferment in einem bestimmten pH-Bereich eine bes. Aktivität zukommt. Untersucht wurden die Aktivitäten von folgenden Fermenten bzw. Fermentsystemen: ein System allg. Dehydrierungen, Xanthinoxydase, Katepsin, Arginase, saure Phosphatase und basische Phosphatase. Es zeigte sich, daß die Fermentaktivität bei laktierenden Kühen stets größer war als bei nichtlaktierenden, obwohl die pH-Schwankungen dabei keine großen Unterschiede aufweisen. Die zahlenmäßigen Fermentaktivitäten in Abhängigkeit von den entspr. pH-Bereichen

für laktierende und nichtlaktierende Kühe und die zahlenmäßigen Aktivitäten zum physiol. pH-Bereich sind tabellarisch zusammengefaßt.
G. Rothe. 1862.

3-64/07-0083 Bitman, Joel, Cecil, Helene C., Gilliam, D. R. und Wrenn, T. R. Chemical composition of mammary gland during experimental mastitis. **(Die chemische Zusammensetzung der Milchdrüse im Verlauf einer experimentellen Mastitis.)** J. Dairy Sci. 46 (1963) Nr. 9. S. 933–940. – 7 Abb., 1 Tab., 18 Lit. 1866.

3-64/07-0084 Mullem, J. van. L'insémination artificielle en 1961. **(Die künstliche Besamung in Belgien im Jahre 1961.)** Rev. Agric. [Bruxelles] 16 (1963) Nr. 6. S. 893–924.

Während des Berichtsjahres konnten von 155 belgischen Besamungstierärzten, von denen ca. 50 die Besamung nur zeitweilig durchführen, annähernd 400000 Kühe besamt werden. Innerhalb der letzten 10 Jahre waren die durchgeführten Besamungen auf das 4fache des Anfangsjahres angestiegen. Jede Provinz besitzt ihr eigenes Besamungszentrum, das von der zuständigen provinzialen Vereinigung kontrolliert und vom Departement angeleitet wird. Eine zootechnische Beratungskommission wählt die Elitebullen aus. Es folgen Angaben über die durchgeführten Besamungen in den 10 Dep. und in der Zeit von 1951 bis 1961, über den Prozentsatz künstlich besamter Rinder in verschiedenen Ländern, über die abs. und anteiligen Besamungen des Jahres 1961, aufgeteilt nach Mon. und Dep., über die 1960 und 1961 durchgeführten Erstbesamungen bei 7 Rassen und über die Ausdehnung der KB in den letzten 3 Jahren innerhalb der Rassen. Der Befruchtungserfolg wird mit Hilfe eines Wirksamkeitskoeffizienten angegeben, der sich aus der Division der Anzahl der gesamten Besamungen durch die Anzahl der Erstbesamungen eines Jahres schätzungsweise ergibt. Varianzanalysen und F-Teste sind für die Bullenkoeffizienten nach Rassen getrennt aufgeführt. Es ergeben sich signifikante Unterschiede zwischen den Besamungszentren. Man schließt daraus auf eine unterschiedliche Durchführung der Besamungstechnik in den einzelnen Dep. Der durchschnittl. Befruchtungserfolg, ermittelt nach dem NR-Verfahren, liegt in Belgien bei 66,7%. Die Ergebnisse für die verschiedenen Rassen sind tabelliert. Mit etwa 38 Mon. werden die Besamungsbullen angekauft, ihre durchschnittl. Nutzungsdauer betrug im Jahre 1961 36 Mon., so daß das durchschnittl. Abgangsalter bei 74 Mon. lag. Es werden Angaben über das Alter und die Abgangsursachen sowie über den Grad der Ausnutzung der Besamungsbullen in den einzelnen Gebieten gemacht. Weil die Nutzungsdauer der Bullen rel. kurz und die Zeit bis zum Vorliegen des Nachkommenschaftstests lang ist, wird auch in Belgien die Tiefgefrierung des Spermas als notwendig angesehen, jedoch sind die Kosten dafür noch hoch. Für den Nachkommenschaftstest werden 50 Töchter eines Bullen hinsichtlich ihres Exterieurs, des Abkalbens und der ersten Laktationsleistung (Milchmenge) überprüft. R. Menzel. 1881.

3-64/07-0085 Milovanov, V. K.; Moskau, Lenin-Akad. der Landwirtsch.-Wiss. Perspektivy razvitija biologii vosproizvedenija i iskusstvennogo osemenenija životnych. **(Perspektiven in Wissenschaft und Praxis auf dem Gebiet der Reproduktionsbiologie und künstlichen Besamung landwirtschaftlicher Nutztiere.)** Vestnik sel'skochozjajstvennoj nauki, Moskva 8 (1963) Nr. 1. S. 71–77. – 1 Abb. Zus. in Engl., Franz., Dtsch.

In seinem ausführlichen Beitrag weist Milowanow auf folgende wichtige Gesichtspunkte hin: 1. Wissenschaftliche Ausarbeitung der Fragen der Tiefkühlung, langen Lagerung und des Transports des Spermas über weite Entfernungen. 2. Weitere Erforschung und Anwendung der vielfachen Verdünnung des Spermas, wobei bes. Beachtung der Verwendung von Stoffen, die den weibl. Organismus aktiv beeinflussen und somit die Befruchtung verbessern (Implementoren), zu schenken ist. 3. Neue Methoden zur aseptischen Spermagewinnung, wozu u. a. die Anwendung von Instrumenten zum einmaligen Gebrauch gehört, müssen eingeführt werden. 4. Als notwendig erweist sich die gründliche Erforschung der neuro-hormonalen Steuerung der Reproduktionsprozesse; Methoden zur Auslösung der Ovulation, Brunst usw. 5. Wichtig sind nicht zuletzt in diesem Zusammenhang Methoden zur frühen Feststellung der Trächtigkeit sowie verbesserte Kontroll-Meßgeräte für Besamungsstationen.

W. Bonitz. 1881.

3-64/07-0086 Vsjakich, A. S. Vlijanie iskusstvennogo osemenenija na kačestvo potomstva. **(Der Einfluß der künstlichen Besamung auf die Eigenschaften der Nachzucht.)** Životnovodstvo, Moskva **26** (1964) Nr. 2. S. 52–58. — 5 Tab., 12 Lit.

Es werden Beispiele für die erfolgreiche Verbesserung der Tierbestände mit Hilfe der KB aus der tierzüchterischen Praxis der UdSSR und dem Ausland aufgeführt und auf die Bedeutung der Möglichkeit hingewiesen, von Tieren mit hohem Erbwert eine große Anzahl von Nachkommen zu erhalten. Die KB muß im System der züchterischen Maßnahmen als die höchste Form der Zuchtarbeit angesehen werden. Die Analyse der in- und ausländischen Materialien über den Vergleich zwischen KB und natürlichem Deckakt zeigt, daß es keine Gründe dafür gibt, von einem ungünstigen Einfluß zu sprechen, welchen die KB auf die Vererbung von Milchleistung und Fettgehalt an die Nachkommenschaft haben soll. H. Schwiderski/Dummerstorf. 1881.

3-64/07-0087 Jussiaux, Michel. Aspect financier. **(Finanzielle Gesichtspunkte.)** Élevage et Inséminat. **1963** Nr. 76. S. 28–34.

Es wird eine Aufschlüsselung der Kosten für eine Schweinebesamung gegeben, die an der Versuchsstation in Pompadour entstehen (in Franz. Franken): Amortisation der Eber 1,50, Amortisation des Stalles 0,28, Futter 2,85, Arbeitslohn Tierpfleger 0,75, Medikamente 0,06; Laborpersonal 0,80, Labormaterial 0,84, Verdünner 1,70, Sonstiges im Labor 0,34; Versorgung der Stützpunkte 1,20, Amortisation der Thermosgefäße in den Stützpunkten 0,16, Räume der Stützpunkte 0,75; Gehalt des Inseminators 4,30, Kilometergeld 7,20, Amortisation des Materials 0,23, Versicherungsschutz des Inseminators 0,15, Besamungsschein 0,28; Stationssekretariat 1,20, Kartei 0,23, Bürokosten 0,40, Verschiedenes 1,00; Befruchtungsprüfung 0,31; Nachbesamungen in einer Brunst (5%) 1,30. Die Gesamtkosten für eine Besamung betragen also 27,83 fr.

F. Döcke. 1881.

3-64/07-0088 Döcke, F.; Dummerstorf, Inst. für Tierzuchtforsch. der Dtsch. Akad. der Landwirtsch.-Wiss. zu Berlin. **Beziehungen zwischen verschiedenen Resistenzprüfungen und der Fruchtbarkeit von Bullensperma.** Tierzucht **17** (1963) Nr. 2. S. 77–80. — 1 Abb., 2 Tab., 7 Lit.

Testgrundlage waren 6149 NR-ausgewertete Besamungen aus 137 Ejakulaten. An Spermaresistenzprüfungen wurden angewandt: 1. Methode nach Götze (0,9%ige NaCl-Lösung, Inkubation des 1 : 500 verdünnten Spermas bei 40 °C bis 50% und 0% Vorwärtsbewegung); 2. Inkubation im Eidotter-Citrat-Verdünner (20% Dotteranteil, Inkubation 1–2 Std. bei 40 °C, Spermaverdünnung 1 : 15); 3. Modifizierte Methode nach Chominat (Spermaverdünnung 1 : 15, Inkubation in Eidotter-Citrat-Verdünner, bei 47,5 °C bis 50% Vorwärtsbewegung); 4. Halteprobe (Spermaverdünnung 1 : 15, Aufbewahrung bei 4 °C bis 50% und 0% Vorwärtsbewegung). Zusätzlich zu 1.–4. wurden Anfangsbeweglichkeit und Konzentration des Ejakulates geprüft. — Die unter 1. und 4. genannten Testverfahren ließen gesicherte, das unter 3. genannte jedoch die besten Beziehungen zur erzielten Fruchtbarkeit erkennen.

J. Bergfeld. 1886.

3-64/07-0089 Negrerie, M. L'utilisation du photocolorimètre est-elle possible pour déterminer la concentration d'un sperme de verrat. **(Ist die Anwendung**

der Photocolorimetrie für die Bestimmung der Spermienkonzentration beim Eber möglich?) Élevage et Inséminat. **1963** Nr. 76. S. 5–7. – 2 Abb.

An 34 Ejakulaten von 3 Ebern, die 1 : 20 mit physiol. Serum verdünnt waren, wurde die Spermienkonzentration hämatometrisch und photocolorimetrisch (Grünfilter) bestimmt. Es ergab sich eine hoch signifikante Korrelation r = 0,91 zwischen den mittels beider Bestimmungsmethoden erhaltenen Werten. Das Ergebnis müßte an einer größeren Zahl von Ejakulaten überprüft werden. F. Döcke. 1886.

3-64/07-0090 Kihlström, J. E.; Uppsala, Sweden, Inst. of Zoophysiol. Some dietary effects upon the production of male sperm antagglutin in rabbits. **(Einige Wirkungen der Ernährung auf die Produktion von männlichem Spermienantagglutin bei Kaninchen.)** Ark. Zool. [Stockholm] **15** (1963) Nr. 5. S. 457–460. – 2 Tab., 10 Lit.

Die 1. Gruppe von 21 männl. Albino-Kaninchen erhielt vom 5. Juni–29. Aug. frisches Grünfutter (Klee und Gras) und die 2. Gr. Heu von etwa gleicher Zusammensetzung ad lib. Zusätzlich bekamen alle Tiere Wasser und ca. 50 g/Tag Hafer. Weitere 20 Böcke wurden mit Heu, Wasser, 100 g/Tag Hafer und 35 g/Tag frischen Weizenkeimen gefüttert, die nach 8- bzw. 18wöchiger Versuchsdauer entzogen wurden. 2mal wöchentl. wurde Sperma gewonnen und nach den Methoden von Kihlström (Uppsala 1958) auf Ejakulatsvol., Antagglutinkonzentration und Gehalt an festen Bestandteilen im Seminalplasma untersucht. Das Grünfutter bewirkte einen hoch signifikanten Abfall in der Konzentration und im Gesamtgehalt an Antagglutin, der auf den Oestrogengehalt des verfütterten Klees zurückgeführt wird. Durch das in den Weizenkeimen enthaltene Tocopherol wurde die Antagglutinkonzentration nicht beeinflußt. F. Döcke. 1887.

3-64/07-0091 Williams, William L. und Hamner, Charles E.; Athens, Univ. of Georgia. Stimulation of respiration of rabbit, human and cock spermatozoa by light and certain chemicals. **(Anregung der Respiration von Kaninchen-, menschlichen und Hahnenspermien durch Licht und bestimmte Chemikalien.)** J. Reproduct. Fertility **6** (1963) Nr. 2. S. 235–243. – 3 Abb., 7 Tab., 12 Lit.

Kaninchen-, menschliches und Hahnensperma wurde im Dunkeln gewonnen und mit Krebs-Ringer-Phosphat (KRP) gewaschen. 2 bis 4 × 10^8 in 1 ml KRP suspendierte Spermien wurden dann für verschiedene Zeiten mit weißem Licht von 100 W bestrahlt und die O_2-Aufnahme im Warburg-Apparat gemessen. Die Ubichinone wurden ebenfalls im Warburg-Apparat (dunkel gefärbte Manometer) zugesetzt, und ein Teil des Spermas wurde nach Vorinkubation in einen am cervikalen Ende abgebundenen Kaninchenuterus verbracht und anschließend im Warburg untersucht. – Ohne zusätzliche Stimulation atmeten alle Spermien sehr langsam oder gar nicht. Durch weniger als 1 Min. lange Belichtung wurden normale Respirationsraten erzielt. Ubichinon (Coenzym Q), Seminalplasma, Inkubation im Uterus und Dinitrophenol bewirkten eine deutliche Anregung der Atmung lichtgeschützter Spermien. In der Reaktion auf verschiedene Ubichinone bestanden artbedingte Unterschiede. F. Döcke. 1887.

3-64/07-0092 Bedford, J. M.; Shrewsbury, Mass., Worcester Foundation for Exp. Biol. Morphological reaction of spermatozoa in the female reproductive tract of the rabbit. **(Morphologische Spermienreaktionen im weiblichen Fortpflanzungstrakt des Kaninchens.)** J. Reproduct. Fertility **6** (1963) Nr. 2. S. 245–255. – 4 Abb., 7 Tab., 17 Lit.

Ejakulierte, Nebenhoden- und aus verschiedenen Teilen des weibl. Geschlechtstraktes zurückgewonnene Kaninchenspermien wurden, z.T. nach Anfärbung, im Lichtmikroskop mit Ölimmersion morphol. untersucht. Außerdem wurde vergleichende Untersuchungen über die Befruchtungsfähigkeit von ejakulierten und Nebenhodenspermien durchgeführt. Fehlende oder veränderte Akrosomen wurden bei frisch ejakulierten und Nebenhodenspermien nur selten festgestellt, bei aus den Tuben oder dem Uterus zurückgewonnenen ejakulierten Spermien dagegen in 8–58%, wobei die höheren Prozentzahlen bei Ejakulaten festgestellt wurden, die nach einer einmonatigen Sexualpause abgegeben worden waren. Nebenhodenspermien zeigten unter den gleichen Bedingungen nur zu 5% fehlende Akrosomen. Ein Unterschied in der Befruchtungsfähigkeit konnte aber zwischen ejakulierten und inseminierten Nebenhodenspermien nicht festgestellt werden. Es wird angenommen, daß die Akrosomenveränderungen Alterungsvorgänge der Spermien widerspiegeln, die nicht von der Umgebung im weibl. Genitaltrakt abhängen und nicht zur „capacitation" in Beziehung stehen. F. Döcke. 1889.

3-64/07-0093 Bishop, Marcus W. H. und Smiles, John; London, Roy. Veterin. Coll.; Nat. Inst. for Med. Res. Differentiation of the acrosome in living mammalian spermatozoa and spermatids by fluorescence microscopy. **(Differenzierung des Akrosoms bei lebenden Säugetierspermien und Spermatiden mittels Fluoreszenzmikroskopie.)** J. Reproduct. Fertility **6** (1963) Nr. 2. S. 297–303. – 18 Lit.

Es wird eine einfache Methode zur fluoreszenzmikroskopischen Untersuchung von Säugetierspermien und -spermatiden nach Anfärbung mit Acridinorange (Konzentration ca. 1:17000) beschrieben. Die Untersuchungen wurden an 15 Säugetierarten durchgeführt. Mit Ausnahme der menschlichen Spermien fluoreszierten die Spermien- und Spermatidenkerne hell-apfelgrün und die Akrosomen hellrot im freien Teil und gelb oder gelbgrün in dem Teil, der über dem Kern liegt. Menschliche Spermien fluoreszierten im Ganzen grün, gelbgrün oder rot, und aktiv bewegliche Spermien jeder Färbung wurden im gleichen Ejakulat beobachtet. Die Bedeutung der Ergebnisse und Einzelheiten der Methodik werden ausführlich diskutiert. F. Döcke. 1889.

3-64/07-0094 Austin, C. R.; Cambridge, Physiol. Lab. Acrosome loss from the rabbit spermatozoon in relation to entry into the egg. **(Akrosomenverlust bei Kaninchenspermien in Verbindung mit dem Eindringen in die Eizelle.)** J. Reproduct. Fertility **6** (1963) Nr. 2. S. 313–314. – 4 Abb., 7 Lit.

Weibl. Kaninchen wurden ca. 12 Std. nach der Belegung getötet, ihre Tuben durchgespült und die gefundenen Eizellen elektronenmikroskopisch untersucht. Mit dem Phasenkontrastmikroskop konnten an den Akrosomen von Spermien, die aus den Tuben ausgespült wurden, keine morphol. Veränderungen gefunden werden. Dagegen unterschied sich die Kopfstruktur von Spermien aus der Zona pellucida oder aus dem perivitellinen Raum deutlich von den ebenfalls elektronenmikroskopisch untersuchten Nebenhodenspermien. Sie zeigten nicht mehr eine doppelte, sondern nur eine einfache Akrosomenmembran, die der inneren entspricht, da sie einen fingerartigen Fortsatz aufwies. F. Döcke. 1889.

3-64/07-0095 Pickett, B. W., Korzun, L. F. und Martig, R. C. Comparison between milk and CUE as extenders for bull semen. **(Ein Vergleich zwischen Milch- und CUE-Verdünner für Bullensperma.)** Connecticut agric. Exp. Stat., Bull. **1962** Nr. 373. S. 1–16.

In zwei Versuchen wurden 1959 und 1960 Milch und CUE (Cornell University Extender) unter Heranziehung von insgesamt 400 Ejakulaten von 25 Besamungsbullen als Verdünner von Rindersperma verglichen. Mit Hilfe des Milchverdünners konnte in beiden Versuchen eine günstigere 60–90-Tage-NR-Rate ermittelt werden, wobei jedoch die Durchschnittsdifferenz zugunsten des Milchverdünners nur im ersten Experiment signifikant war ($P < 0{,}01$). W. Schäfer. 1891.

3-64/07-0096 Jenichen, W. **Versuche zur Konservierung von Bullensperma mit dem Trockenmilchverdünner „Laiciphos" bei einer Aufbewahrungstemperatur von + 2 bis 4 °C. I.** Arch. Tierzucht 7 (1964) Nr. 2. S. 191-211. – 11 Abb., 6 Tab., 8 Lit. Zus. in Russ., Engl. – nach Zus.
Die Anwendung des Trockenmilchverdünners „Laiciphos" für Bullensperma ist mit gutem Erfolg möglich. Bei einem Einsatz der Samenflüssigkeit von 3–4 Tagen nach der Gewinnung und Aufbereitung der Ejakulate war dieser Verdünner dem bisher üblichen Vollmilch-Eidotter-Verdünner im Hinblick auf den Befruchtungserfolg überlegen. Es konnte ein signifikanter Einfluß der Aufbewahrungszeit der Samenflüssigkeit registriert werden. Zwischen den Bullengruppen und Einsatzgebieten waren die Besamungserfolge ebenfalls unterschiedlich. Durch die Anwendung des Spermaverdünners „Laiciphos" in einem gut „fruchtbaren" Einsatzgebiet wurde der negative Einfluß zunehmender Aufbewahrungszeit vermindert. Die Befruchtungsprozentsätze der Ejakulate insgesamt blieben vom Versuchsverdünner im Hinblick auf die „Normalverteilung" unbeeinflußt; nach Untersuchung der Häufigkeitsverteilungen waren jedoch die Bullengruppen und die Einsatzgebiete bedeutsam. Ferner machte sich ein monatl. Unterschied zwischen den Befruchtungsergebnissen bemerkbar. Es gilt für die Zukunft, daß Versuche mit diesem „Laiciphos"-Verdünner und weiteren Zusätzen erfolgversprechend sind. 1891.

3-64/07-0097 Chinevič, G. M. Vlijanie različnoj stepeni razbavlenija semeni bykov na oplodotvorjaemost' korov. **(Der Einfluß des unterschiedlichen Verdünnungsgrades von Bullensperma auf die Befruchtung der Kühe.)** Životnovodstvo, Moskva 25 (1963) Nr. 5. S. 80–81. – 1 Tab.
Das Sperma von Bullen der Ostfriesischen, Schwarzbunten Estnischen, Schwarzbunten Schwedischen, Braunen Lettischen und Jersey-Rasse wurde in 15- (I) und 50facher Verdünnung (II) zur Besamung von Kühen der Ostfriesischen und Braunen Lettischen Rasse verwendet. In Gr. I wurden 93,2% der Kühe trächtig, in Gr. II –91,7% der Tiere. Die durchschnittl. Milchleistung betrug entspr. 3252 und 3406 kg, der durchschnittl. Fettgehalt 3,41 und 3,48% und die Milchfettmenge 110,74 und 118,63 kg. Die Kälber wogen bei der Geburt ⌀ 28,2 und 29,5 kg. Die 50fache Verdünnung des Spermas hat also keinerlei Nachteile. B. Schenk. 1891.

3-64/07-0098 Smirnov, I. V., Postavnaja, V. I. und Odnorog, Ch. A. Proizvodstvennaja proverka bikarbonatno-fosfatnogo razbavitelja dlja semeni bykov. **(Die Überprüfung des Bicarbonat-Phosphat-Verdünners für Bullensperma in der Praxis.)** Životnovodstvo, Moskva 25 (1963) Nr. 9. S. 75–76. – 1 Tab.
Der Bicarbonat-Phosphat-Verdünner wurde im Einzugsbereich der Besamungsstation „Teresino" erprobt. Das Sperma von 8 Bullen wurde mit dem Verdünner, dessen Rezeptur angeführt wird, 1:10 bis 1:12 versetzt. Im Jahre 1962 wurden mit dem so verdünnten Sperma insgesamt 5998 Kühe besamt. Das Befruchtungsergebnis betrug 74,3% nach EB (Schwankungen in den einzelnen Stützpunktbereichen von 55,7%–88,1% NR nach EB). Im Vergleich dazu wurden 6231 Kühe mit Sperma besamt, welches im Natriumcitratverdünner bei 0 °C konserviert worden war. Das NR-Ergebnis betrug in diesem Falle 65% nach EB. Die Vff. schließen auf eine höhere Fruchtbarkeit des Spermas im Bicarbonat-Phosphat-Verdünner und empfehlen dessen breitere Anwendung. I. Tschinkel. 1891.

3-64/07-0099 Korotkov, A. I.; Moldau. Forsch.-Inst. für Tierzucht und Veterinärmed. Oplodotvorjaemost' korov i kačestvo priploda pri raznych stepenjach razbavlenija semeni. **(Das Befruchtungsergebnis bei Kühen und die Qualität der Nachkommen bei unterschiedlichen Verdünnungsgraden des Spermas.)** Životnovodstvo, Moskva 25 (1963) Nr. 8. S. 90–92. – 3 Tab.

Bullensperma wird mit Glukose-Citrat-Eidotterverdünner um das 4- bis 100-fache verdünnt. Mit dem unterschiedlich verdünnten Sperma wurden im Jahre 1956 in Betrieben des Gebietes Charkow und 1957–62 in den Genossenschaften der Moldau insgesamt 2268 Kühe verschiedener Rassen künstlich besamt. Die beste Lebensdauer des Spermas wurde bei 32facher Verdünnung (im Vergleich zu geringeren Verdünnungsgraden) festgestellt. Die Werte blieben bis zu 120facher Verdünnung annähernd gleich. Die besten Befruchtungsergebnisse wurden bei 10- bis 64fachen Verdünnungen festgestellt. Die Ausgeprägtheit der Rassenmerkmale des Vaters, die Vitalität und die Gewichte der Kälber änderten sich nicht, wenn das Sperma 2- bis 100fach verdünnt worden war. Lagen die Verdünnungsgrade noch höher, wurden mehr weibl. Kälber geboren. Für die erfolgreiche Besamung muß das Sperma unabhängig vom Verdünnungsgrad beste Ausgangsqualitäten aufweisen. Nach Meinung des Vf. wird in der KB bei Rindern die 100fache Spermaverdünnung kaum erforderlich sein, man könne jedoch bei 30- bis 60facher Verdünnung des Spermas die Bullen bedeutend intensiver nutzen als es zur Zeit der Fall ist.

I. Tschinkel. 1891.

3-64/07-0100 Corteel, J. M. La méthode française modifiée 1962 — les variations saisonnières de fécondité en poitou. **(Die 1962 modifizierte französische Methode. Jahreszeitliche Fruchtbarkeitsschwankungen in Poitou.)** Élevage et Inséminat. **1963** Nr. 76. S. 21–25. — 5 Tab.

Bei Verwendung eines CO_2-Verdünners für Ebersperma wurden unter Praxisbedingungen bei 3606 Erstbesamungen 36,22% Fruchtbarkeit erzielt. Da eine Verbesserung der übrigen Bedingungen den Befruchtungserfolg nicht erhöhte, wurde beschlossen, einen I.V.T.-Verdünner ohne zusätzliche Sättigung mit CO_2 zu verwenden, der folgende Zusammensetzung hatte: Trinatriumcitrat 24,280 g; $NaHCO_3$ 2,100 g; KCl 0,400 g; Glukose 3,000 g; Sulfamid 3,000 g auf 1 l aqua dest.; dazu 1 Mill. IE Penicillin und 1,000 g Streptomycin pro 1 Verdünner. Das damit im Verhältnis 1:1 verdünnte Sperma erbrachte ein Fruchtbarkeitsergebnis von 53,16% am Tag der Gewinnung, 60,15% am 1. und 67,85% am 2. Tag der Aufbewahrung. Jahreszeitlich bedingte Unterschiede, die die Fruchtbarkeit beeinflussen, wurden im Auftreten von stiller Brunst und von Spermiogenesestörungen beobachtet.

F. Döcke. 1891.

3-64/07-0101 Rosłanowski, K. Dalsze badania nad wartością penicyliny jako dodatku do nasienia buhajów. **(Weitere Forschungen über den Wert des Penicillins als Zusatz zu Bullensamen.)** Med. weteryn. **19** (1963) Nr. 3. S. 162 bis 163. — 2 Tab., 11 Lit.

In der Besamungspraxis werden verschiedene Antibiotica als Zusatz zu den Verdünnern angewendet. Am weitesten verbreitet sind für diesen Zweck Penicillin und Streptomycin. In der vorliegenden Arbeit werden weitere Untersuchungen über den Einfluß des Penicillins angestellt. Die Methodik beruhte auf der Ermittlung der Lebensdauer der Spermien im Samen in einem Milch-Eigelb-Verdünner mit Glycerin, mit und ohne Zusatz von Penicillin, das aus verschiedenen Produktionsserien polnischer Hersteller stammte. Der entnommene Samen wurde im Verhältnis 1:20 verdünnt und auf 2 Reagenzgläser verteilt. Zu einem von ihnen wurde Penicillin, 100 E/ml Sperma, zugesetzt. Der so vorbereitete Samen wurde allmählich bis +5 °C abgekühlt, 24 Std. stehengelassen und sodann die Lebensdauer der Spermien in beiden Reagenzgläsern untersucht. Das Sperma wurde dabei auf 46,5 °C erwärmt. Die Kontrolle der Lebensdauer der Spermien bis zur völligen Bewegungslosigkeit erfolgte alle 15 Min. Die Versuchsergebnisse haben gezeigt, daß der Zusatz des zu den Untersuchungen verwendeten Penicillins ungünstig auf die Vitalität der Spermien einwirkte und ihre Lebensdauer im Vergleich zum Samen ohne Penicillin fast um 50% verkürzte. Die zu Kontrollzwecken aufgestellten Proben mit Strep-

tomycin bestätigten seinen günstigen Einfluß, sowohl hinsichtlich der Lebensdauer der Spermien als auch in bezug auf die Befruchtungsfähigkeit.
PRL/CBR, übersetzt v. R. Hüffer. 1891

3-64/07-0102 Platov, E. M.; Dubrowizy, Gebiet Moskau, Unions-Inst. für Tierzuchtforsch. Zamoraživanie semeni byka v glicerinovoj „kompensirovannoj" srede. **(Das Tiefgefrieren von Bullensperma im „kompensierten" Glycerinverdünner.)** Životnovodstvo, Moskva **25** (1963) Nr. 8. S. 92–94. – 2 Tab.
Es wird eine Methode zur Spermatiefkühlung beschrieben, die es gestattet, nach Zugabe des Verdünners den Äquilibrationsprozeß von 22–24 Std. auf 4–6 Std. zu verringern. In dem vorgeschlagenen Verdünner wird die hypotonische Wirkung des Glycerins durch erhöhten Anteil von Natrium citricum und Glukose kompensiert. Der Prozeß der Verdünnung und das Kühlregime werden beschrieben. Das in Trockeneis eingefrorene Sperma wird nach Abschluß des Kühlvorganges in flüssigen Stickstoff umgelagert und darin bei –196 °C aufbewahrt. Mit dem so konservierten Sperma wurden in 3 Betrieben insgesamt 174 Kühe und Färsen besamt. Das Trächtigkeitsergebnis, festgestellt durch rectale Kontrolle, betrug 61% nach EB. Das Verfahren wird für die breitere Anwendung empfohlen. I. Tschinkel. 1893.

3-64/07-0103 Sullivan, J. J. und Mixner, J. P. Effects of storage temperature and length of storage time upon the post-thawing motility and metabolic activity of frozen bull semen. **(Der Einfluß von Aufbewahrungstemperatur und -dauer auf die Motilität und die Stoffwechselaktivität von tiefgefrorenem Bullensperma nach dem Auftauen.)** J. Dairy Sci. **46** (1963) Nr. 8. S. 850–853.
23 Spermaproben wurden mit Eidotter-Natriumcitrat-Glyzerin verdünnt und eingefroren. Einige der verdünnten Teilproben wurden bei –196 °C in flüssigem Stickstoff und andere bei –79 °C in Trockeneis-Alkohol aufbewahrt. Nach 18monatiger Aufbewahrungsdauer waren die Durchschnittsmotilität, der Zuckerverbrauch und die Milchsäureproduktion bei dem bei –196 °C gelagerten Sperma bedeutend größer als bei dem bei –79 °C aufbewahrten ($P < 0{,}01$). Mit zunehmender Aufbewahrungsdauer sanken die Durchschnittsmotilität und der Zuckerverbrauch des Spermas linear ab. Am Prozentsatz der beweglichen Spermien zeigte sich, daß die Lagerung bei –196 °C zur Aufrechterhaltung einer höheren Stoffwechselaktivität der Spermien insgesamt gesehen vorteilhafter war als bei einer Aufbewahrungstemperatur von –79 °C.
W. Schäfer. 1893.

3-64/07-0104 Buell, J. R. A method for freezing stallion semen and tests of its fertility. **(Eine Methode zur Einfrierung von Hengstsperma unter gleichzeitiger Testung der Befruchtungsfähigkeit.)** Veterin. Rec. **75** (1963) Nr. 36. S. 900–902.
Es wird ein Verfahren der Einfrierung von Hengstsperma beschrieben. Nach dem Auftauen wurden ⌀ 35–40% lebende Spermien ermittelt. Bei 11 sofort nach dem Auftauen des Spermas durchgeführten Besamungen wurden 2 Trächtigkeiten erzielt. Eine davon endete mit einem Abort. 5 Inseminationen, die mit Gefriersperma vorgenommen wurden, dem vorher das Glycerin mittels Dialyse entzogen worden war, blieben erfolglos. W. Schäfer. 1893.

3-64/07-0105 Signoret, J. P. Les problèmes posés par le comportement sexuel de la femelle. **(Die Probleme hinsichtlich des Sexualverhaltens beim weiblichen Tier.)** Élevage et Inséminat. **1963** Nr. 76. S. 17–20. – 8 Tab.
Der hohe Fruchtbarkeitsunterschied von ca. 40%, der bei Schweinen zwischen Institutsbesamungen und Besamungen in der Praxis festgestellt wurde, beruht z.T. auf dem weibl. Tiermaterial. Untersuchungen des Vf. zeigten, daß 54% von sehr ruhigen, aber nur 10% von sehr unruhigen Sauen nach KB ferkelten. Wichtig ist das gute „Stehen" im Oestrus, denn 1071 bei der KB gut „stehende"

Sauen brachten 652 Würfe (60,8%), 389 nicht „stehende" nur 140 (35,9%). Für ca. 90% der Sauen genügt das Riechen und Sehen des Ebers zur Auslösung des „Steh"-Reflexes. Auch die akustischen Stimuli sind von Bedeutung, wie das Abspielen von Tonbandaufnahmen der Eberlaute vor oestrischen Sauen bewies. 60% der Jung- und 75% der Altsauen zeigten das „Stehen" aber auch ohne natürliche oder künstliche Stimulation durch den Eber während eines kürzeren oder längeren Zeitraumes im Oestrus. Für den Erfolg der KB ist es wichtig, zu diesem Zeitpunkt die Besamung durchzuführen.
F. Döcke. 1895.

3-64/07-0106 Müller, Egon; Thalheim bei Wels, Bundesanst. für Künstl. Befrucht. der Haustiere. **Fragen der Beurteilung und Auswertung von Besamungsergebnissen.** Int. Fachtag. künstl. Besam. Haustiere Wels, Vortr. **13** (1963) 13 S. [Maschinenschr. vervielfält.] — 13 Tab.
Die NR-Raten betragen nach 30 Tagen entspr. 7 Autoren 67,5–89,3, sie sinken bis zu 60 Tagen um 8,1–9,8, bis zu 90 Tagen um 11,5–13,1 und bis zu 120 Tagen um 12,1–14,2%. Nach 6 Autoren beträgt der Trächtigkeitsprozentsatz 41,3 bis 67,7, die NRR nach 120 Tagen aber 45,7–75,0, weil ein Großteil der abgestorbenen Früchte innerhalb dieser 120 Tage anfällt. Die Befruchtungsergebnisse unterliegen den verschiedenartigsten Einflüssen, u.a. auch dem Einfluß des Besamungstierarztes, wobei verschiedene Tierärzte mit dem Samen desselben Bullen unterschiedlichen Erfolg haben können. E. Höpler. 1897.

E. ZÜCHTUNG

3-64/07-0107 Naylor, Alfred F. A theorem on possible kinds of mating systems which tend to increase heterozygosity. **(Ein Theorem zu möglichen Paarungssystemen mit Tendenz zur Erhöhung der Heterozygotie.)** Evolution [Lancaster] **17** (1963) Nr. 3. S. 369–370. 1920.

3-64/07-0108 Wheat, J. D. Cryptorchidism in Hereford cattle. **(Kryptorchismus beim Hereford-Rind.)** J. Heredity **52** (1961) Nr. 5. S. 244–246. — 4 Abb., 6 Lit.
Vf. beschreibt 4 Fälle von linksseitigem Kryptorchismus bei rein gezüchteten Hereford-Bullen. Er vermutet, daß die Anomalie auf ein rezessives Gen zurückzuführen ist. Demgegenüber steht jedoch eine Hypothese, die als Ursache ein dominantes Gen mit variabler Expressivität herausstellt.
D. Stolzenburg. 1950.

F. WACHSTUM UND ENTWICKLUNG

3-64/07-0109 Levantin, D. L. und Guneeva, Ė. K. Vlijanie raznogo urovnja kormlenija na rost i razvitie molodnjaka krupnogo rogatogo skota. **(Der Einfluß der unterschiedlichen Ernährung auf Wachstum und Entwicklung der Jungrinder.)** Trudy Vsesojuznogo naučno-issledovatel'skogo instituta životnovodstva, Moskva **24** (1962) S. 40–48. — 8 Tab., 7 Lit. 2120.

3-64/07-0110 Bhatnagar, S. P. und Sadhu, D. P. Measurement of surface area in Jamnapari goats. **(Messungen der Körperoberfläche bei Jamna Pari-Ziegen.)** Brit. veterin. J. **119** (1963) Nr. 9. S. 422–425. — 2 Abb., 1 Tab., 2 Lit.
Die Körperoberfläche wurde mit Hilfe des Oberflächenintegrators bei 22 indischen Ziegen der Rasse Jamna Pari nach der Schur der Tiere gemessen. Das Instrument und seine Funktionsweise werden beschrieben. Körpergewichte und Maße wurden ebenfalls ermittelt. Zwischen der Körperoberfläche und dem Körpergewicht bestand eine gesicherte Korrelation. Unter den Körpermaßen hatten der Brustumfang und die Gesamtlänge des Tieres, gemessen vom Hinterhaupt bis zum Schwanzansatz, die engste Beziehung zur Körperoberfläche. H. Busse. 2130.

G. ÖKOLOGIE EINSCHLIESSLICH HALTUNG UND PFLEGE

3-64/07-0111 Zeman, J. Studie mikroklimatu ve čtyřřadých kravínech typu 166-1. **(Studie über das Mikroklima in vierreihigen Kuhställen vom Typ 166-1.)** Veterinární Med. **8(36)** (1963) Nr. 5. S. 377–386. — 1 Abb., 4 Tab., 13 Lit. Zus. in Russ., Dtsch.
Es werden die Ergebnisse einer 18 Mon. langen systematischen Untersuchung des Mikroklimas und der hygienischen Kennziffern eines 4reihigen Kuhstalls vom Typ 166-1 beschrieben. Die Innentemperatur dieses Stalles während dieser Zeit war mit Ausnahme der extremen Außentemperatur im windreichen Winter und heißen Sommer im großen und ganzen günstig und veränderte sich schnell bei Frost und windigem Wetter, was die Pfleger veranlaßte, sämtliche Luftlöcher im Stall zu verstopfen und die Lüftung einzuschränken. Infolgedessen erhöhten sich die Luftfeuchtigkeit und die Gaskonzentration (bes. CO_2), und das Wasser kondensierte auf den Wänden und der Decke. Sonst entsprachen die Werte der rel. Luftfeuchtigkeit und der Luftströmung den Normen. Die Lüftung war unsachgemäß angelegt. Die Mängel zeigten sich bei der Beurteilung der Wärmeisolierung der Baukonstruktion: vor allem war es die unzureichende Wärmeisolierung des Daches (über 51% Wärmeverlust durch die Baukonstruktion: übermäßige Fensterfläche [1:10,6–13, etwa $^1/_4$ der Wärmeverluste]) und keine Wärmeisolierung des Außentors (ohne Windschutz). Vf. schlägt vor, daß man eine Wärmeisolierung des Daches von $k = 0{,}6$ kcal/m^2 h grd, Verringerung der Fensterfläche auf 0,4 m^2 je Milchkuh und Einrichtung des Windschutzes beim Außentor (bes. in der hinteren Giebelwand) verlangen soll. Die Lüftung des großen Stallraumes muß automatisiert werden. Wenn die Unterbringung der Milchkühe verbessert werden soll, muß man bei der Projektierung und dem Bau großer Kuhställe alle zoohygienischen und bautechnisch-hygienischen Parameter einhalten. ČSSR/ÚVTI. 2165.

3-64/07-0112 Cybul'skij, L. A. Mikroklimat v korovnike s besprivjaznym soderžaniem s.-ch. životnych. **(Das Mikroklima im Kuhstall bei Laufstallhaltung.)** Trudy Vsesojuznogo naučno-issledovatel'skogo instituta životnovodstva, Moskva 24 (1962) S. 429–433. — 2 Tab. 2165.

3-64/07-0113 Otto, J. und Pechert, H.; Grub, Bayer. Landesanst. für Tierzucht. **Untersuchungen über Wärme- und Wasserdampfproduktion von Legehennen.** Bayer. landwirtsch. Jb. **40** (1963) Nr. 1. S. 25–71. — 15 Abb., 7 Tab., 22 Lit.
Die Untersuchungen wurden nach der Zweikäfig-Methode ausgeführt, wobei in einem Käfig 6 Hühner untergebracht waren, während sich im anderen eine elektrische Heizung befand. Durch eine Temperaturregelung wurde der beheizte Käfig stets auf der Temperatur des besetzten Käfigs gehalten. Die über die elektrische Heizung erzeugte Wärme erlaubt Rückschlüsse auf die von den Hühnern erzeugte fühlbare Wärme. Die Wasserdampfproduktion wurde aus psychrometrischen Messungen ermittelt, die außer den mit der Atmung ausgeschiedenen Wassermengen auch das aus dem Kot verdunstete Wasser erfaßten. Versuchsmethodik und Versuchsauswertung werden ausführlich dargelegt. Für den Temperaturbereich von 7–21 °C ist die Abgabe der gesamten — sowohl der fühlbaren als auch der latenten — Wärme ermittelt worden. Es zeigte sich, daß die Abgabe der fühlbaren Wärme bedeutend kleiner ist als allg. angenommen wurde. Dieses führte zu dem Schluß, daß man in den Klimalagen Mittel- und Nordeuropas in Hühnerställen, die im Leichtbau ausgeführt sind, nicht ohne Heizung auskommen wird, wenn man die Innenraumtemperatur nicht unter 13 °C sinken lassen will. J. Strecke. 2165.

3-64/07-0114 Sainsbury, D. W. B. und Osbaldiston, G. W. Poultry housing and husbandry. **(Geflügelhäuser und Wirtschaftlichkeit.)** Veterin. Rec. **75** (1963) Nr. 46. S. 1175–1182.

Die Bestrebungen, in der Geflügelhaltung zu rationelleren Methoden zu gelangen und eine stärkere Konzentration der Geflügelbestände an bestimmten Plätzen zu erreichen, stoßen meist auf Schwierigkeiten in der Bauausführung der Ställe und auf eine mögliche Verbreitung von Krankheiten. Es ist deshalb notwendig, beim Bau von Geflügelhäusern den hygienischen Erfordernissen und der Wirtschaftlichkeit der Betriebe bes. Aufmerksamkeit zu schenken. Vff. behandeln die Umweltfaktoren Temperatur, Luftfeuchtigkeit, Belüftung, Beleuchtung und Besatzdichte sowie die Vorzüge der Geflügelhäuser, in denen kontrollierbare Umweltbedingungen geschaffen worden sind.
E. Lippmann. 2165.

3-64/07-0115 Robinson, W. No shadows in the poultry house. **(Keine Schatten in Geflügelställen.)** Agriculture [London] **70** (1963) Nr. 12. S. 555–556. — 2 Abb.
Bes. Wert legt Vf. auf ein schattenloses Licht, das eine gleichmäßige Dosis für alle Tiere garantiert. Er empfiehlt die Verwendung von Glühbirnen (60 W), deren untere Hälfte mit einer Silberschicht abgedeckt ist. Das Licht strahlt nach oben und nach den Seiten und wird von den geweißten Wänden und der Decke reflektiert. Zur Verlängerung der Nutzungsdauer wird vorgeschlagen, Glühbirnen mit höherer Voltaufnahme, als es die ortsübliche Netzspannung erfordert, zu verwenden. B. Rempel. 2170.

3-64/07-0116 Beleńkij, N. G. und Bekker, R. I.; Moskau, Technol. Inst. für Fleisch- und Milchind.; Nowosybkow, RSFSR, Staatl. Pädagog. Inst. Vlijanie ul'trafioletovych lučej na balans azota i ėkskreciju urobilina (sterkobilina) u kur. **(Der Einfluß des ultravioletten Lichts auf die Stickstoffbilanz und die Urobilinausscheidung beim Hahn.)** Biofizika, Moskva **8** (1963) Nr. 4. S. 509 bis 512. — 1 Abb., 1 Tab., 7 Lit.
Das UV-Licht zeigt einen Einfluß auf die N-Bilanz beim Hahn, die Ausscheidung von Kreatin, die Aufnahme von Nahrungseiweiß und die Absonderung von Urobilin aus dem Organismus. Dabei steht die Urobilinabsonderung in Übereinstimmung mit dem Zustand des N-Stoffwechsels. Bei negativer N-Bilanz wächst die Urobilinausscheidung um das 10- bis 20fache des Normalen. Bei der Wiederherstellung einer positiven N-Bilanz verkleinert sich plötzlich die Ausscheidung dieses Stoffes. Dieses Kriterium könnte in der Praxis ausgenutzt werden. B. Hoffmann. 2170.

3-64/07-0117 Desai, R. N. und Dutt, Mahesh. Effect of artificial light on egg laying capacity of White Leghorn. **(Die Wirkung von künstlichem Licht auf die Legeleistung Weißer-Leghorn-Hennen.)** Indian veterin. J. **40** (1963) Nr. 10. S. 616-620.
Eine Herde von 10 Weiße-Leghorn-Hennen wurde 2 Mon. lang (Jan., Febr.) nachts unter künstlichem Licht gehalten. Ein Jahr später wurden diese Tiere bei Ortswechsel ähnlichen Bedingungen ausgesetzt. Zum Vergleich wurden 12 Herden zu je 10 Hennen herangezogen, die wahllos in 2 gleichgroße Gruppen eingeteilt als Versuchs- bzw. Kontrolltiere dienten. Die höhere Eierproduktion der unter künstlichem Licht gehaltenen Hennen war statistisch gesichert. Die Hennen reagierten dabei auf die Einwirkung des künstlichen Lichtes im 2. Legejahr besser als im 1. Legejahr. E. Lippmann. 2170.

3-64/07-0118 Gordon, W. A. M.; Stormont, Belfast, Farm. Environmental studies in pig housing. III. Ventilation and odour intensity. **(Umweltuntersuchungen in Schweineunterkünften. 3. Mitt. Lüftungs- und Geruchsintensität.)** Brit. veterin. J. **119** (1963) Nr. 5. S. 219–229. — 4 Tab., 3 Lit. 1. u. 2. Mitt. vgl. LZ. Abt. III 8 (1963) Nr. 12. S. 2480.
Die Arbeit enthält einen Bericht über 3 Versuchsserien über die zweckmäßige Besatzdichte in Schweineunterkünften im Hinblick auf die Gestaltung des Stallklimas. Die mit fortschreitender Jahreszeit gewonnenen Stallklimadaten

sind in Abhängigkeit von der Art der Be- und Entlüftung unter Bekanntgabe der subjektiv ermittelten Klimabefunde tabellarisch übersichtlich dargestellt. Alle die Faktoren, die zu einer Verminderung des Stalldunstes einschl. des NH_3-Gehaltes der Luft beizutragen vermögen, werden erörtert. Wenn nur ein geringes Luftvolumen je Schwein zur Verfügung steht, wirkt sich dies anscheinend günstiger auf das Stallklima aus als ein größeres Stalluftvolumen je Schwein. Die Bedeutung einer häufigeren Belüftung im Vergleich zur Größe des Belüftungsvolumens wird demonstriert. H. Busse. 2175.

3-64/07-0119 Gordon, W. A. M.; Stormont, Belfast, Veterin. Res. Div. Environmental studies in pig housing. IV. The bacterial content of air in piggeries and its influence on disease incidence. **(Umweltuntersuchungen in Schweineunterkünften. 4. Mitt. Der Bakteriengehalt der Luft in Schweineställen und sein Einfluß auf die Häufigkeit der Erkrankungen.)** Brit. veterin. J. **119** (1963) Nr. 6. S. 263–273. — 4 Abb., 2 Tab., 24 Lit. 3. Mitt. vgl. vorst. Ref.
In einer Anzahl von Schweineställen wurden Luftproben untersucht und der Gehalt sowie die Variation der darin befindlichen Bakterien festgestellt. In Schweineställen mit der höchsten abs. Luftfeuchtigkeit war die Zahl der Bakterienkolonien am geringsten. Unter den Bedingungen einer hohen Temperatur und hohen Luftfeuchtigkeit kam es zu teilweise erstaunlichen Minderungen des Bakteriengehaltes. Noch vor wenigen Jahren hätte man ein derartiges Stallklima für gesundheits- und leistungsschädigend gehalten. Wie die Untersuchungen zeigen, ist das jedoch nicht der Fall. H. Busse. 2175.

3-64/07-0120 Gordon, W. A. M.; Stormont, Belfast, Veterin. Res. Div. Environmental studies in pig housing. V. The effects of housing on the degree and incidence of pneumonia in bacon pigs. **(Umweltuntersuchungen in Schweineunterkünften. 5. Mitt. Der Einfluß des Stalles auf Ausmaß und Auftreten von Pneumonie bei Bacon-Schweinen.)** Brit. veterin. J. **119** (1963) Nr. 7. S. 307–314. — 2 Abb., 7 Tab., 8 Lit. 4. Mitt. vgl. vorst. Ref.
Die Pneumonie ist unzweifelhaft der am häufigsten anzutreffende pathol. Zustand bei Schweinen nicht nur in Großbritannien und Nordirland. Es wurden je 1000 Schweinelungen aus Tieren zweier Mastbetriebe und 1000 Lungen aus Schlachttieren unbekannter Produzenten in zwei Bacon-Fabriken untersucht. Betrieb A zeigt normale Umweltbedingungen bei der Produktion von ca. 12000 Baconschweinen, welche im eigenen Betrieb geboren und aufgezogen werden. Betrieb B mästet ca. 15000 Tiere jährl., die Läufer werden im Alter von 13–14 Wochen zugekauft, über die Verhältnisse in den Zuchtbetrieben ist nichts bekannt. Im Betrieb B sind die Stallverhältnisse gekennzeichnet durch extrem hohe Temperatur (bis über 90 °F) und hohe Luftfeuchtigkeit (rel. Feuchtigkeit meist über 90%). Diese Verhältnisse werden bewußt und ohne künstliche Hilfsmittel durch starke Belegung der Ställe erzielt. Je Tier stehen max. 30 cu.ft. bzw. 6,5 sq.ft zur Verfügung. Dadurch ist je Std. ein 12- bis 21maliger Luftumschlag im Stall erforderlich. Die Untersuchung der Lungen brachte folgende Ergebnisse:

	linke Lunge normal	rechte Lunge normal	beide Flügel normal
Betrieb A	19,8%	14,5%	12,8%
Betrieb B	47,1%	32,1%	29,0%
verschiedene unbekannte Betriebe	38,4%	34,2%	29,6%

Die Unterschiede zwischen den rechten und linken Flügeln sind wohl anatomisch begründet. Weiter wurde das Ausmaß der Erkrankung nach einem Punktsystem beurteilt. K. Damm. 2175.

3-64/07-0121 Alim, K. A. Body reactions of Kenana calves under natural and artificial shade in the Sudan. **(Körperreaktionen der Kenana-Kälber unter natürlicher und künstlicher Schatteneinwirkung im Sudan.)** Trop. Agric. **39** (1962) Nr. 2. S. 131–132. – 2 Tab., 4 Lit.

Vf. verglich Körpertemperatur und Atemfrequenz bei Kälbern aus 3 Gruppen, die sich durch verschiedene Haltungsweise voneinander unterschieden. Gr. I wurde unter Bäumen gehalten, Gr. II unter einem 10 ft. hohen und Gr. III unter einem 8 ft. hohen Strohdach. Die höchsten Werte hatten die Kälber unter dem Strohdach. Mit Hilfe der Varianzanalyse konnte Vf. nachweisen, daß der Schatten einen signifikanten Einfluß auf die Atemfrequenz ausübt, jedoch nicht auf die Körpertemperatur. Die Atemfrequenz spricht weit stärker auf die Sonneneinstrahlung an als die Körpertemperatur. D. Stolzenburg. 2180.

3-64/07-0122 Bligh, J. The receptors concerned in the respiratory response to humidity in sheep at high ambient temperature. **(Die beim Schaf an der Regulierung der Atmung in Abhängigkeit von der Luftfeuchtigkeit bei hoher Umgebungstemperatur beteiligten Rezeptoren.)** J. Physiol. [London] **168** (1963) Nr. 4. S. 747–763. – 7 Abb., 1 Tab., 27 Lit.

Bei kastrierten männl. Schafen (24–30 kg) wird die Abhängigkeit der Atemfrequenz und der Körpertemperatur von der Luftfeuchtigkeit und der Umgebungstemperatur untersucht. Werden Schafe bei hoher Luftfeuchtigkeit einer steigenden Umgebungstemperatur ausgesetzt, so wird bei den Tieren eine weitere Steigerung der Atemfrequenz beobachtet. Dabei kommt es zunächst zu einer Steigerung der Hauttemperatur, die Werte über der Körpertemperatur und über der Umgebungstemperatur erreicht. Der Anstieg der Hauttemperatur unter dem Wollkleid wird auf die höhere Feuchtigkeit der Wollfasern zurückgeführt. Der Anstieg der Atemfrequenz bleibt unbeeinflußt, wenn der Anstieg der Körpertemperatur durch eine i.v. Infusion einer kalten Kochsalzlösung verhindert wird und ist unabhängig von Schwankungen der Hauttemperatur. Die Atemfrequenz zeigt eine direkte Abhängigkeit von Luftfeuchtigkeit. Die Veränderungen der Haut- und Körpertemperatur spielen bei der Regulierung der Atemfrequenz nur eine ergänzende Rolle. Aus den Versuchsergebnissen wird geschlossen, daß in den luftzuführenden Wegen Rezeptoren existieren, die für eine Regulierung der Atemfrequenz in Abhängigkeit von der Feuchtigkeit der eingeatmenten Luft verantwortlich gemacht werden müssen. H.-A. Ketz. 2180.

3-64/07-0123 Bligh, J. Inhibition of thermal polypnoea in the closely shorn sheep. **(Die Hemmung der wärmebedingten Polypnoe beim scharf geschorenen Schaf.)** J. Physiol. [London] **168** (1963) Nr. 4. S. 764–781. – 6 Abb., 17 Lit.

Bei insgesamt 10 kastrierten Schafböcken und 3 Mutterschafen (25–40 kg) werden die Veränderungen der Atemfrequenz nach scharfem Scheren und nach Einfluß hoher Umgebungstemperaturen bestimmt. Werden Schafe einer Umgebungstemperatur von 42 °C ausgesetzt und dann geschoren, so wird eine anhaltende Verlangsamung der Atemfrequenz parallel zum Abfall der Umgebungstemperatur und zur Ausdehnung der geschorenen Körperoberfläche beobachtet. Setzt man ungeschorene Schafe einer Umgebungstemperatur von 42 °C aus, so kommt es zunächst zu einer Verlangsamung der Atmung, die aber schnell wieder zur normalen Atemfrequenz zurückkehrt. Adrenalin- bzw. Noradrenalininjektionen vermögen die durch das Scheren bedingte Verlangsamung der Atemfrequenz nicht zu beeinflussen. Es wird geschlußfolgert, daß die Hemmung der Atmung nach Anstieg der Umgebungstemperatur durch eine Blockierung zwischen peripheren Wärmerezeptoren und den Atemzentren zustande kommt, die von der Dauer und Intensität der vorangegangenen Reizung der Kälterezeptoren der Haut ausgeht. H.-A. Ketz. 2180.

3-64/07-0124 Hess E. A.; Lethbridge, Alberta, Canada Agric. Res. Stat. Effect of low environmental temperatures on certain physiological responses of sheep. **(Einfluß niedriger Umgebungstemperaturen auf gewisse physiologische Reaktionen von Schafen.)** Canad. J. Animal Sci. **43** (1963) Nr. 1. S. 39–46. – 2 Abb., 3 Tab., 26 Lit.

Nach einer längeren Vorbereitungszeit wurden 4 Hammel in einem beheizten Raum (55–65 °F) und 4 Paralleltiere in einem unbeheizten Raum (– 2 bis + 56 °F) während 43 Tagen unter sonst gleichen Bedingungen gehalten. Gemessen wurden: Herzfrequenz, Atmungsgeschwindigkeit, Rectaltemperatur, Gehalt an Eosinophilen und Hämatokritwerte des Blutes, Gehalt des Blutplasmas und des Harns an Na^+, K^+ und Mg^{++}. Die bei der kälteren Temperatur gehaltenen Tiere zeigten signifikant höhere Herzfrequenzen, niedrigere Rectaltemperaturen und einen geringeren Wasserverbrauch. Bei nicht differierendem Gehalt der untersuchten Mineralstoffe im Blutplasma der beiden Gruppen war die Konzentration an Na^+ und K^+ im Harn der in der Kälte gehaltenen Tiere (wegen der geringeren Wasseraufnahme und Harnausscheidung) signifikant höher. Alle möglichen anderen geprüften Beziehungen der Meßergebnisse zwischen den beiden Gruppen waren nicht signifikant.

R. Schiemann. 2180.

3-64/07-0125 Negruţiu, E., Pop, A., Matei, V., Mecea, P., Rusu, I. und Zorzoian, I. Contribuţii la studiul ovinelor merinolandschaf de la GAS Sălişte-Braşov. **(Beiträge zum Studium der Merinolandschafe von GAS Sălişte-Braşov.)** Inst. agronom. „Dr. Petru Groza“ Cluj, Lucrări, ştiinţ. **18** (1963) S. 233–252. – 7 Abb., 8 Tab., 3 Lit. Zus. in Russ., Engl.

Untersucht wurde die Akklimatisationsfähigkeit der aus Deutschland importierten Merinolandschafe unter den Bedingungen Transilvaniens. Die eingeführten Lämmer haben sich in der Gebirgszone mit 600–1000 mm Regen gut akklimatisiert. Die Wachstumsintensität im 1. Jahr war geringer als in Deutschland, aber die Wollproduktion entsprach den Rassemerkmalen.

V. Velican. 2240.

3-64/07-0126 Cena, M. und Grzędzielski, J. Nasłonecznienie wnętrza pomieszczeń inwentarskich. **(Der Bau von sonnigen Ställen.)** Zeszyty naukowe wyższej Szkoły rolniczej Wrocławiu **10** (1963) Nr. 45. S. 59–71. – 36 Abb., 8 Lit.

Die modernen zoohygienischen Normen verlangen helle und sonnige Ställe, in denen die Sonne auf den Rücken der Tiere fällt, ihnen aber nicht direkt ins Gesicht strahlt. Das hängt ab vom Bau der Fenster, von ihrer Höhe, vom Einfallswinkel der Sonne, vom Winkel der Fensteröffnung, ihrer Verteilung, von der Breite der Wandöffnung und von der Stalltiefe. In der vorliegenden Arbeit untersuchten Vff. den Bereich der von der Sonne unmittelbar beschienenen Stallfläche. Die Untersuchungen wurden durchgeführt in einem Gebäude mit einer inneren Breite von 11,62 m und mit 85 × 125 cm großen Fenstern. Es wurde angenommen, daß die Sonnenstrahlen in das Innere des zu untersuchenden Gebäudeabschnitts durch zwei Fenster eindringen, die sich an den Längswänden des Gebäudes befinden und sich genau gegenüberliegen. Auf den Zeichnungen wurde der von der Sonne beschienene Teil im Innern des Stalles eingezeichnet, wenn sich die Längsachse des Gebäudes mit der Nordsüdrichtung deckt und wenn sie von dieser 15, 30, 45, 60, 75 und 90° abweicht. Diese Angaben wurden für charakteristische Tage in jeder Jahreszeit gemacht. Außerdem bearbeitete man Monogramme, die die Bestrahlung des Innern charakterisieren bei unterschiedlichen Abweichungswinkeln der Längsachse des Gebäudes von der Nordsüdrichtung mit einer Genauigkeit bis 30 Min. für jede Jahreszeit.

PRL/CBR, übersetzt v. O. Kasperl. 2260.

3-64/07-0127 Visser, A. de. De ontwatering van bouwterreinen. **(Die Entwässerung von Baugelände.)** Tijdschr. Kon. nederl. Heidemaatschappij **74** (1963) Nr. 10. S. 356–367. – 8 Abb.
Die Ursachen für einen Überschuß an Wasser in einem Gebiet können verschiedener Art sein. Ein hoher Grundwasserspiegel kann durch starke Regenfälle, wie sie in den Niederlanden nicht selten sind, entstehen. Bei schlecht durchlässigem Boden besteht nur geringe Möglichkeit des Absinkens. In tief gelegenem Gelände ist ein ständiger schneller Zustrom von Wasser zu verzeichnen. Das Vermögen des Terrains, Wasser aufzunehmen und zu speichern, ist meistens nur gering. Wenn zu wenig Gräben und andere Abflüsse vorhanden sind, entsteht ein Wasserüberschuß. Bei künstlich aufgeschütteten Flächen auf Mooruntergrund, wie sie in den Niederlanden vorkommen, kommt das Absacken vor. Für Gelände, auf denen gebaut werden soll, ist die Beseitigung des überschüssigen Wassers eine Notwendigkeit, die auf 2 Arten erfolgen kann: entweder durch oberirdisches Abführen des Wassers oder durch regelrechte Entwässerung. Hierunter ist die Regulierung des Grundwasserstandes durch Dränung zu verstehen. E. M. Ardelt. 2260.

3-64/07-0128 Baltzer, K. **Kunststoffe im landwirtschaftlichen Bauwesen.** Mitt. dtsch. Landwirtsch.-Ges. **79** (1964) Nr. 5. S. 113–114. 116. – 4 Abb. 2260.

3-64/07-0129 Englisch, H.-G. und Jeserich, M.; Ruhlsdorf, Forschungsstelle und Fachschule für Tierzucht. **Die Verwendung von Bitumen in Fußböden bei der Großgruppenhaltung von Mastschweinen.** Mh. Veterinärmed. **18** (1963) Nr. 15. S. 592–594. – 2 Tab., 3 Lit.
100 Schweine wurden im Großgruppenmaststall mit Bitumen-Asphaltliegeflächen-Belag 69 Tage geprüft. Der Liegeflächenbelag enthielt 9% Bitumen mit einem Gehalt von 0,6 mg% phenolischer Bestandteile. Die Befunde erwiesen, daß die Zuschlagsstoffe des Bitumen-Asphaltfußbodenbelages nicht kalkhaltig sein dürfen, weil sonst die Haltbarkeit zu gering ist. Infolge der besseren Wärmedämmung des Fußbodenbelages waren die Mastergebnisse um 5% besser als bei Betonfußboden. Zur Anwendung für Liegeflächen in Schweinestallgroßbuchten können nur unschädliche Bitumen empfohlen werden. Die Verluste bei den Versuchstieren lagen bei 12%. Phenolvergiftungen konnten zwar nicht nachgewiesen, ihr Einfluß aber nicht ausgeschlossen werden. Daher sind phenolhaltige Bitumen-Beläge abzulehnen. H. Busse. 2265.

3-64/07-0130 Tomczyk, S. Nowe obory alkierzowe dla gospodarstw wielkotowarowych. **(Neue Kuhställe mit kleinen Nebenräumen für Betriebe mit hoher Marktleistung.)** Budownictwo wiejskie **1963** Nr. 1/2. S. 19–22. – 3 Abb., 1 Tab.
Das Büro für Studien und Musterprojekte des Landbauwesens bearbeitete kürzlich 3 Kuhstalltypen mit kleinen Nebenräumen: 1. mechanisierter Stall für 120 Kühe mit Dachboden, 2. Kuhstall für 300 Kühe mit deckenlastigem Bergeraum, 3. Kuhstall für 340 Kühe mit deckenlastigem Bergeraum. Kennzeichen des techn. Fortschritts in den neuen Kuhställen sind vor allem die Inneneinrichtung und Arbeitsorganisation, die sich auf die volle Mechanisierung stützen. Außerdem sind die Ställe ca. 30–40% billiger als die alten Typenställe. Die beim Bau eingesparten Finanzmittel sind für die techn. Ausrüstung bestimmt. Grundlegende Unterschiede bestehen darin, daß der mechanisierte Kuhstall für 120 Kühe keinen Dachboden und keinen Bergeraum besitzt; er wird daher nur in Betrieben, die freie Flächen in Scheunen haben oder wo der Bau leichter Bergeräume für Heu geplant ist, angewendet werden können. Die beiden anderen Typen für 300 und 340 Kühe unterscheiden sich nur hinsichtlich der Inneneinrichtung.
PRL/CBR, übersetzt v. O. Kasperl. 2275.

3-64/07-0131 Hutschenreuther, G. **Neue Stallbauten in der ČSSR.** Tierzucht **17** (1963) Nr. 12. S. 553–555.
In der ČSSR werden für Milchkühe wärmegedämmte 4reihige Anbindeställe für 200 Kühe mit 3 Mistgängen und 2 Futtergängen bevorzugt. Die Ställe sind meist ohne Anbauten und mit Traktor und Anhänger durchfahrbar. Die Bergeräume sind neben dem Stall errichtet. Die Ställe sind aus Stahlbetonsäulen und -kassettenplatten gebaut, die mit einer Dachhaut aus Dachpappe versehen sind. Der Stall wird durch ein durchgehendes Fensterband im Dach beleuchtet. Außerdem bringen quer zum First aufgesetzte Raupenoberlichter zusätzlich Licht in den Stall. Neben Anbindeställen werden auch Laufställe mit Fischgrätenmelkständen und mittels Förderband zu beschickender Krippe gebaut. Die Schweinemastställe sind für 600 Tiere in Großgruppenhaltung abgestimmt, wobei 10 Ställe in einer Mastanlage zusammengefaßt werden. Die Fütterung erfolgt entweder mit Trockenfutter aus Automaten oder mit Naßfutter, das durch Rohrleitungen in die Tröge gepumpt wird oder mit Futterwagen mechanisch verteilt wird. Die Entmistung erfolgt meist mittels automatisch arbeitender Schleppschaufel. Die Schweineaufzuchtställe sind ähnlich denen in der DDR. Die Information enthält weiterhin Angaben über Hühnerställe für die Intensivhaltung und für Junghennen, Putenaufzuchtbatterien und über Entaufzucht- und -astställe. K. Pilz. 2275.

3-64/07-0132 Stumpf, A. **Spaltenbodenlaufstall mit Ruheboxen für Rinder.** Mitt. dtsch. Landwirtsch.-Ges. **78** (1963) Nr. 49. S. 1543–1546. — 5 Abb.
Diese Stallform wird als Warmstall empfohlen, weil im Offenstall die Spaltenschlitze zufrieren, Rutschgefahr besteht, erhöhter Futterverbrauch und Gewichtsabnahme im Winter auftreten. Es sind nur soviel Boxen vorzusehen, wie Tiere vorhanden sind. Die Boxen sollen niveaugleich mit der Lauffläche sein. Da keine Einstreu gegeben wird, ist ein 4 cm dicker Holzbohlenbelag in den Boxen zu empfehlen. Der Melkvorgang auf dem Spaltenboden erfordert ein Fangfreßgitter und eine Absaugleitung. Ein Melkstand kann bis zu 20 Tiere enthalten. Unter dem Spaltenboden genügt eine Grubengröße von 5 m^3/GV bei 3maliger Entmistung im Jahr. Das Kot-Harn-Gemisch, ohne Wasserzusatz, wird mit einem Vakuumfaß aus der Grube abgesaugt; dazu ist der Einbau von Tonrohren mit 20 cm Dmr. erforderlich. Die Baukosten (Neubau) liegen bei DM 2500/GV im Gegensatz zum Anbindestall, der DM 3000–4000/GV kostet. W. Gratz. 2275.

3-64/07-0133 Daelemans, J. **Bauliche Einrichtung und arbeitswirtschaftlicher Nutzen von Sauenställen.** Bauen auf d. Lande **14** (1963) Nr. 11. S. 277–279. — 3 Abb., 1 Tab.
Für die Einrichtung eines modernen Zuchtstalles werden folgende Unterteilungen empfohlen: Sauen mit Ferkeln bis zu 3 Wochen in Abferkelbuchten, Sauen mit Ferkeln von 3–8 Wochen in Säugebuchten, Sauen ohne Ferkel in Gruppenbuchten, Einzelfreßstände. Vf. beschreibt 7 verschiedene Abferkelbuchten, deren Formen in Deutschland wenig gebräuchlich sind. Ursprungsländer sind Holland, England, Neuseeland, die USA und Schweden. Mit Hilfe mathematischer Formeln kann die Zahl der erforderlichen Abferkel- und Säugebuchten errechnet werden, wobei stets Reservebuchten vorzusehen sind. In größeren Beständen sind Abferkel- und Säugebuchten aus stallklimatischen Gründen zu trennen. Für die Haltung der Tiere in Säugebuchten werden 6 unterschiedliche Buchtenformen erläutert. Ein arbeitswirtschaftlicher Vergleich bei der modernen Sauenhaltung mit getrennten Abferkelbuchten, Säugebuchten und Einzelfreßständen im Vergleich zur Sauenhaltung in herkömmlichen rechteckigen Universalbuchten ergibt Vorteile für die erstgenannte Stallform. Auch die Baukosten sind bei dem neuen Stallsystem um 5% geringer. G. Klink. 2275.

3-64/07-0134 Hobbs, W. F. Low-cost boxes for fattening pigs. **(Billige Ställe für Mastschweine.)** Agriculture [London] **70** (1963) Nr. 11. S. 546 bis 547. — 2 Abb.

Vf. beschreibt einen billigen, wenig spezialisierten Maststall für Schweine, der auch zur Rindermast genutzt werden kann. Jede Box ist 10,7 × 5,5 m groß bei 3,1 m Stallhöhe und ist aus 23 cm Mauerwerk oder Großblöcken ohne Fenster mit Zementfußboden und Asbestzement-Dacheindeckung gebaut. Ein Torweg von 3,1 m Weite in jeder Bucht hat ein Gatter aus Stahl von 0,9 m Höhe und eine gezimmerte Tür, welche je nach Bedarf zur Lüftung und Belichtung geöffnet wird. Selbsttränke und Futterautomaten für Pellets sind installiert. Die Schweine stehen auf Tiefstreu, die mechanisch entmistet werden kann. Jeder Stall kostet £ 370. Die niedrigsten Temperaturen waren im strengen Winter 1962/63 17 °C bei einer Belegung mit 121 zwölf Wochen alten Schweinen. In Zukunft sollen die Ställe aus 30 cm Hohlstein-Mauerwerk und isolierter Decke gebaut werden mit Futterautomaten, die von außen beschickt werden. H.-G. Englisch. 2275.

3-64/07-0135 Hutschenreuther, G. und Günzel, W. **Wie bewährten sich Milchviehanbindeställe ohne Wärmedämmung im Winter?** Dtsch. Landwirtsch. **14** (1963) Nr. 11. S. 564-568. — 7 Abb., 2 Tab. — nach Zus.

Das völlige Verschließen von Offenställen führt zu einem ungesunden Stallklima, Tauwasserbildung und Schäden am Bauwerk. Temperatur- und Feuchtigkeitsmessungen in Anbindeställen ohne Wärmedämmung, aber mit geringen Lüftungsöffnungen, ergaben in einem Fall sehr niedrige Temperaturen bei normalen rel. Luftfeuchtigkeiten, im zweiten Fall brauchbare Stalltemperaturen, aber zu hohe rel. Luftfeuchtigkeit. Die festgestellten baulichen Mängel lassen sich durch Umbau zum Boxenstall oder zum wärmegedämmten geschlossenen Anbindestall beseitigen. Für den Boxenstall treffen die an Offenställe zu richtenden klimatischen Forderungen zu. Die Raumtemperatur liegt nur wenig über der Außentemperatur. Der Stromverbrauch ist niedrig. Umbaumaßnahmen sind in verhältnismäßig geringem Umfang erforderlich. Soll jedoch ein geschlossener Warmstall errichtet werden, dann ist der bauliche Aufwand entschieden höher. Das Einziehen einer wärmegedämmten Decke allein genügt nicht. Auch die übrigen raumumschließenden Bauteile müssen mit Wärmedämmung versehen und der Stall muß mit Lüftungseinrichtungen ausgestattet werden. Teilmaßnahmen kosten viel Geld, ohne daß sie einen vollwertigen Stallraum schaffen. Die beim Deckeneinbau auftretenden Schwierigkeiten lassen es geraten erscheinen, nur im Notfall einen Offenstall zum Warmstall umzubauen. 2275.

3-64/07-0136 Berger, M. und Reichelt, H.; Leipzig, Karl-Marx-Univ., Inst. für Landwirtsch. Bauwes. und Dorfgestalt. **Milchviehanbindestall mit strohloser Aufstallung und Güllewirtschaft in der LPG Lauterbach/Erzgebirge.** Dtsch. Landwirtsch. **14** (1963) Nr. 9. S. 458–460. — 5 Abb., 7 Lit.

Es wird über einen im rechten Winkel an eine Hocheinfahrtscheune angebauten geschlossenen Anbindestall für 60 Kühe mit mittlerem 1,40 m (!) breiten Futtertisch, Rohrmelkanlage, Gitterrost-Kurzaufstallung und Schwemmkanalentmistung berichtet. In der Scheune sind 3 Hochsilos, Rüben- und Kraftfutterlager, Melkmaschinen- und Milchbehandlungsräume sowie ein Aufenthaltsraum untergebracht; die Tenne dient als Futterdiele. Die Güllegrube besteht aus 2 Lagergruben (je 240 m^3), 1 Verteiler- und 2 Mischgruben. Ein drehbar gelagerter Halsrahmen ermöglicht das An- und Abbinden von jeweils 15 Tieren. Der Arbeitsbedarf je Kuh und Tag beträgt 17,5 AKmin. Die Baukosten (unter Berücksichtigung der vorhandenen Scheune) betragen DM 3460/Kuhplatz. Die Lüftung erfolgt mittels Schwerkraft. Der strohlos bewirtschaftete Kurzstand besteht aus imprägniertem Holzklotzpflaster (mit Sondervergußmasse). Der Höhenunterschied zwischen dem 1,60 m langen Kurzstand und dem Kot-Gitterrost beträgt 19 cm. Die Roste selbst sind 0,80 m breit und 2,10 m lang. Der Abschwemmkanal ist oben 75 cm, unten 40 cm breit und hat ca. 3% Gefälle. Der Spülwasserüberdruck beträgt 4 at. Vom Abschwemmkanal gelangt die Gülle in eine mit einem Rechen versehene Vorgrube, in der Rauhfutterreste und dgl. abgefangen werden. Je Tier und Tag wird mit 27 kg Kot und 17 kg Harn sowie 44 kg Spülwasser gerechnet. Die Gülle wird aller 3 Mon. ausgebracht (8 m³ Gülleraum/GV). E. Kulpe. 2275.

3-64/07-0137 Bogoljubskij, S. I. und Fomin, A. I. Ptičniki dlja plemennych kur. **(Geflügelstall für Zuchthennen.)** Pticevodstvo, Moskva **1963** Nr. 6. S. 28–29. — 2 Abb.
Wenn Legeleistungskontrolle vorgenommen werden soll, bringen Zuchtställe mit Stallgang Vorteile, und zwar können die gelegten Eier sofort in die Legeliste eingetragen werden, und es können keine Krankheiten von Abteil zu Abteil verschleppt werden. In einem Zuchtstall (96 m lang, 18 m breit, Dach aus Betonasbestblöcken) für 10000 Hennen befinden sich beiderseits des Mittelganges 3,6 m breite Kotbunker. Am Stallgang sind übereinander Trockenfuttertröge, Tränken und 3etagige Fallennester angeordnet. Im Innern der Abteile verläuft ein vertikales Futterband. Der Stall ist in 8 Abteile unterteilt. Durch Warmluftzuführung wird das Stallklima geregelt. H. Pingel. 2275.

3-64/07-0138 Kozerlo, S. D. Svynarnyk z krugloju „ïdal'neju". **(Schweinestall mit rundem Freßraum.)** Socialistyčne tvarynnyctvo, Kyïv **35** (1963) Nr. 6. S. 62–64. — 2 Abb. 2275.

3-64/07-0139 Stasenko, R. F., Gorbačenko, V. A. und Pivovarov, V. V. Sučasni sporudy dlja vidgodivli svynej. **(Moderne Einrichtungen für die Schweinemast.)** Socialistyčne tvarynnyctvo, Kyïv **35** (1963) Nr. 6. S. 57 bis 61. — 3 Abb., 1 Tab. 2275.

3-64/07-0140 Weiland, G. **Betrachtungen zum Weideabtrieb und zur Spätherbstweide.** Dtsch. Landwirtsch. **14** (1963) Nr. 10. S. 499–502. — 1 Tab., 2 Lit. — nach Zus.
In Weidebetrieben sind wohlbegründete Termine für den Weideabtrieb als Eckwerte der Futterplanung anzusehen. Bei ihrer Festlegung sind Klima und Witterung, die leistungsbedingten Anforderungen der Tiere, die Futtersituation u. a. betriebliche Bedingungen zu berücksichtigen. Es werden Hinweise gegeben, inwieweit die vorgeplanten Termine abgeändert werden können und sollen, um sie der Futtersituation des jeweiligen Jahres anzupassen und dadurch eine möglichst hohe Produktion in der Rinderhaltung zu erzielen. Durch Spätherbstweide mit ungedeckten Jungrindern kann vorhandenes Weidefutter teilweise bis in den Dez. hinein abgeweidet werden. Die Verlängerung der Weideperiode ist jedoch kein zuverlässiger Weg, um jede Futterschwierigkeit zu beheben. 2355.

3-64/07-0141 Franzke, H. **Arbeitsaufwand und Kosten auf Intensivweiden.** Tierzucht **17** (1963) Nr. 9. Grünland/Feldfutter **4** S. 41–44. — 1 Abb., 6 Tab., 13 Lit.
Dreijährige Ermittlungen auf einer 11,93 ha großen Milchviehweide (44–50 Kühe mit 116–121 Weidetagen) mit Stundenweide und einer 4,5 ha großen Jungrinderweide (18–20 Jungrinder mit 129–160 Weidetagen) mit ganztägiger Umtriebsweide wurden ausgewertet. Der Arbeitsaufwand enthält Düngerstreuen, Fladenverteilen, Geilstellenmahd, Heuernte, Zauninstandsetzung und Versetzen des E-Zaunes. Der Aufwand an AKh/GE pflanzlicher Produktion betrug 0,75 bzw. 0,68. Vergleichsweise werden 3,4 AKh/GE Getreide angegeben. Die für das Jahr 1958 berechneten Kosten für lebendige Arbeit, tierische und motorische Zugkräfte betrugen DM 90,18 bzw. 68,19/ha. Die Ge-

samtkosten betrugen DM 634,98 bzw. 585,51/ha, das sind DM 11,14 bzw. 13,16/GE oder DM 0,15 bzw. 0,18/KStE. Diese Kosten liegen weit unter denen anderer Fruchtarten des Ackerlandes und unterstreichen die Möglichkeit, durch intensivere Bewirtschaftung des Grünlandes hohe Leistungen bei geringem Aufwand an lebendiger Arbeit und an Kosten zu erzielen.
G. Weiland. 2355.

3-64/07-0142 Garbe, P., Maaz, E. und Jelitto, R. **Aufbau und Funktion von modernen Weidezäunen.** Tierzucht 18 (1964) Nr. 1. S. 30–34. – 7 Abb., 1 Tab., 11 Lit. 2355.

3-64/07-0143 Vortel, J. und Mejkal, Č. Universální automatické krmítko. **(Universal-Selbstfütterer für Geflügel.)** Drůbežnictví [Praha] 11 (1963) Nr. 9. S. 141–142. – 4 Abb.
In der LPG Modletice ist seit Dez. 1962 ein Funktionsmodell des im Forschungsinstitut für Landmaschinen in Chodov bei Prag entwickelten Universal-Selbstfütterers im Einsatz. Zur Fütterungseinrichtung zählen folgende Teile: Futterdosierer, endloses Förderband, Hebe- und Aufhängevorrichtung sowie die automatische Schaltuhr. Die Geflügelhalle, in der die Anlage eingebaut wurde, ist 80 m lang und durch einen Futtergang in der Mitte getrennt. Die Futterbereitungsanlage und die Sozialeinrichtung liegen in der Hallenmitte, zu beiden Seiten des Futterganges sind Gemeinschaftsnester angeordnet, an denen Futterautomaten mit zwei übereinanderliegenden Freßöffnungen angebracht sind. Eine Programmsteuerungseinrichtung, an der der jeweilige Zeitpunkt für 4- bis 6malige Fütterung tägl. eingestellt wird, setzt den Mechanismus automatisch in Gang. Am Ende der Fütterungsanlage befindet sich die Umschütt-, Aufspann- und Reinigungsvorrichtung. Der Antrieb erfolgt durch einen E-Motor mit 1,8 kW Leistung.
ČSSR/ÚVTI. 2425.

3-64/07-0144 Lüdemann, H. und Bothe, W.; Frankfurt/M., DLG, Abt. für Landtechn. und Landarb. **Legehennenhaltung – arbeitswirtschaftlich gesehen.** Mitt. dtsch. Landwirtsch.-Ges. 78 (1963) Nr. 16. S. 564–567. – 5 Tab.
Die von den Vff. mitgeteilten Richtzahlen beziehen sich auf den Kotgrubenstall. Die Untersuchungen wurden in verschiedenen Betrieben durchgeführt. Um zu einheitlichen, vergleichbaren Aufwandszahlen zu gelangen, wurde die Herdengröße auf einen Durchschnittsbestand von 1000 Hennen, eine Legeleistung von 225 Eiern je Huhn und Jahr, die tägl. Futterration auf 130 kg Alleinfutter oder 70 kg Legemehl und 60 kg Körner, 10 Rundtränken oder 10 m Rinnentränken je 1000 Hennen und 10 Gemeinschaftsnester oder 200 Einzelabrollnester je 1000 Hennen umgerechnet. Der Arbeitsaufwand wurde für das Eiereinsammeln, das Marktfertigmachen der Eier, das Füttern und das Reinigen von Tränken und Nestern ermittelt. Es wurden folgende Richtwerte festgestellt: 118 AKmin/1000 Hennen/Tag bei Einstreunestern, Marktfertigmachen der Eier von Hand – ohne Einzelwaage –, kombinierter Fütterung über Tröge, Körnergabe in die Streu und Rundtränken. Bei Verwendung von Abrollnestern, Alleinfutterverfahren und Rinnentränken wurden 94 AKmin/1000 Hennen und Tag ermittelt. Der Arbeitsaufwand beträgt nur noch 63 Min., wenn Abrollnester mit Eierband, eine Eiersortiermaschine und das Alleinfutterverfahren über Futterkette angewendet werden. Der Kapitalbedarf (ohne Kotgrube, Lüftung, Beleuchtung, Heizung) steigt in gleicher Reihenfolge von DM 2050 über 3500 auf DM 10800/1000 Hennen. U. Hofmann. 2425.

3-64/07-0145 Gibbons, James R. und Heady, Earl O. What cattle-feeding method for you? **(Welche Methode der Rinderfütterung ist zweckmäßig?)** Iowa Farm Sci. 18 (1963) Nr. 2. S. 495–498.
Vff. vergleichen Kosten und Arbeitsaufwand von 4 verschiedenen Mechanisierungsstufen in der Rinderfütterung. H.-H. Ostheeren. 2425.

3-64/07-0146 Kunczyński, Z. Karty technologiczne w rolnictwie. **(Technologische Karten in der Landwirtschaft.)** Mechanizacja Rolnictwa **11** (1963) Nr. 15/16. S. 2–5.
Der Produktionscharakter der genossenschaftlichen Landwirtschaft, vor allem aber der landwirtsch. Großproduktion ähnelt immer mehr der industriellen Produktion, in der die technol. Karten die Produktionsgrundlage bilden. Im Hinblick auf die Unterschiede zwischen der industriellen und landwirtsch. Produktion gibt es eine unterschiedliche Verwendungsart der technol. Karten. Die technol. Karten in der Landwirtschaft weisen auf die rationellsten Grundsätze der Arbeitsdurchführung unter den vorgesehenen Durchschnittsbedingungen hin, während man bei Benutzung dieser Karten die Korrekturen für den Produktionstyp und die Produktionsbedingungen des betr. Betriebes berücksichtigen muß. Die technol. Karten in der Landwirtschaft müssen als ein „Berater" angesehen werden, der für Fachleute bestimmt ist, die sie dem Stand der angewandten Technik und dem Zustand der Versorgung mit techn. Mitteln des Betriebes anpassen müssen.
PRL/CBR, übersetzt v. O. Kasperl. 2425.

3-64/07-0147 Konowrocki, A. Karty technologiczne w rolnictwie. **(Technologische Karten in der Landwirtschaft.)** Mechanizacja Rolnictwa **11** (1963) Nr. 15/16. S. 2–5.
Vom Gesichtspunkt der Produktionsökonomie muß die Anzahl der techn. Mittel im Betrieb möglichst klein, ihre Verwendung aber möglichst groß sein. Die Organisation der landwirtsch. Produktion verfügt über folgende wichtige Mittel zur Erreichung dieses Zieles: Spezialisierung der Produktion und Kooperation der Betriebe, richtige Auswahl der Pflanzen in gut verteilten Zeitabständen für die Bearbeitung und Ernte (Anbau und Ernte), Einführung der komplexen Mechanisierung und Spezialistenbrigaden; die Einführung dieser Mittel in die Tätigkeit des Betriebes verlangt die Durchführung einer sorgfältigen Betriebsanalyse. Das Ergebnis dieser Analyse muß die Bearbeitung der technol. Karten für jeden Anbau oder Produktionszweig sein. Die Projekte dieser technol. Karten wurden von Imer ausgearbeitet. Für die Betriebsleitungen müssen die technol. Karten, die dem Produktionsprofil des Betriebes genau angepaßt sind, die Rolle einer Hilfsinstruktion erfüllen und die Grundlage bilden für die Aufteilung der Produktionsauflagen im Betrieb. PRL/CBR, übersetzt v. O. Kasperl. 2425.

3-64/07-0148 Klepacki, W. und Janikowski, W. Jak posługiwać się kartami technologicznymi. **(Wie bedient man sich der technologischen Karten?)** Mechanizacja Rolnictwa **11** (1963) Nr. 15/16. S. 6–7.
Die technol. Karten haben die Form von Tabellen mit vereinfachten Zeichnungen über die durchgeführten Tätigkeiten und Arbeitsvorgänge. Das Trennen der einzelnen Arbeitsvorgänge erleichtert das Ablesen der Karten. Bei diesem System kann man rel. schnell und leicht bestimmen, wieviel AK für die Durchführung der betr. Aufgabe vorgesehen werden müssen, wie man sie einsetzen und in welchen Mengen man ihnen Maschinen, Geräte und Traktoren zuteilen muß, welche Arbeitsleistung die Menschen und die Maschinen geben werden, wie lange man arbeiten muß, um den betr. Arbeitsvorgang auf einem bestimmten Abschnitt durchzuführen. Aus diesen Angaben kann man auch den Arbeitsaufwand sowie die Kosten für die Durchführung der einzelnen Arbeitsvorgänge berechnen. In der technol. Karte sind außerdem sämtliche grundsätzlichen Elemente angeführt, die für die rationelle Organisierung des technol. Prozesses erforderlich sind. Außerdem kann man die Karten nicht als ein strenges Rezept für jeden einzelnen Betrieb ansehen, weil es unterschiedliche Gelände- und Wirtschaftsverhältnisse gibt.
PRL/CBR, übersetzt v. O. Kasperl. 2425.

3-64/07-0149 Databok för driftsplanering. Uppsala: Agricultural College of Sweden. 1963. (lose Blättersammlung) = Lantbrukshögskolans Meddelanden. Die umfassende Zusammenstellung betriebswirtsch. Angaben und Faustzahlen enthält auch Zahlenangaben für Düngung, Tierzucht und Tierhaltung. Neben Futterwerttabellen (in FE und verd. Rohprotein) und Bedarfszahlen bei verschiedenem Milchleistungsstand und für die Aufzucht und Mast stehen Richtzahlen für die Schlachtbewertung. Entspr. Angaben werden auch für die Schweinehaltung, die Schafhaltung, die Haltung von Legehennen und Mastgeflügel gemacht sowie für Pferde bei verschieden schwerer Arbeitsleistung. Für den Tierzüchter sind darüber hinaus die Zusammenstellungen über den Stallbau von bes. Interesse. J. K. Hinrichsen.

3-64/07-0150 *Dale, A. C.* and *Peart, E. M.* **A comparative study of the influence of housing and equipment variables on the performance and cost of growing-finishing swine.** Engineering evaluation of swine housing systems after one season. Lafayette: Purdue-Univ. 1963. (4 S.) 4°. (E B 11–81)

3-64/07-0151 *Grunsell, C. S.* and *Wright, A. I.*, Ed. **Animal health and production.** 13th symposium of the Colston Research Society held in the University of Bristol, April 10th–13th, 1961. London: Butterworths. 1962. (XI, 224 S. m. Abb.) (1963 B 82)

3-64/07-0152 *Hansen, Otto.* **Beitrag zur Hygiene einer Landwirtschaftlichen Produktionsgenossenschaft Typ III des Kreises Bad Doberan.** Diss. Veterinärmed. Fak. Berlin. 1963. (129 S.) 4°. (Diss. 9408)

3-64/07-0153 *Herter, Hans-Joerg.* **Stallklimatische Untersuchungen im Kreise Säckingen unter besonderer Berücksichtigung der Be- und Entlüftung.** Diss. Veterinärmed. Fak. München. 1962. (87 S.) 8°. (Diss. 9363)

3-64/07-0154 *Holitschek, Hans.* **Lüftungs- und Heizungstechnik für geschlossene Ställe.** Leipzig-Markkleeberg: Landwirtschaftsrat beim Ministerrat d. DDR. 1963. (42 S.) 8° = Markkleeberger Schriftenreihe. Mechanisierung und Bauwesen 1963 Nr. 4. (DA 1692)

3-64/07-0155 *Iliev, B.* und *Štanisev, N.* **Mechanizacija na životno. Učebnik za visšite selskostopanski učebni zavedenija.** (Mechanisierung der Tierzucht.) Sofija: Zemizdat. 1963. (332 S.) 8°. (1963 A 1550)

3-64/07-0156 *Jones, H. W.* **Effect of housing system on rate of gain, feed conversion and carcass characteristics of growing-finishing swine.** Lafayette: Purdue-Univ. 1963. (4 S.) 4°. (EB 1183)

3-64/07-0157 *Malinowski, Jerzy.* **Badania nad wartoscia uzytkowa wychowalni buhajków typu instutu zootechniki.** (Untersuchung über den Gebrauchswert eines Aufzuchtstalls für Jungbullen des im Zootechnischen Institut vorhandenen Typs.) Kraków. 1962. (52 S.) 8° = Instytut zootechniki. Wydawnictwa własne Nr. 152. (1963 A 1380)

3-64/07-0158 *Mann, Friedrich-Karl.* **Anforderungen an die künstliche Beleuchtung in landwirtschaftlichen Produktionsbauten und Anlagen. Untersuchungen und Ermittlungen über die zu empfehlenden Beleuchtungsstärken.** Diss. Hochschule für Architektur und Bauwes. Weimar. 1963. (175 S.) 4°. (Diss. 9418)

3-64/07-0159 *Morris, H. M.* and *Nygaard, Anders.* **Slatted floors for swine production.** Lafayette, Ind.: Purdue Univ. 1963. (16 S.) 4° = Purdue University. Research bulletin. No. 762. (SR 2569, 762)

3-64/07-0160 *Runov, B. A.* **Ėlektromechanizacija životnovodčeskich ferm v SŠA.** (Elektromechanisierung der Tierzuchtfarmen in den USA.) Moskva: Sel'chozizdat. 1963. (116 S.) 8°. (1964 A 107)

3-64/07-0161 *Schwarz, Siegfried.* **Ein Beitrag zum Stand der Hygiene der Tierhaltung, in der LPG „Freundschaft" Oberwiera, und die Möglichkeiten zu ihrer weiteren Entwicklung, unter besonderer Berücksichtigung der Neu- und Umbauten für die Rinder- und Schweinehaltung.** Diss. Veterinärmed. Fak. Berlin. 1963. (IV, 172 S.) 4°. (Diss. 9407)

3-64/07-0162 *Walter, Wolfgang.* **Ergebnisse einer Stallklimauntersuchung in einem Aluminiumstall und einem Stall mit herkömmlicher Bauweise.** Wiesbaden: 1962. (18 S.) 4° = Ava-Materialsammlung. Nr. 8. (SR 2898, 8)

3-64/07-0163 Organizacija besprivjaznogo soderžanija krupnogo rogatogo skota. (Organisation der Laufstallhaltung des Rindviehes.) Hrsg.: Vsesojuznyj naučno-issledovatel'skij inst. ėlektrifikacii sel'skogo choz. Moskva: Otdel naučno-techn. inform. VIĖSCha. 1963. (149 S.) 8°. (1963 A 1596)

H. NUTZUNG UND QUALITÄT TIERISCHER ERZEUGNISSE

3-64/07-0164 Sen, A. und Chaudhuri, Shila. Non-casein proteins of goat's milk. **(Nicht-Casein-Eiweiße der Ziegenmilch.)** Nature [London] **195** (1962) Nr. 4838. S. 286–287. 2512.

3-64/07-0165 Smith, L. M. und Lowry, R. R. Fatty acid composition of the phospholipids and other lipids in milk. **(Fettsäurezusammensetzung der Phospholipide und anderer Lipide der Milch.)** J. Dairy Sci. **45** (1962) Nr. 5. S. 581–588. 2512.

3-64/07-0166 Morosina, N. L. Izmenčivost' belka v moloke v zavisimosti ot proischoždenija životnych. **(Veränderlichkeit des Eiweißgehaltes in der Milch in Abhängigkeit von der Abstammung der Tiere.)** Vestnik sel'skochoz-

jajstvennoj nauki, Moskva 8 (1963) Nr. 9. S. 69–71. – 3 Tab. Zus. in Engl., Franz., Dtsch.
Die Untersuchungen wurden an Gruppen von Kühen der Simmentaler und Jaroslawler Rasse mit unterschiedlichem Milchfett- und Eiweißgehalt durchgeführt. Im Töchter-Mütter-Vergleich, bei gleicher Abstammung der Tiere, konnte ein stärkerer Einfluß der Rasse als des Vaters der Töchter in der Veränderlichkeit der Milchbestandteile festgestellt werden. Dabei traten die verschiedensten Varianten auf. Ein hoher Fettgehalt entsprach nicht immer einem hohen Eiweißgehalt. Es ist daher in den Herdbuchzuchten neben der Fettbestimmung auch die Eiweißbestimmung durchzuführen, um die züchterische Arbeit auf die Familien mit hoher Veranlagung für beide Komponenten zu konzentrieren. W. Strack. 2512.

3-64/07-0167 Miller, J. K. und Swanson, E. W. Some factors affecting iodine secretion in milk. **(Einige Faktoren, welche die Sekretion von Jod in der Milch bewirken.)** J. Dairy Sci. **46** (1963) Nr. 9. S. 927–932. – 5 Abb., 1 Tab., 13 Lit.
Mit identischen Zwillingspaaren wurde eine Reihe von Versuchen durchgeführt, um die Art und Weise, durch welche Jod in die Kuhmilch eintritt, zu untersuchen. ^{131}J wurde i. v. 7 Tage lang verabreicht. Die Milchsekretion der linken Euterhälfte von 8 Kühen wurde durch eine 24-Std.-Pause gehemmt und die rechte Euterhälfte vor der i. v. Jodgabe gemolken. Beide Hälften wurden danach in 8 und in 32-Std.-Intervallen 6 Tage lang ausgemolken. Außerdem wurde in die Euterzisterne von 6 Kühen nach dem Morgenmelken ^{131}J infundiert. Die Absorption des verabreichten Jods und der Übergang in den Blutstrom wurden durch die Mengenprozente bestimmt, welche während des nachfolgenden Melkens wiedergefunden wurden. Die Ergebnisse zeigen, daß das Jod zwischen der Milchdrüse und dem Blut in beiden Richtungen wandert und daß es unabhängig von der Milchsekretion in die Milch eintreten kann. PbJ dürfte zwischen Jod und Milch nicht in jeder Richtung transferiert werden. Es scheint, daß das Jod in das Kuheuter passiv eintritt ohne Rücksicht auf die Sekretionsaktivität. Ein Teil des Jodes ist gebunden und nicht für die Resorption verfügbar. Die größeren Jodmengen bei Hochleistungskühen hängen primär mit dem größeren Milchvolumen zusammen.
R. Neseni. 2512.

3-64/07-0168 Meyer, H. **Mineralstoffe in der Milch von Rind und Schwein.** Prakt. Tierarzt **45** (1964) Nr. 1. S. 4–6. – 7 Abb.
Vf. führte Untersuchungen des Mineralstoffgehaltes der Milch durch und fand bei schwarzbunten Kühen ⌀ 1,7 g K, 1,15 g Ca, 0,95 g P, 0,5 g Na und 0,11 g Mg pro kg. Infolge des K-Reichtums aller Rationen kommt es beim Rind trotz hoher Ausscheidung praktisch zu keinem K-Mangel. Anders steht es dagegen mit Ca und P, die in der Milch im Verhältnis 1,2 : 1, beim Knochenaufbau aber 2 : 1 benötigt werden. Deshalb brauchen laktierende Tiere ein engeres Ca : P-Verhältnis im Futter als wachsende Tiere. Zwischen verschiedenen Kühen bestehen im Mineralstoffgehalt der Milch Unterschiede bis 40%, bei Na sogar bis 100%. Bei gleicher Fütterung und Leistung zeigen deshalb einzelne Kühe unterschiedliche Mineralstoffmangel-Anfälligkeit. Auch zwischen verschiedenen Rinderrassen bestehen große Unterschiede im Mineralstoffgehalt der Milch. Aus diesen Beobachtungen und aus Untersuchungen an eineiigen Zwillingen ergibt sich, daß die individuellen Unterschiede des Mineralstoffgehaltes der Milch bei Kühen stark durch erbliche Faktoren beeinflußt werden. Bisherige Untersuchungen deuten darauf hin, daß zwischen Milchmenge und Mineralstoffgehalt kein Zusammenhang, zwischen Milchfett und Mineralstoffen aber positive Beziehungen bestehen. Beim Fettanstieg der Milch um 1% erhöhte sich der Ca-Gehalt um ca. 0,14 g/kg

(= ca. 12%), und der P-Anteil stieg um ⌀ 80 mg/kg. Damit dürfte sich bei weiterer Selektion unserer Kühe auf höheren Fettgehalt der Milch auch der Mineralstoffbedarf erhöhen. E. Krause. 2512.

3-64/07-0169 Merrill, E. P., Jensen, J. M. und Bass, S. T. Detergency effects of trisodium phosphate with and without sodium hypochlorite on milkprotein soils. **(Die Reinigungswirkung von Trinatriumphosphat mit und ohne Natriumhypochlorit auf die Milcheiweißverunreinigungen.)** J. Dairy Sci. **45** (1962) Nr. 5. S. 613–617. 2512.

3-64/07-0170 Auriol, P. und Mocquot, G. Quelques facteurs de variation de la teneur en calcium des laits de vaches. **(Einige Faktoren, die den unterschiedlichen Calciumgehalt in der Kuhmilch beeinflussen.)** J. Dairy Res. **29** (1962) Nr. 2. S. 181–189. 2512.

3-64/07-0171 Audren, M. L., Bertrand, S., Jeanmaire, L. und Michon, G. Contrôle de la pollution radioactive du lait par l' ^{131}J. **(Kontrolle der radioaktiven Verunreinigung der Milch durch ^{131}J.)** Bull. Acad. vétérin. France [N. S.] **36** (1963) Nr. 6. S. 287–290. — 2 Tab., 2 Lit.
Die Abteilung für Hygienekontrolle des Kommissariates für die Atomenergie kontrolliert z. Z. die Kontamination der Milch wie folgt: 1. Die Milch aus einer bestimmten Pasteurisierungsanlage wird ganzjährig tägl. geprüft. 2. Falls ^{131}J nachgewiesen wird oder eine Luftverunreinigung in einer der 10 Luftkontrollstellen gemessen wird, erfolgt eine generelle Überwachung des gesamten Territoriums. — Die Direktionen der tierärztlichen Dienste in den 20 Bezirken Frankreichs sind angewiesen, alle 48 Std. Proben zu entnehmen und einzusenden. Die Messung von ^{131}J erfolgt spektrometrisch in 2 l Milch. Die Technik wurde von Jeanmaire und Michon im Rapport C.E.A. Nr. 2223, 1963, beschrieben und zeigt noch 15 pc/l Milch, d. h. $^1/_{10}$ der MZK an. Während der sowjetischen Testserien wurden 1300 Proben gemessen und erhöhte Aktivitäten von Sept. 1962 bis Jan. 1963 festgestellt. Die Proben aus dem Norden und Osten Frankreichs sind niedriger als die im Westen, im Zentrum und im Süden. Diese Unterschiede sind teils geographisch bedingt, teils liegen sie in der Viehhaltung. Die Meßwerte lagen zwischen 20 und 300 pc/l Milch. Auch die Berechnung der Gesamtdosis für 4 Mon. für Kleinstkinder zeigt, daß die max. zugelassenen Werte nicht erreicht wurden.
M. Worseck. 2512.

3-64/07-0172 Terroine, E.-F. Techniques de détection et de dénombrement des microorganismes du lait. **(Die Technik der Bestimmung und Zählung von Mikroorganismen in Milch.)** Ann. Nutrit. Alimentat. [Paris] **25** (1961) Nr. 6. Techn. S. 7–9. 2512.

3-64/07-0173 Cox, Philip I. und Heotis, James P. Determination of furaltadone in milk. **(Bestimmung von Furaltadon in Milch.)** J. agric. Food Chem. **11** (1963) Nr. 6. S. 499–501. — 1 Abb., 3 Tab., 3 Lit. 2512.

3-64/07-0174 Kiermeier, Friedrich, Ganz, Annette und Wildbrett, Gerhard. **Rückstandsanalyse insecticider Chlorkohlenwasserstoffe in Milch durch biologisches Verfahren. 1. Mitt. Der Direkttest mit Stubenfliegen.** Z. Lebensmittel-Unters. u. -Forsch. **124** (1963) Nr. 1. S. 44–50. — 1 Abb., 5 Tab., 31 Lit. — nach Zus.
Der Direkttest mit Stubenfliegen eignet sich nicht zur Bestimmung von Rückständen insekticider Chlorkohlenwasserstoffe in Milch, da seine Empfindlichkeit zu gering ist. γ-HCH konnte in einer Konzentration von 2,9 mg/kg Milch noch festgestellt werden, DDT dagegen war selbst bei einer Konzentration von 35 mg/kg Milch nicht mehr sicher nachzuweisen. Das Milchfett, wie auch die fettfreien Inhaltsstoffe der Milch beeinträchtigen die Toxicität der Wirkstoffe für Stubenfliegen. 2512.

3-64/07-0175 Anonym. Zatraty praci v 20 raziv meńši. **(Senkung des Arbeitsaufwandes im Karussellmelkstand.)** Socialistyčne tvarynnyctvo, Kyïv **35** (1963) Nr. 9. S. 61. – 1 Abb.

Auf der Landwirtsch. Tierfarm „Prawda“ der Landwirtsch. Produktionsgenossenschaft von Welikonowoselsk, im Donez-Gebiet, sind alle arbeitsaufwendigen Prozesse mechanisiert worden. Hier melken 3 AK in 2,5–3 Std. in einem Karussellmelkstand 600–700 Kühe. Der Arbeitszeitaufwand für 1 dt ermolkene Milch beträgt im Vergleich zum Handmelken nur $^1/_{20}$.
übersetzt v. K. Neumann. 2516.

3-64/07-0176 Ženžera, A. P. Naš dosvid budivnyctva i ekspluatacii doïl'noï ustanovky typu „karusel'“. **(Unsere Erfahrung bei Bau und Nutzung des Karussellmelkstandes.)** Socialistyčne tvarynnyctvo, Kyïv **35** (1963) Nr. 6. S. 53–57. – 3 Abb. 2516.

3-64/07-0177 Schmidt, F. **Der Fischgrätenmelkstand im Blickfeld der Ökonomie.** Tierzucht **17** (1963) Nr. 12. S. 544–548.

Die Praxis führt für mangelhaft ausgelastete Fischgrätenmelkstände (FGM) oft das Argument an, daß Kühe im FGM weniger Milch geben. Dieser Vorwand muß zurückgewiesen werden, denn es ist bewiesen, daß Kühe und Färsen mit Laktationsleistungen von 3500–4500 kg Milch erfolgreich im FGM ermolken wurden. Es müssen stets 2 Melker gleichzeitig im FGM arbeiten, damit die Euter nicht vernachlässigt und gründlich ausgemolken werden. Bei einer Herde von 240 Kühen mit einer Jahresleistung von je 3000 kg Milch fallen beim Einsatz eines stationären und eines fahrbaren FGM je dt ermolkene Milch DM 2,52 Kosten an. Wird der FGM nicht benutzt, so fallen trotzdem jährl. DM 13302 Kosten an, ohne daß dafür ein Nutzen entsteht. Bei einem Melkdurchschnitt von 9–10 kg Milch beträgt die Stundenleistung im FGM ca. 34 Kühe. Im Durchschnitt des Jahres werden für eine Herde von 240 Kühen 4,76 AK benötigt. Beim Handmelken sind dagegen 10,27 AK notwendig. Beim Handmelken werden 2316 AE mehr benötigt als beim Maschinenmelken. K. Pilz. 2516.

3-64/07-0178 Linko, R. R. und Nikkilä, O. E. Behaviour of muscle protein fractions of broilers during freezing and frozen storage. **(Das Verhalten von Muskeleiweißfraktionen von Geflügel während des Frostens und der Gefrierlagerung.)** Maataloustieteellinen Aikakauskirja [J. sci. agric. Soc. Finland] **35** (1963) Nr. 3. S. 92–104. – 2 Abb., 2 Tab., 39 Lit.

Zu den Untersuchungen wurden Brustmuskeln von 9 Wochen alten White Rock Broiler mit einem durchschnittl. Gewicht von 1 kg verwendet. Der prozentuale Anteil der wichtigsten Eiweißfraktionen beträgt: Aktomyosin (Myosin + Actin) 59%, Sarcoplasma-Protein 30%, Bindegewebe-Eiweiß 11%. Während der Lagerung wird die Löslichkeit von Myosin erniedrigt, ebenso die Wasserbindungskapazität. E. Otto/Dummerstorf. 2522.

3-64/07-0179 Wilke, E. **Schlachtschafvermarktung und Fleischqualität.** Tierzüchter **15** (1963) Nr. 16. S. 589–591. – 4 Abb. 2522.

3-64/07-0180 Schmidt, K.-H.; Braunschweig-Völkenrode, Inst. für Tierernähr. **Schlachtwertgerechte Bezahlung bei der Vermarktung lebender Schweine?** Schweinezucht u. Schweinemast **11** (1963) Nr. 9. S. 191–192.

Für einen großen Teil der lebend vermarkteten Schweine erfolgt die Kaufpreisbestimmung noch immer nach dem Gewicht, nach dem Gewicht und dem vermutlichen Schlachtverlust oder nach Merkmalen, die in keiner oder nur loser Beziehung zum Schlachtwert stehen. Vf. vermißt daher im Bundesgebiet vergleichende Untersuchungen darüber, welche Handelsform den Preis erbringt, der dem Schlachtwert der Schweine am nächsten kommt, und erörtert deshalb eine amer. Arbeit von Engelman et al. Dabei wird deutlich,

daß die Schätzung des Schlachtwertes am lebenden Schwein nicht zuverlässig genug ist, um als Grundlage einer gerechten Preisbildung zu dienen.
A. Schaaf. 2522.

3-64/07-0181 Pezacki, W. Unowocześnienie technologii uboju świń bekonowych. **(Modernisierung der Technik der Baconschweineschlachtung.)** Med. weteryn. **19** (1963) Nr. 4. S. 191–195. – 6 Abb., 1 Tab.
Die vorliegende Arbeit enthält eine Zusammenfassung eigener Beobachtungen und Informationen, die Vf. in der Sowjetunion gewonnen hat.
PRL/CBR. 2522.

3-64/07-0182 Dansmann, H. **Vorzüge der Fleischvermarktung? — Mängel der Lebendvermarktung?** Schlacht- u. Viehhof-Ztg. **63** (1963) Nr. 10. S. 396–398. 2522.

3-64/07-0183 Juny, M. und Grymel, F. Uzysk krwi ubojowej u cieląt w zależności od płci i klasy żywca. **(Die Menge des Schlachtblutes bei Kälbern in Abhängigkeit von Geschlecht und Klasse der Tiere.)** Zeszyty naukowe wyższej Szkoły rolniczej Wrocławiu **10** (1963) Nr. 45. S. 197–202. – 2 Tab.
Untersucht wurden 180 Tiere des Schwarzbunten Niederungsviehs, und zwar je 90 Kuh- und 90 Bullenkälber in 3 Klassen zu jeweils 30 ♀♀ + 30 ♂♂. In der Kuhkälberpopulation schwankte das Lgw. vor dem Schlachten in Gr. I von 49–59 kg, in Gr. II von 37–52 kg und in Gr. III von 31–39 kg; in gleicher Reihenfolge betrug das Gewicht in der Bullenkälberpopulation 52–62 kg, 37–49 kg und 32–41 kg. Die Tiere aus Gr. I bluteten am besten aus, während das Ausbluten in Gr. III am schlechtesten erfolgte. Für beide Populationen zusammen sind die Unterschiede zwischen den Gruppen statistisch erfaßbar. Die Kälber der Klasse I bluteten besser aus als die der Klasse II, und von diesen wurde wiederum mehr Schlachtblut erzielt als von den Kälbern der Klasse III. Auf diese Weise bestätigt sich der günstige Einfluß des Körperzustandes der Tiere auf ihren Schlachtwert. Der Unterschied in der Menge des gewonnenen Schlachtblutes zwischen den Kuh- und Bullenkälbern erwies sich in den ersten 2 Klassen als statistisch erfaßbar, hingegen nicht in Klasse III, wobei ein besseres Ausbluten in beiden Fällen bei den Kälbern festgestellt wurde. PRL/CBR, übersetzt v. R. Hüffer. 2522.

3-64/07-0184 Eymmer, H.-J. **Beanstandungen bei der Fleischbeschau des Schweines infolge fütterungsbedingter Geruchs-, Geschmacks- und Farbabweichungen.** Mh. Veterinärmed. **18** (1963) Nr. 24. S. 949–952.
Die Abweichungen in Farbe, Geruch und Geschmack, die bei Schweinen zu Beanstandungen führen, werden an Hand von 220 Tieren einer LPG, die im Dez. 1961 geschlachtet wurden, beschrieben. Die Überprüfung der Fütterung ergab, daß neben Küchenabfällen, Getreideschrot, Grünfutter und Fettgrieben 800 g Fischsilage (17% der Futtermenge) gegeben wurden, 10 Wochen vor dem Schlachten wurde Silage abgesetzt, Frischblut verabfolgt und der Küchenabfallanteil noch erhöht. Um weitere Verluste zu vermeiden, wurde Fischsilage sofort allg. nicht mehr gereicht, dafür aber 2 kg Trockenschnitzel. Schlachtungen von Febr.–Mai 1962 ergaben aber keine Senkung der Beanstandungsquote. Kartoffeln u. a. kohlenhydratreiche Futtermittel fehlten weiterhin. Die außer Fischsilage gereichten Futtermittel sind für sich allein schon imstande, Beanstandungen hervorzurufen; sie können den reichlich gegebenen Fisch also nicht zurückdrängen. 1963 hingegen wurde aus der gleichen LPG unvermutet ein Teil des Schweinebestandes wegen akuter MKS geschlachtet, diese Tiere hatten bis dahin 250 bis 300 g/Tag/Tier Fisch erhalten, brauchten aber nicht beanstandet zu werden, weil Getreideschrot und Kartoffeln damals in ausreichender Menge verabfolgt wurden. Da in Zukunft Fisch und Fischprodukte noch mehr zum Einsatz gelangen werden, muß also darauf geachtet werden, daß nicht gleichzeitig stark fetthaltige

pflanzliche oder tierische Mittel, sondern vielmehr hochwertige kohlenhydratreiche Futtermittel verwendet werden. Dann ist es nicht erforderlich, längere Wartezeiten nach Absetzen der Fischfütterung vor der Schlachtung gesetzlich festzulegen oder exakte Fütterungsnormen für Fischprodukte aufzustellen. W. Mathieu. 2524.

3-64/07-0185 Schneidawind, H. **Dringend notwendige Ergänzungen in der Fleischbeschaugesetzgebung.** Schlacht- u. Viehhof-Ztg. **63** (1963) Nr. 12. S. 480–481. 2524.

3-64/07-0186 Raschke, E. **Gedanken zur Reform des Fleischbeschaugesetzes.** Schlacht- u. Viehhof-Ztg. **63** (1963) Nr. 12. S. 474–479. 2524.

3-64/07-0187 Sayre, R. N., Briskey, E. J. und Hoekstra, W. G.; Madison, Univ. of Wisconsin, Agric. Exp. Stat. Comparison of muscle characteristics and postmortem glycolysis in three breeds of swine. **(Vergleich von Kenndaten eines Muskels und dem Verlauf der Glykolyse nach dem Tode bei drei Schweinerassen.)** J. Animal Sci. **22** (1963) Nr. 4. S. 1012–1020. – 5 Abb., 4 Tab., 29 Lit.

Auffallende Unterschiede bestehen in den chem. und phys. Daten der Muskeln bei demselben Schwein. In vorliegender Untersuchung wurde der M. long. dorsi verwendet. In 3 Versuchen wurden je 102 Tiere der Rassen Hampshire (H.), Chester White (Ch. W.) und Poland China (P. Ch.) untersucht. Festgestellt wurden objektiv Remission, pH-Wert, Preßwasser, Pufferkapazität, Glykogen-, Tr.-Subst.-, Fettgehalt, subjektiv Farbe und Saftigkeit. Die Remission (485 nm) ist beim Tode gleich und hat schon nach 3 Std. signifikante Unterschiede. Ch. W. haben den dunkelsten und P. Ch. den hellsten Muskel. Der anfängliche pH-Wert von P. Ch. ist auffallend niedriger als der der anderen Rassen, der Abfall schneller. Die Untersuchungen zeigen, daß zwischen den Rassen Unterschiede in der chem. Zusammensetzung und den phys. Daten bestehen. E. Otto/Dummerstorf. 2524.

3-64/07-0188 Lawrie, R. A. und Pomeroy, R. W.; Cambridge, Univ., Low Temperature Res. Stat. Sodium and potassium in pig muscle. **(Natrium und Kalium im Schweinemuskel.)** J. agric. Sci. **61** (1963) Nr. 3. S. 409–410. – 1 Tab., 8 Lit.

Der Anteil von radioaktivem ^{40}K und nicht radioaktivem ^{39}K ist konstant. Ebenso ist die Menge von K im Muskelgewebe konstant. Jeweils 6 Tiere der Rasse Large White wurden im Porker-Gewicht (150 lb.), Bacon-Gewicht (200 lb.) und Verarbeitungs-Gewicht (250 lb.) geschlachtet. Von Muskeln aus dem Rücken, Vorder- und Hinterschinken wurde der Gehalt an Na und K bestimmt. Obwohl nur 5 Muskeln untersucht wurden, ist es offensichtlich, daß der K-Gehalt in den einzelnen Körperregionen nicht gleich ist (30% Differenz). Er ist auch zwischen den Schlachtgruppen nicht gleich.
E. Otto/Dummerstorf. 2524.

3-64/07-0189 Missler, M. **Genußtauglichkeitsuntersuchung bei Schlachtgeflügel — ein Problem moderner Junggeflügelschlachtung.** Tierzüchter **15** (1963) Nr. 16. S. 591–592. 594. – 3 Abb. 2524.

3-64/07-0190 Sybesma, W. Enterse ziekte onder de huidige omstandigheden. Praktische mogelijkheden ter beperking van de schade. **(„Enterse ziekte" unter den heutigen Umständen. Praktische Möglichkeiten zur Einschränkung des Schadens.)** Tijdschr. Diergeneeskunde 88 (1963) Nr. 17. S. 1043–1049. – 18 Lit. Zus. in Engl., Franz., Dtsch.

Der in den Niederlanden als „Enterse ziekte" bekannte Qualitätsmangel des Schweinefleisches wird an Hand der Literatur besprochen. Das veränderte Fleisch ist naß, schlaff und blaß. Da dieser Mangel oft erst bei der Verarbeitung des Fleisches festgestellt wird, ist der wirkliche Schaden schwer zu schätzen. Auf Grund der vermuteten Ursachen werden praktische Maßnahmen zur Einschränkung des Schadens empfohlen, die sich vor allem auf die Schlachtung einschließlich des Transportes beziehen. Auf die Notwendigkeit züchterischer Maßnahmen wird ebenfalls hingewiesen. W. Wittig. 2524.

3-64/07-0191 Langen, H. de; Hamilton, Ruakura Animal Res. Stat. Determination of fat in meat and separable fat by the Gerber test. **(Die Bestimmung des Fettgehaltes in Fleisch und Fett mit der Gerber-Methode.)** New Zealand J. agric. Res. **6** (1963) Nr. 5. S. 452–456. – 1 Abb., 2 Tab., 10 Lit.

Die Petrol-Äther-Methode zur Bestimmung des Fettgehaltes in Fleischprodukten dauert 2 Tage. Verschiedentlich wurde die Gerber-Methode der Milchfettbestimmung modifiziert für die Bestimmung des Fettes in Fleisch. Die Schwierigkeit der Einführung der Fleischprobe in die Butyrometer hat lange die allg. Verwendung verhindert. Die Abb. zeigt einen Glastrichter und Plastikstab, mit dem die Probe in das Milch- bzw. Sahnebutyrometer gebracht wird. Als Umrechnungsfaktor für das Fleischfett wird 0,935 gefunden. Die beschriebene Methode erlaubt eine schnelle und zuverlässige Bestimmung des Fettgehaltes in Fleisch und Fett. E. Otto/Dummerstorf. 2524.

3-64/07-0192 Vold, Ellef und Wismer-Pedersen, J.; Roskilde, Dan. Meat Res. Inst. Relationship between fibre toughness and fibrillar water binding capacity in raw pork. **(Beziehungen zwischen Muskel-Zähigkeit und fibrillärem Wasserbindungsvermögen von rohem Schweinefleisch.)** Acta Agric. scand **13** (1963) Nr. 4. S. 341–352. – 6 Abb., 3 Tab., 17 Lit.

Von 54 Schweinen der dänischen Landrasse wurden Proben aus dem M. long. dorsi untersucht. Die pH-Bestimmung erfolgte eine $^3/_4$ und 24 Std. nach dem Schlachten. Die Farbe wurde am frischen Anschnitt subjektiv nach Punkten bestimmt. Das Wasserhaltungsvermögen wurde nach Bendall u. Wismer-Pedersen (g Wasser auf g Eiweiß), die Zähigkeit mit der Wolodkewitsch-Shear-press ermittelt. Die Fasern in den rechtwinkligen Blöcken von 1 × 2 cm verliefen im rechten Winkel zu den Backen der Presse. Es ergab sich, daß bei Fleisch mit einem hohen Wasserbindungsvermögen die Probe nicht geschnitten, sondern gequetscht wurde. Auffallend ist, daß dieses Fleisch weich und nachgiebig ist. Wäßriges Fleisch ist gekennzeichnet durch niedrigen pH-Wert (5,37), helles Fleisch, niedrige Wasserbindungsfähigkeit. Die Korrelationskoeffizienten zwischen den einzelnen Faktoren betragen 0,5–0,8 und sind hoch signifikant. E. Otto/Dummerstorf. 2524.

3-64/07-0193 Kennick, W. H., England, D. C. und Anglemier, A. F.; Corvallis, Oregon Agric. Exp. Stat. Method of estimating percent of protein and fat in the boneless portion of steer carcasses. **(Methode zur Bestimmung von Eiweiß und Fett in dem knochenlosen Anteil der Schlachtkörper von Ochsen.)** J. Animal Sci. **22** (1963) Nr. 4. S. 989–992. – 1 Abb., 2 Tab., 7 Lit.

Die untersuchten Schlachtkörper stammten von 80 Hereford- und Aberdeen-Angus- Ochsen im Gewicht von 318–761 lb. aller Schlachtklassen. Von dem 3-Rippen-Stück (9.–11. Rippe) der rechten Hälfte wurde chem. der Tr.-Subst.-, Eiweiß- und Fettgehalt ermittelt. Der Anschnitt zur 12. Rippe wurde abgepaust. Von der Pause wurden gemessen: Gesamtfläche, Fläche des M. long. dorsi, Gesamtfleischfläche; die Fettfläche wurde durch Subtraktion errechnet. Die Beziehung von dem prozentualen Fettgehalt zur prozentualen Fettfläche beträgt $r = +0{,}68$, zur Fettfläche in cm² $r = +0{,}68$ und zum Schlachtkörpergewicht $r = +0{,}64$. Der Eiweißgehalt steht analog in Beziehung mit $r = -0{,}70$, $r = -0{,}69$, $r = -0{,}65$. Die multiplen Korrelationskoeffizienten von prozentualer Fettfläche und warmem Schlachtgewicht zum prozentualen Fettgehalt betragen $R = 0{,}94$, zum prozentualen Eiweißgehalt $R = 0{,}80$. Aus den beiden Komponenten: errechnete Fettfläche und Schlachtkörpergewicht kann demnach die Zusammensetzung des 3-Rippen-Stückes weitgehend genau bestimmt werden. Auf Grund anderer Berechnungen kann aus dem 3-Rippen-Stück die Zusammensetzung des ganzen Schlachtkörpers berechnet werden. E. Otto/Dummerstorf. 2526.

3-64/07-0194 Harrington, G. und King, J. W. B.; Cambridge, Univ., School of Agric., A.R.C. A note on the prediction of muscular tissue weight in sides of beef. **(Eine Bemerkung über die Voraussage des Fleischgewichtes bei Rinderhälften.)** Animal Product. **5** (1963) Nr. 3. S. 327–328. — 1 Lit.
Callow versuchte, aus verschiedenen Muskelgewichten den Fleischanteil der Rinderhälfte zu berechnen. Er stellte jedoch fest, daß ein Muskel zur Abschätzung nicht ausreicht und die Hälfte zerlegt werden muß. Für die Berechnung der Regression wurde aber die zusätzliche Information über das Lgw. und Schlachtgewicht der Tiere sowie das gesamte Gewicht des Teilstückes nicht ausgenutzt. Die Hinzunahme dieser Werte vermindert den Standardfehler erheblich. Daraus kann gefolgert werden, daß einfachere Methoden als die Zerlegung der Hälfte einen Hinweis auf den Fleischanteil geben können. E. Otto/Dummerstorf. 2526.

3-64/07-0195 Smolińska, T. und Wandokanty, F. Wpływ chloranu potasu, nadmanganianu potasu i płynu Lugola w okresie przed ubojowego kondycjonowania kaczek i gęsi na barwę ich tuszek i niektóre cechy rzeźne. **(Der Einfluß von Kaliumchlorat, Kaliumpermanganat und Lugolscher Lösung in der Zeit vor der Schlachtreife der Enten und Gänse auf die Farbe des Schlachtkörpers und einige Schlachtmerkmale.)** Zeszyty naukowe wyższej Szkoły rolniczej Wrocławiu **10** (1963) Nr. 45. S. 151–169. — 11 Tab., 4 Lit.
Die Einstufung der Entenschlachtkörper ergab keinen Einfluß der angewendeten Mittel mit Ausnahme der Gr. IV (Zusatz von Lugolscher Lösung und $KClO_3$ zusammen), die sich als schwächste erwies. Gr. III mit Zusatz Lugolscher Lösung in reiner Form führte zu Ergebnissen, die denjenigen der Kontrollgruppe glichen. Bei der Bewertung der Schlachtkörper von Gänsen zeichneten sich Gruppen mit Zusatz von $KClO_3$ und Lugolscher Lösung qualitativ aus. Bei den Schlachtkörpern der Enten und Gänse konnte hinsichtlich Farbe und Ausgeglichenheit ein tatsächlicher Einfluß der angewendeten chem. Mittel festgestellt werden. Die besten Ergebnisse lieferte hier der Zusatz von $KMnO_4$ und $KClO_3$ zusammen, wobei die Schlachtkörper aufgehellt und gleichmäßig entfärbt wurden. Etwas schlechtere Ergebnisse brachte der Zusatz von $KMnO_4$ und $KClO_3$ in reiner Form. Auf die chem. Zusammensetzung und den Kaloriengehalt des Fleisches der Enten und Gänse hatten die angewendeten Aufhellungsmittel keinen Einfluß. Im Gewichtszuwachs der Enten in der Zeit vor dem Schlachten ergaben sich zwischen den einzelnen Gruppen keine statistisch erfaßbaren Unterschiede. Bei Gänsen hingegen war dies der Fall, sie waren jedoch nicht durch den Zusatz chem. Mittel verursacht worden. Durch den Zusatz von $KClO_3$ und $KMnO_4$ wurde der Kaligehalt des Fleisches nur unwesentlich gesteigert.
PRL/CBR, übersetzt v. R. Hüffer. 2526.

3-64/07-0196 Stouffer, J. R.; Göttingen, Inst. für Tierzucht; Ithaca, Dep. of Animal Husbandry. **Die Anwendung von Ultraschallmessungen in den USA.** Züchtungskunde **36** (1964) Nr. 2. S. 64–70. — 4 Abb. Zus. in Russ., Engl., Franz.
Während in Deutschland mehr die Schweine im Vordergrund des Interesses standen, waren es in den USA die Rinder. Schon nach kurzer Zeit wurde versucht, nicht nur das Auflagefett, sondern auch die Muskulatur zu messen. Die einmalige Feststellung der Muskeldicke genügt nicht. Gute Ergebnisse brachten mehrere seitliche Messungen und die Zusammenfügung dieser Werte zu einem Fett- und Muskelquerschnitt. Diese Methode bringt zwar wertvolle Informationen, jedoch ist sie zeitaufwendig und kann nur von Spezialisten ausgeführt werden. Vom Vf. wurde ein Gerät entwickelt, das die Begrenzungs-

linien der Gewebe fortlaufend registriert, die Ergebnisse schnell wiedergibt und leicht zu handhaben ist. Das Gerät besteht aus der Grundeinheit (Ultraschallgerät) für die Erzeugung, Verstärkung und Sichtbarmachung der Echolote, einer Kamera zum Fotografieren der Echos sowie einer Brücke mit Prüfkopf zum Abgleiten der Meßstelle auf dem Rücken des Tieres. 10 Sek. nach der Messung hat die Polaroid-Land-Kamera die Aufnahme entwickelt. Unter Berücksichtigung des Verkleinerungsfaktors kann die Fett- und Muskelfläche ausgemessen werden. E. Otto/Dummerstorf 2526.

3-64/07-0197 Pielmaier, J. **Untersuchungen über die Einflüsse auf die Preisbildung bei Schlachtkühen am Münchener Schlachtviehgroßmarkt unter besonderer Berücksichtigung der Rassenzugehörigkeit.** Bayer. landwirtsch. Jb. **40** (1963) Nr. 7. S. 785–823. — 8 Abb., 32 Tab., 77 Lit. 2528.

3-64/07-0198 Weniger, J.-H. **Die DLG-Schlachtviehschau Hamburg 1963.** Tierzüchter **15** (1963) Nr. 18. S. 663–665. 2528.

3-64/07-0199 Vial, V. E. und Kelly, W. R.; Dublin, Univ. Coll. Beef production: an Irish viewpoint. **(Die Rindfleischproduktion unter irischen Gesichtspunkten.)** Brit. veterin. J. **119** (1963) Nr. 10. S. 448–458. — 1 Abb., 2 Tab., 23 Lit.

In den letzten 150 Jahren haben sich drei Rinderrassen den Fleischmarkt erobert: die Shorthorn, die Aberdeen Angus und die Hereford. Die Friesen haben in jüngerer Zeit sowohl im Hinblick auf die Milchleistung als auch bez. der Fleischleistung die Aufmerksamkeit auf sich gezogen. Die an die Tiere hinsichtlich der im Typ zum Ausdruck kommenden Nutzungsrichtung zu stellenden Forderungen werden durch die Konsumentenwünsche gelenkt. Diese wiederum stehen unter Einfluß der Gewerbetreibenden des Fleischhandels und der Marktorganisation. Mit welchen Methoden vermögen nun der Tierhalter und der Züchter auf die Qualität des dem Konsumenten angebotenen Fleisches einen Einfluß auszuüben. Wenn Irland seine Rolle im Fleischexport zurückgewinnen will, müssen die irischen Farmer sich überwiegend auf die Produktion von Magerfleisch einstellen. Z. Z. haben die großen Fleischmarktorganisationen noch keine wesentliche Bedeutung. Sie schlagen weniger als 5% des Rindfleischaufkommens um. Bis 1970 sollen jedoch 60–70% des vermarkteten Rindfleisches auf diese Weise umgesetzt werden. Dort gelten standardisierte Forderungen hinsichtlich der Schlachtqualität, der max. zulässigen Fettauflagerungen und der Gewichtes der Schlachtkörper, das bei ca. 450–500 lb. liegen dürfte. Zur Überwindung der bisherigen Unausgeglichenheit in der Qualität der Schlachtrinder sollte die Prüfung der Fleischqualität in das Prüfprogramm der Besamungsbullen aufgenommen werden. Durch die Prüfungsforderungen müßte ein Einfluß auf die Herdbuchzucht im Hinblick auf die Höhe der Gewichtszunahmen und die Gewinnung eines möglichst fettarmen Zuwachses an Magerfleisch genommen werden können. Die Aufzucht der Rinder unter hygienischen Bedingungen und die Gewährleistung einer intensiven Gesundheitskontrolle der Herdbuchbestände würden das Interesse an Import irischen Fleisches steigern. H. Busse. 2528.

3-64/07-0200 Dansmann, H. **Probleme der Schlachtrindervermarktung in Nigeria.** Schlacht- u. Viehhof-Ztg. **63** (1963) Nr. 11. S. 432–433. 2528.

3-64/07-0201 Jong, J. J. de. The quality of the consumption egg. **(Die Qualität der Konsumeier.)** Wld. Poultry Sci. J. **14** (1963) Nr. 4. S. 272–282. 2535.

3-64/07-0202 *Cersovsky, Herbert* und *Neubert, S.* **Milchhygienische Untersuchungen einer mit Rohrmelkanlage ausgerüsteten Weidezentrale für 120 Kühe.** Oranienburg: Inst. f. Milchforschung. 1963. (40 S.) 8° = Arbeiten aus dem Institut für Milchforschung Oranienburg. 1963. H. 26. (SR 2554, 1963, 26)

3-64/07-0203 *Grunert, Achim.* **Untersuchungen am Fließband einer Geflügelschlachtanlage — ein Beitrag zur Geflügelbeschau.** Diss. Leipzig. 1963. (89 S.) 4°. (Diss. 9308)

3-64/07-0204 *Kraus, H.* **Hygienische Milchgewinnung und Wettbewerb.** Ein ausbaufähiger Vorschlag zur Einführung des wissenschaftlich-technischen Fortschrittes in der Milchgewinnung. Potsdam: Landwirtschaftsrat. 1963. (63 S.) 4°. (1963 B 181)

3-64/07-0205 *Leslie, John.* **Eine autoradiographische Methode zur quantitativen Bestimmung von ^{90}Sr in Milch- und Milcherzeugnissen.** Diss. München. 1962. (VI, 43 S.) 8°. (Diss. 9376)

3-64/07-0206 *Meyer, Jochen.* **Untersuchungen über Beziehungen zwischen Milchmenge, Fett, fettfreier Trockensubstanz, Protein und Laktose in Ziegenmilch.** Diss. Veterinärmed. Fak. München. 1963. (33 S.) 8°. (Diss. 9358)

3-64/07-0207 *Offterdinger, Ingrid.* **Zur chemischen Schlachtkörperzusammensetzung von Masthühnern in Abhängigkeit von Alter, Gewicht und Wachstumsgeschwindigkeit.** Diss. München. 1962. (57 S.) 8°. (Diss. 9380)

3-64/07-0208 *Weniger, Joachim-Hans, Steinhauf, Diether* und *Pahl, Gerda H. M.* **Muskeltopographie der Schlachtkörper.** München; Basel; Wien: BVL Verlagsgesellschaft. 1963. (143 S.) 4°. (1963 B 246)

3-64/07-0209 **Landmaschinen — Melkanlagen — Baugruppen. Bl. 7.9.10.** 7. Zentrale Haupt- und Anschlußmaße. 1962. 9. Drucklöser. Haupt- und Anschlußmaße. 1963. 10. Pulsverstärker. Haupt- und Anschlußmaße. 1963. Leipzig: Fachbuchverl. 1963. (5 S.) 4° = Technische Normen, Gütevorschriften und Lieferbedingungen. Nr. 8611. Bl. 7. 9. 10. (SR 2255, 8611, 7. 9. 10.)

3-64/07-0210 **Landmaschinen — Melkanlagen — Größenordnung. Einbauschemata. Einbauschema. Ringspülung.** Leipzig: Fachbuchverl. 1963. (2 S.) 4° = Technische Normen, Gütevorschriften und Lieferbedingungen. Nr. 8610. Bl. 8. (SR 2255, 8610, 8)

3-64/07-0211 **Milch und Milcherzeugnisse.** Prüfung von Milch und flüssigen Milcherzeugnissen. B. 4,5. 4. Bestimmung der Trockenmasse. Verbindlich ab 1.10. 1963. 5. Bestimmung der Dichte. Verbindlich ab 1. 10. 1963. Leipzig: Fachbuchverl. 1963. (4 S.) 4° = Technische Normen, Gütevorschriften und Lieferbedingungen. Nr. 8677. Bl. 4, 5. (SR 2255, 8677, 3, 4)

3-64/07-0212 **Milch und Milcherzeugung — Prüfung von Milch, Bestimmung des Eiweißtiters.** Leipzig: Fachbuchverl. 1962. (2 S.) 4° = Technische Normen, Gütevorschriften und Lieferbedingungen. Nr. 8125. Bl. 8. (Sr 2255, 8125, 8)

3-64/07-0213 **Milch und Milcherzeugnisse. — Prüfung von Milch und Milcherzeugnissen. Bestimmung des Eiweißgehaltes nach Kjeldahl.** Leipzig: Fachbuchverl. 1962. (3 S.) 4° = Technische Normen, Gütevorschriften und Lieferbedingungen. Nr. 8126. Bl. 2. (SR 2255, 8126, 2)

3-64/07-0214 **Milchwirtschaftliche Untersuchungsgeräte — Butyrometer für Milch.** Hrsg.: Amt für Standardisierung. Leipzig: Fachbuchverl. 1963. (1 Bl.) 4° = Technische Normen, Gütevorschriften 0-12836. (SR 2255, 0-12836)

3-64/07-0215 **Reinigungs- und Desinfektionsmittel für die Milchwirtschaft. Bl. 1-14.** 1. Bestimmung und Agressivität. Verbindlich ab 1.10. 1963. 2. Probenahme. Verbindlich ab 1.10. 1963. 3. Physikalische und chemische Prüfung. Verbindlich ab 1.10. 1963. 5. Bestimmung der Geschmacksbeeinflussung von Milch durch Desinfektionsmittel. Verbindlich ab 1.10. 1963. 6. Desinfektionswirkung im Laboratoriumsversuch. Verbindlich ab 1.10. 1963. 7. Gebrauchswertprüfung für die Sorte RK. Verbindlich ab 1.10. 1963. 8. Gebrauchswertprüfung für die Sorte RZ. Verbindlich ab 1.10. 1963. 9. Gebrauchswertprüfung für die Sorte DZ. Verbindlich ab 1.10. 1963. 10. Gebrauchswertprüfung für die Sorten RES und REA. Verbindlich ab 1.10. 1963. 11. Gebrauchswertprüfung für die Sorte RDH. Verbindlich ab 1.10.1963. 12. Gebrauchswertprüfung für die Sorte RF. Verbindlich ab 1.10. 1963. 13. Gebrauchswertprüfung für die Sorte RM. Verbindlich ab 1.10. 1963. 14. Gebrauchswertprüfung für die Sorte DM. Verbindlich ab 1.10. 1963. Leipzig: Fachbuchverl. 1963. (41 S.) 4° = Technische Normen, Gütevorschriften, Lieferbedingungen. Nr. 14035. Bl. 1-3, 5-14. (SR 2255, 14035, 1)

3-64/07-216 **Spravočnik po oplate truda v sovchozach i drugich gosudarstvennych predprijatijach.** (Handbuch über Arbeitsvergütung in Sowchosen und anderen staatlichen Landwirtschaftsbetrieben). 2., überarb. u. erg. Aufl. Moskva: Izd. sel'skochoz. lit., žurnalov i plakatov. 1963. (638 S.) 4°. (1964 B 26)

K. TIERPSYCHOLOGIE

3-64/07-0217 Young, William C., Goy, Robert W. und Phoenix, Charles H. Hormones and sexual behavior. **(Hormone und Geschlechtsverhalten.)** Science [Washington] **143** (1964) Nr. 3603. S. 212-218. — 4 Abb., 2 Tab., 44 Lit. 2610.

3-64/07-0218 Zarrow, M. X., Farooq, A., Denenberg, V. H., Sawin, P. B. und Ross, S. Maternal behaviour in the rabbit: endocrine control of maternal-nest building. **(Mütterliches Verhalten beim Kaninchen: Endokrine Kontrolle des Nestbauens.)** J. Reproduct. Fertility **6** (1963) Nr. 3. S. 375-383. 2610.

3-64/07-0219 Denenberg, Victor H., Huff, Ronald L., Ross, Sherman, Sawin, Paul B. und Zarrow, M. X. Maternal behaviour in the rabbit: the quantification of nest building. **(Mütterliches Verhalten beim Kaninchen: Die Beurteilung des Nestbaues.)** Animal Behaviour **11** (1963) Nr. 4. S. 494-499. — 7 Abb., 1 Tab., 6 Lit. 2610.

3-64/07-0220 Tobach, Ethel und Schneirla, T. C. A note on seasonal variation in nest-building behaviour in the domestic rabbit (Oryctolagus cuniculus). **(Mitteilung über jahreszeitliche Veränderungen im Nestbauverhalten beim Hauskaninchen [Oryctolagus cuniculus].)** Animal Behaviour **11** (1963) Nr. 4. S. 491–493. – 1 Tab., 11 Lit. 2610.

3-64/07-0221 Wildner, H. und Held, O. **Signale aus dem Ei.** Tier u. Natur, Fotografie [Hannover] **6** (1963) Nr. 6. S. 143–145. – 6 Abb.
Die Einrichtung zur bioakustischen Analyse besteht aus einem beheizbaren, schalldichten Behälter, in dem sich ein empfindliches Mikrophon befindet. Dieses Mikrophon ist über einen Transistor-Verstärker an ein Tonband-Gerät angeschlossen. Das Ei wird mit Hilfe einer Röntgeneinrichtung vor dem Mikrophon justiert. – Die Analyse der mit Hilfe des Magnetbandes aufgezeichneten Lautäußerungen im bebrüteten Hühnerei ergab eine akustische Verbindung zwischen Henne und Embryo ab neunten Bebrütungstag. Dieser Kontakt besteht anfangs aus einem rhythmischen Klopfen des Embryos, später aus einem „Stimmfühlungspiepsen". Nach Warnlauten von Seiten der Glucke verstummen die Geräusche im Ei. – In den ersten Lebenstagen außerhalb des Eies lassen sich 7 verschiedene Verständigungslaute unterscheiden. F. Lüpnitz. 2610.

L. MASSNAHMEN ZUR FÖRDERUNG DER TIERZUCHT

3-64/07-0222 Melrose, D. R. The pig industry development authority – its function and association with veterinary research. **(Der Beratungsdienst für die Entwicklung der Schweineproduktion, seine Funktionen und Beziehungen zum veterinärmedizinischen Versuchswesen.)** Veterin. Rec. **75** (1963) Nr. 36. S. 904. 905.
Der Anlaß für die Gründung eines solchen Dienstes war die Notwendigkeit zur Senkung der Produktions-, Transport- und Verteilungskosten, zur Qualitätsverbesserung und zur Erhöhung der Konkurrenzfähigkeit gegenüber dem Ausland, ohne Subventionen durch die Regierung zu beanspruchen. Der Einrichtung stehen mehrere tierärztliche Beratungskomitees zur Verfügung, die sich bes. mit den Fragen der Tierhaltung und betriebswirtschaftlichen Problemen zu befassen haben. Die Dienststelle selbst hat in verschiedenen Fragen der Schweinehaltung Versuche in die Wege geleitet, die sich insbesondere mit folgenden Hauptgesichtspunkten zu befassen haben: 1. Krankheiten und ihre Bekämpfung; 2. Haltungsstudien; 3. Physiologische Untersuchungen; 4. Die Weiterentwicklung der KB und Untersuchungen über die Fortpflanzung beim Schwein. 1958 wurde mit dem Programm begonnen. Anfangs waren Spezialisten, insbesondere solche auf dem Gebiete der Schweinehaltung knapp. H. Busse. 2660.

3-64/07-0223 Groot, H. de. **Aufbau und Tätigkeit des Beratungsdienstes in den Niederlanden.** Tierzüchter **15** (1963) Nr. 17. S. 643–645. 2667.

3-64/07-0224 Anonym. **Wie läßt sich der landwirtschaftliche Beratungsdienst in den Rahmen des allgemeinen wirtschaftlichen Wachstums einordnen?** Fatis Rev. [Bad Godesberg] **10** (1963) Nr. 3. S. 96–101. – 2 Abb.
Kurze Zusammenfassung der Europäisch-Nordamerikanischen Arbeitskonferenz 1963 der Direktoren für Landwirtschaft und der Direktoren für Beratungswesen. 2667.

3-64/07-0225 Bonadonna, Telesforo. Le développement zootechnique et la tâche du vétérinaire. **(Die Entwicklung der Zootechnik und die Aufgaben des Tierarztes.)** Recueil Méd. vétérin. **139** (1963) Nr. 1. S. 25–37. – 1 Tab.
Im Vordergrund stehen die Rechte und Pflichten beider Disziplinen auf dem Gebiete der Zootechnik. Deren grundlegende Aufgaben sind es, die Leistungen

der Haustierarten unter Beachtung der während des Domestikationsprozesses eingetretenen Veränderungen weiter zu entwickeln. Darüber hinaus ermöglicht die Anwendung der modernen Genetik und geeigneter biometrischer Berechnungsverfahren die exakte Analyse des Erbganges wirtschaftlich vorteilhafter oder schädlicher Merkmale. Ein weiteres Grundlagengebiet der Zootechnik stellt die Ernährungslehre mit der Ernährungsphysiologie und der Futtermittelkunde dar. Weitere Aufgaben resultieren aus der sog. Züchtungstechnik. Hierzu gehören die Unterkünfte, die Weidewirtschaft, die Nutzung der Tiere zur Arbeit, Milch- und Wollerzeugung, der Gesundheitsschutz für die Tierbestände und die zur Kontrolle der wirtschaftlichen und züchterischen Leistungen notwendige Buchführung und sonstige Berichterstattung. Die tierärztlichen Verpflichtungen erstrecken sich nicht nur auf die Gesundheit der Tierbestände, sondern die Veterinärmedizin hat auch einen klar umrissenen Beitrag zum Schutz der menschlichen Gesundheit zu leisten. Dies ist aus der Analyse der Aufgaben ersichtlich: 1. Direkte und indirekte Prophylaxe der Infektionskrankheiten; 2. Behandlung kranker Tiere; 3. Hygienische Überwachung des Verkehrs mit Lebensmitteln tierischer Herkunft einschl. der Konservierungsverfahren; 4. Die Überwachung des Handels mit Wolle und Häuten; 5. Die Überwachung der Geflügelwirtschaft und deren Erzeugnisse; 6. Die Kontrolle und Bekämpfung der Anthropozoonosen. Die Gemeinsamkeit der Disziplinen und der Aufgaben im Dienste der Zootechnik kommt bereits in der Ausbildung zum Ausdruck, wenn Professoren dieses Fachgebietes Studenten beider Fachrichtungen (Landwirtschaft und Tiermedizin) an einer Fakultät ausbilden oder als Lehrstuhlinhaber an den Instituten beider Fakultäten ihr Fachgebiet vertreten.

H. Busse. 2670.

SPEZIELLE GROSSTIERZUCHT

A. ALLGEMEINES

3-64/07-0226 Dimény, J. A magyar mezőgazdaság fejlődésének néhány kérdése. **(Einige Fragen zur Entwicklung der ungarischen Landwirtschaft.)** Társadalmi Szemle [Soz. Rdsch.] **18** (1963) Nr. 11. S. 14–24. – Aus: Ung. Agrar-Rdsch. **1964** Nr. 1. 3001.

3-64/07-0227 Hartmann, K. **Die Tierzucht in Hessen-Nassau.** Dtsch. Geflügelwirtsch. **16** (1964) Nr. 3. S. 32–34. – 5 Abb. 3001.

3-64/07-0228 **Literatur über die Entwicklung der Landwirtschaft von April 1946 bis Oktober 1949 auf dem Gebiet der DDR.** Hrsg. Instn.: Dtsch. Bücherei, Abt. Auskunft, Leipzig. (Lit.-Nr.: 368. Titelanzahl: 64. Ber.-Zeit: 1946–1963.)

3-64/07-0229 **Rekomendacii po vyraščivaniju na mjaso i otkormu krupnogo rogatogo skota, svinej, ovec i pticy.** (Empfehlungen für die Aufzucht zur Fleischgewinnung und Mast des Rindviehs, der Schweine, Schafe und des Geflügels.) Hrsg.: Minist. sel'sk. choz. SSSR. Moskva: Sel'chozizdat. 1962. (170 S.) 8°. (1964 A 100)

B. PFERDE

3-64/06-0230 Kownacki, M. Kształtowanie się typu konika polskiego na tle jego rekompensacyjnych zdolności wzrostu. **(Die Typausbildung des polnischen Kleinpferdes auf Grund seiner rekompensativen Wachstumsfähigkeiten.)** Roczniki Nauk rolniczych, Ser. B **82** (1963) Nr. 1. S. 72–104. – 21 Abb., 19 Tab., 24 Lit.

Die Untersuchungen wurden an polnischen Kleinpferden durchgeführt, die unter drei verschiedenen Bedingungen lebten: im Reservat, im Stall und im Staatlichen Gestüt. Man benutzte auch Material anderer Autoren seit dem Jahre 1914. Auf Grund der Untersuchungen wurden keinerlei Unterschiede in der Ausformung der polnischen Kleinpferde im Verlauf der letzten 47 Jahre festgestellt. Die Kleinpferde aus dem Reservat haben sich trotz Perioden reduzierten Wachstums als ausgewachsene Tiere von denen im Stall kaum unterschieden. Die im Stall gezogenen Kleinpferde entsprachen im Alter von 3 Jahren den ausgewachsenen Pferden. Die Tiere aus dem Reservat wachsen bis zu 5 Jahren. Veränderte Umweltbedingungen und Fütterungsverhältnisse verändern das Wachstumstempo und gewisse Proportionen im Körper der Pferde, beeinflussen aber nicht den Endeffekt des Wachstums. Das bringt man in Zusammenhang mit den rekompensativen Fähigkeiten bei den Kleinpferden. Man kann daher annehmen, daß das Wachstum der Kleinpferde durch genetische Faktoren und nicht, wie man glaubte, durch ungenügende Ernährung bedingt wird. PRL/CBR, übersetzt v. O. Kasperl. 3110.

3-64/07-0231 Huitema, H. Archaic pattern in the horse and its relation to colour genes. **(Altertümliche Farbmuster beim Pferd und ihre Beziehungen zu Farbgenen.)** Z. Säugetierkunde **29** (1964) Nr. 1. S. 42–46. — 5 Abb. Zus. in Dtsch.

Vf. berichtet über Beobachtungen der Farbmuster von Pferden in Indonesien, auf Timor, bei Fjordpferden, Welsh- und Island-Ponys, Shetland-Ponys, bei einem kanadischen und einem Groninger Pferd. Die Tigerung an den Gliedmaßen, Aalstrich und Schulterkreuz entsprechen den Abzeichen beim abessinischen, beim nubischen Wildesel und ihren domestizierten Nachkommen. Einzelheiten der Ausführung und Verteilung dieser Muster werden beschrieben. Eine Analyse der Farbgene führt zu der Feststellung, daß die fraglichen Muster nur auftreten können, wenn das Farbgen vorhanden ist, das in verschiedener Form als gelbfalb, hellgraufalb und graufalb in Erscheinung treten kann. J. K. Hinrichsen. 3270.

3-64/07-0232 Olofsson, N. E. und Thomke, S. Uppfödningsförsök med unghästar vid Ultuna 1952–1958. **(Aufzuchtversuche mit Jungpferden in Ultuna 1952–1958.)** Lantbrukshögskolans Medd., Ser. A **1963** Nr. 1. S. 1–19. — 7 Tab., 3 Lit. Zus. in Engl.

Die Versuche wurden vom Frühjahr 1952 bis zum Sommer 1958 mit 4 Fohlenjahrgängen durchgeführt, die insgesamt 19 Ardenner umfaßten. Das durchschnittl. Geburtsgewicht lag bei 73 kg für ♂ und ♀ Fohlen; das sind 9,1% des Gewichtes der Stuten unmittelbar nach der Geburt. Auch in den Zunahmen bestand kein Unterschied zwischen den Geschlechtern. Das Gewicht betrug mit 6 Mon. ⌀ 339 kg, mit 1 Jahr 482 kg, mit 2 Jahren 640 kg und mit 13 Jahren 726 kg. Die Futteraufnahme steigt von 5,7 FE je Tier und Tag mit 6 Mon. auf 7,6 FE mit 3 Jahren an. In allen 3 Aufzuchtjahren waren die mittleren Tageszunahmen auf der Weide höher als während der Stallfütterung. Nach Abzug des Erhaltungsfutters ergibt sich für das 1. Lebensjahr eine Futterverwertung von 2,6 FE, für das 2. von 5,6 FE und für das 3. von 11,9 FE, als Eiweißnorm für die Stallfütterung werden 110 g verd. Reinprotein in der 1. Stallperiode, absinkend auf 90 g verd. Reinprotein in der 3. Stallperiode, für ausreichend gehalten. Nach Ablauf der ersten 6 Lebensmonate kamen 29% der Futterenergie von der Weide. Für die gesamten 3 Aufzuchtjahre wurden 7400 FE gebraucht. Es wird für wirtschaftlich gehalten, Pferde zur Erzeugung von Fleisch aufzuziehen. J. K. Hinrichsen. 3336.

3-64/07-0233 Dušek, J. Příspěvek k úvaze o produkci hříběcího masa pro tržní masnou potřebu. **(Beitrag zur Produktion von Fohlenfleisch für den Marktbedarf.)** Zemědělská Ekonom. **9 (36)** (1963) Nr. 9/10. S. 577–586. — 8 Tab., 6 Lit. Zus. in Russ., Dtsch.

Die Ausnutzung der Fohlen zur Fleischproduktion bedeutet eine Bereicherung des Magerfleischsortiments und trägt zur Sicherstellung des künftigen Fleischbedarfes bei. Im Vergleich zum Rindfleisch sind die Nährwertanalysen des Fohlenfleisches sehr günstig. Es empfiehlt sich, entweder die Periode der größten Wachstumsintensität bis zum Alter von 10 Mon., wo die Selbstkosten

8,43–9,65 Kčs/kg Lgw. betragen, oder die Zeit bis zum Alter von 5 Mon. (verlängerte Säugezeit und Schlachtung der abgesetzten Tiere) auszunutzen, wo die Selbstkosten 7,09–7,89 Kčs/kg ausmachen. Die Rassenwahl hängt von der Wachstumsintensität ab. Es werden schwerere Warm- und Kaltblutrassen und ihre Kreuzungen verwendet. ČSSR/ÚVTI. 3350.

3-64/07-0234 Čaškin, I., Bogdanov, P. und Ilibezov, K.; Frunse, Kirgis. Forsch.-Inst. für Tierzucht und Veterinärmed. Krov' i rezvost'. **(Das Blut und die Schnelligkeit.)** Konevodstvo i konnyj sport, Moskva **33(108)** (1963) Nr. 6. S. 19–20. – 2 Tab.

Der Index der Arbeitsfunktion des Blutes

$$F_K = \frac{\text{gesamte Hb-Menge (g)}}{\text{Lgw. (kg)}} \times \frac{\text{Gesamtfläche der Erythrocyten}}{\text{Lgw. (kg)}},$$

der auf die kleinsten Veränderungen jeder Blutkennziffer reagiert und deshalb eine außerordentlich große Variabilität besitzt, ist sehr stark mit der Schnelligkeit verbunden (der Korrelationskoeffizient beträgt 0,84 und mehr). Untersuchungen haben ergeben, daß die Schnelligkeit um so größer ist, je höher der obenerwähnte Index ist (er kann zwischen 200 beim Russischen Vollblut und 150 bei Kaltblütern liegen). Der Index drückt nicht nur die Besonderheiten der Rassen, sondern auch die individuellen Besonderheiten jedes Tieres aus. Eine auf Grund der gewonnenen Erkenntnisse für die Neukirgisischen Pferde, die Donpferde und die Orlowtraber aufgestellte Regressionstabelle der Schnelligkeit in Beziehung zum Blutindex ermöglicht es, völlig anders an das individuelle Training heranzugehen, da die potentiellen Möglichkeiten eines Pferdes nach seinen Blutkennziffern bekannt sind; der Blutindex kann auch bei der Zuchtwahl sehr wirksam herangezogen werden. B. Schenk. 3350.

C. RINDER

3-64/07-0235 Mácha, J. Současný stav a perspektiva chovu skotu v ČSSR. **(Gegenwärtiger Stand und Perspektiven der Rinderzucht in der ČSSR.)** Věstník Výzkumných Ústavů zemědělských **10** (1963) Nr. 6/7. S. 244–253. – 6 Abb., 2 Tab.

In der ČSSR entfallen auf 100 ha LN 60,4 Rinder, davon 28,2 Kühe. Die durchschnitl. jährl. Milchleistung je Kuh beträgt 1900 kg Milch. Bei Sicherung einer höheren Futtererzeugung kann diese Leistung schnell und wesentlich gesteigert werden. Im Jahre 1960 unterlagen der Milchleistungskontrolle 16,20% aller Kühe, gegenüber nur 0,06% vor dem I. Weltkrieg. Die durchschnittl. Jahresleistung der kontrollierten Kühe beträgt 2520 kg Milch mit 3,82% Fett. Die in der ČSSR verbreitetste Rinderrasse ist das Rotfleckvieh. Die in den Herdbüchern eingetragenen Kühe weisen eine Milchleistung von 3289 kg je Laktation mit einem Fettgehalt von 3,94% auf. Zur weiteren Verbesserung der einheimischen Rinderrassen wird die Veredlungskreuzung mit Ayrshire-, schwedischen und dänischen Rotvieh- und Jersey-Bullen angewendet. Das Ziel dieser Kreuzung ist die Steigerung der Milch- und Milchfettleistung bei Erhaltung der guten Schlachtqualität der einheimischen Rassen. Zur Erreichung dieses Zieles trägt auch die KB mit insgesamt 139 Besamungsstationen und 2851 Bullen bei. Im Jahre 1960 wurden 83,1% aller Kühe künstlich besamt. ČSSR/ÚVTI. 3410.

3-64/07-0236 Stegenga, Th. Cattle production in the Netherlands. **(Die Rinderproduktion in den Niederlanden.)** Zootecn. e Veterin. **18** (1963) Nr. 5/6. S. 278–283. – 4 Tab.

Holland ist ein Industrieland. 1962 waren ca. 11% der Bevölkerung in der Landwirtschaft tätig (1959 = 13%; 1947 = 19%). Die Verringerung erfolgte bei ständiger Erhöhung der Produktion durch starke Mechanisierung. Heute werden 50–60% aller Kühe maschinell gemolken. Bei einer Bevölkerung von 11,5 Mill. (330/km²) findet ein starker Export tierischer Erzeugnisse statt.

Das ist möglich durch hohe Kraftfutterimporte, durch ein hohes Niveau von Feld- und Viehwirtschaft; die gehaltenen Nutztiere sind äußerst leistungsfähig. Grundlage der Fütterung der Rinder ist das Dauergrünland (ca. 60% der LN). Je Kuh werden im Jahr 5 dt Kraftfutter verbraucht. 1,7 Mill. Kühe werden gehalten, die durchschnittl. Herdengröße beträgt 9–10 Kühe und ist ständig im Steigen begriffen durch Erhöhung der Gesamtkuhzahl, zahlenmäßigen Rückgang der Kleinbetriebe und zunehmenden Landmangel. Schwerpunkt der Produktion ist die Milcherzeugung. Je kg Rindfleisch werden 29 kg Milch erzeugt (Dänemark 22 kg, BRD 21 kg). Die Leistung je Kuh entwickelte sich im Landesdurchschnitt wie folgt: 1940 = 3420 kg Milch mit 3,21% Fett; 1950 = 3800 – 3,57; 1960 = 4275 – 3,79; 1962 = 4179. Die Erhöhung der Milchleistung ist in erster Linie auf folgende Umwelteinflüsse zurückzuführen: 1. Bessere Fütterung und Haltung durch bessere Düngung und Konservierung des Grases, höhere Kraftfuttergaben sowie besser qualifizierte Farmer (Schulen und Beratung); 2. Kontrolle der Rindergesundheit. Die Tbc wurde getilgt, MKS tritt durch Vaccinierung nicht mehr auf, die Bangtilgung steht kurz vor dem Abschluß. Vf. bespricht die 3 Rinderrassen, ihre Zuchtziele und Leistungen. Die Rassen haben folgenden Anteil am Gesamtbestand: Schwarzbunte (Friesen) 75%, Rotbunte (M. R. Y.) 22% und Groninger 3%. Mehr als 60% des Kuhbestandes werden künstlich besamt. Alle Besamungsbullen und andere Spitzenbullen werden einer Nachkommenschaftsprüfung, die so früh wie möglich erfolgt, unterzogen. Das frühe Erstabkalbealter der Färsen kommt diesen Bestrebungen entgegen. Der T-M-Vergleich wird für die Verhältnisse des Landes als die am besten geeignete Methode erachtet. Mindestens 30, besser 50 und mehr Töchter werden einbezogen. Die Rindfleischproduktion gewinnt mehr und mehr an Bedeutung. Heute werden 20% der Bullenkälber sofort geschlachtet, 80% werden gemästet. Mastkälber werden mit 3–4 Mon. und 130–150 kg geschlachtet. Baby-beef wird aus Bullen von 400–450 kg erzeugt, die intensiv gefüttert werden. Bei Verwendung von wirtschaftseigenem Futter werden diese Tiere 15–18 Mon. alt. Ochsen werden vorwiegend mit wirtschaftseigenem Futter gemästet und erreichen 550–600 kg mit 2–2,5 Jahren. Die Regierung stützt die festen Milchpreise mit jährl. mehr als 300 Mill. Gulden und hat ein Komitee eingesetzt, das Wege zur Einschränkung der Milchproduktion vorschlagen soll.

K. Damm. 3410.

3-64/07-0237 Arzumanjan, E. A. Plemennaja rabota v skotovodstve. **(Die züchterische Arbeit in der Rinderzucht.)** Izvestija Timirjazevskoj sel'skochozjajstvennoj akademii, Moskva **1963** Nr. 3. S. 155–165. – 10 Tab., 11 Lit. Zus. in Engl.

Vf. vergleicht Leistungsmöglichkeiten und Leistungsstand der Rassen unter Hinweis auf den hohen Anteil an Erhaltungsfutter. Er weist spez. auf das Fehlen einer ausgesprochenen Fleischrinderzucht hin und schlägt vor, sowohl durch verstärkte Verbreitung einheimischer und ausländischer Fleischrassen bei gleichzeitiger Leistungsverbesserung als auch durch rationelle Ausnutzung des vorhandenen Zuchtviehs dieser Rassen für Gebrauchskreuzungen zur Mastvieherzeugung diesen Zweig der Rinderzucht schneller zu entwickeln. – In der Milchviehzucht arbeitet man an der gleichzeitigen Steigerung des Fettgehaltes und der Milchleistung. Das geschieht hauptsächlich auf der Grundlage der Reinzucht unter Ausnutzung rasseeigener Möglichkeiten, zum anderen auch durch Einkreuzung von Jersey und Holländischem Vieh in die schwarzbunten Rassen und durch verstärkten Einsatz der Bullennachzuchtprüfung in den Zuchtbetrieben selbst. G. Bernert. 3410.

3-64/07-0238 Kündiger, K. und Schwerdtner, E. v. **Milch oder Mast in der Rindviehhaltung? 1. Betriebswirtschaftliche Betrachtung.** Mitt. dtsch Landwirtsch.-Ges. **79** (1964) Nr. 4. S. 81. 84. 3415.

3-64/07-0239 Bohlken, Herwart. **Bemerkungen zu drei Schädeln des Kouprey, Bos (Bibos) sauveli Urbain, im Pariser Museum.** Zool. Anz. 171 (1963) Nr. 9/10. S. 403–414.
Auf Grund allometrischer Durchrechnung der auffälligen Hornindices und vergleichender Analyse mit den Verhältnissen beim Ungarischen Steppenrind konnte wahrscheinlich gemacht werden, daß die im Pariser Museum vorhandenen undeterminierten Schädel vom Kouprey von kastrierten Tieren, sicher also von Hausrindern, stammen. Bei der Frage nach der Art dieser Hausrinder kommt Vf. zu dem Schluß, daß die heutige Kouprey-Population Kambodschas auf verwilderte Haustiere von Bastarden zwischen Banteng (Balirind) und Zebu zurückgeht. H. Freye. 3429.

3-64/07-0240 Redon, A. Note sur la valeur zootechnique du zébu sénégalais. **(Bericht über die züchterische Bedeutung des Senegalzebus.)** Rev. Élevage Méd. vétérin. Pays trop. [N. S.] 15 (1962) Nr. 3. S. 265–271. — 3 Abb., 2 Tab. Zus. in Engl., Span.
Die Umweltverhältnisse im Senegal beeinflussen in erster Linie die Jungtieraufzucht, aber auch die erwachsenen Tiere leiden unter der Hitze, weil sie sich am Ende der Trockenzeit überwiegend im Schatten von Bäumen aufhalten, wodurch ihre Weidedauer beschränkt wird. Aus der Verteilung der Geburten auf die einzelnen Monate im Jahre ist ersichtlich, daß die Fortpflanzungsintensität in den Mon. Aug. und Sept. ihren Höhepunkt, im Jan. und Febr. das Minimum erreicht. Dies hängt mit der Verfügbarkeit der Weide aus der winterlichen Regenzeit zusammen. Auf Grund exakter Untersuchungen der Versuchsstation in Dara tritt beim Zebu bei einer thermischen Belastung mit Temperaturen von unter —2 °C Sterilität ein. Die saisongebundenen Oestren und die periodischen Sterilitäts- bzw. Phasen verminderter Fruchtbarkeit sind die Ursachen der langen Zwischenkalbezeiten (2 Jahre im Busch, 14 Mon. auf der Station) und der langsamen Bestandsvermehrung. Ein beliebig ausgewähltes Kalb wog bei der Geburt 23 kg, hatte dieses Gewicht mit 4 Wochen verdoppelt, mit 8 Wochen verdreifacht und mit 8 Mon. etwa verzehnfacht. In der Zeitspanne von der Geburt bis zu 5 Mon. betrug die tägl. Gewichtszunahme 800 g, vom 5. bis zum 8. Lebensmonat 1,0 kg. Die Gesamtbefruchtungsziffer in der untersuchten Herde lag bisher bei 80%, wobei eine Steigerung auf 90% bei 300 unter gleichen Bedingungen ohne individuelle Betreuung und mit wenig oder ohne Beifutter gehaltenen Kühen sich als erreichbar erwiesen hat. Die Milchleistung wird mit 4–5 kg tägl. angegeben. In Dara schätzt man in Anlehnung an die Methoden der Schafzucht die Milchleistung der Kühe auf Grund des 10-Wochen-Gewichtes der Kälber. Nach schweizer Autoren wird 1 kg Zuwachs mit 7 kg Milch erzeugt. Im Hinblick auf den Zuchtwert der Rasse kommt Vf. zu dem Schluß, daß die Senegal-Zebus bez. der Frühreife und Fleischleistung noch über Entwicklungsreserven verfügen und außer der Milchleistung im Vergleich zu anderen bereits selektierten Rassen trotz erschwerter Umweltbedingungen weiter entwicklungsfähig sind. H. Busse. 3434.

3-64/07-0241 Witt, Max. Vragen omtrent het typ in de rundveeteelt. **(Zur Frage des Typs in der Rinderzucht.)** Vlaams diergeneeskund. Tijdschr. 32 (1963) Nr. 9/10. S. 244–265.
Vortrag: Auch die neuzeitlichen populationsgenetischen, statistischen Untersuchungen werden die Typ-Beurteilung des einzelnen Zuchttieres nicht entbehrlich machen. Umfassender als „Exterieur" und „Form" sollte man unter dem Begriff „Typ" die Wertung der Form im Hinblick auf die im Zuchtziel anzustrebende Leistung verstehen. Die Beziehungen zwischen Typ und Milch- oder Fleischleistung werden an Hand von Tab. und Graphiken eingehender erörtert. K. Reinhardt. 3446.

3-64/07-0242 Lung, Huang. **Die Sanho-Milchkühe in China.** Milchwissenschaft **18** (1963) Nr. 10. S. 501–502.
Aus einer Kreuzung mongolischer Kühe mit sibirischen und holsteinischen Bullen entstand vor ca. 60 Jahren das Sanho-Rind. Die Rasse zählt heute 100000 Tiere, die in den Grasgebieten der inneren Mongolei Chinas leben, deren extremen klimatischen Bedingungen (−50 °C bis +35 °C) sie sich bestens angepaßt haben. Die Milchleistung der 355–454 kg schweren Sanho Kühe beträgt in einer 300-Tage-Laktation 1500–2000 kg mit 4% Fett. Das ist mehr als das 3fache der übrigen einheimischen Kühe. Sanho-Kühe sind 142 cm groß und 150 cm lang bei mehr als 160 cm Brustumfang. Die Rasse untergliedert sich in einen schwarzweißgefärbten Milchstamm und einen braunweißen Milch-Fleischstamm. Unter den Bedingungen moderner Farmen, wie sie seit Bestehen der Chinesischen Volksrepublik erreichtet wurden, haben einige Sanho-Kühe 4014–6810 kg Milch erbracht. K. Pilz. 3490.

3-64/07-0243 Czakó, J. Időszerü tenyésztési kérdések az árutermelő szarvasmarhatenyészetekben. **(Zeitgemäße Züchtungsfragen in marktbeliefernden Rinderzuchtbetrieben.)** Magyar Mezőgazdaság [Ung. Landwirtsch.] **18** (1963) Nr. 35. S. 19–20. – Aus: Ung. Agrar-Rdsch. **1964** Nr. 1. 3505.

3-64/07-0244 Anonym. Den fyraprocentiga mjölken i provmjölkningsredovisningen. **(Die vierprozentige Milch im Bericht über die Milchleistungsprüfungen.)** Svensk Husdjursskötsel **1964** Nr. 1. S. 5–6. – 1 Tab.
Die in den Berichten angegebenen, mit dem Elektronenrechner errechneten 4-%-Meßmilchwerte werden erklärt. Die Umrechnung erfolgt durch Multiplikation der Milchmenge mit 0,4 und der Fettmenge mit 15. Die Bezahlung der Milch durch die Molkereien ist der Bezahlung nach 4-%-Meßmilch stark angenähert worden. Auch für die Zuchtarbeit, bes. auch im Rahmen der KB, ist die Angabe der 4-%-Meßmilchwerte wertvoll.
J. K. Hinrichsen. 3520.

3-64/07-0245 Borodin, G. M.; Irkutsk, Landwirtsch. Inst. Ocenka vymeni korov po promeram. **(Die Beurteilung des Euters der Kühe nach Messungen.)** Životnovodstvo, Moskva **25** (1963) Nr. 8. S. 80–82. – 1 Tab.
Bei Untersuchungen an auf Simmentalerbasis gezüchteten Kühen mit einer Milchleistung von 2247–6317 kg in 300 Laktationstagen wurden folgende Maße des Euters in die biometrische Bearbeitung aufgenommen: Länge der Euterbasis, Eutertiefe, Größe des Euters (Länge × Tiefe), Index des Euterformats (Verhältnis von Länge zur Tiefe in %), die Längen der Zitzen, die Entfernungen zwischen den vorderen, den hinteren und zwischen den vorderen und hinteren Zitzen, der Zitzenumfang und die Stärke der Euterhaut. Dabei sind die ersten 3 die wichtigsten. Die Euter der untersuchten Kühe hatten folgende durchschnittl. Maße: Länge 37,5 cm, Tiefe 42 cm, Größe 1648 ± 41 mit Schwankungen von 748–2777 und Index der Form 96,45 ±4,41 mit Schwankungen von 57,7–148%. Bei der Vergrößerung dieser Maße erhöhte sich die Milchleistung. Die besten Milchleistungen hatten Kühe mit einem becherförmigen Euter mit einem Verhältnis von Euterlänge zu Eutertiefe von 90 bis 100%. Dieses Verhältnis ist unerwünscht, wenn die Euterlänge über 50 cm beträgt, weil sie begleitet wird von einer großen Eutertiefe, was die Bewegung des Tieres erschwert und den Melkprozeß kompliziert. – Es wird vorgeschlagen, auf den Karteikarten der Zuchttiere die entspr. Kennziffern für das Euter einzutragen, bei den Bullen die analogen Daten der Mütter.
K. Witt. 3542.

3-64/07-0246 Lörtscher, H. **Euter und Melkbarkeit.** Schr. schweiz. Verein. Tierzucht **1963** Nr. 31. S. 5–18. – 12 Abb., 7 Lit.
Vf. beschäftigt sich in seinen Ausführungen mit den Problemen der Milchspeicherung und Entleerung. Dabei wird bes. auf die anatomischen und

physiol. Besonderheiten des Euters zu den beiden erwähnten Fragen eingegangen. Eine Melkbarkeitsprüfung ist unerläßlich, um die individuellen Unterschiede herauszustellen. H. Fiedler. 3546.

3-64/07-0247 Soldatov, A. P. Soveščanie stran SEB po ocenke nasledstvennych svojstv bykov-proizvoditelej. **(Die Arbeitstagung der Länder des RGW über die Erbwertprüfung der Zuchtbullen.)** Životnovodstvo, Moskva **26** (1964) Nr. 2. S. 59–61.
Die Tagung fand im Sept. 1963 in Budapest statt. Die Koordinierung der Arbeiten auf dem Gebiet der Erbwertprüfung der Zuchtbullen wurde dem ungarischen Tierzuchtforschungsinstitut übertragen. Es wird auf die Notwendigkeit der Unifizierung der Angaben über die Erbwertprüfung in allen Ländern des RGW hingewiesen, um vergleichbare Resultate zu erhalten. Das ist deshalb notwendig, weil der Austausch von Zuchtbullen und Sperma zwischen den Ländern des RGW immer größere Ausmaße annimmt. In Ungarn wurden 9 Bullenprüfstationen organisiert, wo jährl. die Töchter von je 4 Bullen miteinander verglichen werden. Da die exogenen Bedingungen in diesen 9 Stationen nicht gleich gestaltet werden können, wird vorgeschlagen, größere Prüfstationen zu schaffen, um mehrere Bullen miteinander vergleichen zu können. Eine Methode der Erbwertprüfung, bei der nicht die abs. Anzahl der Töchter des Bullen, sondern die effektiven Töchter des betr. Bullen entscheidend sind, wurde von Ross (DDR) erläutert. In Ungarn werden z. Z. 78% aller Kühe künstlich besamt; die Trächtigkeit nach der 1. und 2. Besamung beträgt 82–83%. H. Schwiderski/Dummerstorf. 3550.

3-64/07-0248 Politiek, R. D. und Vos, M. P. M.; Wageningen, Landbouwhogeschool. Publikatie en interpretátie van de produktievererving van stieren. **(Veröffentlichung und Auslegung der Leistungsvererbung von Bullen.)** Landbouwkund. Tijdschr. **75** (1963) Nr. 21. S. 1091–1105. — 9 Abb., 4 Tab., 5 Lit. Zus. in Engl.
Es wurden die Angaben über 527 Bullen des Friesischen Rindviehstammbuches aus der 1962 herausgegebenen Zusammenstellung bearbeitet. Dabei wurde zwischen Bullen mit 15, 25, 50 und 75 Mütter-Töchter-Paaren unterschieden. Zwischen dem Fettgehalt von Müttern und Töchtern bestehen positive Korrelationen, die aber umso niedriger sind, je größer die Zahl der Mütter-Töchter-Paare ist ($r = 0{,}41$–$0{,}14$). Bei der Milchleistung ist die Korrelation in den 4 Größenklassen etwa gleich groß ($r = 0{,}59$–$0{,}68$). Der Fettgehalt der Töchter liegt in der Mitte zwischen dem Fettgehalt der Mütter und dem Bestanddurchschnitt. Die Einflüsse der Bullen, der Jahreszeiten und der Jahre auf den Fettgehalt der Töchter sind gering. Bei der Milchleistung wird es als besser bezeichnet, mit der durchschnittl. Tagesleistung zu arbeiten als mit der Laktationsleistung. In Folge der starken Umwelteinflüsse liegt die durchschnittl. Milchleistung der Töchter dem Mittel der Mütter näher als dem Gesamtdurchschnitt. Für Fett, Eiweiß und Milch werden Index-Werte der Bullen aufgestellt. Hierzu reicht die 1. Laktation aus. Die Indices geben ein besseres Bild der Leistungsanlagen der Bullen als dies durch den Töchter-Mütter-Vergleich möglich ist. J. K. Hinrichsen. 3550.

3-64/07-0249 Kopecký, J. und Žižlavský, J. Výzkum zjišťováni užitkovosti potomstva býků na speciálních stanicích v ČSSR. I. Zpráva o činnosti první stanice pro zjišťováni užitkovosti potomstva býků v ČSSR. **(Leistungsforschung bei Bullennachkommen auf den Spezialstationen in der ČSSR. 1. Mitt. Bericht über die Tätigkeit der ersten Station für Leistungsprüfungen bei Bullennachkommen in der ČSSR.)** Sborník Vysoké Školy zemědělské Brně, Řada A **1963** Nr. 2. S. 137–148. — 5 Abb., 8 Tab., 9 Lit. Zus. in Russ., Dtsch.
Die Ergebnisse der beschriebenen Untersuchungen erbrachten den Beweis, daß die sog. Stationsmethode zur Gewinnung objektiver Angaben über die unter gleichen Haltungsbedingungen erzielten Leistungen der Nachkommen

der geprüften Bullen geeignet ist. Nach den Ergebnissen der Beurteilung ganzer Nachkommengruppen kann auch der Einfluß des betr. Bullen auf die Exterieurausbildung beurteilt werden. Im Jahre 1963 begann man auf der Station auch mit der Untersuchung der Mastfähigkeit der Bullennachkommen. Nach den bisherigen Ergebnissen wurden Richtlinien für die Errichtung weiterer Stationen der beschriebenen Art vorgeschlagen. ČSSR/ÚVTI. 3550.

3-64/07-0250 Vleck, L. D. van. Genotype and environment in sire evaluation. **(Genotyp und Umwelt bei der Zuchtwertschätzung.)** J. Dairy Sci. **46** (1963) Nr. 9. S. 983–987.
Vf. untersuchte an 45876 ersten und 39261 zweiten Laktationen von Holsteinkühen die wichtige Frage, ob bei der Zuchtwertschätzung Genotyp-Umwelt-Wechselwirkungen eine Rolle spielen, d. h., ob eine unter schlechten Umweltbedingungen vorgenommene Rangeinstufung bestimmter Bullen von einer Rangeinstufung der gleichen Bullen unter guten Umweltbedingungen abweicht. Die Holsteintöchter wurden zu diesem Zweck nach ihren korrigierten Herdendurchschnitten in 4 Gruppen eingeteilt. Da sich hohe genetische Korrelationen (nahe 1) ergaben, ist die Zuchtwertschätzung der Bullen in allen Gruppen nahezu die gleiche. Allerdings zeigt sich ein Einfluß des Herdendurchschnitts in anderer Beziehung. Je besser die Umweltbedingungen sind, umso größer ist die genetische Variabilität. Wegen der zahlreichen Einzelfaktoren, aus denen sich die oben angegebenen summarischen Ergebnisse zusammensetzen, ist das Studium der Gesamtarbeit unerläßlich.
D. Rasch/Dummerstorf. 3550.

3-64/07-0251 Werkmeister, F. **Untersuchungen über die Effektivität des Töchter-Populations-Vergleiches und des Stallgefährtinnen-Vergleiches beim Rind unter Verhältnissen mit Kleinbetrieben.** Züchtungskunde **36** (1964) Nr. 1. S. 1–11. — 3 Tab., 19 Lit. Zus. in Russ., Engl., Franz.
An Hand von ⌀ 42 Töchtern von 32 Besamungsbullen versucht Vf. den Töchter-Populations-Vergleich mit einem abgewandelten CC-Test (als Vergleich dienten auch alterskorrigierte Leistungen von Tieren anderen Alters ?) unter Verhältnissen mit Kleinbetrieben zu vergleichen. Eine Gegenüberstellung der Rangreihenfolgen der Bullen nach beiden Verfahren wird nicht angegeben. Beide Verfahren werden ohne überzeugende Begründung für die praktische Zuchtwertschätzung vorgeschlagen.
D. Rasch/Dummerstorf. 3550.

3-64/07-0252 Vleck, L. D. van und Henderson, C. R. Bias in sire evaluation due to selection. **(Beeinträchtigung der Treffgenauigkeit der Zuchtwertschätzung durch Selektion.)** J. Dairy Sci. **46** (1963) Nr. 9. S. 976–982.
Vff. brachten an einem großen Material von Holstein-Friesen eine Klärung der Frage, ob die Ergebnisse der Zuchtwertschätzung durch Selektion nach Vollendung der 1. Laktation beeinflußt werden, d. h., ob eine Zuchtwertschätzung auf Grund der 1. Laktation allein (nahezu unselektiertes Material) andere Ergebnisse liefert als auf Grund der beiden 1. Laktationen. Vff. schätzten die Korrelationskoeffizienten zwischen den Ergebnissen der Zuchtwertschätzung (Milchleistung) auf Grund der 1. Laktation (I), des Mittels der beiden 1. Laktationen (II) und einem gewogenen Index der beiden 1. Laktationen (III) und erhielten folgende Werte:

Zahl der Bullen	Zahl der Töchter mit 1. Laktation	$r_{I,II}$	$r_{I,III}$	$r_{II,III}$
186	$\geq$ 20	0,99	0,98	1,00
52	$\geq$ 200	0,98	0,98	1,00

Zunächst ergibt sich aus $r_{II,III} = 1$, daß es nicht nötig ist, den komplizierten gewogenen Index der beiden 1. Laktationen zu verwenden, der einfache Mittelwert ist ebensogut. Ferner ist der Einfluß der Selektion nach der 1. Laktation auf das Ergebnis der Zuchtwertschätzung nahezu ohne Bedeutung.

D. Rasch/Dummerstorf. 3550.

3-64/07-0253 Fischer, Johann; Gießen, Univ., Inst. für Tierzucht und Haustiergenetik. **Die Erbwertschätzung mit Kurz- und 305-Tage-Abschlüssen bei Besamungsbullen (bayrisches Verfahren).** Diss. Gießen **1962** 68 S. – 14 Abb., 20 Tab., 44 Lit.

Von 30 in Südbayern in der Besamung eingesetzten Fleckviehbullen wurden 7414 Nachkommenleistungen aus den Jahren 1957–1959 erfaßt. Ein Vergleich der einzelnen Bullennachkommenschaften ist nur innerhalb der gleichen Besamungshauptstelle möglich. Voraussetzung ist, daß die Probemelkungen zur Errechnung von Einsatz- und 305-Tage-Leistungen zwischen dem 7. und dem 31. Tag nach dem Abkalben vorgenommen werden. Es wurden aber nur alle nach mehr als 70 Tagen angefallenen Leistungen ausgesondert, ebenso alle durch Verkalben, Verhalten der Nachgeburt, Erkrankungen, Fehlen der Vorbereitungsfütterung beeinflußten Leistungen. Ein gezielter Einsatz der Bullen ließ sich nicht nachweisen. Auf eine Bewertung nach dem Abkalbealter kann verzichtet werden, wenn die Bullen-Nachkommenschaft wenigstens 50 Tiere umfaßt. Die Ausschaltung der jahreszeitlichen Einflüsse auf die Milchleistung in Folge verschiedener Abkalbezeiten erfolgt durch Monatsgefährtinnenvergleich. Die Sicherheit der Zuchtwertermittlung steigt mit der Zahl der erfaßten Nachkommen. J. K. Hinrichsen. 3550.

3-64/07-0254 Krüger, L. und Bormann, P. **Über den Wert von Kurzleistungsprüfungen bei der Zucht auf Milchleistung.** Züchtungskunde **36** (1964) Nr. 2. S. 49–63. – 1 Abb., 8 Tab., 39 Lit. – Zus. in Russ., Engl., Franz.

Vff. geben eine Literaturübersicht über einige Arbeiten, die sich mit der Brauchbarkeit von Teilleistungen für die Zuchtwertschätzung beim Rind beschäftigen. Es wird über Korrelationen zwischen Teilleistungen und Laktationsleistung bzw. zwischen Teilleistungen und Lebensleistung berichtet und darauf hingewiesen, daß Korrelationskoeffizienten allein keinen Aufschluß über den Wert der Teilleistungen geben. Die Ergebnisse früherer Arbeiten über die Abhängigkeit der Sicherheit der Zuchtwertschätzung von der Zahl der Teilleistungen, der Länge des Prüfungsabschnittes und der Heritabilität werden zusammengestellt und diskutiert. D. Rasch/Dummerstorf. 3550.

3-64/07-0255 Lundgren, Bengt. Kan en dottergrupps 120-dagarsavkasting användas som preliminärt mått på en tjurs avelsvärde? **(Kann die 120-Tage-Leistung einer Töchtergruppe als vorläufiger Maßstab für den Zuchtwert eines Bullen angewendet werden?)** Svensk Husdjursskötsel **1963** Nr. 11. S. 353–356. – 1 Abb., 3 Tab.

Die Wartezeit bis zum Vorliegen der Ergebnisse von Nachkommenprüfungen kann auf 45 Mon. verkürzt werden durch Verringerung der Zeitspanne bis zum Vorliegen einer ausreichenden Anzahl von Töchtern und durch Vorverlegen der Erstbesamungen. Eine weitere Möglichkeit ist die Verwendung von Kurzleistungen. Die Indexwerte (F-Zahlen) von 45 Bullen aus verschiedenen Zeitabschnitten und mit Töchtern in Beständen verschiedener Leistungsklassen werden mit den 120-Tage-Leistungen der Töchter verglichen. Zum Teil ergibt sich eine abweichende Einstufung. Der Fettgehalt ist bei den 120-Tage-Leistungen im Mittel um 0,1% niedriger als bei den Betriebsdurchschnitten. Die Einstufung auf Grund der 120-Tage-Leistung kann zu falscher Einordnung führen, hat aber andererseits in einzelnen Fällen einen deutlicheren Ausschlag gegeben als die erste F-Zahl. Das Verfahren wird daher für brauchbar gehalten. J. K. Hinrichsen. 3550.

3-64/07-0256 Francis, A. L. A performance test of beef bulls. **(Leistungsprüfung bei Bullen der Fleischrassen.)** Exp. Husbandry Farms exp. Horticult. Stat., Progr. Rep. **1963** S. 14–17. – 2 Tab.
Eine kombinierte Eigenleistungs- und Nachkommenschaftsprüfung von Hereford-Bullen begann 1957 mit 10 Kälbern. Von jedem der dieser Eigenleistungsprüfung unterzogenen Bullen wurden 12 männl. Kreuzungstiere im 2. Teil des Tests in gleicher Weise überprüft. Ziel war es festzustellen, inwieweit die Ergebnisse von Eigenleistungs- und Nachkommenschaftsprüfung korrelieren. Ermittelt wurden die Lebenstagzunahmen, die Futterverwertung, bestimmte Körpermaße und der visuelle Eindruck, den die Tiere machten. Endgültige Angaben über die Ergebnisse der Nachkommenschaftsprüfung werden nach deren Abschluß im Frühjahr 1964 gemacht. Aus den Ergebnissen der Eigenleistungsprüfung wurde ein Index entwickelt, der Auskunft über die Stellung des Einzeltieres zum Gesamtdurchschnitt der geprüften Tiere geben soll: $IO = \frac{2\,LL + IF + 2IV}{5}$ (IO = Gesamtdurchschnitt (Index) des Einzeltieres, LL = Lebenstagzunahme, IF = Futterverwertung und IV = visueller Eindruck). Eingesetzt werden jeweils die Prozentzahlen für die Einzelmerkmale, wie sie sich aus dem Vergleich der entspr. Merkmale des Einzeltieres mit dem Durchschnitt aller geprüften Bullen ergeben.
K. Damm. 3550.

3-64/07-0257 Langlet, J., Gravert, H. O. und Rosenhahn, E. **Nachkommenprüfung auf Mastleistung und Schlachtwert beim Rind.** Inst. Tierzucht Tierhalt. Christian-Albrechts-Univ. Kiel, Ber. d. Ergebn. **1963** 72 S.
Es werden die Ergebnisse der Nachkommenschaftsprüfung auf Mastleistung 1962 und 1963 von 32 Gruppen in zahlreichen Tab. und graph. Darst. zusammengefaßt. Bei Wiederholungsprüfungen wurde festgestellt, daß nur die Nettozunahme und das Fett-Fleisch-Verhältnis in ihrer Tendenz übereinstimmten. Deshalb sind einheitliche Prüfungsbedingungen bes. wichtig. Jetzt werden Kälber zufällig durcheinander und nicht gruppenweise aufgestellt. Bei der Prüfung von 4 Weidemast-Gruppen zeigte sich, daß in der Tendenz die Eigenschaften mit hohen Erblichkeitsanteilen mit denen der Stallmastgruppen übereinstimmten. Die auf 500 kg gemästeten Weidebullen waren weniger verfettet als die auf 350 kg im Stall gemästeten Bullen. An 32 schwarzbunten Nachkommengruppen der Jahre 1959–62 wurde ermittelt, daß die Widerristhöhe, das Fett-Fleisch-Verhältnis, die Breitenmaße, die Röhrbeinstärke und der Keulenumfang stark erblich bedingt sind. Dagegen wurde festgestellt, daß die Fläche des großen Rückenmuskels, gemessen an der 9. Rippe, fast nicht erblich bestimmt wird. Untersuchungen an 425 schwarzbunten Jungmastbullen zu den Zusammenhängen zwischen Typ und Mastleistung ergaben, daß eine gute Bemuskelung verbunden mit Größen- und Breitenwuchs die Voraussetzung für eine gute Mastleistung sind. Zwischen Mast- und Milchleistung bestehen keine engen Beziehungen, so daß eine getrennte Erbwertschätzung für beide Leistungen notwendig ist.
K. Pilz. 3550.

3-64/07-0258 Weber, F.; Bern, EVD, Abt. für Landwirtsch. **Theoretische Erfolgsaussichten in der Tierzucht und ihre Realisierung in der Praxis.** Schweiz. landwirtsch. Mh. **41** (1963) Nr. 12. S. 381–395. – 5 Abb., 3 Tab., 3 Lit.
Vf. vergleicht am Beispiel der Milchleistung in der Schweiz, welcher Zuchterfolg genetisch zu erwarten und welcher Fortschritt tatsächlich erreicht worden ist. Der erzielte Fortschritt von 30 kg je Kuh und Jahr entspricht etwa dem bei Nachzuchtprüfung theoretisch zu erwartenden Erfolg, ist aber nur zu einem sehr geringen Teil auf züchterische Maßnahmen zurückzuführen, zum überwiegenden Anteil dagegen auf die laufende Verbesserung von Fütterung und Haltung. Als abhelfende Maßnahmen fordert er die obligatorische Milchkontrolle

aller Herdbuchbestände, Ausdehnnung von Typ- und Euterbeurteilungen, konsequente Ausnutzung der Prüfungsunterlagen für die Selektion und Einbau der künstlichen Besamung in die Zuchtförderungsmaßnahmen. A. Schaaf. 3560.

3-64/07-0259 Fewson, D.; Hohenheim, Landwirtsch. Hochschule, Inst. für Tierzuchtlehre. **Untersuchungen über die Effektivität verschiedener Selektionsmaßnahmen unter besonderer Berücksichtigung der züchterischen Verbesserung der Milchmenge und des Fettgehaltes beim Rind.** Z. Tierzücht. Züchtungsbiol. **79** (1963) Nr. 2. S. 101–161. — 27 Abb., 16 Tab., 95 Lit.
Nach einleitender Diskussion über die Selektionstheorie der Populationsgenetik an Hand von Zuchtversuchen mit Laboratoriumstieren vergleicht Vf. in Modellrechnungen die Effektivität der Selektion auf Grund der Vorfahrenleistungen, der Eigenleistungen und der Töchterleistungen zur züchterischen Verbesserung der Milchmengen- und Fettgehaltsleistung beim Rind. Für die Abstammungsbewertung erweisen sich die Leistungen oder Zuchtwertschätzungen der Eltern oder Großeltern als geeignet. Die Zuverlässigkeit der Zuchtwertschätzung auf Grund der weibl. Vorfahren kann verbessert werden, wenn auch die Zuchtwertschätzungen der männl. Tiere in die Abstammungsbewertung einbezogen werden. Für die Selektion der Kühe nach Milchmenge und Fettgehalt ist ihre Eigenleistung die beste Informationsquelle. Für die Zuchtwertschätzung der Bullen bieten Töchterleistungen eine verläßliche Basis. Eine systematische Nachkommenprüfung wird aber nur dann als geeignete Zuchtmaßnahme angesehen, wenn die genetische Überlegenheit der geprüften Bullen stärker ins Gewicht fällt als die Verlängerung des Generationsintervalls. In Herden bis zu 200 Kühen als geschlossene Population muß sich der Zuchterfolg auf die Selektion der Kühe zur Nachzucht männl. und weibl. Tiere stützen. In großen Populationen ermöglicht die Selektion der Bullen eine wesentliche Verbesserung des Selektionserfolges pro Jahr. Dabei wird die Bedeutung der Nachkommenprüfung der Bullen durch Anpaarung der Bullen an Stichproben von Kühen aus der Landeszucht umso größer, je geringer die Selektionsintensität zur Auswahl von Kühen für die Nachzucht männl. und weibl. Tiere ist. A. Schaaf. 3560.

3-64/07-0260 Schönmuth, G. **Bericht über die 9. Zentrale Elite-Jungbullenkörung des schwarzbunten Rindes.** Tierzucht 18 (1964) Nr. 1. S. 11 bis 16. — 10 Abb., 3 Tab. 3560.

3-64/07-0261 Jenni, E. und Rüegsegger, A. **Bericht über die männlichen Zuchtfamilienschauen und Halteprämienschauen vom Frühjahr 1963.** Mitt. schweiz. Fleckviehzuchtverb. **1963** Nr. 3. S. 1–79. — 24 Abb., 45 Tab. 3560.

3-64/07-0262 Held, A. und Jenni, E. **Tätigkeitsbericht der Schweiz. Herdbuchstelle für Simmentaler Fleckvieh für das Jahr 1962.** Mitt. schweiz. Fleckviehzuchtverb. **1963** Nr. 4. S. 48–65.
Nachdem durch die Einführung der integralen Milchkontrolle und der Beurteilung der Euterqualität die Zuchtwahl der weibl. Tiere stark auf die Leistungsverbesserung ausgerichtet wurde, setzen sich auch neue Maßstäbe für die Bullenbeurteilung durch. Dabei stehen die Abstammungsbewertung unter Beachtung der Leistungen der weibl. Vorfahren und die Nachzuchtprüfung im Vordergrund. Mit der stärkeren Beachtung der Leistungsveranlagung wurde eine schärfere Kontrolle des Kennzeichnungswesens notwendig. In Zweifelsfällen kam die Blutgruppenbestimmung in Anwendung. Die Zahl der Herdbuchkühe und -rinder nahm gegenüber dem Vorjahr um 523 Stck. ab, der Bestand an Herdbuchstieren stieg um 369 Tiere an. 11 Zuchtgenossenschaften wurden neu gegründet. Im Berichtsjahr wurden 116734 Milchleistungsabschlüsse bearbeitet. 7319 Kühen wurde das Fruchtbarkeitszeichen, 2342 das Dauerleistungsabzeichen zuerkannt. 1082 Genossenschaften wurden in der Zuchtbuchführung überprüft, 92,6% wurden davon in der 1. Klasse prämiiert. H. Kleiber. 3565.

3-64/07-0263 Butcher, D. F., Mitchel, R. G., Porterfield, I. D. und Dunbar, R. S.; Morgantown, W. Va., Univ. Heritability, phenotypic and genetic correlations between type ratings and milk fat production in Ayrshire cattle. **(Heritabilität, phäno- und genotypische Korrelationen zwischen Typbeurteilung und Milchfettleistung beim Ayrshire-Rind.)** J. Dairy Sci. **46** (1963) Nr. 9. S. 971–975. – 4 Tab., 16 Lit.
Die verwendeten Daten entstammen den Ergebnissen der offiziellen Typbewertung und der Leistungskontrolle bei 22000 Ayrshire-Herdbuchkühen. 8165 Töchter-Mütter-Paare konnten gebildet und in 2964 Bullen-Herde-Gruppen eingeteilt werden. Alle phäno- und genotypischen Korrelationen zwischen Typ, Typkomponenten und Milchfettleistung waren niedrig (höchste Werte 0,13 bzw. 0,16). Die Korrelationen zwischen den äußeren Merkmalen waren wesentlich höher. Ebenfalls wurden niedrige Werte bei der Abschätzung der Heritabilität der verschiedenen untersuchten Merkmale ermittelt. Der rel. Fortschritt bei der Selektion zur genetischen Verbesserung der Milchfettleistung an Hand der Ergebnisse der Typbewertung ist $^1/_{50}$ desjenigen Fortschritts, der bei Verwendung einer einzigen Jahresleistung als Selektionsmaßstab erreicht werden kann. K. Damm. 3575.

3-64/07-0264 Kiermeier, F. und Probst, A. **Über erbliche Einflüsse auf den Milcheiweißgehalt im milchwirtschaftlichen Einzugs- und Besamungsgebiet Weihenstephan.** Züchtungskunde **34** (1962) Nr. 5. S. 193–208. – 5 Abb., 23 Tab.
An 3 Töchtergruppen (TG) mit insgesamt 337 Erstlingskühen wurden genetische Einflüsse auf den Milcheiweißgehalt und seine Beziehungen zum Fettgehalt und zur Milchmenge untersucht. Mit großer statistischer Sicherheit konnte ein Bulleneinfluß auf Milchmenge, Eiweiß- und Fettgehalt festgestellt werden. Außerdem wurde eine Abhängigkeit des Milcheiweißgehaltes vom Erstkalbealter, vom Kalbezeitpunkt sowie von der Verteilung der Kühe auf Herdbuch- und Nichtherdbuchbetriebe nachgewiesen. Die Laktationskurven für Eiweiß- und Fettgehalt der TG zeigten charakteristische Unterschiede, jene für die Milchmenge dagegen weitgehend ähnlichen Verlauf. Die Fett-Eiweiß-Korrelation der TG war zwar in jedem Falle gesichert positiv, scheint aber genetisch sehr unterschiedlich verankert zu sein. Die Korrelationskoeffizienten der TG für die Beziehung zwischen Milchmenge und Eiweißgehalt lagen teils im positiven, teils im negativen Bereich. In der Züchtung sollte man daher Bullen selektieren, die mit einer höheren Milchmenge auch einen höheren Eiweißgehalt vererben. G. Heidler. 3578.

3-64/07-0265 Rendel, Jan; Uppsala, Sweden, Roy. Agric. Coll. A study of the variation in cattle twins and pairs of single-born animals. I. Description of the material and the diagnosis of zygosity. **(Eine Untersuchung der Variation bei Rinderzwillingen und Paaren aus Einlingsgeburten. 1. Mitt. Darstellung des Materials und der Zygotiebestimmung.)** Z. Tierzücht. Züchtungsbiol. **79** (1963) Nr. 1. S. 75–85. – 3 Tab., 17 Lit.
Das untersuchte Material umfaßte 439 Zwillingspaare, 67 Halbgeschwisterpaare und 254 Paare unverwandter Tiere aus 10 Verbänden des Schwedischen Rotbunten Rindes mit ca. 150000 geprüften Kühen. Die Mehrzahl der untersuchten Tiere wurde 1957–59 geboren und so ausgewählt, daß das Erstkalbealter und Alter der Zwillings- und Vergleichspaare für weitere Untersuchungen weitgehend übereinstimmten. Die Haarfarbe, die Skelettmerkmale und Einzelheiten der Körperausprägung wurden in Noten von 0 bis 5 zusammengefaßt wiedergegeben. Die serologischen und biochemischen Methoden der Monozygotiebestimmung umfaßten den Nachweis der *J*-Typen und 3 verschiedener Proteineigenschaften) Transferrin, Postalbumin sowie saure Phosphatase). Von 27 an Hand morphol. Merkmale als monozygot eingestuften Zwillingspaaren erwiesen sich 6 auf Grund der Blutteste als dizygot. Die

reale Effektivität des Zellular-Antigen-Tests (*J*) war weniger als 87%. Bei gleichzeitiger Anwendung aller Untersuchungsmethoden arbeitet die Monozygotiebestimmung mit 98%iger Sicherheit. Unter Berücksichtigung der Ergebnisse morphol. und serologischer (elektrophoretischer) Untersuchungen können Zwillingspaare aus der Herdbuch- und Landeszucht, sofern die Milchkontrolle in den Herden durchgeführt wird, für genetische Studien herangezogen werden. Dadurch ist die rel. einfache Erweiterung des Institutsmaterials möglich. Die Varianz der *J*-Konzentration im Serum war bei den zweifelhaften MZ-Paaren 1,00, bei den MZ-Gruppen 0,67 und bei den vergleichbaren DZ-Paaren 2,06. G. Koriath/Dummerstorf. 3585.

3-64/07-0266 Hähnel, B. **Ordnung der Rinderhaltung.** Tierzucht 17 (1963) Nr. 5. S. 213–217.

Vf. gibt in gedrängter Form einen informatorischen Überblick über die „Ordnung der Rinderhaltung", die in kollektiver Zusammenarbeit von der Forschungsgemeinschaft „ Tierhaltung und Stallwirtschaft" erarbeitet wurde. Den auf dem Gebiet der Rinderhaltung Tätigen wird eine allg. Richtschnur in die Hand gegeben, die den örtlichen Verhältnissen angepaßt der Notwendigkeit einer Leistungssteigerung in den Rinderbeständen Rechnung trägt. In 7 Hauptabschnitten werden: I. Organisation und Zuchtarbeit, II. Fütterung, III. Haltung und Stallbau bei Rindern, IV. Technische Einrichtungen für Fütterung, Entmistung und Einstreu in Rinderställen, V. Milchgewinnung, Milchbehandlung, Milchsammlung, VI. Hygiene und VII. Vergütung beschrieben. Vf. spricht den Wunsch aus, daß die vom Ständigen Neuererzentrum Leipzig-Markleeberg herausgegebene Broschüre „Ordnung der Rinderhaltung" möglichst in allen Betrieben Eingang und Anwendung finden möge. H. Tschirschwitz. 3602.

3-64/07-0267 Scharfenorth, U. und Janz, W.; Lewitz, VEG. **Diskussionsbeitrag zum: Vorschlag zur einheitlichen Dokumentation und Kennzeichnung in großen Rinderbeständen.** Tierzucht 17 (1963) Nr. 5. S. 219–222.

Vf. schlagen die im VEG Lewitz erprobte Methode der Kennzeichnung und Dokumentation von Rindern für die einheitliche Anwendung in Großbeständen vor. Anstatt des üblichen Zeichnens der Kälber wird für den Großbetrieb das beiderseitige Fotografieren der Kälber mit der Kälbernummer empfohlen. Eine wesentlich bessere Haltbarkeit der Ohrmarken wurde durch Verschraubung und Vernietung derselben außerhalb des Ohres erreicht. Gleichzeitig wird im VEG Lewitz den Kälbern eine zweite Ohrmarke eingezogen. Die Gefahr des Ausreißens der Marken wird durch Einziehen dicht am Kopf vermindert. Bei 412 Jungrindern gingen nach der verbesserten Methode nur 12 Ohrmarken (2,85%) durch Ausreißen verloren (alte Methode: bis zur Abkalbung über 80% verlorengegangene Ohrmarken). Bei Herdendurchsichten können diese wenigen verlorengegangenen Ohrmarken nach vorheriger einwandfreier Identifizierung der Tiere mittels Foto durch Marken, mit nachgestanzten Originalnummern versehen, ersetzt werden. Nach der Abkalbung werden die Tiere zunächst mit Fellnummern markiert und später mit Hornbränden versehen. Vff. beschreiben außerdem den Weg der Dokumentation der Jungrinder vom Kalb bis zur Kuh (Stalltafel, Kälberbuch, Stallbuch) im VEG Lewitz. H. Tschirschwitz. 3602.

3-64/07-0268 Dzjuba, N. F. O celesoobraznosti uplotnennych otelov korov. **(Über die Zweckmäßigkeit verkürzter Zwischenkalbezeiten bei Kühen.)** Životnovodstvo, Moskva 26 (1964) Nr. 2. S. 71–75. — 4 Tab.

Vf. ist der Auffassung, daß die Forderung nach 1 Abkalbung je Kuh und Jahr überaltert sei. Nach den in der Arbeit angeführten theoretischen Berechnungen und praktischen Beobachtungen im Wassilejew-Sowchos (Bezirk

Kiew) kommt er zu dem Schluß, daß Kühe mit einer Service-Periode von 30 ± 10 Tagen in 7 Jahren 1410 kg Milch und 1 Kalb mehr bringen als solche, die während dieser Periode nur einmal jährl. kalbten. Weiter wurde beobachtet, daß Kühe, welche im Jan.–Febr. zur Abkalbung kamen, in der Mehrzahl erst im Mai wieder aufnahmen, wenn sie nicht in der ersten Brunst belegt wurden. Da das die Hauptabkalbesaison im Sowchos ist, hatte die Mehrzahl der Kühe eine verlängerte Service-Periode, was zu Leistungseinbußen führte. Deshalb kam die elektrometrische Methode der Brunstbestimmung zum Einsatz. Zur besseren Vitaminversorgung wurden je Kuh tägl. bis zu 2 kg Fichtennadeln gefüttert. H. Schwiderski/Dummerstorf. 3610.

3-64/07-0269 Pechfelder, A. **Fortpflanzungsstörungen bei Kühen — häufigste Schadenursache.** Tierzucht **17** (1963) Nr. 11. S. 509–511. 3610.

3-64/07-0270 Dananasoury, M. S. und Bayoumi, M. S. Duration of gestation in Sudanes dairy cattle. **(Trächtigkeitsdauer bei sudanischem Milchvieh.)** Indian J. Dairy Sci. **15** (1962) Nr. 3. S. 91–100. — 11 Abb., 27 Lit. 3612.

3-64/07-0271 Vasileva, J. Prodŭlžitelnostta na utrobnija period i životo teglo pri raždaneto na teleta kato pokazateli za osobenostite v rasteža i razvitieto im. **(Die Dauer der Entwicklung im Mutterleib und das Geburtsgewicht von Kälbern als Kennziffern für die Besonderheiten ihres Wachstums und ihrer Entwicklung.)** Naučni trudove. Visš selskostopanski institut „Georgi Dimitrov". Zootechničeski fakultet, Sofija **13** (1963) S. 291–317. — 4 Abb., 16 Tab., 35 Lit.

Die Angaben über die Trächtigkeitsdauer, das Geburtsgewicht und die Erhöhung des Lgw. der Kälber bis zum Alter von 6 Mon. wurden aus den Zuchtbüchern 5 verschiedener Herden bearbeitet — Iskâr-Rind, Simmentaler, Sofioter Braunvieh, Rote Sadowoer nnd einer Kreuzungsherde (Kulaer Rind × Simmentaler). Es wurden die Rassenunterschiede bez. der 3 Merkmale und ihrer Variabilität festgestellt. Mit der Erhöhung der Trächtigkeitsdauer über den Durchschnitt hinaus erhöht sich auch unbedeutend das Geburtsgewicht der Kälber; mit einer weiteren Verlängerung der Trächtigkeitsdauer geht das Geburtsgewicht zurück. Die Kälber mit einer um 5 Tage längeren Entwicklung im Mutterleib, als gewöhnlich für die Rasse charakteristisch ist, oder sogar noch darüber hinaus zeigen eine schwache Wachstumsintensität und eine geringere Vitalität.

NRB/ZSNTI, übersetzt v. Ch. Eshkowa. 3614.

3-64/07-0272 Preś, J. Wychów cieląt na małych dawkach mleka pełnego przy zastosowaniu oksytetracykliny i różnych pasz treściwych. **(Die Kälberaufzucht bei kleinen Vollmilchgaben und Anwendung von Oxytetracyklin und verschiedenen Kraftfuttermitteln.)** Roczniki Nauk rolniczych, Ser. B **81** (1963) Nr. 3. S. 419–431. — 1 Abb., 5 Tab., 49 Lit.

Verwendung von Oxytetracyklin (60 mg/Tier/Tag) in der Fütterung der Kälber (1–4 Mon. alt) hatte keinen Einfluß auf Gewichtszunahme und Futterverwertung. Oxytetracyklin verhinderte Durchfall. Die Verabreichung von Kraftfuttermengen mit verschiedenem Eiweißgehalt an Kälber bis zu 3 Mon. zeigte keinen Unterschied in der Gewichtszunahme. Der Zusatz von Antibioticum reduzierte die Verdaulichkeit der org. Subst. und Rohfaser. Das Leukogramm bei Kälbern, die Oxytetracyklin erhalten hatten, zeigt eine Reduzierung der Anzahl der Lymphocyten und eine Steigerung der Segmentkernigen und Monocyten. PRL/CBR, übersetzt v. O. Kasperl. 3634.

3-64/07-0273 Butkevičene, A. und Vagonis, Z.; Litau. Forsch.-Inst. für Tierzucht. Rost i estestvennaja rezistentnost' teljat, vyraščivaemych na zameniteljach cel'nogo moloka. **(Wachstum und natürliche Immunität mit Vollmilchersatz aufgezogener Kälber.)** Vestnik sel'skochozjajstvennoj nauki,

Moskva 8 (1963) Nr. 5. S. 72–76. – 5 Tab., 14 Lit. Zus. in Engl., Franz., Dtsch.
Teilweiser Ersatz der Vollmilch durch ein Futtergemisch aus 43,3% Futterhefe (z. T. bestrahlt), 8,5% Hafermehl, 12% Weizenkeim- und 24% Maiskeimmehl, 4,5% Makro- und Mikroelementen, 4,5% stabilisiertem Vit. A und 3% vitaminisiertem Biomycin ergab eine normale und in den ersten 3 Mon. sogar bessere Entwicklung der Kälber. Die Verfütterung von Vollmilch erfolgte nur im 1. Mon. bei Aufwertung der Magermilch ab dem 8. Tag durch 20 bis max. 60 g Ersatz je Tier und Tag. Der Gesamtmilchverbrauch betrug (Kontrollgruppe in Klammern): 120 (330) l Vollmilch, 652 (562,5) l Magermilch und 3,54 kg (–) Ersatz. In der natürlichen Immunität wurden keine wesentlichen Unterschiede festgestellt. G. Bernert. 3634.

3-64/07-0274 Schwark, H.-J. **Sachgemäße Jungrinderaufzucht — erste Voraussetzung für leistungsfähige, höhere Kuhbestände.** Tierzucht **18** (1964) Nr. 1. S. 17–20. – 3 Abb., 5 Tab., 12 Lit. – nach Zus.
Von der ungenügenden Entwicklung des Kuhbestandes in der Republik ausgehend wird nachgewiesen, daß die Hauptursachen in der unsachgemäßen Jungrinderaufzucht begründet sind. Unter Zugrundelegung einer 4jährigen Nutzungsdauer des Kuhbestandes müßte letzterer unter normalen Aufzuchtbedingungen um jährl. ca. 4% wachsen. In den untersuchten Betrieben lassen die weibl. Jungtiere jedoch große Entwicklungsrückstände erkennen, die die Annahme irreversibler Schädigungen physiol., konstitutioneller und körperlicher Art rechtfertigen. In spez. untersuchten Kreisen entfallen 26,3–30,6% aller geschlachteten Rinder auf Färsen, bei denen zu 82% Zuchtuntauglichkeitsbecheinigungen vorlagen. Es kann allgemein eingeschätzt werden, daß keine prinzipiellen Unterschiede zwischen den Aufzuchtergebnissen in Ackerbaugebieten und Gebieten mit weidefähigem Grünland bestehen. 3636.

3-64/07-0275 Jungk, E. **Wirksamere Maßnahmen zur Verbesserung der Jungviehaufzucht einleiten.** Tierzucht **17** (1963) Nr. 9. S. 392–394.
Um in allen LPG und VEG die Jungrinderentwicklung besser zu kontrollieren und wirksame Verbesserungsmaßnahmen einzuleiten, sind Gewichtsermittlungen mittels Bandmaß durchzuführen. Auf Grund von Messungen und entspr. Kontrollwägungen bei 5000 Jungrindern wurde eine Umrechnungstabelle aufgestellt, die für die Gewichtsermittlungen in der Praxis benutzt werden kann. Gewichtsermittlungen an 2716 Jungrindern in 21 Betrieben ergaben, daß bis zum Alter von 6 Mon. die geforderten Normgewichte erreicht werden, während das bei den älteren Tieren nicht der Fall ist. Die Feststellung des Brustumfanges ist einfacher als die Wägung der Jungrinder, deshalb ist die Methode gut für die Praxis geeignet. K. Pilz. 3636.

3-64/07-0276 Berg, F. **Wirtschaftsmast mit Jungbullen in Grünlandbetrieben.** Dtsch. Landwirtsch. **15** (1964) Nr. 1. S. 39–41. – 2 Abb., 2 Tab., 5 Lit. – nach Zus.
Die Rindfleischproduktion wurde in den letzten Jahren fast verdoppelt. Dieser Anstieg ist zu einem beachtlichen Teil auf die verstärkte Jungbullenmast zurückzuführen. Es wird die Frage gestellt, ob diese Entwicklung für die Grünlandbetriebe richtig ist oder ob dadurch die Milchviehhaltung und die Aufzucht weibl. Rinder beeinträchtigt wird. Die Jungbullenwirtschaftsmast hat in Form der Weidemast in den Grünlandbetrieben ihre volle Daseinsberechtigung, bes. jedoch in jenen Grünlandbetrieben, die noch lange nicht ihre endgültige Kuhzahl erreicht haben. Die Preisrelationen: Milch, Zuchtvieh und Rindfleisch gegenüber den Produktionskosten tragen wesentlich dazu bei, die Milchviehhaltung als stärksten Betriebszweig innerhalb eines Grünlandbetriebes auszubauen. Es wird an Hand eigener Versuche nachgewiesen, daß der Kraftfutteraufwand je 1 kg Schlachtausbeutezuwachs

bei der Weidemast mit Jungbullen unter dem Bedarf in der Schweinemast liegt und es durchaus richtig ist, in den Grünlandbetrieben die Rindfleischproduktion stärker zu erhöhen, zumal die Futterreserven in den Grünlandbetrieben vor allem auf ihren Weiden und Wiesen liegen. 3652.

3-64/07-0277 Franz, H. **Jungbullenmast im grünlandstarken Betrieb.** Tierzucht **17** (1963) Nr. 11. S. 499–502.
In Grünlandbetrieben bilden eine hohe Milchproduktion und der Verkauf von hochleistungsfähigen Herdbuchfärsen die Grundlage der Rentabilität. Die Bullenmast ist dagegen nur vertretbar, wenn sie mit reichlichem Grundfutter und nicht mit hohem Kraftfuttereinsatz erfolgt. Sie sollte sich auf die im Betrieb geborenen Kälber beschränken. In einem Weideversuch wurden 3 Jungbullengruppen hinsichtlich ihrer Gewichtszunahme und ihres Kraftfutterverbrauchs verglichen. Eine Gruppe wurde an den Vorderbeinen gefesselt und auf der Weide gehalten, die 2. Gr. getüdert und die 3. unbehindert auf der Weide gehalten. Die ersten beiden erhielten während der ganzen Weidezeit Kraftfutter zugefüttert, die 3. nur in den letzten 3 Wochen. Die ungehindert auf der Weide gehaltenen Jungbullen hatten bei erheblich niedrigerem Kraftfutteraufwand und unwesentlichem Arbeitsaufwand fast gleiche Mastergebnisse wie die gefesselten und getüderten Bullen.
K. Pilz. 3652.

3-64/07-0278 Savin, D.; Kasach. Forsch.-Inst. für Mechanisier. und Elektrifizier. der Landwirtsch. Intensivnyj nagul skota. **(Die Intensivweidemast von Rindern.)** Moločnoe i mjasnoe skotovodstvo, Moskva 8 (1963) Nr. 7. S. 13–15. – 2 Abb., 1 Tab.
Es wurde eine neue Technologie der Weidemast der Rinder entwickelt, da die bisher übliche einen hohen Aufwand an Zeit und Kosten erforderte. Der gesamte Weidekomplex wird radial in einzelne Stücke eingeteilt, deren Zahl von der Menge der Tiere abhängt, wobei ein Weidestück für eine Herde von 200–300 Tiere vorgesehen ist. Im Mittelpunkt dieser radial eingeteilten Weidestücke befindet sich die Tränkstelle und der Futterplatz für die Kraftfutterzufütterung. Die Tränkstelle ist entweder eine natürliche Wasserquelle oder ein Tankwagen. Die Kraftfutterautomaten auf Schlittenkufen sind 300–500 m von der Tränkstelle aufgestellt, sie werden zur Auffüllung aneinandergekoppelt und von einem Schlepper zum Speicher gefahren. Die Herden werden aus gesunden Tieren gebildet, die nach Alter, Gewicht und Geschlecht unterteilt werden. Alle Tiere werden vor Beginn der Weidemast gewogen und vorbeugend gegen Maul- und Klauenseuche geimpft. Die Tiere werden ganztägig geweidet. Die Hirten, deren Zelt und die Feldküche sich auf dem Futterplatz befinden, arbeiten in Schichten. Die Herden werden streng nach Plan 1- oder 2mal am Tage zum Futter- und Tränkplatz getrieben. Sie erhalten pro Tier und Tag 2 kg Kraftfutter. Die Dauer des Beweidens eines Weidekomplexes wird durch den Graswuchs bestimmt. Nach der Abweidung erfolgt eine Verlegung der Weidestücke, wobei eine neue Tränkstelle mit Futterplatz eingerichtet wird. Die Dauer der Weidemast ist von Alter, Ernährungszustand der Tiere und Mastergebnis abhängig. Im Durchschnitt beträgt sie bei erwachsenen Tieren ca. 40–50 Tage und bei Jungvieh ca. 70 bis 80 Tage. Die Ablieferung der Tiere erfolgt direkt vom Weideplatz aus. Für jede Herde sind 2 Hirten vorgesehen. Weiterhin gehören zu einer Brigade noch 2–3 Traktoristen, die Kraftfutter und Wasser heranbringen, 1 Koch und 1 Brigadier, dem die Leitung der Brigade und die zootechnische Beratung obliegt. Eine Brigade sollte ca. 3000 Tiere betreuen. Die Bezahlung erfolgt nach Leistung. Die neue Technologie ermöglicht den Wirtschaften, das Tempo der Rindfleischproduktion zu erhöhen, die Selbstkosten zu senken, die Weiden rationeller zu nutzen und das Vieh planmäßig das ganze Jahr über abzuliefern. K. Witt. 3652.

3-64/07-0279 Kolyškina, N. S.; Kursk, Landwirtsch. Inst. Metody sozdanija žirnomoločnogo stada simmental'skoj porody. **(Methoden zur Schaffung einer Simmentaler Herde mit hohem Milchfettgehalt.)** Životnovodstvo, Moskva **25** (1963) Nr. 9. S. 49–54. – 4 Abb., 3 Tab.

Vf. gibt eine Darstellung des Leistungsstandes einer Simmentaler Herde der Kursker Staatl. Versuchsstation und zeigt an zahlreichen Beispielen, wie durch starken Einsatz der Verdrängungskreuzung mit Vatertieren aus fettreichen Linien der Milchfettgehalt der Herde wesentlich verbessert wurde. Die anschließende strenge Selektion sowie die Schaffung von Kuhfamilien nach dem Milchfettgehalt und die weitere Züchtung auf der Grundlage dieser Familien führte zu den jetzigen Leistungen. Einen Fettgehalt von 3,7 bis 3,99% weisen 15,7%, von 4,0–4,29%–43,2% und von 4,3–5,28%–41,1% der Kühe auf. Dabei ist zu bemerken, daß in der letzten Gruppe 50% der Kühe erst in der 1. bzw. 2. Laktation standen. Großer Einfluß auf die spätere Milchfettleistung wird der Fütterung und Haltung bereits bei der Aufzucht zugeschrieben. So wird hervorgehoben, daß die Kälber bis zum Alter von 3 Mon. Vollmilch erhalten. G. Bernert. 3662.

3-64/07-0280 Oscarsson, Gösta. Låg avkastning i mjölkproduktionen kräver god ekonomi. **(Niedrige Leistungen in der Milcherzeugung.)** Svensk Husdjursskötsel **1964** Nr. 1. S. 18–19. – 1 Tab.

Die Tatsache, daß der Jahresbericht der Milchleistungsprüfungen noch Leistungen unter 100 kg Fett aufweist, macht eine Betrachtung der Rentabilität der Milcherzeugung bei so niedrigem Leistungsstand notwendig. Die Berechnung geht aus von einer Kuh mit 2500 kg Jahresleistung bei Vorhandensein 1 familieneigenen AK, die nicht anderweitig eingesetzt werden kann. Nur in einem solchen Falle ist die Kuhhaltung bei dem angenommenen Leistungsstand noch vertretbar. Sobald die Arbeitskraft anders eingesetzt werden kann, ergibt sich ein Verlust; dieser erhöht sich beträchtlich, wenn außerdem noch Gebäudekosten berücksichtigt werden müssen. Kuhhaltern, deren Tiere einen Leistungsstand haben, wie er um 1900 bei Kontrollkühen festgestellt wurde, muß Abschaffung der Kuhhaltung empfohlen werden.
J. K. Hinrichsen. 3662.

3-64/07-0281 Kecskés, S. Magyartarka tehenek laktációs termelésének alakulása a borjazások száma szerint. **(Die Laktationsleistung Ungarischer Fleckviehkühe in Abhängigkeit von der Zahl der Abkalbungen.)** Állattenyésztés [Tierzucht] **12** (1963) Nr. 2. S. 101–116. – Aus: Ung. Agrar-Rdsch. **1964** Nr. 1.

11516 kontrollierte Kühe wurden erfaßt. In den untersuchten Beständen betrug der Anteil der Erstlingskühe 20%, in der 3.–7. Laktation standen 54 bis 60% der Kühe, und 6- bis 10mal gekalbt hatten 21–24%. Die Höchstleistung erreichte der Bestand nach dem 4. Kalben. Dies bedeutet eine Abweichung von der für die Ungarischen Fleckviehkühe charakteristischen Höchstleistung in der 6. Laktation, da 11,5–17,8% der Kühe bis zur Erreichung ihrer 4. Laktation wegen schwacher Leistung ausgemerzt wurden. Die durchschnittl. Milchleistung betrug in der 1. Laktation 3021 kg, in der 4. Laktation 4192 kg. Der Milchfettgehalt schwankte in sämtlichen Laktationen zwischen 3,8 und 4,0%. Die Zahl der Laktationstage lag zwischen 293 und 296, ein großer Prozentsatz der Kühe erreichte nicht den 300. Laktationstag. Deshalb schlägt Vf. vor, zum Vergleich der Produktionsergebnisse die 250-Tage-Leistung heranzuziehen. 3662.

3-64/07-0282 Asker, A. A., El-Itriby, A. A. und Fahmy, S. K. Factors affecting initial milk yield in cattle in the United Arab Republic. **(Die Beeinflussung der Einsatzleistung beim Milchvieh in der VAR.)** Indian J. Dairy Sci. **15** (1962) Nr. 3. S. 81–90. – 9 Tab., 16 Lit. 3662.

3-64/07-0283 Mishra, H. R. und Biswas, S. C. A study of sire's age affecting the performance of daughter in Tharparkar cattle. **(Eine Untersuchung über den Einfluß des Alters eines Bullen auf die Leistung seiner Töchter beim Tharparkar-Rind.)** Indian veterin. J. **40** (1963) Nr. 8. S. 501–505.
An 155 (!) Kälbern des Tharparkar-Rindes sollte untersucht werden, ob das Alter des Bullen von Einfluß auf die Milchleistung der Töchter ist. Die Kälber wurden nach dem Alter des Bullen in 12 Gruppen (0–4 Jahre, 5–6 Jahre, . . ., 14–15 Jahre) eingeteilt, von denen einige nur 2–3 Kälber enthielten. Die Gruppe von 0–4 Jahre umfaßte 5 Tiere. Die Milchleistung der Töchter in dieser Gruppe lag zwar über der der anderen Gruppen, die Differenzen ließen sich statistisch jedoch nicht sichern. D. Rasch/Dummerstorf. 3662.

3-64/07-0284 Edwards, J. Kött från mjölkbesättningar. **(Fleisch von Milchviehbeständen.)** Svensk Husdjursskötsel **1963** Nr. 11. S. 376–378. — 1 Abb., 5 Tab.
Die Steigerung der Fleischerzeugung setzt eine Erhöhung der Zahl der für die Mast verfügbaren Kälber voraus. In England kommen 80% des Rindfleisches aus milcherzeugenden Betrieben. Die Zahl der zur Mast herangezogenen Kälber kann erhöht werden durch Verringerung der Zahl der für die Bestandserhaltung benötigten ♂ Kälber, durch Erhöhung der Zahl der ♀ Kälber für die Fleischproduktion, durch Einkreuzung von Bullen der Fleischrassen in Jersey-, Guernsey- und evtl. Ayrshire-Bestände, wodurch gleichzeitig die Fleischqualität verbessert wird. Auf lange Sicht sind wirksam: Erhöhung des durchschnittl. Alters der Milchkühe, Zuchtwahl auf Groß- und Schnellwüchsigkeit, Verringerung der Zahl der tot und schwach geborenen Kälber, Verbesserung der Fruchtbarkeit und dabei auch Erhöhung der Zahl der Zwillingsgeburten. Die zwischen den Geburts- und Absetzgewichten bei Reinzucht- und Kreuzungskälbern bestehenden Unterschiede bleiben im weiteren Wachstumsablauf bestehen. Bei ♂ Schwarzbunt- und Ayrshire-Tieren wurden hochsignifikante Korrelationen von $r = 0{,}67$ bzw. 0,62 zwischen 8-Wochengewicht und Gewicht mit 1 Jahr errechnet. Die Schwarzbunten werden als die beste kombinierte Rasse bezeichnet. Eine ihrer Schwächen ist der Anteil der Schwergeburten. Diese treten nach Belegung mit Charollaisbullen noch häufiger auf als bei Reinzuchten. Zur Verbesserung der Kälberproduktion sind weiterhin notwendig: Untersuchungen und Beratung auf dem Gebiet der Aufzucht, Verbesserung der Abgabe von Kälbern aus Überschußbetrieben zu Aufzüchtern, Aufstellung von Handelsklassen. Über die Mast- und Fleischeigenschaften der Zuchttiere liegen nur unzureichende Informationen vor. J. K. Hinrichsen. 3664.

3-64/07-0285 Burgkart, M. und Doroszewski, B.; Grub, Bayer. Landesanst. für Tierzucht. **Die Ermittlung der Querschnittsfläche des M. long. dorsi am lebenden Rind.** Züchtungskunde **36** (1964) Nr. 2. S. 71–75. — 1 Abb., 2 Tab., 7 Lit. — Zus. in Russ., Engl., Franz.
Die Messungen mit Ultraschall bei lebenden Rindern haben zum Ziel, die Querschnittsfläche des langen Rückenmuskels zu ermitteln. Die 42 untersuchten Höhenviehbullen hatten Schlachthofgewichte von 410–598 kg (⌀ 513,5 kg). Der Prüfkopf wurde nicht mit der Hand gehalten, sondern mittels eines an der Schablone angebrachten Schlittens durch ein elastisches Band fixiert. Zum Vergleich wurde die Querschnittsfläche (Realpause) am Schlachtkörper zwischen der 11./12. Rippe ermittelt. Zur Rekonstruktion der Echomuskelfläche wurden die mit dem Ultraschallgerät festgestellten Werte mit 1,35 multipliziert, da die Schallgeschwindigkeit beim Rind größer ist. Zwischen der konstruierten und der abgezeichneten Fläche besteht zwischen lebend ($\bar{x} = 86{,}47$ cm) und geschlachtet ($\bar{x} = 87{,}18$ cm) nur eine Differenz von 0,71 cm. Die Beziehung zwischen den beiden Flächen beträgt $r = +0{,}918$. E. Otto/Dummerstorf. 3664.

3-64/07-0286 Lenschow, J.; Dummerstorf, Inst. für Tierzuchtforsch. **Gesichtspunkte beim Übergang zu industriemäßigen Produktionsmethoden in der Rinderhaltung.** Wiss.-techn. Fortschr. Landwirtsch. 4 (1963) Nr. 10. S. 436–438.

Unter industriemäßiger Produktion versteht man planmäßige, möglichst kontinuierliche Produktionsmethoden auf der Basis neuer wiss. Erkenntnisse und unter Anwendung modernster Verfahren bei Ausschluß der Einwirkung zufällig wirkender Faktoren, deren wichtigster z. Z. der Mensch mit seiner unterschiedlichen Qualifikation und Neigung ist. Industriemäßige Produktionsmethoden erfordern als Grundvoraussetzung eine hohe Arbeitsproduktivität, sie sind nicht unbedingt an bestimmte Haltungs- oder Produktionsverfahren gebunden. Grundlegende Voraussetzungen jedoch sind Konzentration der Viehbestände, Arbeitsteilung und Spezialisierung der Produktion. Vf. geht auf die Notwendigkeit einer gründlichen Produktionskontrolle ein und unterstreicht die Bedeutung hochleistungsfähiger Kuhbestände. Unter Berücksichtigung der Gesetzmäßigkeiten der Kostenbildung wird eindeutig herausgestellt, daß zur industriemäßigen Produktion Jahresleistungen von ⌀ 4000 kg Milch gehören. Dummerstorfer Erfahrungen besagen, daß man bereits in Färsenherden Durchschnittsleistungen von 4000 kg Milch erreichen kann, wenn man 10 bis 15% mehr Färsen als benötigt abkalben läßt und die leistungsschwachen Tiere innerhalb der nächsten 6 Mon. merzt. Die einzelnen Anforderungen, die an die Rinderhaltung bei industriemäßiger Produktion zu stellen sind, werden eingehend besprochen. E. Kieslinger. 3671.

3-64/07-0287 Hvidsten, Harald, Tollersrud, Sverre und Christensen, Halvor. Forsøk med mjølkekyr i båsfjøs og uisolerte bingefjøs. **(Versuche mit Milchkühen im Anbindestall und im nicht isolierten Laufstall.)** Meld. Norges Landbrukshøgskole 42 (1963) Nr. 11. S. 1–65. — 13 Abb., 17 Tab., 74 Lit. Zus. in Engl.

In 4 Versuchen mit 68 Roten Hornlosen Kühen und 4 Zwillingspaaren verschiedener Rassen wurde in den Wintern 1951/52–1956/57 die Einwirkung der Haltung auf dem Kurzstand im isolierten Stall (A) mit der Haltung im Offenlaufstall (L) verglichen. Im Stall A wurden durchschnittl. Temperaturen zwischen 12 und 15 °C festgestellt. Im Aufenthaltsraum des Laufstalles lagen die Temperaturen 3–6 °C höher als die Außentemperatur. Im Mittel aller Versuche war die Milchleistung im Laufstall bei gleicher Fütterung um ca. 3% niedriger als im Anbindestall, während im Fettgehalt kein Unterschied bestand. Die Gewichtszunahmen waren im Anbindestall etwas höher als im Laufstall. Auch die Futterverwertung war im Anbindestall am günstigsten. Die im Melkstand von den Kühen aus dem Laufstall ermolkene Milch war etwas keimärmer als die am Stand ermolkene Milch. Im Gesundheitszustand ergaben sich keine Unterschiede, aber die angebundenen Kühe wurden beim Austrieb etwas besser bewertet als die Laufstallkühe. Im Laufstall ist der Arbeitsbedarf je Großvieheinheit geringer als im Anbindestall. J. K. Hinrichsen. 3672.

3-64/07-0288 Saue, Oddmund, Tollersrud, Sverre, Christensen, Halvor und Homb, Thor. Forsøk med fôringsokser og kviger i båsfjøs og uisolert bingefjøs. **(Versuche mit Mastbullen und Färsen im Anbindestall und im nicht isolierten Laufstall.)** Meld. Norges Landbrukshøgskole 42 (1963) Nr. 10. S. 1–33. — 5 Abb., 26 Tab., 19 Lit. Zus. in Engl.

In den Jahren 1951/52–1953/54 wurden 3 Versuche mit insgesamt 58 Mastbullen und 1953/54–1954/55 2 Versuche mit insgesamt 44 Färsen durchgeführt. Die Hälfte der Tiere wurde im Anbindestall, die andere Hälfte im Offenlaufstall gehalten. Die tiefsten Außentemperaturen lagen um −20 °C, während die Temperatur im geschützten Raum des Laufstalles nur in einem Winter tiefer als −12 °C lag. In beiden Ställen wurde die gleiche Futterration gegeben: Heu, Silage, Kraftfutter, Fischmehl und z. T. Strohaufschluß, Kohlrüben und Lieschgrasstroh. In allen Bullenmastversuchen hatten die angebundenen Tiere wesentlich höhere Zunahmen und eine schlechtere Futterverwertung als die Tiere im Laufstall. Gleichzeitig hatten sie eine bessere Schlachtqualität. Auch im Färsenversuch waren die angebundenen Tiere in Zunahmen und Futterverwertung überlegen. Der sich ergebende Gewichtsunterschied wurde aber von den im Laufstall gehaltenen Färsen innerhalb kurzer Zeit nach dem Weideauftrieb wieder eingeholt. Die Fütterung im Freien wirkte sich im Vergleich zur Fütterung im geschützten Teil des Auslaufes ungünstiger aus. Der Arbeitsaufwand war im Laufstall wesentlich geringer als im Anbindestall. Im Laufstall wurden 4 kg Stroh je Tier und Tag verbraucht, während im Anbindestall nur Sägemehl eingestreut wurde. Beide Haltungsarten werden unter den in Norwegen gegebenen Verhältnissen für empfehlenswert gehalten. J. K. Hinrichsen. 3672.

3-64/07-0289 Illés, A. Ujabb adatok a gépifejés időszerü kérdéseihez. **(Neue Angaben zu zeitgemäßen Fragen des Maschinenmelkens.)** Állattenyésztés [Tierzucht] **12** (1963) Nr. 2. S. 149–156. – Aus: Ung. Agrar-Rdsch. **1964** Nr. 1.

Vf. untersuchte den Zusammenhang zwischen dem Leistungsverhältnis der Euterviertel und der Häufigkeit von Euterschäden an 42 Kühen, deren Euterviertel-Verletzungen er 2 Jahre lang systematisch registrierte. Das durchschnittl. Leistungsverhältnis der einzelnen Euterviertel war wie folgt: vorderes linkes Euterviertel 19,57%, vorderes rechtes 20,19%, hinteres linkes 29,48%, hinteres rechtes 30,76%. Die Verletzungen bzw. die Absonderung von blutiger Milch verteilten sich auf die einzelnen Euterviertel in gleicher Reihenfolge folgendermaßen: 12%, 30%, 26% und 32%. Die durchschnittl. Leistung der verletzten Euterviertel betrug 3,54, die der unversehrten 3,12 l; damit wird die Annahme widerlegt, daß die Verletzungen der Euterviertel meistens durch Leermelken verursacht werden. Aus den Ergebnissen von Untersuchungen mit einem selbst konstruierten Meßglas zog Vf. den Schluß, daß die während des Drucktaktes von der Mitte der Melkbecher in Richtung der Längsachse nach oben gerichtete Einschnürung des Sauggummis die nach dem Saugtakt im Strich verbliebene Milch in die Milchzisterne zurückpressen kann. Wenn es zu einem solchen Zurückdrängen der Milch kommt, ist das wahrscheinlich die Ursache der Euterverletzungen und nicht das sog. Blindmelken der leistungsschwächeren Euterviertel. 3677.

3-64/07-0290 Stancu, I. **Erfahrungen bei der Prophylaxe und Bekämpfung der Brucellose.** Int. Z. Landwirtsch. [Sofia/Berlin] **1963** Nr. 5. S. 72–74. 3680.

3-64/07-0291 Seils, H. **Die Leukose des Rindes.** Tierzucht **17** (1963) Nr. 9. S. 407–412.

Vf. erörtert den Ausbreitungsgrad der Rinderleukose, die damit verbundenen Gefahren für die Rinderbestände und unterbreitet Vorschläge zur Bekämpfung. Seit Beginn dieses Jahrhunderts hat sich die Rinderleukose fast in ganz Deutschland sowie in großen Teilen Europas und der Welt ausgebreitet. Die wirtschaftlichen Verluste überstiegen 1956 in der DDR mehr als DM 30 Mill. Vf. nimmt an, daß die Krankheit in 3 Phasen abläuft. Die Inkubationszeit kann mehrere Jahre betragen. Eine Therapie ist nicht bekannt. Die Bekämpfung ist nur mittels seuchenhygienischer und tierzüchterischer Maßnahmen möglich. Die 1961 in der DDR eingeführte Meldepflicht der Rinderleukose genügt nicht mehr. Vf. macht Vorschläge zur Bekämpfung der Leukose über den Weg der Handelssperre. H. Tschirschwitz. 3680.

3-64/07-0292 Seils, H.; Eberswalde, Bezirks-Tierklin. **Untersuchungen über die Leukose des Rindes. 1. Mitt. Beitrag zur Frage der allgemeinen Ausbreitungstendenz in einem Rinderbestande.** Mh. Veterinärmed. **11** (1962) Nr. 20. S. 822–825.

Vf. hat einen Rinderbestand mit Leukose 4 Jahre hämatologisch kontrolliert. Es handelt sich um eine Tbc- und brucellosefreie Herdbuchherde der Schwarzbunten Niederungsrasse mit ca. 5000 kg Milch pro Tier und Jahr im Stalldurchschnitt. Die Blutuntersuchungen wurden bei Rindern vorgenommen, die mindestens einmal gekalbt hatten bzw. zum ersten Mal gedeckt waren. Die Auswertung erfolgte nach dem Leukoseschlüssel von Götze u. Mitarb. Obwohl in verschiedenen Jahren eine Teilmerzung leukotisch reagierender Tiere vorgenommen wurde bzw. einige Rinder wegen Leukose notgeschlachtet werden mußten, stieg die abs. Zahl der hämatologisch stark verdächtigen bzw. positiven Tiere laufend an. Bemerkenswert ist die Tatsache, daß Rinder bereits im Alter von 2–2,5 Jahren ein verdächtiges bzw. positives Blutbild aufwiesen. Manche Rinder waren während der gesamten Untersuchungszeit hämatologisch positiv, ohne klinisch zu erkranken. Hinsichtlich der altersmäßigen Zusammensetzung waren in erster Linie 2- bis 5jährige Rinder hämatologisch stark verdächtig oder hatten ein positives Blutbild. Wegen dieser eindeutigen Tendenz zur Ausbreitung der Erkrankung im Bestand wird die Leukosemeldepflicht des Tierarztes für notwendig erachtet, damit eine Übersicht über die erkrankten Bestände in der DDR erhalten wird. Aus älteren Schrifttumsangaben geht hervor, daß die Leukose schon in den Jahren 1900–1920 in Deutschland wesentlich verbreiteter war als bisher bekannt gewesen ist. A. Meyer. 3680.

3-64/07-0293 Seils, H. **Untersuchungen über die Leukose des Rindes. 2. Mitt. Beobachtungen einer Eosinophilie und deren mögliche Bedeutung für das gesamte Leukosegeschehen.** Arch. exp. Veterinärmed. **17** (1963) Nr. 1. S. 55–72. — 1. Mitt. vgl. vorst. Ref.

Bei der Auswertung des Differentialblutbildes (700 Blutbilder) wurde bei der Mehrzahl der als leukosenegativ zu beurteilenden Tiere eine ausgeprägte Eosinophilie beobachtet, während auf Grund des Leukoseschlüssels verdächtige bzw. positive Rinder diese Eosinophilie nur vereinzelt oder gar nicht zeigten. Die Zählung der abs. Eosinophilenwerte im peripheren Blut bestätigte diesen Befund. Bei leukosenegativen Tieren und einem Teil der verdächtigen wurden oft über 1000 /mm³ dieser Blutzellen gezählt, während ein Teil der verdächtigen und positiven Tiere fast immer darunter, aber noch über den normalen Werten der Eosinophilen blieben. Wegen des Zusammenhangs von Eosinophilen mit dem HVL-NNR-System wird es für möglich gehalten, daß es beim Rind in der Vorphase einer hämatologisch feststellbaren leukotischen Erkrankung zu einer Hypertrophie, mindestens aber zu einer Hypersensibilität der Nebennierenrinde oder auch des gesamten HVL-NNR-Hormonsystems kommt. Eine Belastung dieses Systems in Form des Thorn-Tests bei 3 Rindern ergab einen starken positiven Ausfall dieser Probe und damit eine Bestätigung der vorstehenden Theorie. Weiterhin wird die Hypothese aufgestellt, daß die Eosinophilen bei der Leukose eventuell am Immunitätsgeschehen und damit an der Bildung von Antikörpern intensiv beteiligt sind. A. Meyer. 3680.

3-64/07-0294 Schubert. **Unsere Erfahrungen mit der neuzeitlichen Dasselbekämpfung.** Tierzüchter **14** (1962) Nr. 24. S. 881–882.

Der Masseneinsatz von „Neguvon“ in Tablettenform und im Sprühverfahren ist zu umständlich und teuer. Dagegen haben Rückenwaschungen mittels Schwamm oder weicher Bürste mit 2%iger Neguvonlösung vor dem Weideaustrieb — von Ende März bis Ende April — gute Erfolge gebracht. 79% der so behandelten Tiere waren völlig frei von Dasselbeulen, und 10% hatten nur bis zu 3 Beulen. Die Kosten des Verfahrens betragen 0,80–0,90 DM je behandeltes Tier. Eine Herbstbehandlung, die sich gegen die im Körper befindlichen Wanderlarven richtet, muß in der 1. Dezemberwoche abgeschlossen werden, weil sich dann bis Mitte März viele Wanderlarven im Rückenmarkskanal der Rinder befinden, die nach ihrer Abtötung durch das Präparat schwere Lähmungen in der Hinterhand hervorrufen. Es müssen aber alle Rinderbestände in einem von der Dasselfliege befallenen Gebiet behandelt werden. Gleichzeitig muß eine Abdaßlung erfolgen. Um Unpäßlichkeiten der behandelten Tiere zu vermeiden, sind die Tiere 48 Std. vor und 2 Mahlzeiten nach der Behandlung nur mit Heu und Stroh zu füttern. Bei Milchkühen sind nur die Dasselbeulen mit Neguvonlösung zu betupfen. Dabei erübrigt sich die Diätfütterung, so daß keine Leistungseinbußen eintreten. K. Pilz. 3680.

3-64/07-0295 Medley, J. G., Drummond, R. O. und Graham, O. H. Field tests with low-level feeding of Ronnel for control of cattle grubs and horn flies. **(Praxisversuche über die Verfütterung geringer Mengen an Ronnel zur Bekämpfung von Dassellarven und Hornfliegen.)** J. econ. Entomol. **56**(1963) Nr. 4. 500–503. 3680.

3-64/07-0296 Pounden, W. D. und Frank, Norma A. Fluctuating prevalence of mastitis in dairy herds. **(Fluktuierendes Vorkommen von Mastitis in Milchviehherden.)** J. Amer. veterin. med. Assoc. **143** (1963) Nr. 5. S. 507–510. — 1 Abb., 4 Lit.

In einer Anzahl von Milchviehherden wurde über mehrere Jahre das klinische Mastitisgeschehen verfolgt und dabei festgestellt, daß dieses von Jahr zu Jahr und innerhalb der Jahreszeiten schwankte. Es werden eine Anzahl von prädisponierenden Faktoren erörtert; z. B. dürfte die Art des Futters einen nicht unwesentlichen Einfluß haben. Ferner wurden Jahre festgestellt, in denen Staphylokokken als Mastitiserreger vorherrschten, zum anderen Jahre, in denen die Streptokokkenmastitiden überwogen. W. Kötsche. 3680.

3-64/07-0297 Marbach, F. und Wenger, H. **Geschäftsbericht pro 1962.** Mitt. schweiz. Fleckviehzuchtverb. **1963** Nr. 4. S. 2–45.

Der infolge der Trockenheit aufgetretene Futtermangel verursachte 1962 ein zusätzliches Angebot von Schlachtvieh, dem durch eine Ausmerzaktion seitens der verantwortlichen Behörden begegnet und damit einem Preiszusammenbruch vorgebeugt wurde. Die Einfuhr von Kraftfutter und Heu wurde gegenüber 1961 bedeutend erhöht. Die Zucht- und Nutzviehpreise lagen im Mittel unter den Produktionskosten. Die Zahl der Rindviehhalter hat um 4300 abgenommen, die durchschnittl. Bestandsgröße beträgt 12,7 Stck. Rindvieh. Der Rindviehbestand der Schweiz ist um 3,68% (= 65600 Tiere) zurückgegangen. Der Herdbuchbestand des Fleckviehzuchtverbandes setzt sich aus 8748 männl. und 223325 weibl. Tieren zusammen, die in 1088 Verbandsgenossenschaften stehen. Das kombinierte Zuchtziel wird beibehalten. Die Leistungszucht umfaßt die Beschaffung der Informationen über die effektiven Leistungen mit Hilfe der integralen Milchkontrolle, die Zuchtwertschätzung der männl. und weibl. Paarungspartner und die Durchführung der Selektion. Der Fleckviehzüchter erhält für jede Kontrollkuh dank der technischen Einrichtung folgende Informationen: 1. Die Betriebskarte mit den Eintragungen des Kontrolleurs, 2. den 100-Tage-Ausweis, 3. den 200-Tage Ausweis und 4. den endgültigen Milchleistungsausweis mit den Kontrollergebnissen in 305 Tagen und in der ganzen Laktation. Daneben stehen die Durchschnittsleistungen der Altersgefährtinnen der Genossenschaft als Vergleichsmaßstab zur Verfügung. — 1961/62 wurden 56,4% der Herdbuchkühe kontrolliert. Zum 64. Zuchtstiermarkt in Bern wurden 784 Zuchtstiere zugelassen, von denen 699 Stiere prämiiert wurden. 62% der Tiere wurden verkauft. 1962 wurden 2471 Stck. Simmentaler Fleckvieh exportiert. H. Kleiber. 3690.

3-64/07-0298 Dietrich, K. **Ein Vorschlag zur Organisation und Durchführung von Leistungsmelkveranstaltungen.** Tierzucht **18** (1964) Nr. 1. S. 8–11. 3690.

D. SCHWEINE

3-64/07-0299 Owtram, I. H. Pig production in New Zealand – history and breeds. **(Schweineproduktion in Neuseeland — Geschichte und Rassen.)** New Zealand J. Agric. **106** (1963) Nr. 4. S. 291. 293. 295–296. – 6 Abb.

Es gibt wenig Zweifel darüber, daß die ersten Schweine, welche Neuseeland erreichten, diejenigen waren, die um 1771 Kapitän James Cook freiließ. Auf dieser Grundlage wurde in den nächsten 100 Jahren die Zucht aufgebaut. Dann erfolgten Einfuhren von Berkshire- (um 1890), Tamworth- und Large-Black-Schweinen. Von 1930–40 wurden verstärkt Large-White- und von1958 an Landrasse-Schweine zur Baconproduktion (mit vorwiegender Mager- und Buttermilchfütterung) importiert, da die Nachfrage nach magerem Fleisch stieg. 1961 waren bereits 788 Zuchtschweine der Landrasse im Herdbuch Neuseelands erfaßt. Neben den erwähnten Rassen wurden noch importierte Wessex Saddleback und Duroc Jersey in Neuseeland weitergezüchtet, aber in geringerem Umfang. R. Kürbs. 3710.

3-64/07-0300 Kozlovskij, V. G. Novye metody povyšenija produktivnosti svinovodstva v Anglii. **(Neue Methoden zur Erhöhung der Produktivität der Schweinezucht in England.)** Životnovodstvo, Moskva **25** (1963) Nr. 4. S. 80–89. – 10 Tab., 23 Lit.

Zur Erhöhung der Schweinefleischproduktion und zur Senkung der Schweinefleischimporte wurden 2 Mastmethoden entwickelt. Die eine Methode ist auf die Mast von Baconschweinen, die andere auf die Mast von schweren, frühreifen Schweinen mit einem größeren Magerfleischanteil gerichtet. Die Durchführung von Kontroll- und Vergleichsmast beider Mastschweinkategorien ergab, daß die Mast des schweren Schweines mit einem Endgewicht von 109–118 kg am zweckmäßigsten ist. Die Baconschweine werden mit einem Gewicht von 91 kg geschlachtet. 1962 wurde auf der Forschungsstation Thanenstead das durchschnittl. Lgw. von 118 kg pro Tier im Alter von 6,5 Mon. bei einem Futterverbrauch von 3,7 kg pro 1 kg Gewichtszunahme erreicht. Dabei hatten die geschlachteten Tiere einen Gehalt an Magerfleisch von 52,83% vom insgesamt verwertbaren Fleisch. Ökonomische Berechnungen bestätigen, daß die Mast der schweren Schweine rentabler ist gegenüber der von Baconschweinen. Bei der Kontrollmast der Baconschweine erfolgt die Prüfung der Eber nach 4 Kennziffern: nach dem prozentualen Anteil an Magerfleisch, der Futterverwertung, der Breite und Länge des Körpers. Bei der Kontrollmast der schweren Schweine werden die Eber nach 3 Kennziffern beurteilt: nach Frühreife und Futterverwertung, prozentualem Anteil an Magerfleisch und den Ergebnissen der ersten Würfe von 8 Töchtern (Fruchtbarkeit der Sauen und Lgw. der Ferkel bei Geburt und Absetzen.) Zur Verarbeitung der geschlachteten schweren Schweine wurde eine spez. Technologie entwickelt. Dabei werden die Körper nach dem Erkalten in das vordere, mittlere und hintere Drittel geteilt, jedes Drittel kommt auf ein spez. Fließband zur Weiterverarbeitung. Das vordere Drittel wird zu Wurstwaren verarbeitet, aus dem mittlerenDrittel wird Bacon hergestellt und aus dem hinteren Drittel Schinken und Frischfleisch. Es wurde ein System des beschleunigten Pökelns von Bacon erarbeitet. In England entwickelte sich die Tendenz, Bacon zu importieren und billigeres Schweinefleisch selbst zu produzieren. 1962 erzeugte England ca. 800000 t Schweinefleisch und 210000 t Bacon, es importierte etwa 400000 t Bacon und 10000 t Schweinefleisch.
K. Witt. 3710.

3-64/07-0301 Csire, L. und Berek, G. Cornwall sertések hasznositási tipusának alakulaśa eltérö intenzitásu táplálás hatására. **(Gestaltung des Nutzungstyps von Cornwallschweinen bei verschieden intensiver Fütterung.)** Kísérletügyi Közlemények, Állattenyésztés [Mitt. landwirtsch. Versuchsstellen Ungarns Tierzucht] **56/B** (1961) Nr. 2. S. 69–90. – Aus: Ung. Agrar-Rdsch. **1964** Nr. 1.

In einem an 2 Generationen von Cornwallschweinen durchgeführten Versuch verbrauchte die Versuchsgruppe in der I. Generation 12,16%, in der II. Generation 18,8% weniger verd. E. als die Kontrollgruppe. Auf die mangelhafte Ernährung reagierten die Schweine der I. Generation sehr empfindlich, 39,27% des Bestandes mußten wegen schlechten Wachstums gemerzt werden; ihre Körpermaße waren in jedem Fall geringer; zur Erzielung von 1 kg Zunahme verbrauchten sie 16,42–25,15% mehr StW und 3,01–5,94% mehr verd. E. In der II. Generation war die Zunahme der dürftig gefütterten Versuchsgruppe nur noch 6,48% geringer als die der reichlich gefütterten Kontrollgruppe. Verglichen mit der Kontrollgruppe verringerte sich in der Versuchsgruppe infolge der mangelhaften Eiweißversorgung der Anteil an Fleisch mit Knochen in der I. Generation um 5,50%, in der II. um 8,06%. 3740.

3-64/07-0302 Przybyło, Kazimierz. Wyniki oceny wartości użytkowej loch za rok 1961. **(Ergebnisse der Zuchtleistungsprüfung von Sauen für das Jahr 1961.)** Przegląd Hodowlany **32** (1963) Nr. 9. S. 13–17. – 8 Tab.

Die Prüfung umfaßte 7462 Sauen, davon 4691 der Großen Weißen, 1896 der Weißen Schlappohrigen, 745 der Puławy- und 157 der Złotniki-Rasse. 49,1% der geprüften Sauen stammten aus Staatsgütern, 3% aus LPG und 47,9% aus Privatbetrieben. Die durchschnittl. Wurfzahl betrug 1,66; die Zahl der geborenen Ferkel 18,1, das durchschnittl. Geburtsgewicht 1,31 kg; die Zahl der bis zum 21. Lebenstag aufgezogenen Ferkel ⌀ 15,4, deren Gewicht 5,9 kg; die Zahl der bis zum 56. Lebenstag aufgezogenen Ferkel 15,0 bei einem Gewicht von 15,6 kg. Die in den besten Staatszuchten erzielten Ergebnisse und die Leistungen der besten Sauen werden ebenfalls angeführt.
A. Ziołecka. 3817.

3-64/07-0303 Beremski, S., Venev, I., Koldaški, C. und Izvorski, T. Vŭrchu njakoi ot produktivnite kačestva na bŭlgarskata bjala svinja. **(Über einige Leistungseigenschaften des Bulgarischen Weißen Schweins.)** Naučni trudove. Visš selskostopanski institut „Georgi Dimitrov“ – Kostinbrod, Sofija **13** (1963) S. 87–96. – 5 Tab.

Die Zuchtbuchdaten von 124 Sauen der Bulgarischen Weißen Rasse aus Staatsgütern und 88 Sauen aus LPG wurden variationsstatistisch bearbeitet. Dabei wurde festgestellt (in Klammern Sauen aus LPG), daß die Fruchtbarkeit 10,5 (9,5) Ferkel je Wurf, das Geburtsgewicht der Ferkel 1,5 (1,4) kg und das 30-Tage-Wurfgewicht 54,9–60,3 (39,2–52,3) kg betragen.
NRB/ZSNTI, übersetzt von Th. C. Boetticher. 3817.

3-64/07-0304 Kuppelmayr, E. **Ergebnisse der Mast- und Schlachtleistungsprüfungen 1962.** Tierzucht **17** (1963) Nr. 11. S. 530–532. – 3 Tab.

Im Jahre 1962 wurden in 11 staatl. Mastprüfungsanstalten 1966 Gruppen geprüft. Davon wurden 81,6% der Tiere in Gruppenhaltung geprüft. Die Verteilung der Prüfungsgruppen auf die Rassen entspricht etwa der rassenmäßigen Zusammensetzung des Herdbuchbestandes in der DDR. Die Anteile betrugen: DVL 57,7%, DE 31,5%, DS 9,1%, DC 1,6%. Die Angaben über den Futteraufwand in der Gruppenmastprüfung werden als typisch angesehen. Beim DVL liegt der Futteraufwand bei 3,77, beim DE bei 3,70, beim DS bei 3,92, beim DC bei 4,04 je kg Zuwachs. Entspr. erreicht die Speckdicke 4,6 cm, 4,35 cm, 5,0 cm und 5,3 cm. Die Kotelettfläche wird bei der Rasse DVL mit 26,8 cm², beim DE mit 27,5 cm², beim DS mit 26,0 cm² und beim DC mit 25,4 cm² angegeben. Werner Schlegel. 3820.

3-64/07-0305 Skjervold, Harald. Kan avvänjningsåldern inverka på resultaten från svinstamkontrollen. **(Kann das Alter beim Absetzen das Ergeb-**

nis der Mastleistungsprüfung beeinflussen?) Svinskötsel **54** (1964) Nr. 1. S. 4–6. 8. – 1 Tab.
Bei den Mastleistungsprüfungen wird die Umweltvariation so weit wie möglich herabgedrückt, um eine sichere Zuchtwertschätzung vornehmen zu können. Systematische Fehler ergeben sich aus der Tatsache, daß die Prüfungsgruppen oft aus dem gleichen Betrieb kommen. Wie sich ein verschiedenes Absetzalter auswirkt, ist in England und Dänemark untersucht worden, wobei das Absetzen zwischen 10 Tagen und 8 Wochen erfolgte. In Norwegen wurden Versuche mit Absetzen im Alter von 5 und 8 Wochen durchgeführt. Die früher abgesetzten Tiere hatten im Prüfungsabschnitt höhere Zunahmen und eine bessere Futterverwertung. Daraufhin wurde bei 2 gleichzeitig abferkelnden Sauen gleich nach der Geburt die Hälfte der Ferkel ausgetauscht. Die Ferkel bei einer Sau wurden mit 5 Wochen, die bei der anderen mit 8 Wochen abgesetzt und nach Wurfgeschwistergruppen getrennt weiter aufgezogen. Die mit 5 Wochen abgesetzten Ferkel hatten in der Mastleistungsprüfung höhere Zunahmen, eine bessere Futterverwertung, dünneren Rückenspeck, eine größere Fleischfläche am Rückenmuskelquerschnitt und in der Fleischfülle eine etwas bessere Punktierung. Eine Betrachtung der Einzeltiere zeigt, daß die Tiere am besten abschnitten, die im Gewicht von 20 kg am ältesten waren. Dies spricht dafür, daß weniger das Absetzalter als das Alter bei 20 kg Gewicht für die spätere Mastleistung von Bedeutung ist. Eine Korrektur ist problematisch, da die Zusammenhänge zwischen Wüchsigkeit und den übrigen Prüfungsergebnissen nicht in gleichartiger Beziehung stehen. J. K. Hinrichsen. 3820.

3-64/07-0306 Koziej, S. Wpływ pory roku na użytkowość rzeźną bekoniaków. **(Der Einfluß der Jahreszeit auf die Mastleistungsprüfung bei Baconschweinen.)** Gospodarka Mięsna **15** (1963) Nr. 5. S. 18–21. – 2. Abb., 2 Tab.
Die Schlachtausbeute der Baconschweine oder die Speckstärke über der Schulter, die Körperlänge und der prozentuale Anteil der Tiere in den Klassen Extra und I verändern sich stark entspr. der Jahreszeit. Die Schlachtergiebigkeit der Baconschweine ist am schlechtesten im Jan. und Febr., am besten im Aug. und Sept. Das läßt sich vor allem durch die Veränderungen der Umweltbedingungen, in erster Linie der Ernährung, erklären. In der Frühjahr-Sommerperiode stützt sich die Fütterung auf Futtermittel, die mehr Eiweiß, Vit. und Mineralstoffe enthalten, die Mastschweine haben mehr Auslauf. Im Winter verfügen die Betriebe über eine größere Menge Mastfutter (Kartoffeln, Getreideschrot). Auf Grund des o. a. muß man die Bauern an der Baconschweineproduktion in der Herbst-Winterperiode materiell interessieren; man muß die Bauern von der Notwendigkeit überzeugen, eine genormte Fütterung vor allem im Winter anzuwenden; der Anteil an hocheiweißhaltigen Futtermitteln im Winter ist zu erhöhen.
PRL/CBR, übersetzt v. O. Kasperl. 3820.

3-64/07-0307 Alekseenko, L. D. Otkormočnye i ubojnye kačestva svinej krupnoj beloj porody i porody landras pri bekonnom otkorme. **(Die Mast- und Schlachteigenschaften von Großen Weißen und Landrasse-Schweinen bei Baconmast.)** Naučnye trudy. Kievskaja opytnaja stancija životnovodstva 8 (1962) S. 137–142. – Aus: Referativnyj žurnal Moskva. Životnovodstvo, veterinarija **1963** Nr. 1.58.188. S. 27.
Bei Baconmast erreichten die Jungschweine der Landrasse ein Lgw. von 90 kg 8 Tage früher als die Tiere der Großen Weißen Rasse bei einer durchschnittl. Tagesgewichtszunahme von entspr. 706 und 685 g. Für 1 kg Gewichtszunahme wurden bei der Landrasse 3,96 FE gegenüber 4,61 FE (oder 16,4% weniger) bei der Großen Weißen Rasse aufgewendet. Die Schlachtausbeute war bei der Landrasse um 1,1% höher, der Fett- und Eiweißgehalt im Schlachtkörper um 14 und 28% höher. übersetzt v. N. Kuhlberg. 3820.

3-64/07-0308 Triebler, G.; Berlin, Inst. für Tierzucht. **Futterverwertung und Mastendgewicht aus betriebs- und volkswirtschaftlicher Sicht.** Tierzucht **17** (1963) Nr. 5. S. 228–231. — 6 Tab., 8 Lit.
An Hand verschiedener Untersuchungsergebnisse tritt Vf. der Meinung einiger Ökonomen, daß nur über niedrige Mastendgewichte (110 kg und darunter) eine hohe Futterverwertung und damit eine gute Rentabilität zu erreichen ist, entgegen. Der optimale Schlachtzeitpunkt bez. Futterverwertung und Rentabilität ist abhängig vom Schweinetyp, von der Aufzuchtleistung, von den Preisen der Schlachtschweine und von der Futterbasis, bes. von der Menge und Qualität des Eiweißfutters. Im Hinblick auf eine max. Ausnutzung des Eiweißes erscheint es für Betriebe, in denen nicht die vollen Nährstoffnormen, bes. die Eiweißnormen, für Schnellmastschweine eingehalten werden können, gerechtfertigt, eine Mast auf höhere Gewichte (120–135 kg) vorzunehmen. G. Koch. 3820.

3-64/07-0309 Jełowicka, J. Badania nad pomiarem grubości słoniny na grzbiecie u loch przy pomocy ultradźwięków. **(Das Messen der Rückenspeckdicke von Sauen mit Ultraschall.)** Roczniki Nauk rolniczych, Ser. B 82 (1963) Nr. 1. S. 187–188.
Bei dem Versuch sollte festgestellt werden, ob die Geschwindigkeit der Schallverteilung im Speck der Zuchtsauen dieselbe ist wie im Speck der Mastschweine. Die Messungen wurden mit dem Metalloradargerät vom Typ 12 durchgeführt. Man benutzte die Frequenz 2,5 Mhz. 60 Sauen wurden untersucht. Es wurde festgestellt, daß die Schallgeschwindigkeit im Speck der Zuchtsauen anders ist als bei Mastschweinen und Ebern. Da die Sauen in der Herde stets ein uneinheitliches Material im Hinblick auf Alter, Gewicht und physiol. Zustand darstellen, kann der Ultraschall für die Untersuchung der Speckstärke bei Zuchtsauen wahrscheinlich nicht angewendet werden.
PRL/CBR, übersetzt v. O. Kasperl. 3825.

3-64/07-0310 Kliesch, J. und Horst, P.; Berlin, TU, Inst für Tierzücht. und Haustiergenetik. **Untersuchungen zur Beurteilung der Schinkenzusammensetzung am lebenden und geschlachteten Schwein mit Hilfe von Röntgenstrahlen.** Züchtungskunde **36** (1964) Nr. 2. S. 76–86. — 3 Abb., 3 Tab., 18 Lit. Zus. in Russ., Engl., Franz.
Die meisten Messungen der Fett- und Fleischentwicklung am lebenden Schwein werden am Kotelett durchgeführt. Messungen am Schinken, bes. mit Ultraschall, führten zu unbefriedigenden Ergebnissen. Der Schinken erscheint aber bes. interessant, da er als ein guter Maßstab für die Fett- und Fleischwüchsigkeit des ganzen Schlachtkörpers gilt ($r = 0,77$ bis $r = 0,97$). Es wurde untersucht, ob mit Hilfe röntgenologischer Messungen eine Erkennung der Zusammensetzung des Schinkens möglich ist. Für diese Messungen wurde die Unterschenkelregion verwendet, da hier Muskel- und Fettauflage geringer sind und auch eine Beziehung von $r = 0,7$ bis $r = 0,8$ zum Schinkenfleischgewicht besteht. Von den röntgenologischen Messungen an geschlachteten Schweinen wurden Muskel-, Fett- und Knochenflächen planimetrisch bestimmt. Die Beziehungen zum Schinken betragen $r = 0,5$ bis 0,6. Die Methode bietet damit eine Möglichkeit zur objektiven Beurteilung und einer groben Selektion. E. Otto/Dummerstorf. 3825.

3-64/07-0311 Vojtko A. I. Gomogennyj i geterogennyj podbor v plemennom svinovodstve. **(Homogene und heterogene Auswahl in der Schweinezucht.)** Životnovodstvo, Moskva **25** (1963) Nr. 4. S. 50–55. — 4 Tab.
Bei der Vervollkommnung der Zuchtherden und einzelnen Linien und Familien ist es notwendig, homogene und heterogene Auswahl ausgehend von den gestellten Zielen unter Berücksichtigung der Produktivität der verwendeten Tiere anzuwenden. Es ist unzweifelhaft, daß die homogene Auswahl nur für hochproduktive Tiere anzuwenden ist. Die heterogene Auswahl

wird vorzugsweise verwendet, wenn Eber und Sauen aus verschiedenen Linien stammen. Sie kann auch innerhalb einer Linie erfolgen, wenn Eber und Sauen der gleichen Linie unter verschiedenen Bedingungen aufgezogen wurden oder aus anderen Betrieben zur Blutauffrischung herangeholt werden. Die „Kreuzung" zwischen den Linien von hochleistungsfähigen Ebern und Sauen bringt vorwiegend hochproduktive Nachkommen. An Hand von Untersuchungen an Schweinen der Rasse Großes Weißes Schwein wird festgestellt, daß 38% der guten Kombinationen verbunden sind mit dem überwiegenden Einfluß der hochleistungsfähigen Vatertiere auf die Nachkommen, 24% mit dem Einfluß der hochleistungsfähigen Muttertiere, etwa 15% mit dem Einfluß beider Elterntiere. Ein Einfluß hochleistungsfähiger Großelterntiere konnte in fast allen positiven Verbindungen festgestellt werden. Die unbefriedigenden Kombinationen bei der „Kreuzung" zwischen den Linien betrugen 21,5%. Diese Ergebnisse tragen keinen allgemeinen, sondern einen speziellen Charakter, weil diese Tiere in Verbindungen mit anderen Linien positive Ergebnisse bringen können und bringen. Bei der Prüfung der Leistungen von Sauen und Ebern muß untersucht werden, in welchen Verbindungen sie die höchsten Leistungen vererben. Diese Prüfungen dürfen nicht zufällig durchgeführt, sondern müssen an Hand der Ergebnisse analoger Paarungen der Eltern und Großeltern begründet werden. Es muß vor der „Kreuzung" vieler Linien und Familien und dem Anwachsen ihrer verwandtschaftlichen Bindungen gewarnt werden. K. Witt. 3835.

3-64/07-0312 Gehrke, E., Ritze, W. und Triebler, G. **13. DDR-Hauptkörung für Elite-Eber.** Tierzucht 18 (1964) Nr. 1. S. 47–52. — 10 Abb., 6 Tab. 3835.

3-64/07-0313 Ritze, W. und Möbius, G.; Ruhlsdorf, Forschungsstelle für Tierzucht. **Die Reproduktion des Sauenbestandes in sozialistischen Großbetrieben.** Tierzucht 17 (1963) Nr. 5. S. 224–228. — 1 Abb., 8 Tab., 10 Lit. Die Organisation der Reproduktion des Sauenbestandes ist unter den Bedingungen der sozialist. Produktionsverhältnisse zu einem entscheidenden Mittel zur Steigerung der Produktivität geworden. Die durchschnittl. Nutzungsdauer der Sauen beträgt nur 1,5–2 Jahre und erfordert eine Ergänzung von jährl. 66–70% des Sauenbestandes. Am Beispiel des Stützpunktes der Forschungsstelle in der LPG Danna, Krs. Jüterbog, wird die planmäßige Sauenergänzung und die damit erreichte Steigerung der Aufzuchtleistungen demonstriert. Die eingestellten Jungsauen erreichten bei allen Merkmalen im 1. Wurf höhere Leistungen als die gemerzten Altsauen im letzten Wurf. G. Sahs. 3904.

3-64/07-0314 Möbius, G., Lietzau, H. und Schildhauer, W. **Die Reproduktion des Sauenbestandes in der LPG Danna, Kreis Jüterbog.** Tierzucht 18 (1964) Nr. 1. S. 28–30. — 5 Tab. — nach Zus.
Auf Grund der Erfahrungen und Produktionsergebnisse in der LPG Danna ist jedem VEG und jeder LPG zu empfehlen: 1. einen 2jährigen Sauenumtrieb durchzuführen und die Zuchtleistungen als Selektionsgrundlage zu verwenden, 2. jährl. auf jede Sau des Bestandes ein weibl. Absatzferkel zur Reproduktion einzustellen, um nach entspr. Selektionen während der Aufzucht genügend tragende Jungsauen als Ersatz für die gemerzten Altsauen zur Verfügung zu haben, 3. die weibl. Zuchtferkel von den besten Sauen des Bestandes, die in der sog. Zuchtherde zusammengefaßt werden (25% des Gesamtbestandes), abzusetzen. 3904.

3-64/07-0315 Skvorcov, V. A. und Krivencov, Ju. M.; Wologda, Staatl. Landwirtsch. Versuchsstat. Rezul'taty rodstvennogo sparivanija v svinovodstve. **(Ergebnisse der Verwandtschaftspaarung in der Schweinezucht.)** Svinovodstvo, Moskva 17 (1963) Nr. 4. S. 38–39. — 4 Tab.

Bei durchgeführten Untersuchungen hatte die nahe Verwandtschaftspaarung auf den Betrieben, die keine tiefgehende Selektionsarbeit in der Zucht leisten, ein Absinken der Fruchtbarkeit der Sauen, eine Verringerung der Lebensfähigkeit und des Lgw. der Ferkel zur Folge, obwohl sie mit Hochleistungstieren durchgeführt wurde. Es vergrößerte sich die Menge an Miß- und Totgeburten, sie betrug bei der nicht verwandten Paarung 5,5%, bei der Verwandtschaftspaarung des Grades II–I 15,5%, des Grades II–II 17,6%, des Grades II–III 21,3% und des Grades II, III–II 71,0%. Innerhalb der Verwandtschaftsgrade war die Fruchtbarkeit uneinheitlich. Sie betrug im Durchschnitt bei nicht verwandter Paarung 8,4 Ferkel pro Wurf, beim Verwandtschaftsgrad II–II 7,3 Ferkel, III–II 6 Ferkel und II, III–II nur 4,7 Ferkel. Im Durchschnitt war in allen Verwandtschaftspaarungen das Geburtsgewicht der Ferkel 200 g niedriger als bei der nicht verwandten Paarung. Dieser Unterschied betrug beim Absetzen der Ferkel bereits 3,6 kg und am Ende des 7. Mon. 23,1 kg. Beim Absetzen wogen die Ferkel aus nicht verwandter Paarung 15,0 kg, aus der Verwandtschaftspaarung des Grades II, III–II 10,5 kg. Die durchschnittl. monatl. Gewichtszunahmen vom 3.–7. Lebensmonat betrugen bei den Ferkeln aus der nicht verwandten Paarung 12,3 kg, der Ferkel aus der Verwandtschaftspaarung 8,8 kg. Vom gesamten Nachwuchs aus Verwandtschaftspaarung verendeten 14,5%. Die nahe Verwandtschaftspaarung darf nur in Zuchtbetrieben durchgeführt werden, wo eine zielgerichtete, systematische Zuchtarbeit zur Schaffung neuer Linien oder Familien geleistet wird. Die entfernte Verwandtschaftspaarung ist mit dem Ziel der Vervollkommnung bereits vorhandener Tiere und der Schaffung neuer, wertvollerer Tiere in der Herde als beste Methode anzusehen.

K. Witt. 3906.

3-64/07-0316 Hofmann, F. und Häßler, G. **Beitrag zur Linienzucht beim Schwein.** Tierzucht **18** (1964) Nr. 1. S. 24–27. — 6 Tab. — nach Zus.

Es wird empfohlen, alle Untersuchungen zum Thema Linienzucht unter der Überschrift „Beiträge zur Linienzucht beim Schwein" zu veröffentlichen. An Hand der Sauenfamilien der Stammherde Jena-Zwätzen wird die familiengebundene Vererbung der Rippen- und Zitzenzahl untersucht. Die Mehrzahl der Sauenfamilien weist bei ihren Nachkommen 14 Zitzen und 30 Rippen auf. Die auf reine SVL-Sauen zurückgehenden Familien zeigen gegenüber den auf DVL-Abstammung zurückzuführenden eine gesichert höhere Rippen- und Zitzenzahl. Die Verteilung der Rippen- und Zitzenzahl innerhalb der Familien zeigt eine ziemlich große Variationsbreite. Die Tendenz der Rippenzahl läßt Beziehungen zur Zahl der Zitzen erkennen, die ihrerseits wahrscheinlich mit einer guten Fruchtbarkeit korrelativ verbunden sind. Die angeführten Ergebnisse zeigen, daß es leichter sein dürfte, gewünschte Leistungsmerkmale über geprüfte Familien zu festigen als durch das Einzeltier selbst. 3906.

3-64/07-0317 Mišin, A. I. O metodach povyšenija ėffektivnosti promyšlennogo skreščivanija v svinovodstve. **(Über Methoden zur Erhöhung der Effektivität der Gebrauchskreuzung in der Schweinezucht.)** Životnovodstvo, Moskva **26** (1964) Nr. 2. S. 42–46. — 4 Tab.

Vf. untersuchte im Laufe von 8 Jahren verschiedene Faktoren, welche das Resultat der Gebrauchskreuzung beeinflussen: Auswahl der Rassen, Auswahl der Elternpaare, die individuellen Eigenschaften der Tiere und die Fütterung. Die Forschungen wurden an Kreuzungstieren durchgeführt, welche von Sauen der Großen Weißen Rasse abstammten. Die Eber gehörten der Großen Schwarzen bzw. der Liwnyer Rasse an. Diese Paarungsform wird vom Unions-Inst. für Tierzuchtforsch. für das Saratower und andere Gebiete der Powolshje empfohlen, wobei sich jedoch widerspruchsvolle Resultate zeigten. Vf. demonstriert an Hand einiger Versuchsreihen, daß der Erfolg der Gebrauchskreuzung in entscheidendem Maße von den individuellen Eigenschaften der Zuchttiere

(Eber und Sauen) ebenso wie vom Zusammenpassen ihrer Erbanlagen abhängt (Passereffekt). Deshalb wurde dazu übergegangen, Kreuzungs- und reinrassige Tiere zu erzeugen, welche von den gleichen Eltern abstammten. Um den Kreuzungseffekt möglichst genau erkennen zu können, wurden erbwertgeprüfte Eber verwendet. Als Resultat wird festgestellt, daß die Paarung Große Weiße Rasse ♀ × Große Schwarze Rasse ♂ sich als die günstigste erwies, während die Ergebnisse der Kreuzung Große Weiße Rasse ♀ × Liwnyer Rasse ♂ nicht über denen der reinrassigen Paarung lagen.

H. Schwiderski/Dummerstof. 3906.

3-64/07-0318 Filatov, A. I. Promyšlennoe skreščivanie svinej s ispolzovaniem inbrednogo chrjaka. **(Die Gebrauchskreuzung bei Schweinen unter Ausnutzung eines ingezüchteten Ebers.)** Životnovodstvo, Moskva **26** (1964) Nr. 2. S. 42–46. — 8 Abb., 3 Tab.

Ein ingezüchteter Landrasse-Eber (aus der Paarung Vollbruder × Vollschwester) wurde an Sauen der gleichen Rasse gegen einen nicht ingezüchteten Eber getestet sowie an Sauen der Großen Weißen Rasse gegen den nicht ingezüchteten Landrasse-Eber und einen Eber der Großen Weißen Rasse. Festgehalten wurden: Zahl der geborenen Ferkel, Geburtsgewicht, 4-Wochen-Wurfgewicht und Absatzgewicht. Diese waren bei den reinrassigen Nachkommen des Inzuchtebers um entspr. 9,1; 3,5; 19,0; 9,1 und 3,4% besser als bei denen des nicht ingezüchteten. Die Kreuzungsnachkommen des Inzuchtebers waren um entspr. 6,1; 15,3; 7,9; 6,1 und 4,5% besser als die des nicht ingezüchteten. — Um den Einfluß des ingezüchteten Ebers noch besser herauszustellen, wurde, nachdem das Abferkelergebnis des 1. Wurfes vorlag, der Paarungsplan so verändert, daß eine diallele Paarung zustande kam, d. h. man diejenigen Sauen, welche erstmalig vom ingezüchteten Eber gedeckt wurden, das zweite Mal dem nicht ingezüchteten zuordnete. Die beim 1. Wurf erzielten Ergebnisse wurden bestätigt. Bes. im Geburtsgewicht war eine Dominanz der Erbanlagen des ingezüchteten Ebers zu beobachten.

H. Schwiderski/Dummerstorf. 3906.

3-64/07-0319 Bielińska, K. Wartość rzeźna tuczników bekonowych pochodzących ze skrzyżowania knurów szwedzkiej rasy Landrace z maciorami polskiej rasy zwisłouchej. **(Der Schlachtwert von Baconschweinen aus der Kreuzung Schwedischer Landrasse-Eber mit Polnischen Schlappohrigen Schweinen [veredelten Landschweinen].)** Roczniki Nauk rolniczych, Ser. B 82 (1963) Nr. 1. S. 35–46. — 11 Tab., 21 Lit.

Untersucht wurden 202 Tiere der Polnischen Schlappohrrasse, der Schwedischen Landrasse und ihrer Kreuzungen. Die Ergebnisse bez. der Schlachtqualität von Mastschweinen der Ausgangsrassen sowie der Kreuzungen weisen darauf hin, daß bei den Mastschweinen aus Kreuzungen fast alle untersuchten Merkmale Durchschnittswerte zwischen den Ausgangsrassen annehmen mit einer ausgeprägten Tendenz einer Wertzunahme, die sich der besseren der Ausgangsrassen nähert, in diesem Falle der Schwedischen Landrasse. Es wurden folgende Merkmale bes. untersucht: Fettansatz, Fleischergiebigkeit, Kennziffern des Fleischansatzes, Proportionen des Tierkörpers usw. Vf. behauptet, daß die Kreuzung der Schwedischen Landrasse mit dem Polnischen Schlappohrschwein sich positiv auf die Schlachtergiebigkeit der Kreuzungen ausgewirkt hat. PRL/CBR, übersetzt v. O. Kasperl. 3906.

3-64/07-0320 Kossakowski, J., Suchodolska-Rytel, E. und Żebrowski, Z. Badania nad krzyżowaniem użytkowym świń rasy puławskiey i białej zwisłouchej. **(Die Gebrauchskreuzung von Puławy- und Weißen Schlappohrigen Schweinen [veredelten Landschweinen].)** Roczniki Nauk rolniczych, Ser. B 82 (1963) Nr. 1. S. 19–33. — 6 Tab., 31 Lit.

Bei der Kreuzung des Puławyschweines mit einem Eber der Landrasse erzielte man in den 2 ersten Würfen eine höhere Fruchtbarkeit als bei der reinrassigen

Paarung. Dieser Unterschied war nicht sehr wesentlich. Die reinrassigen und Kreuzungsferkel entwickelten sich in der Säugeperiode gleichmäßig und erzielten in der Mastperiode gleiche tägl. Zunahmen bei hoher Futterverwertung. Bei der Bewertung hatten die Puławy-Schweine eine durchschnittl. um 0,8 cm stärkere Speckschicht. Die Durchschnittslänge war gegenüber den Kreuzungen um 4,9 cm geringer. Die übrigen Schlachtwertmerkmale unterschieden sich in den beiden Gruppen nicht. Dieses Ergebnis kann man mit einer guten Schlachtqualität erklären, die die Puławy-Mastschweine aufwiesen (z. B. Fett-Fleisch-Verhältnis 1:2,38, Fleischanteil im Schinken 60,5%). Es wurden keinerlei Unterschiede in der Schlachtqualität zwischen der Gruppe, die entspr. der Norm gefüttert wurde, und der Gruppe, die eine um 17% niedrigere Ration bekam, festgestellt. In dem Versuch wurde bei der Mast der Kreuzungstiere nicht die erwartete Verbesserung der Fleischqualität erzielt. Es sind daher noch weitere Untersuchungen erforderlich.

PRL/CBR, übersetzt v. O. Kasperl. 3906.

3-64/07-0321 Kudrjavcev, P. N. und Lebedev, Ju. V. Ispol'zovanie korma svińjami v zavisimosti ot mjasnych kačestv. **(Die Futterverwertung durch Schweine in Abhängigkeit von den Fleischeigenschaften.)** Životnovodstvo, Moskva **25** (1963) Nr. 5. S. 51–53. — 3 Tab.

5 Schweinegruppen (I — Landrasse; II — R_1 nach Landrasse; III — F_1 mit Inzucht; IV — R_1 nach Große Weiße Rasse; V — Große Weiße Rasse) wurden in Klenowo-Tschegodajewo auf Kontrollmast gestellt, bis sie 95 kg Lgw. erreichten. Am schnellwüchsigsten waren die Tiere von II (95 kg in 208 Tagen); ihnen folgten I und·III, IV und V (229 Tage). I, II und III benötigten 4,24, 4,19, 4,22 FE/kg Zunahme; IV und V — 4,34 und 4,47 FE. Die Schlachtkörper von I wiesen eine hohe Fleischausbeute (68,6%) und einen niedrigen Fettgehalt (20%) auf; mit Verringerung des Blutanteils der Landrasse verringerte sich der Fleischanteil, und der Fettanteil stieg an. Ein Stoffwechselversuch ergab, daß I und II 35,4 und 38,2% des aufgenommenen N im Körper ablagerten; bei V sank dieser Anteil auf 23,4% ab. Die Verdauungskoeffizienten von Tr.-Subst., org. Subst., Eiweiß, Fett und Rohfaser waren bei I–III ebenfalls am höchsten. Dies zeigt, daß die verstärkte Synthese des Muskelgewebes im Organismus von Läufern eine bessere Ausnutzung der Nährstoffe, bes. des N, bewirkt; die Verbesserung der Fleischeigenschaften (Erhöhung der Fleischausbeute) wird von einer Verbesserung der Futterverwertung und einer Verkürzung der Mastzeit begleitet.

B. Schenk. 3906.

3-64/07-0322 Sachno, V. F. Vlijanie sintetičeskogo vitamina A-acetata na funkcii vosproizvedenija u svinej v svjazi s iskusstvennym osemeneniem. **(Der Einfluß von synthetischem Vitamin-A-Acetat auf die Fortpflanzung bei Schweinen im Zusammenhang mit der künstlichen Besamung.)** Sbornik aspirantskich rabot. Vsesojuznyj naučno-issledovatel'skij institut životnovodstva, Moskva **1962** Nr. 2. S. 123–129. — 4 Tab., 15 Lit.

In 2 Versuchen an 2 Gruppen von Zuchtsauen wurde der Einfluß von Vit.-A-Acetat auf die Befruchtung und Fruchtbarkeit der Sauen untersucht. Das synthetische Vit.-A-Acetat wurde in öliger Lösung in einer Konzentration von 250000 IE/ml verwendet. Den Zuchtsauen wurde eine Dosis von 200 IE/1 kg Lgw. verabreicht. Die Injektionen beschleunigten das Eintreten der Brunst und erhöhten die Befruchtung um 7–16% sowie die Fruchtbarkeit um 1,5–1,6 Ferkel je Wurf. M. Tomme 3910.

3-64/07-0323 Berek, G., Farkas, M. u. a. Korán elválasztott malacok felnevelésének összehasonlitó vizsgálata. **(Vergleichender Aufzuchtversuch früh abgesetzter Ferkel.)** Kísérletügyi Közlemények, Állattenyésztés [Mitt. landwirtsch. Versuchsstellen Ungarns, Tierzucht] **56/B** (1961) Nr. 2. S. 3–26. — Aus: Ung. Agrar-Rdsch. **1964** Nr. 1.

Vff. untersuchten in 7 Versuchen die Entwicklung von Ferkeln der Ungarischen Yorkshire- und Cornwallrasse, die im Alter von 30 Tagen abgesetzt und nachträglich künstlich aufgezogen bzw. 60 Tage lang gesäugt wurden. Zwischen den im Alter von 30 und 60 Tagen ermittelten Gewichten stellten sie eine Korrelation von $r = 0{,}766$–$0{,}848$ fest. Zwischen den Korrelationskoeffizienten der bis zum Alter von 30 bzw. 60 Tagen gesäugten Ferkel konnte kein Unterschied festgestellt werden. Mit dem Absetzen nach 30 Tagen können dann günstige Erfolge erzielt werden, wenn das Durchschnittsgewicht der Ferkel ca. 7 kg beträgt. Dem Regressionskoeffizienten zufolge hat eine Erhöhung oder Verringerung des 30-Tage-Gewichtes eine entspr. Änderung von 1,31–2,05 Gewichtseinheiten im 60-Tage-Gewicht zur Folge. Der Gewichtsverlust der 30 Tage lang säugenden Sauen von 13,29% ging in 60 Tagen auf 8,62% zurück, während der der 60 Tage säugenden sich in der gleichen Zeit von 15,06 auf 20,50% erhöhte. 3936.

3-64/07-0324 Witczak, F., Kotarbińska, M. und Abgarowicz, F. Tucz szybki i tucz z okresem chudźcowym. I. Wpływ okresu chudźcowego („rozpychajacego“) na strawność paszy w tuczu właściwym. **(Schnellmast und Mast mit Vorbereitungszeit. 1. Mitt. Einfluß der Vorbereitungszeit auf die Verdaulichkeit des Futters während der eigentlichen Mast.)** Roczniki Nauk rolniczych, Ser. B **81** (1963) Nr. 4. S. 663–673. — 5 Tab., 22 Lit.
Es wurden 8 Mastschweine (4 Schweine der Großen Weißen Rasse und 4 Schweine der Puławy-Rasse) geprüft. Man wollte den Einfluß der Läuferung auf die spätere Verdaulichkeit der Futterbestandteile in der eigentlichen Mast untersuchen. 4 Läufer (2 Große Weiße und 2 Puławy-Schweine) im Gewicht von 25–65 kg erhielten als Hauptfutter Gärfutter A aus Kartoffeln und Klee, gemischt im Verhältnis 2:1. Nach Abschluß der Läuferzeit erhielten die Tiere als Hauptfutter Gärfutter B aus Kartoffeln und Klee im Verhältnis 10:1. Das Gärfutter B erhielten von Versuchsbeginn an je 2 Läufer beider Rassen zur Schnellmast. Die Verdaulichkeitskoeffizienten der Futterbestandteile wurden bestimmt bei 6 kg Gärfutter B und 1,4 kg Mischfutter und bei 8,5 kg Gärfutter C aus Kartoffeln und 1,4 kg Kraftfutter. Aus dem Vergleich geht hervor, daß die Verdaulichkeitskoeffizienten der Rohfaser (P 0,01) bei den Tieren höher waren, die die Vorbereitungszeit mitmachten. — Weiterhin wird die Verdaulichkeit der Rationen mit Gärfutter B und C und der Gehalt an Rohfaser und Ballast in der Trockenmasse des Futters bei beiden Gruppen von Mastschweinen besprochen.
PRL/CBR, übersetzt v. O. Kasperl. 3954.

3-64/07-0325 Abgarowicz, F., Kotarbińska, M. und Chachułowa, J. Badania nad intensywnościa żywienia tuczników mięsnych. I. Wpływ zróżnicowanych poziomów żywienia na wyniki produkcyjne tuczu szynkowego. **(Die Fütterungsintensität bei der Fleischschweinmast. 1. Mitt. Der Einfluß einer differenzierten Fütterung auf die Baconmast.)** Roczniki Nauk rolniczych, Ser. B **81** (1963) Nr. 4. S. 613–629. — 8 Tab., 41 Lit.
In den Versuchen untersuchte man den Einfluß von 3 Gehaltsstufen an Hafereinheiten in der Ration und 3 an verd. Gesamteiweiß je Hafereinheit auf die Ergebnisse der Baconmast im Mastabschnitt 40–110 kg. Als Grundlage nahm man die übernommenen dänischen Normen für die Baconmast (niedriger als die einheimischen). Sie wurden in der Anzahl Hafereinheiten um jeweils 10% oder 0,3 Einheiten und jeweils 10 g Eiweiß je Einheit differenziert. Die erzielten Ergebnisse zeigten: 1. Der Stand der dänischen Normen brachte sehr gute Ergebnisse von 681 g tägl. Zunahme bei einer Futterverwertung von 3,89 Hafereinheiten und 341 g verd. E. je kg Zunahme. 2. Eine Reduzierung der dänischen Normen hatte keinerlei Einfluß auf die Futterverwertung, wirkte sich aber negativ auf die Höhe der tägl. Gewichtszunahmen der Masttiere aus. 3. Eine Erhöhung der dänischen Normen verbesserte keines der

untersuchten Produktionsmerkmale. 4. Die Reduzierung oder Steigerung der Menge an verd. E. je Hafereinheit um 10 g reduzierte bzw. erhöhte die Eiweißverwertung je 1 kg Zuwachs, übte jedoch keinerlei wesentlichen Einfluß auf die Ausnutzung der Hafereinheiten und das Wachstumstempo der Tiere aus.
PRL/CBR, übersetzt v. O. Kasperl. 3955.

3-64/07-0326 Friedrich, Rudolf. **Das Abfallschwein auch heute?** Mitt. dtsch. Landwirtsch.-Ges. 78 (1963) Nr. 49. S. 1552. 1554. 1556. 3958.

3-64/07-0327 Machačev, R. S.; Moskau, Landwirtsch. Timirjasew-Akad. Gruppovoe soderžanie podsosnych matok zimoj. **(Die Gruppenhaltung von säugenden Sauen im Winter.)** Svinovodstvo, Moskva **17** (1963) Nr. 3. S. 13–14. – 1 Abb., 2 Tab.
Die Gruppenhaltung der säugenden Sauen mit ihren Ferkeln sichert in neuausgestatteten Sauenställen gute Luftverhältnisse und sauberen Zustand der Buchten, vergrößert das Fassungsvermögen der Sauenställe auf Kosten einer rationellen inneren Planung. Die Fütterung außerhalb der Buchten verringert den Aufwand an Streu um das Doppelte. Dabei erhöht sich die Arbeitsproduktivität der Schweinepfleger, und es werden bessere hygienische Bedingungen für ihre Arbeit geschaffen. Es wurden 3 Sauen mit Wurf (I. Gruppe) und 4 Sauen mit Wurf (II. Gruppe) in einer Sammelbucht gehalten. Das Abferkeln und die Aufzucht der Ferkel in der 1. Lebenswoche erfolgte in Einzelbuchten, dann der Übergang zur Gruppenhaltung. Pro Sau mit Wurf standen in der I. Gruppe 3,5 m^2 und in der II. Gruppe 2,5 m^2 zur Verfügung. Bei der Einzelhaltung waren es 5,25 m^2. Der Futterplatz der Ferkel mit einer Fläche von 1,3 m^2 pro Wurf lag zwischen 2 Sauenbuchten. Die Sauen wurden außerhalb der Buchten gefüttert. Die Futterrationen waren einheitlich. Die Ventilationssysteme wurden verstärkt, ein Elektroventilator eingebaut. Dadurch waren bessere Luftverhältnisse im Stall, die Temperatur war höher, die Luftfeuchtigkeit geringer, und die Luftzirkulation erfolgte schneller als im Stall mit Einzelhaltung. Wachstum und Entwicklung der Ferkel waren besser, ihr Lgw. beim Absetzen war 14,6 kg, die durchschnittl. Tageszunahmen 306 g bzw. 287 g. Sie hatten einen höheren Gehalt an Erythrocyten und Hb. Körpertemperatur, Puls und Atmung waren normal. Der Zeitaufwand für die Pflege einer Sau mit Wurf war in der I. Gruppe um 15%, in der II. Gruppe um 24% geringer als bei der Einzelhaltung (bis zum Alter der Ferkel von 1 Mon.). Vom 1. Mon. bis zum Absetzen war der Zeitaufwand in der I. Gruppe um 40,1% und in der II. Gruppe um 45,6% niedriger. K. Witt. 3978.

3-64/07-0328 Hámori, D. A malacok farok-nekrosisa. **(Schwanznekrose bei Ferkeln.)** Magyar Állatorvosok Lapja [Ung. veterinärmed. Bl.] **18** (1963) Nr. 4. S. 174–176. – Aus: Ung. Agrar-Rdsch. **1964** Nr. 1.
In großbetrieblichen Schweinezuchten beobachtete Vf. bei 2,7–10,0% der Ferkel nach einem Alter von 10–14 Tagen Schwanznekrose. Die Krankheit trat nur bei den Ferkeln einiger Sauen auf. Der Großteil der Ferkel, die unter ähnlichen Bedingungen gehalten wurden, blieb gesund. Die Bestände, in denen die Krankheit beobachtet wurde, lebten unter guten Haltungs- und Fütterungsverhältnissen. Die Schwanznekrose begann mit einer feuchten Dermatitis, die rings um den Schwanz 1–3 cm von der Schwanzbasis entfernt beobachtet werden konnte. Später entwickelte sich an dieser Stelle eine Gangraena sicca, und der Schwanz brach ab. Bei den Ferkeln mit abgebrochenem Schwanz konnten keine weiteren Krankheitserscheinungen festgestellt werden. Außer der normalen Stallmikroflora konnten bei der bakteriologischen Untersuchung keine pathogenen Keime festgestellt werden. Aus dem Kot der Ferkel mit Schwanznekrose sowie dem ihrer Mütter konnten tierpathogene Coli-Serotypen (O 138, O 139, O 141, O 8) öfter isoliert werden als bei den Kontrollen. Vf. betrachtet das Leiden als eine Index-Krankheit.
3985.

3-64/07-0329 Anonym. Svansbitningen. **(Schwanzbeißen.)** Svinskötsel **54** (1964) Nr. 1. S. 20–21. — 3 Abb.
Beim Schwein tritt Kannibalismus oft in Form von Schwanzbeißen auf. Hierdurch kann nicht nur Unruhe entstehen, sondern es können auch wirtschaftliche Schäden, etwa infolge von Beschlagnahmungen der Schlachtkörper, verursacht werden. Die Ursachen können verschiedener Art sein. In Ställen mit festem Boden, nicht mit Spaltenboden, kann das Einstreuen von Stroh Abhilfe schaffen, ebenso das Herabhängenlassen einer Kette, die Anbringung von Salzsteinen oder einer Holzstange zum Verbeißen. Auch die Fütterung am Boden statt im Trog kann Erfolg bringen. Schwanzbeißer kommen in Einzelbuchten. Die Wunden werden mit Holzteer behandelt.
J. K. Hinrichsen. 3985.

3-64/07-0330 Morozov, A. Z.; Semipalatinsk, Veterinärmed. Inst. Novarsenol — v profilaktike legočnych zabolevanij porosjat. **(Novarsenol als Prophylaktikum gegen Lungenkrankheiten der Ferkel.)** Svinovodstvo, Moskva **18** (1964) Nr. 2. S. 44.
114 Saugferkeln wurden in den ersten 3 Lebenstagen jeweils 1mal tägl., bis zum Alter von 3 Mon. jede 2. Woche 1mal 1–2 Tropfen einer 25%igen Novarsenol-Lösg. mit einer Glaspipette in die Nasenschleimhaut eingespritzt. Gegenüber den 24 Tieren der Kontrollgruppe war das Wachstum der Versuchsferkel intensiver, was im höheren Absatzgewicht (12,45 gegenüber 10,84 kg) zum Ausdruck kam. Auch die Ferkelverluste wurden bedeutend gesenkt: Während in der Kontrollgruppe 4 Ferkel an Lungenerkrankungen eingingen, war es in der Versuchsgruppe nur 1 Tier. I. Scholz/Dummerstorf. 3985.

3-64/07-0331 **Die Schweinezucht in Holland.** (Übers. aus d. Russ.) (1963 B 266)

3-64/07-0332 *Glodeck, Peter.* **Die Züchtung eines Deutschen Fleischschweines unter dem Einfluß Holländischer Veredelter Landschweine (Nederlands Landvarken).** Diss. Landwirtsch. Fak. Göttingen. 1962. (82 S.) 8° (Diss. 9436)

3-64/07-0333 *Kirmse, Konrad.* **Untersuchungen über den Einfluß von Futterkonsistenz und Fütterungsintensität auf die Mast- und Schlachtleistung beim Schwein unter besonderer Berücksichtigung der Vorratsfütterung mit fließfähigem Futter.** Diss. Landwirtsch. Fak. Bornburg. 1963. (191 S.) 4°. (Diss. 9478)

3-64/07-0334 *Schmidt, Ludwig.* **Zucht, Fütterung und Haltung der Schweine.** Mit einem Anh. über Schweinestallbau von Josef Ober. Frankfurt/Main: DLG-Verl. 1963. (183 S.) 8°. (1964 A 130)

3-64/07-0335 **Beantwortungen zum Fragebogen über Schweinezucht, Mutterleistungskontrolle und Nachkommenprüfungen in den westeuropäischen Ländern.** O. O.: Commission on Pig Production 1957. Mappe mit 14 Heften. 4°. (1964 B 23)

E. SCHAFE

3-64/07-0336 Berge, S. Innførsel av Sjeviot og Leicester til vestlandet 1854–55. **(Die Einfuhr von Cheviot- und Leicester-Schafen nach Westland 1854–55.)** Tidsskr. norske Landbruk **70** (1963) Nr. 5. S. 112–116.
Englische Schafe wurden seit der Mitte des vorigen Jh., bes. von 1860–65, nach Norwegen eingeführt, und zwar vor allem nach Westland. Es handelte sich dabei um Cheviot- und Leicester-Schafe bzw. um Border-Leicester, die im Typ zwischen den beiden erstgenannten Rassen standen. Diese Zufuhr englichen Blutes ist wichtig für die Entstehung der Dala-Rasse, die den Cheviots nahesteht, aber auch Anteile von Leicester-Blut erkennen läßt.
J. K. Hinrichsen. 4005.

3-64/07-0337 Anonym. Ob utverždenii novoj porodnoj gruppy tonkorunnych ovec „volgogradskaja". **(Über die Bestätigung der neuen Wolgograder Rassengruppe von Feinwollschafen.)** Ovcevodstvo, Moskva **9** (1963) Nr. 8. S. 15. — 1 Tab.
Im Ergebnis der Kreuzung der rauhwolligen Fettschwanzschafe mit Precos-Böcken, langdauernder Züchtung mit den Kreuzungen und nachfolgender Bluteinspritzung von Kaukasus- und Grosnyer Schafen wurde die neue Wolgo-

grader Rassengruppe feinwolliger Schafe geschaffen. Die Tiere dieser Rassengruppe haben eine feste Konstitution, gute Woll- und Fleischleistung und eine gute Anpassungsfähigkeit an die Weidehaltung unter den Bedingungen des Wolgograder Gebietes. Das durchschnittl. Gewicht der Böcke ist 95–110 kg, das der Muttern 55–60 kg. Die Böcke bringen 11–12 kg Wolle, die Muttern 5–6 kg, das Rendement beträgt 47–50%. Pro 100 Muttern werden 130–140 Lämmer geboren. Die Mindestanforderungen für die Eintragung in das Staatliche Zuchtbuch sind: für Böcke 95 kg Lgw. und 11,0 kg Wolle; für Muttern 56 kg Lgw. und 5,0 kg Wolle. Die neue Rassengruppe wurde vom Min. für Landwirtsch. bestätigt.
K. Witt. 4080.

3-64/07-0338 Anonym. Ob utverždenii novoj porody kurdjučnych ovec „tadžikskaja". **(Über die Bestätigung der neuen Tadshikischen Fettschwanzschafrasse.)** Ovcevodstvo, Moskva **9** (1963) Nr. 8. S. 13–14. — 1 Tab.
Die neue Tadshikische Fettschwanzschafrasse ist auf dem Wege der komplizierten Umbildungskreuzung von Hissarschafen mit Lincoln- und Saradshaer Böcken entstanden. Die Tiere dieser Rasse besitzen eine hohe Fleisch-Fett- und Wollproduktivität und eine gute Anpassungsfähigkeit an die örtlichen Bedingungen. Die Schafe der neuen Rasse haben eine feste Konstitution, hohes Gewicht, lange, halbgrobe weiße Wolle, gute Fleischqualitäten und hohe Frühreife. Das durchschnittl. Gewicht der Böcke beträgt 130 kg, das der Muttern 75 kg. Der durchschnittl. Wollertrag liegt bei den Böcken bei 4,2 kg, bei den Muttern bei 3,4 kg. Das Rendement beträgt 68–72%. Die Mindestkennziffern für die Eintragung in das Staatliche Zuchtbuch sind für Eliteböcke 110 kg Lgw. und 3,6 kg Wolle, für Elitemuttern 70 kg Lgw. und 2,8 kg Wolle; für Böcke der Klasse I 100 kg Lgw. und 3,2 kg Wolle, für Muttern der Klasse I 65 kg Lgw. und 2,3 kg Wolle. Die Rasse wurde vom Min. für Landwirtsch. bestätigt. K. Witt. 4090.

3-64/07-0339 Cockrem, F.; Palmerston North, New Zealand, Massey Univ. Coll. Body growth and fleece development in the New Zealand Romney N-type sheep. **(Körperwachstum und Vliesentwicklung beim Neuseeländer Romney-N-Typ-Schaf.)** Animal Breeding Abstr. **31** (1963) Nr. 4. S. 445–453. — 63 Lit.
Vf. diskutiert Übereinstimmungen und Abweichungen zwischen zahlreichen in den letzten Jahren über Genetik, Follikel- und Fasergröße, Entwicklung von Follikel- und Faserpopulationen, Medullation und Körperwachstum beim N-Typschaf erschienenen Arbeiten. Er hebt hervor, daß die wichtigsten Schlußfolgerungen bemerkenswert gut übereinstimmen und damit die komplexen Wirkungen und Wechselwirkungen des Gens *N* als geklärt gelten können. Noch offene Fragen betreffen weitere Einzelheiten über die Pleiotropie von *N* und Propleme, die mit der Wollbiologie und der Physiologie des Schafes im Zusammenhang stehen. Abschließend werden Parallelen zwischen N-Typ-Lämmern und Lämmern mit „Border-disease" (B-Typ) besprochen.
A. Schaaf. 4090.

3-64/07-0340 Edgar, D. G. The place of ram testing in the sheep industry. **(Die Stellung der Vatertierprüfung in der Schafproduktion.)** New Zealand veterin. J. **11** (1963) Nr. 5. S. 113–115. — 5 Lit. 4117.

3-64/07-0341 Langlet, J., Gravert, H. O. und Ellersiek, H. **Untersuchungen über Körperform und Säugeleistung beim Merinolandschaf.** Züchtungskunde **36** (1964) Nr. 1. S. 13–21. — 13 Tab. Zus. in Russ., Engl., Franz.
Die Typumstellung auf frühreife Tiere mit besserer Fleischqualität und höherem Ausschlachtungsergebnis erfordert beim Merinolandschaf bes. züchterische Maßnahmen, d. h. der Züchtung eines modernen Wirtschaftstyps. Aus diesem Grund untersuchten die Vff. Körperform und Leistung beim Merinolandschaf, ausgehend von dem spez. Kriterium der Schädelbildung

und der Ohrbeschaffenheit. Der lange, schmale Schädel und das breite, lange Ohr galten bisher als typisch für gute Milchleistungstiere beim Merinolandschaf. 11 Körpermaße wurden bei 1385 Merinolandschafen in Bayern und Württemberg geprüft. Weiterhin wurde der Einfluß der Mütter auf die 60-Tage-Gewichte der Lämmer untersucht. Schädel-, Ohr- oder Körperform hatten keinen eindeutigen Einfluß auf das 60-Tage-Gewicht der Lämmer, somit war ein Einfluß des Typs auf die Säugeleistung nicht erkennbar. In der Typumstellung auf ein mastfähiges Schaf ist daher eine Verschlechterung der Säugeleistung nicht zu befürchten.

W. Altenkirch/Dummerstorf. 4125.

3-64/07-0342 Uhlemann, J. und Melzer, M. **Wo liegen die Reserven der Herdenschafhaltung im Bezirk Karl-Marx-Stadt?** Mh. Veterinärmed. **18** (1963) Nr. 24. S. 944–946. 4162.

3-64/07-0343 Gutsche, H.-J. **Rationelle Zuchtverfahren in der Gebrauchsschafzucht.** Tierzucht **17** (1963) Nr. 5. S. 236–238. – 2 Abb., 2 Tab.

Es werden die Zuchtverfahren angeführt, die sich für die Gebrauchsschafzucht eignen. Ihre jeweilige Anwendung sollte von der Entwicklungsstufe der Gebrauchszuchtherde abhängen. Es wird zwischen der Herdendurchsicht, dem Klassenzuchtverfahren sowie dem Einzelzuteilungsverfahren unterschieden. 2 Abb. erklären den Kerbschlüssel für die Alterskennzeichnung der Schafe im linken Ohr und die Klassenkennzeichnung, die im rechten Ohr erfolgt. Bei der Herdendurchsicht beschränkt sich die Selektion auf die Altersmerzen und Mutterschafe mit groben Woll- und Körperfehlern. Beim Klassenzuchtverfahren werden die Mutterschafe vorwiegend nach der Wollqualität in Zuteilungsklassen eingeteilt, und es erfolgen Ausgleichspaarungen, die eine Verbesserung der Leistungen bei der Nachzucht erwarten lassen. Beispiele für Ausgleichspaarungen in Klassenherden der Feinwollrassen werden aufgeführt und der ökonomische Nutzen des Klassenzuchtverfahrens am Beispiel von 5 großen LPG-Gebrauchszuchtherden des Kreises Bernburg dargestellt. Die Wolleistung stieg innerhalb von 4 Jahren um 9% an. Vf. führt an, daß gute Aufzuchtergebnisse und eine ausreichende Entwicklung der Lämmer bis zum Alter von 18 Mon. gesichert sein müssen, wenn die Anwendung des Klassenzuchtverfahrens zum Erfolg führen soll. Das Einzelzuteilungsverfahren erfordert eine intensive züchterische Bearbeitung, die nur dann sinnvoll erscheint, wenn der Entwicklungszustand der Herde einen solchen Aufwand rechtfertigt. Es wird für diese Herden mindestens ein Aufzuchtergebnis von 90% und ein Jährlingsgewicht von mindestens ⌀ 55 kg (Merinofleischschaf) und 48 kg (Deutsches Veredeltes Landschaf) gefordert.

E. Brauns. 4164.

3-64/07-0344 Clarke, E. A. Crossbreeding in sheep. **(Die Kreuzungszucht bei Schafen.)** New Zealand J. Agric. **105** (1962) Nr. 5. S. 393. 395. 397. 399. – 2 Abb., 7 Tab. 4164.

3-64/07-0345 Karaser, V. I. Složnoe preobrazovatel'noe skreščivanie – lučšij metod soveršenstvovanija pomesnogo tonkorunnogo ovcevodstva. **(Kreuzung von Schafrassen zur Verbesserung der Wollqualität.)** Ovcevodstvo, Moskva **10** (1964) Nr. 1. S. 17–21. – 4 Tab.

Aus einer leistungsschwachen Herde von Kreuzungsschafen im Gebiet Saratow wurde in 10 Jahren durch weitere Einkreuzung ein wertvoller Rassentyp geschaffen. Die aus Precos- und Kurdjukowskaja-Schafen bestehende Herde wies niedrige Woll- (2,8–2,9 kg) und Fleischleistung (47–50 kg Lgw.) auf. Durch Einkreuzung mit Zigaja-Böcken (1949/53) wurde eine Kräftigung der Konstitution erreicht. Die Verbesserung wurde mit Böcken der Grosnyer Rasse (feinwollig) fortgesetzt. Die Anpassungsfähigkeit an das trockene Klima war das Kriterium für die Auswahl. In allen Altersstufen hatten die Kreuzungstiere im Vergleich zu den Eltern ein höheres Gewicht, bes. die aus der Kreuzung mit der Zigaja-Rasse hervorgegangenen Schafe. Damit war eine Verbesserung der Wolleistung und -qualität verbunden (Precos × Kurdjukowskaja = 2,9 bis 3,0 kg, Zigaja × Precos × Kurdjukowskaja = 4,0 kg, Grosnyer × Zigaja × × Precos × Kurdjukowskaja = 4,1 kg). M. Giske/Dummerstorf. 4164.

3-64/07-0346 Molnár, J. Adatok a merino × Ile de France keresztezésü ürübárányok hustermelö értékéhez. **(Angaben über die Fleischleistung von Hammellämmern aus der Kreuzung Merino × Ile de France.)** Agrártudományi Egyetem Mezögazdaságtudományi Karának Közleményei, Gödöllö [Mitt. landwirtsch.-wiss. Fak. Univ. Agrarwiss., Gödöllö] **1962** S. 111–120. — Aus: Ung. Agrar-Rdsch. **1964** Nr. 1.

Zur Klärung der Frage, inwiefern sich Minusvarianten in bezug auf die Woll-Leistung zur Gebrauchskreuzung verwenden lassen, verglich Vf. die Mastergebnisse von Kreuzungs-Böcken mit den Ergebnissen von in gleicher Weise gehaltenen und gefütterten Merinolämmern. Während der Mastdauer von 64 Tagen erzielten die Merinos eine Gewichtszunahme von 5,92 kg, die F_1-Lämmer eine von 13,63 kg. Zur Erzeugung von 1 kg Gewichtszunahme benötigten die Merinos 10,60 kg StW und 220 g verd. E., die F_1-Lämmer 4,5 kg bzw. 96 g. Ein Lgw. von 45 kg erreichten die Merinos in 325, die F_1-Lämmer in 217 Tagen. Die Ile-de-France-Kreuzung verbesserte auch die Qualität des Fleisches und die Fleischformen der Tiere. 4164.

3-64/07-0347 Ramamurti, A.; Oatacamund, India, Sheep Farm. Breeding performances of Nilgiri, Romney Marsh and Kuibishev rams. **(Die Zuchtleistungen von Böcken des Nilgiri-, Romney-Marsh- und Kuibyschewer Schafes.)** Indian veterin. J. **40** (1963) Nr. 10. S. 621–623. — 1 Tab.

In den 2 Paarungszeiten März–Apr. (I) und Sept.–Okt. (**II**) wurden die Fortpflanzungsleistungen von einheimischen Nilgiri- mit importierten Romney-Marsh- und Kuibyshewer Schafböcken in Reinzucht- und Kreuzungsversuchen verglichen. Während in **I** die Paarungen mit Nilgiriböcken bessere Ablammergebnisse brachten als die mit Romney-Marsh-Böcken, lagen in **II** beide Rassen etwa gleich. Die Kuibyshewer Böcke zeigten in beiden Paarungsperioden eine etwa gleiche sexuelle Leistungsfähigkeit. F. Döcke. 4168.

3-64/07-0348 Ch'ang, T. S. Genotype-pasture interaction in the fertility of Romney Marsh ewes. **(Genotyp-Weide-Wechselbeziehungen bei der Fruchtbarkeit von Schafen.)** Proc. New Zealand Soc. Animal Product. **23** (1963) S. 100–106. — 4 Tab., 10 Lit.

Im Versuch wurden 45 5½jährige Romney-Marsh-Schafe in 2 Gruppen eingeteilt. Sie wurden 2 Jahre lang auf gleichartigen Weiden gehalten, von denen die Kontrollfläche überwiegend mit Weidelgras und Weißklee bestanden war, während die Versuchsfläche nur Montgomery-Rotklee, eine spätblühende *Trifolium-pratense*-Varietät aufwies. Rotklee enthält in schwankenden Mengen die Isoflavone Biochanin A, Genistein, Formononetin und Daidzein, die alle an der Oestrogenwirkung des Rotklees beteiligt sind. Der Oestrogengehalt des Rotklees wurde im Mäusetest nachgewiesen. Die Böcke gingen jeweils von März–Apr. in der Herde. Bei den auf Rotklee geweideten Schafen ergab sich bis zur Deckzeit eine bessere Gewichtsentwicklung als in der Vergleichsgruppe. Die Schafe der Vergleichsgruppe hatten im 1. Versuchsjahr bei Einlings- wie bei Zwillingsgeburten mit 140% eine wesentlich höhere Ablammung als die Versuchstiere auf Rotklee, die bei den Einlingsschafen eine Ablammung von 64 und bei den Zwillingsschafen eine solche von 118% hatten. Im 2. Versuch verwischten sich die Unterschiede zwischen den Gruppen fast völlig, nachdem beide Gruppen während der Deckzeit auf der Vergleichsweidefläche gingen. Bei den auf Rotklee gehaltenen Schafen ergab sich eine stärkere Verringerung der Fruchtbarkeit bei den als Einlingen geborenen als bei den als Zwillingen geborenen. Bei den Kontrolltieren war kein gleichartiger Unterschied festzustellen. J. K. Hinrichsen. 4168.

3-64/07-0349 Džaparidze, T. G. Otkorm jagnjat — važnyj rezerv uveličenija proizvodstva baraniny. **(Lämmermast — Möglichkeit zur Steigerung der Fleischleistung.)** Ovcevodstvo, Moskva **10** (1964) Nr. 1. S. 34–37. — 3 Tab.
Einheimische Fleisch-Woll-Lämmer (Nordkaukasische, Gorkier, Lettische, Kalininer, Zigaja) von 5 Mon. wurden 60 Tage auf Weidemast gesetzt. Der Vorteil bestand in der besseren Futterverwertung und höheren Gewichtszunahme gegenüber erwachsenen Schafen. Die höchsten durchschnittl. Gewichtszunahmen je Tier und Tag hatten die ersten 3 Rassen (202; 170; 207 g), die niedrigsten die Zigaja-Schafe (bei höchstem Futteraufwand je 1 kg Gewichtszunahme — 7,44 FE). Die Kontrollschlachtungen nach 60tägiger Mast ergaben ein durchschnittl. Gewicht der Schlachthälften von 17 kg (mit Ausnahme der Zigaja-Schafe), wovon 70% des Schlachtkörpers als 1. Qualität beurteilt wurden. M. Giske/Dummerstorf. 4198.

3-64/07-0350 Hamel, Gernot; Gießen, Univ., Inst. für Tierzucht und Haustiergenetik. **Gewichtsentwicklung und Futterverwertung sowie einige physiologische Meßwerte bei der Mast von Lämmern verschiedener Rassen.** Diss. Gießen **1963** 84 S. — 9 Abb., 12 Tab., 51 Lit.
Die Fütterungsversuche wurden mit 41 ♂ Lämmern in Einzelboxen durchgeführt. Neben Merinoland-(ML), Schwarzköpfigen Fleischschaf-(SF) und Rhönschaflämmern (Rh) standen Kreuzungslämmer ML × SF im Versuch. Es wurden 5 Fütterungsgruppen eingeteilt. Die höchsten durchschnittl. Tageszunahmen von 333 g je Tier und gleichzeitig die günstigste Futterverwertung im Mastabschnitt 20–38 kg wurden mit einer ad libitum verabreichten Kraftfuttergabe einschließlich 20% eines Trockenmilchfutters und 300 g Heu erreicht. Das Kraftfutter bestand zu je $^1/_4$ aus Mais-, Gersten- und Sojaschrot sowie Trockenschnitzeln. Im Durchschnitt aller Fütterungsgruppen hatten die ML mit 326 g die günstigsten Zunahmen und die beste Futterverwertung. Die anderen Rassen und die Kreuzungstiere erwiesen sich aber ebenfalls für die Lämmermast als gut geeignet. Die größte Pansenaktivität wurde mit Hilfe der Nitritreduktionsprobe in der Gruppe mit der größten Kraftfuttergabe festgestellt; die Glukose-Gärprobe, die Zählung der Keime im Pansen sowei die pH-Messung bestätigten dieses Ergebnis. Zwischen den Rassen und ebenso innerhalb der Rassen bestehen erhebliche Unterschiede in der Pansenaktivität. Durch Messung der Hauttemperatur mit dem Lichtstrich-Galvanometer wurden bei den ML-Lämmern um 0,41 °C niedrigere Werte festgestellt als bei den SF-Lämmern. Die Hauttemperatur verläuft weitgehend parallel zur Außentemperatur. J. K. Hinrichsen. 4198.

3-64/07-0351 Hammerich, H. **Weidemast mit Schafen.** Tierzüchter **15** (1963) Nr. 16. S. 584. 586. 588–589. 4198.

3-64/07-0352 Sönmez, R. und Waßmuth, R.; Izmir, Türkei, Ege Univ., Tierzuchtinst. **Untersuchungen über die Möglichkeiten der züchterischen Verbesserung der Milchleistung von Awassi-(Ivesi-), Sakiz-(Chios-) und Kivircik-Schafen in der Türkei.** Züchtungskunde **36** (1964) Nr. 1. S. 23–29. — 4 Tab., 6 Lit. Zus. in Engl., Franz.
Da auch in der Türkei die Milchnutzung der Schafe eine bedeutende Rolle spielt, wurden die Awassi-, Sakiz- und Kivircik-Schafrassen auf ihre Milchleistungen überprüft und gleichzeitig Untersuchungen hinsichtlich der Selektionsmöglichkeiten ohne regelmäßige Milchkontrolle angestellt. Insgesamt wurden 272 Laktationsleistungen erfaßt. Die durchschnittl. Milchleistung ergab: Awassi 185 kg, Sakiz 205 kg und Kivircik 56 kg bei einer Laktations-

dauer von 28,2, 27,1 bzw. 22,3 Wochen. Die guten Milchleistungsergebnisse der Sakizschafrasse sowie die recht beachtliche Variation der Milchleistung weisen darauf hin, daß eine Selektion aus der eigenen Zucht heraus durchaus erfolgversprechend ist. Das gleiche ist auch zur Awassi-Schafrasse zu sagen. Zur schnellen Verbesserung der Milchleistungsveranlagung der Kivircik-Schafrasse wird eine Einkreuzung mit feinwolligen Ostfriesischen Milchschafböcken vorgeschlagen. Eine Verwendung der Laktationsdauer als alleiniges Hilfsmittel zur Zuchtwahl auf höhere Milchleistung wird abgelehnt. Die Verwendung des höchsten Tagesgemelkes bildet eine wesentlich bessere Selektionsgrundlage dort, wo keine Milchleistungsprüfungen vorgenommen werden können. W. Altenkirch/Dummerstorf. 4226.

3-64/07-0353 Nedkvitne, Jon J. Granskingar over ulike hus og fôringsmåtar til sauer. **(Forschungen über verschiedene Unterbringungs- und Fütterungsarten bei Schafen.)** Meld. Norges Landbrukshøgskole **42** (1963) Nr. 12. S. 1–38. — 10 Abb., 12 Tab., 21 Lit. Zus. in Engl.
1952/53 wurden 8 Schafe (6 Oxford, 2 Dala) von Nov.–Apr. in einem nicht isolierten Stall mit Spaltenboden und gleich viele ihrer Voll- und Halbgeschwister in einem isolierten Stall untergebracht, dessen Durchschnittswochentemperatur nur in der kältesten Zeit im Febr. bei Außentemperaturen unter −12 °C unter den Gefrierpunkt absank. Die rel. Luftfeuchtigkeit lag in dem Stall mit Spaltenboden bis zum März wesentlich höher als in dem isolierten Stall. In einem weiteren 3jährigen Versuch wurden je 10 Schafe in einem isolierten Stall mit Spaltenboden, in einem offenen Schuppen mit 2mal tägl. Fütterung bzw. im offenen Schuppen mit wöchentl. Heufütterung und einmaliger Fütterung nur an Werktagen gehalten. Im Schuppen wurden je Tier und Tag 0,5 kg Stroh oder Sägespäne eingestreut. Außerdem wurden 100 Mastlämmer auf Spaltenboden geprüft. In Zunahmen und Futterverwertung bestanden zwischen ihnen und den im isolierten Stall gehaltenen Schafen keine Unterschiede. Die Futteraufnahme erreichte bei den im Schuppen gehaltenen Schafen die höchsten Werte. Während Kälteperioden wurde Strohaufschluß weniger gern aufgenommen als bei höheren Temperaturen. Gewichtsverluste ergaben sich bei den Schafen im Schuppen nur bei starker Kälte. Die Aufnahme von gefrorenem Saftfutter hatte keine schädlichen Folgen. Ablamm- und Aufzuchtergebnisse waren im Schuppen besser als im isolierten Stall. Die Umstellung auf Weidefütterung war für die im Schuppen überwinterten Schafe leichter als für die im Stall gehaltenen.
J. K. Hinrichsen. 4272.

3-64/07-0354 Kupatz, B. **Der Einsatz des Elektrozaunes in der Schafhaltung.** Dtsch. Landwirtsch. **14** (1963) Nr. 12. S. 604–605. — nach Zus.
Der Elektrozaun stellt sowohl als Elektropferch als auch in Form des Weidepferches für den Schäfer ein brauchbares Arbeitsmittel dar. Sein wohlüberlegter Einsatz erleichtert die Arbeit und wirkt materialsparend. Die Arbeit des Schäfers an seiner Herde wird verbessert. 4275.

3-64/07-0355 *Al-Khatib, Ghazi.* **Untersuchungen zur Ätiologie der Moderhinke der Schafe.** Diss. Leipzig. 1963. (76 S.) 4°. (Diss. 9316)

3-64/07-0356 **Bolesti po ovcete.** (Schafkrankheiten.) Sofija: Zemizdat. 1963. (444 S.) 8°. (1963 A 1549)

3-64/07-0357 Unter d. Red. v. *Esaulova, A.* und *Łilovčenko, G. R.* **Ovcevodstvo.** (Schafzucht.) Moskva: Sel'chozizdat. 1963. (719 S.) 4°. (1964 B 29)

3-64/07-0358 *Łopyrin, A. I.* und *Łoginowa, N. V.* **Sztuczne uhasienianie owiec.** (Die künstliche Besamung der Schafe.) Warszawa: Państw. wyd. roln. i leśne. 1963. (195 S.) 8°. (1963 A 1568)

3-64/07-0359 *Nawara, Wladyslaw.* **Wstepna ocena trykow rasy merynos na podstawie potomstwa meskiego w owszarniach macierzystych za rok 1962.** (Vorläufige Bewertung der Merino-Schafböcke nach den männlichen Nachkommen in Mutterherden im Jahre 1962.) Kraków. 1963. (174 S.) 4° = Instytut zootechniki. Wydawnictwa własne Nr. 151. (1963 B 239)

3-64/07-0360 *Szwemin, Jerzy.* **Analiza czynników wpływających na ciężar jegniąt merynosowych przy urodzeniu.** (Analyse der nach der Geburt auf das Gewicht der Lämmer einwirkenden Faktoren.) Kraków. 1962. (57 S.) 4° = Instytut zootechniki. Wydawnictwa własne Nr. 143. (1963 B 234)

SPEZIELLE KLEINTIERZUCHT

C. GEFLÜGEL

3-64/07-0361 Hoffmann, Gerhard. **Die Geflügelzucht in Hessen-Nassau.** Dtsch. Geflügelwirtsch. **16** (1964) Nr. 3. S. 34–38. – 8 Abb., 5 Tab. 4601.

3-64/07-0362 Nagy, I. Baromfitenyésztésünk főbb kérdései. **(Probleme der ungarischen Geflügelhaltung.)** Statiszt. Szemle [Statist. Rdsch.] **40** (1962) Nr. 12. S. 1206–1223. – Aus: Ung. Agrar-Rdsch. **1963** Nr. 4.

In Ungarn machen Eier, Geflügelfleisch, Gänseleber, Geflügelschmalz und Federn ca. 10% der gesamten landwirtsch. Bruttoproduktion aus. Vom Produktionswert der Tierzucht entfallen 24% auf die Geflügelhaltung; sie nimmt somit – nach der Schweine- und Rinderzucht – den 3. Platz ein. Mehr als 75% des Produktionswertes der Geflügelhaltung wiederum stammen aus der Hühnerhaltung. 1960 haben die Brutanstalten 39 Mill., 1961 schon 50 Mill. Eintagsküken produziert. 1961 betrug die durchschnittl. Legeleistung je Henne 66 Stck., 1961 – 85 Stck. Dieser geringe Eierertrag ist die Folge der Haltung in Kleinbetrieben, der ungeeigneten Rassen sowie der eiweißarmen Fütterung. 90% des Hühnerbestandes entfallen auf die individuellen Hauswirtschaften und die übrigen einzeln wirtschaftenden Betriebe. 1961 war der Gänsebestand niedriger als vor der Befreiung. Nur 4% des gesamten Gänsebestandes werden in Großbetrieben gehalten. – Der Entenbestand lieferte 1961 11,4% des Produktionswertes der gesamten Geflügelzucht und 14,4% des Ausfuhrwertes vom Geflügelfleischexport. Nur 20% des gesamten Entenbestandes entfallen auf Großbetriebe. Für die Förderung der Geflügelhaltung in Großbetrieben wurden in 3 Jahren (1959–61) fast 500 Mill. Forint investiert; 54% davon erhielten die Produktionsgenossenschaften, 46% die VEG. Auf den VEG übertraf der durchschnittl. Eierertrag je Henne den Landesdurchschnitt um 71%. Vom gesamten Fleischverbrauch Ungarns entfallen 20% auf Geflügelfleisch. Hinsichtlich der Geflügelfleischproduktion und des Verbrauches pro Kopf der Bevölkerung lieferte die Geflügelhaltung 10% des gesamten Ausfuhrwertes bzw. 30–35% des Agrarexports. Trotz des Rückganges ist der Geflügelexport noch bedeutend: 25% des gesamten Exporterlöses der Tierzucht entfallen auf die Ausfuhr von Geflügel. Von der gesamten Ausfuhr an Geflügel entfällt der größte Prozentsatz auf Geflügelfleisch, es folgen Eier, Gänseleber und Federn. 4601.

3-64/07-0363 Stubbs, E. L. Poultry keeping in Israel: A visitor's view. **(Geflügelzucht in Israel: Ein Reisebericht.)** Wld. Poultry Sci. J. **14** (1963) Nr. 4. S. 288–290. 4601.

Hühner

3-64/07-0364 Pingel, H.; Berlin, Humboldt-Univ., Inst. für Geflügel- und Pelztierzucht. **Industriemäßige Produktionsmethoden in der Legehennenhaltung und Broilermast der Sowjetunion.** Tierzucht **17** (1963) Nr. 9. S. 435 bis 438. – 6 Abb.

Im Kombinat „Jushni" (Krim) werden 24000 Hennen in 5etagigen Käfigreihen, die 50 m lang sind, gehalten. In jedem Käfig sind 6–7 Hennen. Das Futter wird durch einen schienengebundenen Verteilungswagen gleichzeitig über alle Etagen verteilt. Das tägl. 4malige Füttern dauert bei 12000 Hennen 3 Std. Die Käfigböden sind geneigt. Ein Verschlußbügel mit Hebel gibt die Eier erst frei, wenn der Sammelwagen vorbeifährt. Für 1000 Eier werden 15 Min. benötigt. In den Bodenintensivställen des gleichen Betriebes werden bei 1840 m² Fläche 10000 Legehennen (5,5–6 Tiere/m²) gehalten. Der Stall ist ohne Gang; er hat einen 6 m breiten Kotbunker und zu beiden Seiten je 5 m Scharrfläche. Sechs Futterbunker mit 16 m³ Inhalt beschicken über Querband in Futtertrögen verlaufende Futterbänder mit Weich-, Trockenmisch- bzw. Körnerfutter. Hinter den Nestern verläuft ein Eiersammelband. Der Kotbunker wird jährl. 2mal mit einem Traktor entmistet. Die erste Broilerfabrik mit eigener Brut-, Schlacht- und Futtermischanlage entsteht im Sowchos „Krassni" (Krim). Der erste Stall für 10000 Broiler (11 × 78 m) ist ohne Buchtenunterteilung. Das Futter wird durch Schüttelbewegungen in die Futterrinnen transportiert. Als Wärmequellen dienen hochziehbare elektrische Schirmglucken. W. Gratz. 4608.

3-64/07-0365 Mehner, A. **Die Stellung der Geflügelhaltung in der Bundesrepublik.** Mitt. Tierhalt. **1963** Nr. 82. S. 3–6. – 2 Abb.

Vf. gibt zunächst einen Überblick über die Geflügelwirtschaft früherer Zeit und geht dann auf die Entwicklung in der BRD nach 1945 ein. Sollte auch die Junghennenaufzucht im Stall unter Dach mit Erfolg möglich sein, so hat die Geflügelhaltung den letzten Rest von Flächenabhängigkeit verloren. Zur Erhaltung der Wettbewerbsfähigkeit der Geflügelhaltung in der BRD trat am 31. 3. 1956 das Eierförderungsgesetz in Kraft. Der Ausgleich des in der BRD höheren Getreidepreises erfolgt daraufhin durch Abschöpfungsbeträge, die mit zunehmender Angleichung der Getreidepreise innerhalb der EWG verringert werden sollen. Zur künftigen Entwicklung der Geflügelwirtschaft wird festgestellt, daß die einheimische Produktion den überwiegenden Anteil an der Versorgung ausmachen muß. Die Frage, ob und wie die Geflügelwirtschaft in Zukunft in die deutsche Landwirtschaft eingegliedert wird oder ob sie in den gewerblichen Sektor abwandert, ist für die weitere Entwicklung, bes. der kleineren Bauernbetriebe, von großer Bedeutung

U. Hofmann. 4608.

3-64/07-0366 Toma, J. und Turčan, J. Rozmnožovacia farma pre 20000 nosnic. **(Vermehrungsfarm für 20 000 Legehennen.)** Výstavba socialist. Vesnice **1963** Nr. 5. S. 100–103. – 5 Abb., 2 Tab.

Die Farm soll jährl. die Produktionsfarmen mit 2 Mill. leichten Küken oder 1,5 Mill. Fleischküken beliefern. Die Aufzuchtabteilung erhält die Eintagsküken von den Zuchtstationen, sie besteht aus 2 Hallen mit einem Zentralgang. Beiderseits dieses Ganges liegen 2 Abt., die mit Stahldrahtgeflecht abgeteilt sind. Jede Abt. wird mit 2000 Junghennen und 250 Junghähnen besetzt, also 7,8 Stck./m². Die Aufzucht dauert 5–6 Mon.; bis zum Alter von 12 Wochen bleiben die Küken nach Geschlecht getrennt, später werden sie gemeinsam aufgezogen. 4 Legehallen sind ähnlich ausgestattet, aber entlang des Ganges befinden sich Legenester (1 Nest für je 48 Legehennen). Der Tagesertrag von 7000–11000 Eiern wird in die Eierhalle gebracht, wo die Eier klassifiziert und in fahrbaren Regalen untergebracht werden. Wöchentl. 1mal werden 0,33% der Brutapparate neu besetzt. Der Vorbrüter hat eine Kapazität von 201000 Eiern. Nach 18 Tagen werden die Eier aus dem Vorbrüter in den Schlupfbrüter gebracht, wo die Küken binnen 3 Tagen schlüpfen. Die Küken werden dann sortiert und in Pappschachteln in klimatisierten Transportwagen an die Produktionsfarmen geliefert. Wenn es nicht möglich ist, die Küken 24 Std. nach dem Schlupf zu versenden, werden sie an die Batterieaufzuchtabteilung übergeben. Füttern und Tränken erfolgen automatisch. Der Fußboden in den Aufzucht- und Legehallen besteht aus Beton. Die Paneelkonstruktion der Kotgrube trennt den Kotraum von der Tiefstreu. Der Kot wird jährl. 1mal entfernt, schwere Produkte werden aus den Kotgruben mittels eines Kanals abgesaugt. Optimale Temperatur und Lüftung werden durch eine lufttechnische Vorrichtung besorgt. Es wird vorausgesetzt, daß der Betrieb 44 AK beschäftigen wird und daß die Investitionskosten von 10,25 Mill. Kčs nach Ablauf von 3 $^1/_3$ Jahren aus dem Reingewinn amortisiert werden. ČSSR/ÚVTI. 4608.

3-64/07-0367 Müller, H. **Ökonomische Gesichtspunkte der Eierproduktion.** Dtsch. Landwirtsch. **14** (1963) Nr. 7. S. 342–343. — 3 Tab.

Vom Inst. für Kleintierzucht der Karl-Marx-Univ. Leipzig erfolgten von 1956–62 Berechnungen der Selbstkosten je Ei. Bei Intensivhaltung schwankten die Selbstkosten je Ei von 17,2–31,8 Dpf., der Durchschnitt lag bei 20 Dpf. Sehr wesentlich wurden die Kosten durch die Legeleistung der Tiere beeinflußt. Auch die Haltungsweisen sind entscheidend. Die Selbstkosten je Ei betrugen bei Intensivhaltung 19,7 Dpf, bei Halbintensivhaltung 20,6 Dpf und bei Auslaufhaltung 22,0 Dpf. Insgesamt 42,4% der Kosten entfielen auf das Futter. Die Selbstkosten je Ei beliefen sich bei einjährigen Tieren auf 18,3, bei 2jährigen Tieren auf 21,2 Dpf. Von großem Einfluß auf die Kosten ist die Arbeitsleistung des Personals. Wenn die Lohnkosten je AK jährl. DM 6000 betragen so ergeben sich pro Henne bei der Betreuung von 600 Tieren je AK DM 10,0, bei der Betreunug von 3000 Hennen je AK DM 2,0. K. Löhle. 4608.

3-64/07-0368 Müller, H. und Heidenreuter, Ursula. **Untersuchungen über die Brauchbarkeit verschiedener Rassen in der Intensivgeflügelhaltung.** Tierzucht **17** (1963) Nr. 2. S. 97–99. — 4 Tab.

Vff. prüften die Brauchbarkeit von Tieren der Rassen Weiße Leghorn, New Hampshire, White Rock und der Rassenkreuzungen Weiße Leghorn × White Rock sowie der Hy-Line auf ihre Eignung zur Intensivhaltung. Festgestellt wurden Legeleistung, Futterverbrauch, Körpergewicht, Einnahmen und Tierverluste. Die Gesamteinnahmen betrugen bei Weiße Leghorn DM 59,61, White Rock DM 40,82, New Hampshire DM 52,59. Leghorn × White Rock DM 63,23 und Hy-Line DM 71,73. Die Selbstkosten je Ei waren bei den Hy-Line 17,2 Dpf und bei den White Rock 31,8 Dpf. Sie wurden in erster Linie vom Futterverzehr, Arbeitsaufwand und von der Eileistung beeinflußt. Aus ökonomischen Gründen ist der einjährige Umtrieb bei der Intensivhaltung zu bevorzugen. K. Löhle. 4615.

3-64/07-0369 Preisser, C. **Möglichkeiten der Beurteilung von Junghennen auf Grund der Teilperiodenleistung.** Tierzucht **17** (1963) Nr. 8. S. 370–375.

Es sollte festgestellt werden, ob mit großer Wahrscheinlichkeit aus der Teilperiodenleistung die zu erwartenden späteren Leistungen (Eizahl und Eigewicht) vorausgesagt werden können. Angaben aus der Literatur lassen den Schluß zu, daß Hennen mit guter Teilperioden- bzw. Gesamtwinterleistung auch eine gute Jahresproduktion bringen. Ihren Erbwert auf Grund der Teilwinterleistung zu ermitteln, ist rel. unsicher. Hennen, die in der Gesamtwinterleistung keine 60% des Herdenmittels erreichen, lassen auch keine befriedigende Ganzjahresleistung mehr erwarten. Das Durchschnittseigewicht in den verschiedenen Entwicklungsperioden wurde in 4 Betrieben an 5852 Tieren untersucht, die die gestellten Bedingungen erfüllten. Die Leistungszahlen (Durchschnittsjunghenneneigewicht-JHG und Durchschnittsjahreseigewicht (JG) aus zusammengestellten Vollschwesterngruppen erlauben ein genaueres Werturteil als die der Einzelleistungen. Die Untersuchungen über das Eigewicht ergaben, daß ein Junghenneneigewicht von 55 g erreicht werden muß, um ein Durchschnittseigewicht von 56–58 g zu bekommen. JHG und HG (Durchschnittshenneneigewicht) zeigen eine positive Korrelation von $r = +0,8$. Die Ergebnisse der Untersuchungen unterstützen und erleichtern die Auswahl der Hennen nach Leistung und präzisieren in Verbindung mit anderen Hilfsmitteln für die Erbwertschätzung das Urteil über den Wert eines Zuchttieres. E. Lippmann. 4655.

3-64/07-0370 Morgan, Walter. Comparing genetic differences of laying hens. **(Vergleich genetischer Unterschiede von Legehennen.)** South Dakota Farm Home Res. **14** (1963) Nr. 2. S. 19–22. – 4 Tab.
Vf. gibt einen knappen Überblick über die Entwicklung der Selektionsmethodik bei Hühnern. Er begründet den Übergang von der Individual- zur Familienselektion, die Einführung von Kurztests, erörtert die Notwendigkeit von Korrekturfaktoren zur Eliminierung von Umwelteffekten bei Leistungsvergleichen und sieht in der Entwicklung von Standardpopulationen, wie sie in amer. Hühnerleistungsprüfungen zum Vergleich über Ort und Zeit verwendet werden, das gegenwärtig fortschrittlichste Verfahren.
A. Schaaf. 4655.

3-64/07-0371 Kníže, Bohumír, Rýdlová, Františka, Drobná, Vlasta und Knížetová, Rita. Některé problémy šlechtění plemen slepic pro výrobu broilerů. II. K otázce vztahu intenzity růstu a intenzity opeřování. **(Einige Probleme der Selektion von Hühnerrassen zur Broilerproduktion. 2. Mitt. Zur Frage der Beziehung zwischen Wachstums- und Befiederungsintensität.)** Živočišná Výroba **8 (36)** (1963) Nr. 6. S. 317–320. – 2 Tab., 14 Lit. Zus. in Russ., Engl.
In den Versuchen waren 2500 reziproke Kreuzungstiere (Weiße Plymouth Rock × Weiße Cornish) einbezogen. Die Befiederung der 14 Tage alten Küken wurde nach der Länge der Flugfedern und nach der Entwicklung der 3 grundlegenden Federzonen (Rücken-, Brust- und Seitenzone) bewertet. Im Alter von 14 Tagen und 12 Wochen wurden bei den Küken die Korrelationskoeffizienten zwischen Befiederungsintensität und Lgw. berechnet. Es wurden rel. hohe positive Werte dieser Koeffizienten bei 14tägigen Küken ermittelt. Die Korrelation zwischen der Befiederungsintensität mit 14 Tagen und dem Gewicht der Broiler mit 12 Wochen ist wesentlich geringer. Aus den Versuchen geht aber hervor, daß eine hohe Befiederungsintensität das Wachstum nicht behindert. Bei den schweren Rassen asiatischer Herkunft sowie bei der Mehrzahl der Linien von Fleischhühnerrassen wird die langsame Befiederung in erster Linie durch den dämpfenden Einfluß des Faktors *K*, der durch Zuchtwahl von sich schnell befiedernden Küken beseitigt werden kann, verursacht. ČSSR/ÚVTI. 4655.

3-64/07-0372 Kníže, Bohumír, Knížetová, Rita, Rýdlová, Františka und Drobná, Vlasta. Některé problémy šlechtění plemen slepic pro výrobu broilerů. III. Růstové vzathy u broilerů. **(Einige Probleme der Selektion von Hühnerrassen zur Broilerproduktion. 3. Mitt. Wachstumsbeziehungen bei den Broilern.)** Živočišná Výroba **8 (36)** (1963) Nr. 6. S. 321–326. – 4 Tab., 16 Lit. Zus. in Russ., Engl. 2. Mitt. vgl. vorst. Ref.
Die berechneten Korrelationskoeffizienten bezeugen eine rel. geringe Beziehung zwischen Gewicht der Legehennen und der Hähne im Alter von 10 Mon. und dem Gewicht der Nachkommen im Alter von 3 Mon. Daraus geht hervor, daß die Auswahl der Hennen und Hähne nach dem Gewicht keinen genügend ausgeprägten Anstieg der Wachstumskennziffern bei Broilern gewährleistet. Diese einfachste und auch billigste Selektionsmethode kann sichtlich nur in Zuchten mit einem niedrigen Selektionsniveau von Bedeutung sein. Die verläßlichste Methode der Selektion von auf die Produktion von Broilern ausgerichteten Fleischlinien ist die Auswahl nach dem Genotyp. Den Zuchtwert der Hennen und Hähne kann man, wie nachgewiesen wurde, nach dem Wachstum der Nachkommen bereits im Alter von 6 Wochen beurteilen, da zwischen den Wachstumskennziffern von 6wöchigen Küken und dem Gewicht von 3 monatigen Broilern hohe korrelative Beziehungen bestehen ($r \sim 0{,}70$–$0{,}80$). ČSSR/ÚVTI. 4655.

3-64/07-0373 Hofmann, F., Löhle, K. und Richter, W.; Jena, Friedrich-Schiller-Univ., Inst. für Tierzucht. **Die Durchführung der Mastleistungs-**

prüfung bei Hühnern in der Deutschen Demokratischen Republik. Tierzucht 17 (1963) Nr. 9. S. 425–427. – 13 Abb.

Gestützt auf eine Bildreportage aus der Hühnerprüfungsanstalt Altenberga geben Vff. einen Überblick über den techn. Ablauf der Mastleistungsprüfungen, die in der DDR seit 1960 in 3 Hühnerprüfungsanstalten (Altenberga, Blumberg und Dummerstorf) durchgeführt werden. Die Prüfung beginnt mit je 400 Bruteiern aus Zuchtbetrieben. Von den geschlüpften Küken eines jeden Betriebes wird eine Prüfungsgruppe zusammengestellt, die aus 100 ♂ und 100 ♀ Tieren bestehen soll. Bereits beim Schlupf werden je 10 ♂ und 10♀ Tiere stichprobenartig gekennzeichnet, die nach 10 Wochen Mast ausgeschlachtet werden sollen. Während des Prüfungsablaufes werden folgende Merkmale vergleichend bestimmt: Schlupfprozente, Kükenverluste, Mastendgewicht im Alter von 10 Wochen, Futteraufwand, Schlachtverlust, Anteil an Brust- und Schenkelfleisch. A. Schaaf. 4656.

3-64/07-0374 Patrik, I. A. Vyraščivanie mjasnych cypljat. **(Aufzucht von Fleischküken.)** Tr. Vses. s.-ch. in-ta zaočn. obrazovanija **1962** Nr. 8. S. 25–32. – Aus: Referativnyj žurnal Moskva. Životnovodstvo, veterinarija **1963** Nr. 2.58.233. S. 33.

Im Zentr. Forsch.-Inst. der Geflügelverarb.-Ind. wurden Futterrationen mit einem Anteil von 53–55% Körnerfutter in Form von Weizen, Hirse und Gerste ausgearbeitet. Die Futterrationen enthalten 20–22% Rohprotein, 3% Fette tierischer Herkunft sowie Spurenelemente und Vitamine. Die Hähnchen der Russischen Weißen Rasse wiesen mit 76 Tagen ein Lgw. von 1156 g auf; die Abgänge betrugen 3,45%. Die Tiere der Gruppe, die zusätzlich zur Grundration noch Fett und Phosphatide erhielten, wuchsen intensiver. Dabei erhöhte sich die Fleischausbeute der Hähne der Klasse 1 von 85,7 auf 94,4%. übersetzt v. N. Kuhlberg. 4667.

3-64/07-0375 Šabalina, A. Promišleno krŭstosvane meždu porodite leghorn i faverol. **(Die Gebrauchskreuzung aus Leghorn x Faverolle.)** Izvestija na Instituta po životnovŭdstvo „Georgi Dimitrov“ – Kostinbrod, Sofija 17 (1963) S. 71–97. – 5 Abb., 16 Tab., 7 Lit. Zus. in Russ., Dtsch.

Bei der reziproken Gebrauchskreuzung von Leghorn- und Faverolles-Hühnern wurden folgende Ergebnisse erzielt: Zuwachs an Lgw. (Hühnchen und Hähnchen) vom 1-Tage- bis zum 6-Monate-Alter – Faverolle 2432 g, Faverolle × Leghorn 2018 g, Leghorn × Faverolle 2021 g und Leghorn 1819 g; Lgw. der Hennen mit 2 Jahren entspr. 2649, 2251, 2080 und 1855 g; die Legeleistung betrug ⌀ 159,9; 184,8; 181,9 und 182,9; das Eigewicht ⌀ 58,0; 56,4; 57,5 und 55,3 g. Der Futteraufwand für 1 kg Eimasse betrug 2911, 2404, 2449 und 2372 g verd. Nährstoffe. NRB/ZSNTI, übersetzt v. E. Meyer. 4669.

3-64/07-0376 Moffatt, B. W. und Gilbert, G. L. A probable cause of black rot „exploders“ in incubated eggs. **(Eine vermutliche Ursache für die „Explosion“ schwarz verfaulter bebrüteter Eier.)** Queensland J. agric. Sci. 20 (1963) Nr. 2. S. 211–212.

Unter 7692 Bruteiern von Australorps, von denen viele (585) in die Tiefstreu abgelegt und verschmutzt waren, explodierten 35 (0,45%) Eier am 7. Bruttag und verdarben ca. 100 weitere. Es handelte sich bei ihnen um Infektionen mit *B. proteus* über den Kot. Die infizierten Eier faulten völlig; durch Ansammlung von Gasen im Innern kommt es zu den Explosionen. Bisher wurde den Brütereien empfohlen, Eier nicht zu waschen. Es zeigte sich aber, daß durch Waschen der verschmutzten Eier in Desinfektionslösungen (5 Min. bei 110 °F) die Explosionen auf 0,03% zurückgingen. Seitdem werden in Brisbane schmutzige Eier gewaschen, wodurch die meisten Bakterien bereits vor dem Eindringen ins Ei abgetötet werden. C. Engelmann. 4676.

3-64/07-0377 Schmidt, L. **Geht die Entwicklung zur Alleinfütterung?** Dtsch. Geflügelwirtsch. **15** (1963) Nr. 22. S. 291–294. – 8 Abb.
Seit ca. 8 Jahren werden Broiler mit Alleinfutter gemästet, und von Jahr zu Jahr werden mehr Legeküken so gefüttert. Diese Art der Fütterung hat arbeitswirtschaftliche Vorzüge, sie stellt ein gleichmäßiges, hochwertiges Futter zur Verfügung. Fütterungsfehler werden vermieden. Vf. schlägt vor, auch den Junghennen Legehennenfutter zu verabreichen, um nur mit einer Mischfutterart zu arbeiten. Der hohe Proteingehalt des Legefutters soll dabei durch eine tägl. Körnergabe von 5–10 g ausgeglichen werden. Bei Bestandesgrößen von 1500–2000 Hennen werden automatische Futteranlagen durch Alleinfütterung rationell ausgenutzt. Die Arbeitszeit für das Füttern von 1000 Hennen/Tag beträgt bei Einsatz von Futterketten 6 Min., bei Trogfütterung per Hand mit Eimern 16 Min. Die Alleinfütterung ist nicht nur aus arbeitswirtschaftlichen Gründen vorteilhaft, sondern auch wegen der Bereitstellung größerer einheitlicher Futtermengen. H. Sommerfeld. 4681.

4-64/07-0378 Anonym. **Änderung der Futterzusammensetzung in Anpassung an Temperaturveränderungen.** Dtsch. Geflügelwirtsch. **16** (1964) Nr. 2. S. 21. – 2 Tab. 4681.

3-64/07-0379 Engelmann, C. **Futteransprüche und Futterplanung bei Legehennen.** Tierzucht **17** (1963) Nr. 8. Fütterungsberatung **4** Nr. 4. S. 35–36.
Beim Geflügel ist der Nährstoffbedarf eng mit der Leistung verknüpft, wobei die körperlichen Besonderheiten des Geflügels große Ansprüche an die Fütterung stellen. Der Erhaltungsbedarf wird nach Körpergewicht (1–2,5 kg) mit 30–59,5 g Gesamtnährstoff (GN), darin 2,06–5,13 verd. E. gedeckt. Um 100 g Eimasse zu erzeugen, braucht das Huhn ca. 75 g GN mit 22,5 g verd. E. Demzufolge sind für den Leistungsbedarf je 5 Eier/Mon. zum Erhaltungsbedarf 7 g GN mit 2,1 verd. E. hinzuzufügen. Als Tagesration pro Henne gelten 50 g Körner (33,5 g GN mit 3,6 g Eiweiß) und ein Mischfutter ad libitum (30–80 g). Der Futterbedarf eines Jahres wird mit 18,25 kg Körner (50 g tägl.) und Fertigfutter je nach Leistung und Körpergewicht eingesetzt, wobei ein Sicherungszuschlag von 10–15% einzuplanen ist.
E. Lippmann. 4688.

3-64/07-0380 Volkoboj, M. F. und Kokša, N. G. Kormovyj oseïn u racionach kurej. **(Entmineralisierte Knochen [Ossein] in der Hühnerration.)** Socialistyčne tvarynnyctvo, Kyïv **35** (1963) Nr. 6. S. 21–22. 4688.

3-64/07-0381 Židlický, V. O zkrmování jehličí slepicím. **(Verfütterung von Nadelholzreisig an Hennen.)** Drůbežnictví [Praha] **11** (1963) Nr. 7. S. 103.
Im Winter 1962/63 bewährte sich auf dem Staatsgut in Lanškroun die Beifütterung der Zuchthennen mit Nadelholzreisig, was sich in einer wesentlichen Verbesserung der Brutqualität der gelegten Eier auswirkte. Die Hennen erhielten Fichten-, Tannen- und Kiefernreisig (2 Hände voll für 320 Hennen). Vor Verabreichung wurde lediglich das gröbere Kiefernreisig zerkleinert. Das Reisig wurde mit gedämpften Kartoffeln vermischt an die Hennen verfüttert. Übermäßige Gaben verursachten „grünen "Durchfall. Ferner wird hervorgehoben, daß Nadelholzreisig außer einer Vitaminquelle im Winter auch ein verläßliches Entwurmungsmittel ist. ČSSR/ÚVTI. 4688.

3-64/07-0382 Patzschke, D.; Halle/S., Martin-Luther-Univ., Inst. für Kleintierzucht. **Broilerkombinat Xaverov, ČSSR.** Tierzucht **17** (1963) Nr. 9. S. 428–431. – 8 Abb.
Bei diesem Kombinat handelt es sich um den z. Z. größten Broilerproduktionsbetrieb der sozialistischen Länder. Der auf einer Fläche von 25 ha errichtete Betrieb umfaßt folgende Abt.: 1. Aufzuchtanlage für 70000 Vermehrungsküken in 2 Durchgängen bis zu 6 Mon. 2. Vermehrungsherde für 22000 Hennen in 8 Ställen mit je 2750 Plätzen; Tiefstreuhaltung; 4,25 Tiere/m². 3. Brü-

terei für 200000 Eiplätze mit Brütern für je 10000 Eiplätze. 4. Mastanlage mit 448000 Broilerplätzen. Die 10 viergeschossigen Ställe in Skelettbauweise sind 52 m lang und 20 m breit. 5. Mischfutterwerk, das den tägl. Bedarf von 35 t in verschiedenen Mischungen vollvitaminisiert und, mit Coccidiostatica versehen, bereitstellt. 6. Schlachthof, Kapazität 1000 Broiler/Std. 7. Veterinärabteilung. 8. Verwaltung. Es werden 250 Menschen beschäftigt, davon 50 im Schlachthof. W. Gratz. 4690.

3-64/07-0383 Fricke, E. **Broilermast in der LPG „Thomas Münzer" Gr.-Rosenburg, Kreis Schönbeck/Elbe.** Tierzucht **18** (1964) Nr. 1. S. 43–46. — 8 Abb. 4690.

3-64/07-0384 Harms, R. H. und Waldroup, P. W.; Gainsville, Florida Agric. Exp. Stat. Length of laying cycle as influenced by dietary protein level. **(Der Einfluß des Proteingehaltes im Futter auf die Länge der Legeserien.)** Poultry Sci. **42** (1963) Nr. 5. S. 1195–1197. — 2 Tab., 5 Lit.
Junghennen in Legebatterien (Einzelkäfighaltung) wurden zu je 5 über 4 Mon. mit einem Mischfutter versorgt, das 9; 11,6; 14,3 und 17% Rohprotein enthielt. Bei 9% Protein legten die Hennen selten 2 Tage hintereinander; ihre Legeserie bestand im Durchschnitt aus 1,09 Eiern (bei 33,8% Legetätigkeit). Bei 11,6% Protein waren die entspr. Zahlen 4,88 (und 74,3%), weiterhin 8,94 (und 80,1%) sowie 9,41 (und 84,9%). Die Legeserie war mit der prozentualen Legerate streng korreliert. Sie verkürzte sich mit fortschreitender Jahreszeit. Fehlte es an Methionin im Futter, war dieser Rückgang noch stärker ausgeprägt. Durch Methioninzusatz ließ sich dieser jahreszeitl. bedingte Abfall ein wenig verlangsamen. C. Engelmann. 4700.

3-64/07-0385 Hicks, F. W. und Zindel, H. C. The influence of date of hatch on selected production characteristics in chickens. I. Length of lay. **(Der Einfluß des Schlupfzeitpunktes auf die Legeleistung der Hennen. 1. Mitt. Die Länge der Legeserien.)** Michigan State Univ., agric. Exp. Stat., quart. Bull. **45** (1963) Nr. 3. S. 491–501.
An 20000 Legehennen wurde in 4 Versuchsgruppen der Einfluß verschiedener Schlupfzeitpunkte auf die Legeleistung überprüft. Die Ergebnisse zeigen, daß bei entspr. Umweltbedingungen von den zu jeder Jahreszeit geschlüpften Küken befriedigende Legeleistungen erwartet werden können. Bei bes. Verhältnissen kann der Gewinn durch Einhaltung bestimmter Schlupfperioden beeinflußt werden, wenngleich verschiedene Großhandelseierpreise die Umsatzquote von Jahr zu Jahr verändern. Es ist nicht zweckmäßig, die Hennen ein 2. Legejahr zu halten; denn diese Tiere legten signifikant weniger Eier im Vergleich zu den Junghennen. E. Lippmann. 4700.

3-64/07-0386 Erasmus, J. E. The egg production pattern of White Leghorn pullets hatched in different seasons. **(Die Art der Legetätigkeit Weißer Leghorn-Junghennen, die zu verschiedenen Jahreszeiten schlüpften.)** Wld. Poultry Sci. J. **19** (1963) Nr. 3. S. 184–190. — 1 Abb., 2 Tab., 7 Lit.
Verglichen werden im Herbst bzw. Frühjahr geschlüpfte Leghorn-Junghennen. Während die Tiere unter natürlichen Tageslichtbedingungen aufgezogen wurden, erhielt in der Legeabteilung den Winter hindurch eine Hälfte der Gruppe zusätzlich künstliches Licht bis zur Aufrechterhaltung der 14-Std.-Tageslänge. Die im Frühjahr geschlüpften Junghennen wurden 8,6 Tage später legereif und legten demzufolge bereits zu Beginn des Legejahres schwerere Eier. Die Verzögerung der Legereife wurde durch die Abnahme der Tageslänge veranlaßt, der die Junghennen 10–12 Wochen lang vor dem Einsetzen der Reife ausgesetzt waren. In der Zeit der höchsten Eierpreise legten die im Frühjahr geschlüpften Hennen bei zusätzlicher Beleuchtung im Winter am besten. Die nach eingestellten Hennen berechnete Legeleistung der im Frühjahr geschlüpften Gruppe ohne künstliche Beleuchtung im Winter war

etwas höher als jene der im Herbst geschlüpften mit Licht bis zur 14 Std.-Tageslänge. 60 Wochen lang – gerechnet vom 1. Ei an – ergab sich kein signifikanter Unterschied, weder in der nach eingestellten Hennen berechneten Legeleistung noch in der Legerate der im Herbst und im Frühjahr geschlüpften Hennengruppen, wenn für beide im Winter die Tageslänge 14 Std. betrug.

W. Greiner-Petter. 4700.

3-64/07-0387 Peter, Vladimír, Gažo, Mikuláš und Marcinka, Karmil. Pokus o experimentálne zlepšenie kvality škrupiny zlepšením režimu kŕmenia. **(Versuch zwecks Verbesserung der Eischalenqualität durch Verbesserung der Fütterung.)** Živočišná Výroba 8 (36) (1963) Nr. 6. S. 361–370. – 5 Tab., 46 Lit. Zus. in Russ., Dtsch.

In einem 6wöchigen Versuch mit Weißen-Leghorn-Hennen wurde der Einfluß erhöhter Gaben von Ca, P und Vit. D_3 sowie der Beifütterung von Mg, Mn, Zn, Thyreoglobulin und Reserpin auf die Qualität der Eierschalen untersucht. Die Anzahl der Knickeier verringerte sich im Vergleich zur Kontrollgruppe nur bei der mit Thyreoglobulin (200 mg/kg Futtergemisch) beigefütterten Gruppe. Die Anwendung höherer Gaben von Ca (16 g/kg Futter), P (2,5 g/kg Futter) und Vit. D_3 (1500 IE/kg Futter) bewirken keine Herabsetzung der Knickeieranzahl. Die Festigkeit und Dicke der Eischalen blieben in allen Versuchsgruppen unverändert. Dasselbe betrifft auch das Lgw. und den Gesundheitszustand der Hennen. ČSSR/ÚVTI. 4700.

3-64/07-0388 Rehkugler, G. E. und Baker, R. C.; Ithaca, N. Y., Cornell Univ. The effect of rotation on the internal quality of chicken eggs. **(Der Einfluß des Drehens von Hühnereiern auf die innere Eiqualität.)** Poultry Sci. 42 (1963) Nr. 5. S. 1187–1190. – 1 Abb., 4 Tab.

Es werden Versuche mit dem Drehen von Eiern um die Längsachse bei 45 bis 88 U/min in verschiedenen Zeitlängen und nach unterschiedlichen Lagerzeiten nach dem Legen angestellt. Die gefundenen Haugh-Einheiten, die Varianzanalysen der Laboratoriumsversuche und die Ergebnisse eines Feldversuches sind tabellarisch zusammengestellt. Der Feldversuch ergab als einziger eine größere Qualitätsminderung. Vff. stellen dennoch keine signifikante Wirkung der Drehung auf die Eiqualität fest, das abweichende Ergebnis bezeichnen sie als möglichen Irrtum oder Wirkung anderer Faktoren.

B. Rempel. 4700.

3-64/07-0389 Hartfiel, W. und Schulze-Messing, H. **Verfahren zur schnellen Bestimmung der Dotterfarbe bei Hühnereiern.** Arch. Geflügelkunde 27 (1963) Nr. 4. S. 317–324.

Die visuelle Farbbeurteilung, das Extrahieren des Farbstoffes mit Hilfe von Lösungsmitteln und die Messung der Remissionsstrahlung erwiesen sich als fehlerhaft und sehr zeit- und kostenaufwendig. Vom Vf. wurde ein Verfahren zur schnelleren Bestimmung der Dotterfarbe ausgearbeitet, bei dem der ganze Dotter zur Remissionsmessung verwendet werden kann. Als Meßgerät dient ein Spektralphotometer der Fa. Zeiss mit Remissionsansatz. Zusatzgeräte sind eine Probenschale mit Kunststoffring und Verschlußdeckel. Zur Durchführung der Messung wird der Dotter in die Probenschale überführt. Dotter mit ungleichmäßiger Farbverteilung werden vorher in eine günstige Lage gebracht, um die Lichtstrahlen auf die Seite mit optimaler Farbverteilung auftreffen und reflektieren zu lassen. Durch den Kunststoffring und aufgesetzten Verschlußdeckel wird eine gleichmäßige Schichtdicke der Proben erreicht. Vorhandene Eiweißreste werden durch ein sphärisch geschliffenes Deckglas zur Seite gedrückt. Die Messungen erfolgen bei einer Wellenlänge von 620 nm. Der Vorteil des neuen Verfahrens liegt in dem geringeren Zeitaufwand sowie in einer größeren Differenzierung der Farbverschiedenheiten. Eine genauere Einstufung der Dotterfarbe ist möglich.

E. Lippmann. 4700.

3-64/07-0390 Nestor, K. E. und Jaap, R. G.; Columbus, Ohio Agric. Exp. Stat. Egg weight may influence albumen height. **(Wird die Albuminhöhe durch das Eigewicht beeinflußt?)** Poultry Sci. **42** (1963) Nr. 5. S. 1249–1250. – 1 Tab., Lit.
In verschiedenen Versuchen, zu denen Eier verschiedener Leghorn- und Broilerlinien verwendet wurden, wurde die Albuminhöhe der unter verschiedenen Umweltbedingungen erzeugten Eier gemessen und sehr unterschiedliche Ergebnisse erzielt. Vff. betrachten es als augenscheinlich, daß die Beziehungen zwischen Eigewicht und Albuminhöhe von verschiedenen Faktoren bestimmt werden und keine generellen Beziehungen wie bei den Haugh-Einheiten für Eier von verschiedenen Linien bei unterschiedlichem Alter der Legetiere und verschiedenen Haltungsbedingungen festgestellt werden können. B. Rempel. 4700.

3-64/07-0391 Čížek, K. und Mašek, J. Nová technologie zlevňuje výrobu vajec. **(Die neue Technologie verbilligt die Eierproduktion.)** Ekon. Zemědělství **2** (1963) Nr. 5. S. 141–143. – 2 Tab.
Die ziffernmäßig ausgedrückten Ergebnisse aus 20 Geflügelhaltungen der Staatsgüter und LPG sind ein Beweis dafür, daß die Legehennenhaltung auf Tiefstreu und in Käfigen bei wesentlich höherer Produktivität sowie bei niedrigeren Investitionskosten je Legehenne (folglich auch bei entspr. Abschreibungen, Reparaturen usw.) im Vergleich mit den herkömmlichen Auslaufhaltungen hinsichtlich der Höhe der mit der Eierproduktion verbundenen Selbstkosten sowie hinsichtlich der Rentabilität günstiger ist: Der Unterschied, berechnet auf 1 Ei, beträgt 14–20 Heller, ⌀ 17 Heller. Auch der Vergleich der Gesamtergebnisse einzelner Betriebe zeigt bedeutende Differenzen: In Betrieben mit einem Stand von z. B. 4000 Legehennen bei durchschnittl. Jahresleistung von ca. 150 Eiern erreicht die Gesamtdifferenz zwischen der Auslaufhaltung und der neuen Technologie 102000,– Kčs. Dieser Unterschied wird noch weiter anwachsen, denn die Möglichkeiten der Produktionssteigerung und der Wirtschaftlichkeit sind bei den Auslaufhaltungen (bes. da die Mechanisierung nur in kleinem Umfange möglich und somit auch die Produktivitätssteigerung beschränkt ist) bescheiden. ČSSR/ÚVTI. 4707.

3-64/07-0392 Splittgerber. **Praktische Hinweise für die Junghühnermast.** Dtsch. Geflügelwirtsch. **15** (1963) Nr. 35. S. 484. 486. 489.
Vf. beschreibt die produktionstechnischen Voraussetzungen, die für eine rationelle Junghühnermast gegeben sein müssen. Zweckmäßige Lage und Ausführung sowie hochwertiges Futter und bestes Tiermaterial sind für den Erfolg entscheidend. Im einzelnen werden die veterinärhygienischen Maßnahmen und die an Mastküken zu stellenden Ansprüche aufgeführt. Um einen guten Verkaufspreis der Schlachtware zu erzielen, müssen mindestens 90% aller Tiere in die Klasse A eingestuft werden. Bei Überbesatz an Tieren je m² Stallgrundfläche muß mit unausgeglichenen Beständen, schlechter Befiederung, Federfressen und erhöhtem Krankheitsbefall gerechnet werden. Brustblasenbildung deutet auf zu feuchte oder zu feste Einstreu hin. Die Forderungen, die an die Faktoren Wärme, Trograum und Tränke, Lüftung, Feuchtigkeit und Beleuchtung gestellt werden müssen, werden aufgeführt. K. Löhle. 4707.

3-64/07-0393 Naujok, H. **Junghennenaufzucht mit Warmluftwerfern in der LPG „Arthur Hertz“, Vogelsdorf.** Tierzucht **17** (1963) Nr. 9. S. 432–434. – 6 Abb.
In den vom VEB Hochbauprojektierung Neubrandenburg entwickelten Mehrzweckställen sind je zwei Warmluftwerfer eingebaut worden. Die Hallen haben vier in sich abgeschlossene Teile, die unterschiedlich beheizt werden können. In jedem Abteil sind je vier Buchten für je 500 Küken vorhanden. Jede Halle hat zwei Werfer, die getrennt wirksam werden können. Durch

beide Abteilreihen (durch mittleren Futtergang getrennt) sind Rohrleitungen, ⌀ 25 cm, in 1 m breite und 60 cm tiefe Kanäle verlegt. Ein Maschendrahtrahmen (Maschenweite 1,5 cm) deckt den Kanal ab. Die Rohre haben in Abständen von 1 m 10 cm breite Austrittsöffnungen. Der über dem Kanal abgesetzte Kot trocknet schnell und läßt sich leicht entfernen. Bei drei Ställen betragen die Anlagekosten für Warmluftwerfer TDM 69,5 im Gegensatz zu einem sonst zugehörigen Heizhaus, das TDM 205 kostet. Die jährl. Heizungskosten betragen DM 6750 bei Warmluftwerfern bzw. DM 39450 beim Heizhaus. W. Gratz. 4707.

3-64/07-0394 Schmidt, L. **Batteriehaltung — Rationalisierungsfaktor oder „Große Mode"?** Dtsch. Geflügelwirtsch. **15** (1963) Nr. 27. S. 371–375. — 14 Abb.
Die Einrichtung einer Batteriehaltung ist dann rentabel, wenn es sich um einen Neubau handelt. Die Gebäude sollen lang (36–40 m) und schmal sein. Der Tierbesatz soll 5000, besser 9000 Hennen oder mehr betragen. Bei Neubauten liegen die Bau- und Einrichtungskosten um ca. $^1/_3$ niedriger als bei der Bodenhaltung. Jede Altersgruppe benötigt ihren eigenen Stall. Schwierigkeiten bei der Batteriehaltung bereitet die Be- und Entlüftung. Vf. beschreibt mehrere Lüftungssysteme. Die Luftleistung beträgt im Hochsommer 5–6 m³/h/kg Lgw., im Winter $^1/_7$ davon. Das Problem bei der industriemäßig betriebenen Batteriehaltung ist die Beseitigung des Kotes. Nach Ansicht des Vf. gibt es 3 Möglichkeiten der Entmistung für Batterien mit Kotschieberräumung: 1. Sofortiges Verladen auf einen Dungstreuer bzw. Flüssigdungbereiter, 2. Lagerung in einer Dunggrube, 3. Kompostierung. In den meisten Fällen erfolgt Querentmistung. Bei der Batteriehaltung soll Preßfutter verabreicht werden. Die Beschickung der Futterwagen wird automatisiert. Bei einer techn. gut angelegten Batteriehaltung liegt der Kapitalaufwand je Henne bei DM 15–20. Vf. warnt vor übereiltem Entschluß zur Batteriehaltung. Sie ist unter den Bedingungen des Großbetriebes und bei Neubauten eher zu empfehlen als in Mittelbetrieben und bei Altbauten.
H. Sommerfeld. 4707.

3-64/07-0395 Fuge, R. B. Cages or deep litter? **(Käfig- oder Tiefstreuhaltung?)** J. Dep. Agric. South Australia **67** (1963) Nr. 5. S. 170–175. — 7 Abb. 4707.

3-64/07-0396 Kühn, Werner. **Boden- oder Batteriehaltung der Legehennen?** Dtsch. Geflügelwirtsch. **15** (1963) Nr. 50. S. 703–704.
Vf. bezieht sich auf einen Beitrag von Querner (vgl. Dtsch. Geflügelwirtsch. **15** [1963] Nr. 46.) und macht Vorschläge zur Abänderung von dessen Modellrechnung auf Grund von Erfahrungen aus der Praxis. Abschließend stellt Vf. fest, „die Batteriehaltung ist sowohl hinsichtlich des Kapitaleinsatzes je Produktionseinheit als auch hinsichtlich des Arbeitsaufwandes der Bodenhaltung überlegen". Die Batteriehaltung erfordert aber einen hohen Kapitalaufwand; auch lassen sich Batteriehaltungen nur in beschränktem Maße in vorhandenen Gebäuden einrichten. B. Schenk. 4707.

3-64/07-0397 **Versuche mit dem Schichtstall (Tag- und Nachtschichtbetrieb) in der Intensivgeflügelhaltung.** Rottenau, Inst. Geflügelzucht Dtsch. Akad. Landwirtsch.-Wiss. Berlin Plan-Nr. 1701 38 h-2-06/1. 74 S. Abschlußber. (30/11. 1963). — Abb., Tab.
In 4 Versuchen wurde von 1958–62 die Haltung der Legehennen im Tag- und Nachtschichtbetrieb untersucht. In den ersten Versuchen standen die Fragen zur Verbesserung des Stallklimas im Vordergrund. Nach einer anfänglichen Besatzstärke von 1,7 Hennen/m² Stallfläche wurde der Besatz bis zum 4. Versuch 1961/62 auf 7,0 Hennen/m² erhöht. Die Legeleistung je Henne in 300 bzw. 330 Versuchstagen konnte von ⌀ 125 auf 155 Eier im letzten Ver-

such gesteigert werden. Mit Ausnahme des Versuchsjahres 1960/61, wo keine wesentlichen Differenzen auftraten, war bei den übrigen Versuchen die Tagschicht in der Legeleistung der Nachtschichtgruppe um 15,4–31,2 Eier/Henne überlegen. Im Schichtbetrieb konnte zwar eine Mehrproduktion an Eiern je m² Stallfläche im Vergleich zu einer normalen Intensivhaltung erbracht werden, dagegen blieb das finanzielle Ergebnis je Henne und auch je m² Stallfläche durch die schlechtere Legeleistung der Schichtstalltiere wesentlich geringer. Eine Einführung des Tag- und Nachtschichtbetriebes in die Praxis kann nach den vorliegenden Ergebnissen nicht empfohlen werden. 4707.

3-64/07-0398 Mehner, A. und Lühmann, M. **Über Versuche mit der Verwendung von Müll-Klärschlamm-Kompost als Einstreu bei der Bodenmast von Hühnerküken.** Arch. Geflügelkunde 27 (1963) Nr. 3. S. 176–196. – 3 Abb., 4 Tab.
In Versuchen mit 7 Gruppen zu je 102 Jungmasthühnchen, die auf Müll-Klärschlamm als Einstreu aufgezogen worden waren, konnten – im Vergleich zur Haltung auf Torf und Häcksel – Erhöhungen der Zunahmen von 3–10% und teilweise Verbesserungen der Rohverwertung bis zu 7,5% erzielt werden. Außerdem wurde u. a. folgendes festgestellt: Durch mäßiges Feuchthalten der Einstreu gelang es, Staubbildung und damit verbundene ungünstige Bonitierungsergebnisse zu vermeiden. Der Einsatz eines wäßrigen Auszuges des Müll-Klärschlamm-Kompostes als Tränke ergab bessere Zunahmen und Futterverwertungen, wenngleich die Differenzen geringer gewesen sind als bei den Küken, die auf Müll-Klärschlamm-Kompost-Einstreu aufgezogen worden waren. In einem weiteren Versuch, bei dem Tiere sowohl auf Müll-Klärschlamm-Kompost als auch auf dessen Bestandteilen, Klärschlamm und Müll als Streu, gehalten wurden, konnten im Alter von 8 Wochen nur geringe Unterschiede festgestellt werden. Als Ursachen für die günstige Wirkung des Klärschlammes kommen der Gehalt an Vit. B_{12}, Spurenelementen und anderen Wirkstoffen in Betracht. Die bisherigen Versuche gestatten jedoch keine Aussage darüber, welche Einflüsse bes. wichtig sind oder – was wahrscheinlich ist – ob man eine Summierung vieler kleiner Wirkungen verschiedenster Art annehmen muß. K. Löhle. 4707.

3-64/07-0399 Wachsmuth, Hildegard. **Der Arbeitsaufwand in Hühnerintensivhaltungen.** Dtsch. Landwirtsch. 14 (1963) Nr. 11. S. 561–564. – 4 Tab. – nach Zus.
Die Untersuchungen haben ergeben, daß die Arbeitsproduktivität in den Großhaltungen entgegen den Erwartungen vorläufig nicht höher ist als in den mehretagigen Umbauhaltungen. Zurückzuführen ist das auf verschiedene Faktoren, die mit der schnellen Ausweitung der Hühnerhaltung nicht Schritt gehalten haben. Es hat sich ferner gezeigt, daß es für die Steigerung der Arbeitsproduktivität vorteilhaft ist, Haltungen in Altgebäuden oder Neubauten so anzulegen, daß in ihnen eine Hennenherde untergebracht werden kann, die einem Arbeitsmaß oder einem Vielfachen davon entspricht. Werden in Zukunft a) die Produktivität mindernde konstruktive und ausstattungstechnische Unzulänglichkeiten, wie sie in den einzelnen Arbeitsabschnitten besprochen wurden, beseitigt; b) bringt man den Stallbau, seine klimatischen Verhältnisse und Einrichtungen in Einklang mit den physiol. Anforderungen der Tiere; c) stellt man ein einwandfreies Junghennenmaterial ein und d) verabfolgt man ein vollwertiges Trockenmehl, dann wird es möglich sein, die Zahl der von 1 AK zu betreuenden Hennen, die z. Z. bei Trockenfütterung bei 3000–3500 Tieren und bei Weichfütterung bei ca. 2500 Tieren liegt, noch zu erhöhen. 4708.

3-64/07-0400 Woernle, H. **Junghühnerkrankheiten im Wandel der Haltungsbedingungen.** Dtsch. Geflügelwirtsch. 16 (1964) Nr. 7. S. 93–94. 96. – 16 Abb. 4710.

3-64/07-0401 Mach, J. Kanibalismus a podmíněné reflexy. **(Kannibalismus und bedingte Reflexe.)** Drůbežnictví [Praha] **11** (1963) Nr. 9. S. 137. – 2 Abb. 4710.

3-64/07-0402 Kiel, H. **Die Untugend des Kannibalismus bei Hühnern.** Dtsch. Geflügelwirtsch. **15** (1963) Nr. 50. S. 699. 4710.

3-64/07-0403 Teklińska, M. Kanibalizm i pterofagia. **(Kannibalismus und Pterophagie der Hühner.)** Drobiarstwo **11** (1963) Nr. 4. S. 14–15. Pathologische Gewohnheiten sind Kannibalismus (gegenseitiges Behacken) und Pterophagie (Ausreißen und Fressen von Federn). Erscheinungen und Formen des Kannibalismus bei Küken sind das Anpicken der durch die Beinhaut durchschimmernden Blutgefäße, das Hacken in wunde Stellen sowie in Stellen, wo wachsende Federn durchschimmern. Zu Kannibalismus gehört ferner das Aufpicken des Schleims am After nach dem gelegten Ei und bei Legedarmvorfall. Ursachen des Kannibalismus sind Krankheiten bei der Aufzucht in Käfigen, und zwar zu große Besatzdichte, fehlende Ablenkung und Futtermangel (zu wenig Eiweiß oder Salz). Prophylaxe und Behandlung bestehen im Zusatz von Amorphin (0,5 g/100 ml Wasser) zum Trinkwasser, Ablenkung der Aufmerksamkeit z. B. durch Aufhängen von Mohrrüben an Drähten in ca. 40 cm Höhe, Beseitigung verwundeter Tiere, Vergrößerung der Eiweißgaben durch Zusatz von gekochten Fleischereiabfällen und Leber, Vergrößerung des Salzgehaltes des Futters, bes. an Kochsalz, sowie Schnabelkürzen. PRL/CBR, übersetzt v. R. Hüffer. 4710.

3-64/07-0404 Gadžiev, K. Š., Adigezalov, I. M. und Smirnov, M. I. Rezul'taty primenenija furazolidona protiv pulloroza pticy. **(Die Ergebnisse der Verwendung von Furazolidon bei der Pullorumseuche des Geflügels.)** Veterinarija, Moskva **40** (1963) Nr. 8. S. 53–54. 4710.

Enten

3-64/07-0405 Tretjakov, N. P. und Krutikova, J. B. Hospodárne využití živočišných krmiv při výkrmu káčat. **(Ökonomische Ausnutzung von Futter tierischer Herkunft bei der Jungentenmast.)** Drůbežnictví [Praha] **11** (1963) Nr. 7. S. 103–104. – 5 Tab.
Die Ergebnisse von Vergleichsmastversuchen mit auf freiem Wasser gehaltenen Entenküken erbrachten den Beweis, daß bei dieser Haltungsart die Beifütterung von Futter tierischer Herkunft (Fischmehl) nur bis zum Alter von 20 Tagen genügt. Nach dieser Zeit ist diese Beifütterung nicht mehr ökonomisch. Auch bei der Mast auf begrenzten Wasserflächen weist die Beifütterung von Fischmehl eine max. Wirkung nur in den ersten zwei Dekaden auf. In der Qualität der Schlachtenten und im prozentischen Anteil eßbarer Fleischteile waren zwischen den Versuchsgruppen keine Unterschiede nachzuweisen (Beifütterung von Fischmehl nur in den ersten 20 Tagen bei der einen Gruppe und bis zum Alter von 60 Tagen bei der anderen Gruppe). Zusammenfassend wird für die Praxis eine Beifütterung der Mastküken mit Fischmehl nur in den ersten 20 Tagen der Mast empfohlen.
ČSSR/ÚVTI. 5000.

3-64/07-0406 Aljab'ev, E. V. und Danilova, A. K. Malokoncentratnyj tip kormlenija pri vyraščivanii utjat na mjaso. **(Kraftfutterarme Fütterung bei der Fleischaufzucht von jungen Enten.)** Sbornik rabot molodych učenych. Doklady na naučnoj konferencii aspirantov. Vsesojuznyj naučno-issledovatel'skij institut pticevodstva, Moskva **4** (1961, hrsg. 1962) S. 113–121. – 4 Abb., 4 Tab., 12 Lit. 5000.

3-64/07-0407 Buhrmann. **Die Entenmast und ihre wirtschaftlichen Voraussetzungen.** Tierzüchter **15** (1963) Nr. 11. S. 401–403. – 2 Abb.

Vf. gibt dem Großbetrieb Hinweise für die Durchführung der ganzjährigen Mast. Als Zuchtmaterial kommt nur die Weiße Pekingente in Frage, die eine gute Eierleistung (200–220 Stck.) mit gutem Fleischansatz verbindet. Durch züchterische Arbeit muß der Futterverbrauch unter 3,8 kg/kg Zunahme gesenkt werden. Bei einer ganzjährigen Mast werden Zuchtherden verschiedenen Alters bei 1jährigem Umtrieb gehalten, um während des ganzen Jahres ausreichend Küken für die Mast zu erzeugen. Die Aufzucht der Küken erfolgt bis zur 4. Woche in massiven und geheizten Ställen. Je m² Bodenfläche werden 10–15 Küken gehalten. Im Stall soll ein breiter Arbeitsgang sein, um das Heranfahren von Futter und Einstreu sowie das Abfahren des Mistes zu erleichtern. Für die ersten 10 Lebenstage hat sich die Batteriehaltung eingebürgert. Vorteilhaft sind dabei Raumersparnis, geringerer Arbeitsaufwand und bessere Kontrolle der Tiere. Mit 2½–3 Wochen erhalten die Küken Auslauf. Die Jungenten werden in Ställen gehalten, die nach einer Seite offen sind. Vf. rät, zwei dieser Ställe mit der offenen Front gegenüberzustellen und durch einen Fahrweg zu trennen, um dadurch einen Witterungsschutz zu erreichen. Der Stall ist in Abteile zu 2,5 × 3 m unterteilt. 3 Jungmastenten werden je m² gehalten. Um die Enten sauber zu halten, wird 2- bis 3mal wöchentl. eingestreut. 3 kg Stroh (Raps- und Kümmelstroh) benötigt man für eine Mastente. Die Fütterung muß optimal sein. Das pelletierte Futter wird in Automaten verabreicht. Der Rohproteingehalt beträgt in den ersten 6 Wochen 18–19% und sinkt in den letzten 2 Mastwochen auf 16–17%. Der Gesamtnährstoffgehalt beträgt 65%. 1 kg Futter soll 10000 IE Vit. A und 3300 IE Vit. D_3 enthalten. Außerdem werden 3% Trockenhefe und 2–3% Mineralstoffe verabreicht. Durch pelletiertes Futter kann den Enten eine größere Futtermenge zugeführt werden, und die Futterverluste sind geringer. Mit 8 Wochen soll die Mast beendet sein, da die Futterverwertung sonst ungünstiger wird. Der Futterverzehr beträgt 9,5 kg/Ente. Die gemästeten Enten gelangen bratfertig und tiefgekühlt in den Handel.

H. Sommerfeld. 5000.

3-64/07-0408 Kravčenko, S. I. Otkorm utjat na kukuruze i goroche. **(Die Entenmast mit Mais und Erbsen.)** Životnovodstvo, Moskva **25** (1963) Nr. 6. S. 76–78. — 2 Tab.

500 in 4 Gruppen eingeteilte Entenküken (Ukrainische Graue × Pekingente), die bis zum Ende des Versuchs ohne Wasserauslauf (nur 2- bis 3stündiger Auslauf im Solarium) auf Tiefstreu gehalten wurden, erhielten von 10–60 Tagen ad libitum 4 verschiedene Mischfutter und die gleiche Menge Magermilch und Kleegras. In den 4 Mischfuttern betrugen Mais- und Erbsenschrot 70–72% des Gesamtnährwertes. Alle Mischfutter wiesen den gleichen Gesamtnährwert, aber einen unterschiedlichen Eiweiß- (15–17%) und Rohfasergehalt (2,5–3%) auf. Mit 60 Tagen lag das durchschnittl. Lgw. aller Gruppen über dem Standard von 2130 g (I — 2285; II — 2321; III — 2320 und IV — 2240 g). Der Futterverbrauch je kg Zunahme betrug in 60 Tagen 3,56 (I); 3,14 (II); 3,4 (III) und 3,56 kg (IV) sowie (einschließlich der Zusatzfuttermittel) 4,4; 3,8; 4,12 und 4,34 FE. Die besten Ergebnisse wurden also mit dem Mischfutter Nr. 2 erzielt, das 51% Maisschrot, 15,5% Erbsenschrot und 5,2% Sonnenblumenkuchen enthielt.

B. Schenk. 5000.

3-64/07-0409 Koči, Eva und Mardiak, Ján. Štúdium znášky a celoročnej rovnomernej výroby násadových vajec kačíc turnusovým doplňovaním matečného stáda. **(Studium der Legeleistung und der ganzjährig gleichmäßigen Produktion von Enten-Bruteiern bei turnusartiger Ergänzung der Mutterherde.)** Živočišná Výroba **8(36)** (1963) Nr. 6. S. 337–342. — 1 Abb., 1 Tab., 24 Lit. Zus. in Russ., Franz., Dtsch.

Die auf der Geflügelfarm in Ivanka (Slowakei) durchgeführten Versuche erbrachten den Beweis, daß durch turnusartige Ergänzung der Entenherde eine ganzjährig gleichmäßige Bruteier- bzw. Schlachtentenproduktion (Brut: März, Juli und Nov.; Legebeginn: Aug., Dez. und Mai) gesichert werden kann. Durch Anpassung der Umwelt, bes. durch Verlängerung des Lichttages in den Wintermonaten auf 14 Std., gelang es, den Einfluß der Jahreszeit bei der Entenaufzucht, Eierproduktion und Mast derart zu beschränken, daß es möglich war, das ganze Jahr über eine gleichmäßige Produktion zu gewährleisten. Bei der Wintermast von Enten müssen bautechnische Probleme und die Klimatisierung der Aufzuchträume gelöst werden. ČSSR/ÚVTI. 5020.

3-64/07-0410 Doroško, I. N. und Smijan, Ju. P. Virusnyj gepatit utjat. **(Virus-Hepatitis bei jungen Enten.)** Veterinarija, Moskva **40** (1963) Nr. 7. S. 38–40. 5030.

Truthühner

3-64/07-0411 Sčerbina, P. F. und Litvinec, G. M. Inkubacija indjušinych jaic. **(Die Brut von Puteneiern.)** Pticevodstvo, Moskva **1963** Nr. 6. S. 22–23. – 2 Tab.

In der Technologie der Putenfleischproduktion nimmt die Brut eine wichtige Stelle ein. Im Starinsker Geflügelkombinat, Gebiet Kiew, wurden ab 1962 die Brutapparate „Universal 45" verwendet und eine bestimmte Verteilung der Bruthorden erarbeitet. Wurden die Horden bei den verschiedenen Einlagen nach dem Schachsystem verteilt, lag der Schlupf der Einlage um 5,8% und der Schlupf der befruchteten Eier um 4% höher als bei der Kontrolle, bei der die Horden so eingelegt waren, daß bestimmte Temperaturzonen entstanden. H. Pingel. 5090.

3-64/07-0412 Aslanjan, M. M., Soroka, M. F. und Šinkarenko, I. S. Iskusstvennoe osemenenie indeek. **(Künstliche Besamung von Puten.)** Pticevodstvo, Moskva **1963** Nr. 6. S. 18–19. – 1 Abb., 1 Tab.

Die KB der Puten ist von großer Bedeutung, weil bei natürlicher Verpaarung bis zu 30% der Truthennen durch Verletzungen eingehen. Von 12 Truthähnen wurde eine Spermamenge von ⌀ 0,2 ml, eine Spermakonzentration je mm³ von ⌀ 7–8 Md., eine Aktivität der Spermien von 0,5–0,6 und eine Resistenz von 17 000–21 000 festgestellt. Bei einem Besamungsversuch wurden 20 Truthennen besamt und 20 natürlich verpaart. Die Befruchtung war in beiden Gruppen niedrig, lag aber in der Besamungsgruppe mit 38,4% um 17,1% höher als in der Gruppe mit natürlicher Verpaarung. H. Pingel. 5090.

3-64/07-0413 Sandoval Juarez, José. Contribución al estudio des rendimiento cárnico en el pavo bronceado de pechuga ancha. **(Der Fleischertrag von Breitbrüstigen Bronzeputen.)** Arch. Zootecn. [Córdoba] **12** (1963) Nr. 46. S. 162–172. – 3 Abb., 3 Tab., 9 Lit. Zus. in Engl.

Von ♂ Puten wurden im Alter von 12 (I) und 24 Wochen (II) und von ♀ Puten im Alter von 12 Wochen (III) Lgw., Schlachtertrag sowie der Anteil an Brust- und Oberschenkelgewicht ermittelt. – Der prozentuale Schlachtertrag, der Anteil von Brustgewicht und Gewicht eines Oberschenkels betrugen in der Reihenfolge I, II und III: 82,7; 85,3 und 78,3% bzw. 22,9; 24,2 und 20,5% bzw. 19,6; 22,6 und 23,5%. H. Jeroch. 5100.

3-64/07-0414 *Alberti, Friedrich.* **Hühnerhaltung auf neuen Wegen.** 3. erw. Aufl. Frankfurt/M.: DLG-Verl. 1961. (148 S.) 8°. (1963 A 1470)

3-64/07-0415 *Askie, Jamil.* **Ernährung und Haltung der Puten.** Diss. Veterinärmed. Fak. Leipzig. 1963. (61 S.) 4°. (Diss. 9480)

3-64/07-0416 *Hobbs, T. D., Andrews, L. D.* and *Lankford, L. T.* **Arkansas random sample commercial egg and controlled environment test Nr. 1.** Fayetteville: Univ. of Arkansas. 1963. (Faltbl.) 8° = Agricultural experiment station. Report series. 120. (SR 2859, 120)

3-64/07-0417 *Lobin, N. V.* **Vysokoproduktivnoe gusevodstvo.** (Hochproduktive Gänsezucht.) Moskva: Sel'skochozgiz. 1963. (93 S.) 8°. (1964 A 155)

3-64/07-0418 *Marble, D. R.* **Comparison of pullet and hen flocks at the New York random sample tests.** Ithaca, N.Y.: Agric. exp. station 1963. (34 S.) 8° = Bulletin Cornell-Univ. agric. exp. station, No. 979. (SR 2, 979)

3-64/07-0419 Brut und Aufzucht des Geflügels. Berlin: Dtsch. Landwirtschaftsverl. 1963. (27.) 8° = Lehrbogen für die berufliche Qualifizierung der Werktätigen. Geflügelhaltung. 11/03/005. (SR 2771, 11/03/005)

3-64/07-0420 Literatur über die Geflügelmast. Bearb. v. d. Fachschule f. Bibliothekare an wiss. Bibliotheken, Leipzig. Studentenarbeit. Hrsg. Instn.: Dok.-Stelle in d. Universitätsbibliothek, Leipzig. (Titelanzahl: 60. 25 S. m. Annotationen. Ber.-Zeit: 1951–63.)

3-64/07-0421 Poultry diseases under modern management. „Poultry world" veterinary adviser. London: Iliffe Books Ltd. 1961. (176 S.) 8°. (1963 A 1347)

D. KANINCHEN

3-64/07-0422 Niehaus, H. **Kaninchenmast — auch in Deutschland?** Mitt. dtsch. Landwirtsch.-Ges. **78** (1963) Nr. 42. S. 1320. 1322–1324. — 4 Abb.
Die Nachfrage nach Kaninchenfleisch ist vor allem in den Industrieländern, wie Deutschland, England und Frankreich, erheblich größer als das Angebot. Absatzschwierigkeiten, wie sie sich im vermehrten Umfang beim Geflügelfleisch bemerkbar machen, bestehen gegenwärtig beim Kaninchenfleisch nicht. Vf. geht im einzelnen auf Entwicklung und Stand der Kaninchenmast verschiedener Länder ein. In Dänemark wird das Fleisch der Kaninchen seit vielen Jahren exportiert, die Tiere werden vorzugsweise von Kleinbauern, Arbeitern und Angestellten im Nebenerwerb gehalten. Man ist mit Hilfe staatl. Unterstützung bemüht, die Mast fortlaufend zu modernisieren. Die züchterische Verbesserung erfolgte durch Mastleistungsprüfungen. In England und den USA werden Kaninchen weitgehend automatisiert gehalten und mit pelletiertem Alleinfutter aufgezogen. Die in Drahtkäfigen gehaltenen Jungtiere schlachtet man im Alter von 8 Wochen, sie haben ein Lgw. von 1,8–2,0 kg. Auch in Kanada hat die Kaninchenmast einen großen Aufschwung genommen. Von 1 AK können 400 Zuchttiere und deren Nachzucht betreut werden. Der durch die Maschen der Käfige fallende Kot wird von roten Laubregenwürmern, die an Angler und Gärtner verkauft werden, fast völlig aufgezehrt. In Deutschland hatte das Kaninchenfleisch bisher in den Zeiten der Ernährungskrise seine größte Bedeutung. Gegenwärtig werden in der BRD in 250000 Familien noch Kaninchen gehalten. Vf. bespricht ferner die Faktoren, die einen Einfluß auf die Wirtschaftlichkeit der Mast ausüben.
K. Löhle. 5252.

3-64/07-0423 Shipp, E., Keith, K., Hughes, R. L. und Myers, K. Reproduction in a free-living population of domestic rabbits, Oryctolagus cuniculus (L.), on a sub-antarctic island. **(Die Fortpflanzung in einer freilebenden Population von Hauskaninchen Oryctolagus cuniculus L. auf einer subarktischen Insel.)** Nature [London] **200** (1963) Nr. 4909. S. 858–860. — 2 Abb., 1 Tab., 5 Lit. 5260.

3-64/07-0424 Skvorcova, I. L. Dejstvie vitamina B_{12} v sočetanii s biomicinom na rost krol'čat. **(Der Einfluß von Vitamin B_{12} in Verbindung mit Biomycin auf das Wachstum der Kaninchen.)** Krolikovodstvo i zverovodstvo, Moskva **6** (1963) Nr. 9. S. 10–11. — 1 Abb., 1 Tab.
Die Versuchstiere erhielten im Alter von 60 Tagen 2 g Biomycin, 4 g Furacyllin und 1 g Vit. B_{12} auf 100 kg Futtergemisch. Furacyllin diente als prophylaktisches Mittel gegen Coccidiose. Der Versuch dauerte 50 Tage. In dieser Zeit wurde keine Erkrankung und auch keine Verendung festgestellt. Die durchschnittl. Gewichtszunahme betrug in der Versuchsperiode 111% im Gegensatz zu 100% bei Kontrolltieren, die kein Vit. B_{12} erhielten.
K. Witt. 5265.

3-64/07-0425 Kawińska, J. Badania nad użytkowościa królików. **(Untersuchungen über die Verwertbarkeit der Kaninchen.)** Hodowca drobnego Inwentarza **11** (1963) Nr. 7/8. S. 18–19. — 1 Abb., 1 Tab. 5270.

3-64/07-0426 *Anghi, Csaba.* **Nyúltenyésztés.** (Kaninchenzucht.) Budapest: Mezögazd. kiadó. 1963. (188 S.) 8°. (1964 A 55)
3-64/07-0427 *Grathwohl, Karl.* **Das Rassekaninchen. T. 1. Große Rassen. T. 2. Mittelgroße Rassen.** Reutlingen: Oertel & Spörer. o.J. 8°. (1963 A 1519, 1-2)

E. PELZTIERE

3-64/07-0428 Nes, Norodd. Chromosome studies in Heggedal and Standard Dark mink. **(Chromosomenuntersuchungen bei Heggedal und Standard-Nerzen.)** Acta veterin. scand. **3** (1962) Nr. 3. S. 275–294. – 4 Abb., 4 Tab., 27 Lit.

Der Mutationsnerz Heggedal ist ein Kombinationstyp zwischen Blue Shadow und Saphir Shadow. Diese Mutation tritt bei farmgezüchteten Standardnerzen (*Mustela vison*) auf und hat eine sehr starke phänotypische Wirkung. Sie tritt auf als dominanter autosomer Faktor, der homozygot letal wirkt. In heterozygotem Zustand führt er zu markierter Entpigmentierung des Felles und bedingt extensive Mißbildung des Uterus bei einer großen Anzahl von Fähen. Da einige kongenitale Mißbildungen beim Mann mit anzahlmäßigen oder strukturellen Anomalien der Chromosomen einhergingen, (Brögger 1961), wurde eine Untersuchung der Chromosomen dieses Mutationsnerzes als gerechtfertigt betrachtet. Mit Hilfe der Zellenkulturtechnik wurden Anzahl und Morphologie der Chromosomen des norwegischen Nerzmutanten Heggedal studiert. Die Chromosomen wurden gemessen und das Verfahren beschrieben. Die Morphologie der Chromosomen bei diesem Mutanten wurde mit der Morphologie der Chromosomen des Standardnerzes vergleichend untersucht, während die Chromosomenzahl mit derjenigen verglichen wurde, die andere Forscher bei Standardnerz und anderen Farbtypen von *Mustela vison* gefunden haben. Es wurde eine Chromosomenzahl von $2n = 30$ ermittelt. Dies stimmt mit den Ergebnissen von Lande (1957), Humphrey und Spencer (1959) und Fredga (1961) überein. Bez. der Morphologie der Chromosomen fand Vf. eine sekundäre Einschnürung im Chromosom 2. Er fand ferner, daß Chromosom 14 acrozentrisch ist statt telozentrisch, wie dies von Fredga behauptet wurde. Diese Funde, die bisher noch nicht beschrieben sind, wurden bei allen untersuchten Farbtypen nachgewiesen. Im Vergleich mit dem Standardnerz wurden bei den Chromosomen des Nerzmutanten Heggedal weder morphol. noch numerische Abweichungen festgestellt. G. Bendrat. 5302.

3-64/07-0429 Lalor, Robert J. Some specifics on sound mink feeding. **(Einige Besonderheiten einer vernünftigen Nerzfütterung.)** Amer. Fur Breeder **36** (1963) Nr. 12. S. 12–13. 5302.

3-64/07-0430 Perel'dik, N. Š., Titova, M. I. und Kuznecova, Ju. D.; Udelnaja, Gebiet Moskau, Forsch. Inst. für Pelztier- und Kaninchenzucht. Sokraščenie raschoda životnych kormov pri vyraščivanii norok. **(Die Verringerung des Aufwandes an tierischen Futtermitteln bei der Nerzaufzucht.)** Krolikovodstvo i zverovodstvo, Moskva **6** (1963) Nr. 6. S. 18–21.; Nr. 7. S. 18–20. – 6 Tab.

Die Aufzucht von großen Tieren hängt weniger von der Erhöhung der Eiweißgabe ab als von dem Gehalt an leichtverdaulichen Kohlenhydraten und Fetten. Große Nerze können aufgezogen werden, wenn sie tägl. ⌀ 30 g Eiweiß erhalten, davon 25 g tierisches Eiweiß. Dabei müssen ausreichend leichtverdauliche Kohlenhydrate und 23–25% Fett von der gesamten Tr.-Subst. enthalten sein. Ist die Fettmenge geringer, sind die Felle um ca. 5–6% kleiner. Die Verringerung der Fleischgabe von 70 auf 50 und sogar 40% hatte keinen negativen Einfluß auf Größe und Qualität der Felle. Bei einer Fleischgabe von nur 40% muß die Fettgabe erhöht werden. Die Fütterung von Sonnenblumenkuchen in Verbindung mit Fett gestattete eine Verringerung der Fleischgabe auf

28%, aber der Verkaufspreis der Felle der männl. Nerze sank um 6%. Die Fütterung von Sonnenblumenkuchen und Magermilch gestattete eine Verringerung der Fleischgabe auf 45%, wobei der Verkaufspreis der Felle insgesamt um nur 3% sank. Bei der Verringerung der tierischen Futtermittel und der Einbeziehung von Sonnenblumenkuchen in die Rationen ist es notwendig, Wal- und Pferdefleisch durch Fische und Innereien zu ersetzen, Körnerfutter zu zerkleinern und den Sonnenblumenkuchen zu entspelzen. Ein Zusatz von Biomycin in Verbindung mit Vit.-B_{12}-Präparaten ist zweckmäßig. K. Witt. 5302.

3-64/07-0431 Aulerich, Richard, Shelts, Gordon und Schaible, Philip J. Influence of dietary calcium level on the incidence of urinary incontinence and „Wet Belly" in mink. **(Der Einfluß des Ca-Gehaltes im Futter auf das Auftreten von „Urinlassen" und „Bauchnässen" beim Nerz.)** Michigan State Univ., agric. Exp. Stat., quart. Bull. **45** (1963) Nr. 3. S. 444–449. – 3 Tab., 13 Lit.

Die widersprechenden Untersuchungen zu diesem Thema machten weitere Versuche bes. über die Abhängigkeit verschiedenen Ca-Gehaltes im Futter auf die Wachstumsrate und das Auftreten von Urinlassen und Bauchnässen notwendig (Mißfarbigkeit, die zeitweise in der Region der Harnöffnung auf der Lederseite der rohen Felle zu sehen ist). Vom 1. Aug. bis zur Pelzung im Nov.–Dez. wurde an die Kontrollgruppe übliches Farmfutter verfüttert, das 0,47% Ca enthielt, bei einem Ca:P-Verhältnis von 1:1. An die Versuchsgruppen wurden zusätzlich 1,5% Kalk verfüttert, um den Ca-Gehalt auf 1,03% zu erhöhen und ein Ca:P-Verhältnis von 2:1 zu erreichen. Das Futter mit höherem Ca-Gehalt bewirkte einen wesentlichen Anstieg an Urinlassen und einen geringeren an Bauchnässen. Die Wachstumsrate war hierbei etwas geringer. Es entstand keine große Differenz in der durchschnittl. Größe eines Bauchnässer-Gebietes zwischen beiden Futterarten. Die Ergebnisse bestätigen, daß nasses und durchfeuchtetes Fell auf der Unterseite des lebenden Tieres nicht unbedingt anzeigt, daß Bauchnässen auftreten muß.

G. Bendrat. 5302.

3-64/07-0432 Leekley, J. R., Cabell, C. A. und Damon jun., R. A. Antioxidants and other additives for improving Alaska fish waste for mink feed. **(Antioxydationsmittel und andere Zusätze zur Verbesserung von Alaskafischabfällen für Nerzfutter.)** J. Animal Sci. **21** (1962) Nr. 4. S. 762–765. – 4 Tab., 6 Lit.

Rapider Produktionsanstieg an Pelztieren forderte neue Futtermittel. Die in Alaska verfügbaren Fischabfälle hatten lange Zeit die Fellproduktion erlaubt. Bei einem erheblichen Anfall des Futters an rosafarbenen (*Oncorhynchus gorbuscha*) oder roten (*O. nerka*) Lachsabfällen entstand Steatitis oder Gelbfettkrankheit durch oxydative Veränderungen des Futterfettes. Die Antioxydationsmittel Diphenyl-p-phenylendiamin (DPPD) und Butyl-Hydroxytoluen (BHT) wirken der Steatitis entgegen und haben keine negative Wirkung auf die Leistung. Leekley und Cabell haben 1961 über einen 5jährigen Versuch mit beiden Mitteln berichtet. – In der vorliegenden Arbeit sollen die Antioxydationsmittel BHT, 2,4,5-Trihydroxy-Butyrophenon (THBP) und Dihydroethoxy-Trimethylquinolin (Santoquin) geprüft werden. 64 Alt- und 64 Jungfähen wurden gleichmäßig auf 8 Gruppen aufgeteilt. Der Versuch begann am 17. Febr. und erstreckte sich über die Perioden: Ranz, Wurf- und Säugezeit. Mit 50 Tagen wurden die Würfe abgesetzt und mit den erstgeborenen 21 Rüden- und 20 Fähenwelpen aus jeder Gruppe der Versuch mit diesem Futter bis zur Pelzung am 1. Dez. fortgeführt. Die Leistung aller Gruppen war ausgezeichnet bis auf eine, bei der Weizenkeime und Trockenhefe zugefügt worden waren. Die Differenz ist aber nicht statistisch gesichert. Die Kadaveruntersuchung nach der Pelzung ergab 92% an Steatitis er-

krankter Tiere in der Gruppe ohne Antioxydationsmittel, wogegen kein Krankheitsfall in den behandelten Gruppen auftrat. Statistisch gesicherte Differenzen zwischen den Behandlungsarten von $P < 0{,}05$ traten beim Gewicht der abgesetzten Welpen auf, dem anschließenden Wachstum der Welpen und der Fellqualität. Gr. 2, die BHT erhielt, zeigte die besten Ergebnisse aller 4 Versuchsgruppen und war besser als die Kontrollgruppe Nr. 1.
G. Bendrat. 5302.

3-64/07-0433 Herman, W. Najnowsze badania nad aleucką chorobą norek. **(Neueste Forschungen über die Aleutenkrankheit der Nerze.)** Hodowca drobnego Inwentarza **11** (1963) Nr. 6. S. 8. PRL/CBR. 5302.

3-64/07-0434 Meuszyński, S. Zatrucie jadem kiełbasianym u norek. **(Toxikose der Nerze durch Wurstgift.)** Hodowca drobnego Inwentarza **11** (1963) Nr. 6. S. 5. PRL/CBR. 5302.

3-64/07-0435 Malanowska, T. Salmonella cholerae suis przyczyną ronień lisów. **(Salmonella cholerae suis als Ursache für das Verwerfen bei Füchsen.)** Med. weteryn. **19** (1963) Nr. 7. S. 396–397. – 1 Tab. PRL/CBR. 5315.

3-64/07-0436 Meynig, Bob. **Chinchillazucht in offenen Schuppen.** Dtsch. Pelztierzüchter **38** (1964) Nr. 1. S. 11–14. – 1 Abb. 5318.

3-64/07-0437 Reich, Ehrhard und Reich, Karin. **Vorbeugende Impfung bei den Chinchillas.** Dtsch. Pelztierzüchter **38** (1964) Nr. 2. S. 28–31. – 1 Abb. 5318.

3-64/07-0438 Uloth, W. **Zur Altersbestimmung beim Waschbären.** Pelzgewerbe [N. F.] **14** (1963) Nr. 4/5. S. 132–134. 5325.

3-64/07-0439 *Moeckel, Bernd.* **Über das Vorkommen von Organveränderungen bei gesunden Nerzen.** Diss. Leipzig. 1963. (II, 73 S. m. 10 Abb.) 4°. (Diss. 9306)

3-64/07-0440 *Teichmann, Kurt.* **Über volkswirtschaftlich bedeutende Seuchen bei Nerz und Fuchs (mit einem Erfahrungsbericht des Pelztiergesundheitsdienstes).** Diss. Leipzig. 1963. (III, 50, S.) 4°. (Diss 9328)

3-64/07-0441 *Teßner, Günter.* **Die Mitarbeit der deutschen Wissenschaft an der deutschen Edelpelztierzucht.** Diss. Leipzig. 1963. (108 S.) 4°. (Diss. 9327)

3-64/07-0442 *Zimmermann, Horst.* **Genetische Grundlagen der Mutationsnerzzucht.** Jena: Fischer. 1963. (VIII, 124 S. m. 52 Abb. u. 17 Taf.) 8°. (1963 A 1490)

G. BIENEN

3-64/07-0443 Mommers, J. **Die Bienenzucht in den Niederlanden.** Dtsch. Bienenwirtsch. **14** (1963) Nr. 11. S. 285–286. – 1 Abb.
Früher blühte in den Niederlanden eine ausgedehnte Heide- und Buchweizenimkerei im Korbbetrieb. Die Imkerei ist noch heute im Rückgang begriffen. Sie wird nur noch als Liebhaberei betrieben. Es gibt ca. 12000 Imker mit ca. 50000–55000 Völkern. Haupttrachten sind Weide (als Sortenhonig geerntet), Frühlingsblumen, Obst, in den Poldern Raps, im Süden Himbeeren, im N und O Freilandgurken und Feuerbohnen. In verschiedenen Gemeinden des Westens ist das Bienenhalten verboten, damit die Gurken keine Samenköpfe bilden. Die Obstbauern zahlen für die Bestäubung 10 Gulden je Volk zuzüglich der Transportkosten. Geimkert wird meist in Magazinbeuten mit einheitlichem Wabenmaß (21 × 36 cm). Die verbreitetste Betriebsweise ist die Aalster Methode. Der Honigertrag ist sehr unterschiedlich. Im mehrjährigen Mittel sind 20 kg je Volk möglich. Es wird viel Auslandshonig importiert, aber qualitativ hochwertiger auch exportiert. Je Volk kann der Imker 15 kg zollfreien denaturierten Zucker kaufen. Es gibt einen staatl. Beratungsdienst und eine staatl. Versuchsstation für Bienenzucht.
G. Droege. 5406.

3-64/07-0444 Laere, O. van. **Die Bienenzucht in Belgien.** Dtsch. Bienenwirtsch. **14** (1963) Nr. 11. S. 287–288. – 1 Abb.
In Belgien wird die Bienenzucht fast ausschließlich als Nebenerwerb betrieben. 95% der ca. 16000 Bienenzüchter besitzen weniger als 20 Völker. Haupttrachtpflanzen sind Klee, Obst, Linde, Robinie, Kreuzblütler, Weidenröschen, Heide, Dicke Bohnen, Spargel, Edelkastanie, Weide. Gewandert wird nur mit ca. 5% der Völker. Es wird in vielen Beutetypen geimkert. In Belgien meist in Oberladern, in Flandern häufiger in Hinterladern. Rel. häufig findet man den doppelwandigen Dadant-Blätterstock. Die heimische dunkle Biene ist nur noch selten rein erhalten. Meist findet man Bienen mit deutlichem Italienereinschlag. Man erntet je Volk ⌀ 7–8 kg Honig. Durch staatl. Subventionen und Forschung in staatl. Instituten wird die Bienenzucht gefördert.
G. Droege. 5406.

3-64/07-0445 Puhl, Joseph. **Die Bienenzucht in Luxemburg.** Dtsch. Bienenwirtsch. **14** (1963) Nr. 11. S. 288–291.
1962 wurden 15798 Bienenvölker von 1596 Imkern betreut. Bienendichte 6,1 Völker je km². Die Imkerei wird nur im Nebenerwerb betrieben. Man erntet im großen Durchschnitt 5 kg Honig je Volk. Die Völker stehen fast ausschließlich in Bienenhäusern, überwiegend in Alberti- oder Kuntzschbeuten. Es werden *Apis mellifica mellifica* und *A. carnica* gehalten, für die je eine Belegstelle zur Verfügung steht. Die Tracht besteht im südl. Luxemburg aus Feldbohnen, Luzerne, Wiesenblumen, Weißklee, Wald, Obst. Auf den Halden und aufgegebenen Minen des lothringischen Erzbeckens wuchern Salweiden, Himbeeren, Riesenhonigklee, Robinie. Im nördl. Teil bieten ausgerodete Eichenlohwälder 4–5 Jahre Tracht von Weidenröschen, Gamander, Himbeere, Brombeere etc. Es gibt auch Waldtracht. Von der Regierung wird die Imkerei tatkräftig unterstützt. Luxemburgischer Honig unterliegt einer strengen Gütekontrolle. Er wird feinkandiert verlangt. Es gibt einen gut funktionierenden Seuchendienst. Nosema und Faulbrut sind seit Jahrzehnten nicht mehr bekannt. Gegen die Milbe wird streng vorgegangen. Die Luxemburgische Bienenzeitung erscheint seit 1882. G. Droege. 5406.

3-64/07-0446 Borneck, R. und Loeveaux, J. **Die Bienenzucht in Frankreich.** Dtsch. Bienenwirtsch. **14** (1963) Nr. 11. S. 278–283. – 1 Abb., 1 Tab.
Es gibt ca. 1,2–1,3 Mill. Bienenvölker, die von ca. 100000 Bienenzüchtern betreut werden. Etwa 1000 Berufsimker besitzen zusammen 300000 Völker. Sie konzentrieren sich hauptsächlich auf den Südosten mit ausgedehnter Lavendel- und Rosmarintracht, das Heidegebiet im Südwesten und auf den mittleren Norden mit Raps, Luzerne und Klee sowie Honigtau aus Akazie, Linde und Edelkastanie. Die Zucht der Biene wird hauptsächlich im Westen Frankreichs betrieben. Man hält die Nordbiene, Einkreuzungen sind ziemlich unbedeutend. Geimkert wird in Dadant-, Langstroth- und Voirnot-Beuten, und zwar meist ziemlich extensiv. Bienenhäuser sind außer im Elsaß unbekannt. Wanderung in Heide, Rosmarin und Wald ist sehr verbreitet. Für den besseren Honigabsatz schlossen sich die Imker in Verkaufsgenossenschaften zusammen. Unterricht und allg. Schulung auf dem Gebiet der Bienenzucht sind wenig entwickelt. Hauptsächlichste Forschungsstätten sind das 1946 gegründete Institut in Bures-sur-Yvette und das bienenkundliche Laboratorium in Nizza. Die Honigernte ist auf Grund der sehr verschiedenen Klimate und Trachten sehr unterschiedlich. Im großen Durchschnitt kann man je Volk mit 10–12 kg Honig rechnen. G. Droege. 5406.

3-64/07-0447 Cannamela, Silvestro. **Ein Streiflicht auf die italienische Bienenzucht.** Dtsch. Bienenwirtsch. **14** (1963) Nr. 11. S. 283–284.
Es gibt 700–800 Berufsbienenzüchter, das sind 1% aller Imker. Die übrigen betreiben die Bienenzucht als Nebenerwerb. Ihre Zahl ist mehr und mehr im

Rückgang begriffen. Dafür steigt die Zahl der Königinnenzüchter, bes. in den günstigen Gebieten der Poebene und der Küsten des Tyrrhenischen und Adriatischen Meeres. Sie betreiben meist außerdem die Produktion von Königinnenfuttersaft. Unter den Berufsimkern ist die Wanderbienenzucht sehr verbreitet. Sie wandern im März in die Mittelmeervegetation der Küste, im Apr. in Obst und Robinie, im Mai in die Wiese und bis zum Herbst unter Ausnutzung der verschiedenen Höhenlagen in viele Sommerkulturen. Im Herbst kehren sie zur Küste zurück. Die Honigernte ist gut, aber es besteht eine ungünstige Honig-Marktlage. G. Droege. 5406.

3-64/07-0448 Tolstova, Ju. I. Stroenie roto-glotočnogo otdela rabočej pčely (Apis mellitera L.). **(Die Struktur des Mund-Schlundabschnittes der Arbeitsbiene.)** Uč. zap. Kazansk. vet. in-ta **86** (1962) S. 235–246. — Aus: Referativnjy žurnal Moskva. Životnovodstvo, veterinarija **1963** Nr. 8.58. 237. S. 32. 5425.

3-64/07-0449 Dixon, S. E. und Shuel, R. W.; Guelph, Ontario Agric. Coll. Studies in the mode of action of royal jelly in honeybee development. III. The effect of experimental variation in diet on growth and metabolism of honeybee larvae. **(Untersuchungen über die Wirkungsweise von Weiselfuttersaft auf die Entwicklung der Honigbiene. 3. Mitt. Die Wirkung der experimentellen Veränderung der Nahrung auf Wachstum und Stoffwechsel der Honigbienenlarven.)** Canad. J. Zool. **41** (1963) Nr. 5. S. 733–739. — 4 Tab., 11 Lit. 2. Mitt. vgl. LZ. Abt. III **6** (1961) Nr. 4. S. 666.
Weibl. Bienenlarven wurden bis zu einem Alter von 72 Std. bei einer Temperatur von 34–35 °C und 96% rel. Luftfeuchtigkeit im Labor gehalten und in bestimmten Zeitabständen untersucht. Kontrolliert wurden Atmung, Wachstum und Gewebezusammensetzung bei Verfütterung von natürlichem Weiselfuttersaft und Arbeiterinnenfuttersaft. Deutliche Unterschiede bei den Larven beider Versuchsgruppen konnten festgestellt werden. Darüber hinaus bestehen Gewichtsunterschiede zwischen gleichaltrigen Larven, die im Volk und denen, die im Labor geschlüpft sind. Bei Zugabe von Zucker und einigen org. Säuren (Bestandteile des Weiselfuttersaftes) zum Arbeiterinnenfuttersaft verschob sich die Entwicklung in Richtung zur Weiselentwicklung. Die zugegebenen Säuren wirkten stark entwicklungshemmend. Es wird vermutet, daß die Säuren einen Regulationsmechanismus zwischen Ernährung und Wachstum darstellen. R. Bährmann. 5425.

3-64/07-0450 Bogdanovsky, Daria. Sur quelques composés de la gelée royale et des larves de reines d'abeilles. **(Einige Veränderungen im Königinnenfuttersaft und in den Larven der Bienenköniginnen.)** Ann. Abeille **6** (1963) Nr. 1. S. 5–33. — 15 Abb., 5 Tab., 44 Lit. 5425.

3-64/07-0451 Petit, Isabelle. Étude „in vitro“ de la croissance des larves d'abeilles (Apis mellifica L.). **(In-vitro-Studien über das Wachstum der Bienenlarven [Apis mellifica L.])** Ann. Abeille **6** (1963) Nr. 1. S. 35–52. — 9 Abb., 4 Tab., 18 Lit. 5425.

3-64/07-0452 Chauvin, R. Essais d'enregistrement simultané des principaux phénomènes de la vie d'une ruche. **(Gleichzeitige selbstregistrierende Versuche über das Hauptphänomen im Leben des Bienenvolkes.)** Ann. Abeille **6** (1963) Nr. 3. S. 167–183. — 14 Abb., 9 Lit. 5430.

3-64/07-0453 Füchsel, K. **Aufbau und Entwicklung einer sozialistischen Großimkerei.** Garten u. Kleintierzucht, Ausg. C **3** (1964) Nr. 4. S. 4–6. — 6 Abb. 5480.

3-64/07-0454 Michajlov, K. I. Meńše bespokojte pčel zimoj. **(Die überwinternden Bienen sollen möglichst wenig gestört werden.)** Pčelovodstvo, Moskva **40** (1963) Nr. 1. S. 14–16. — 4 Abb.

Im Winter 1960/61 wurden in Versuchsvölkern je 4 thermoelektrische Elemente in folgender Weise verteilt: Das 1. im unteren Teil des vorderen Randes der Wintertraube, das 2. im Zentrum der Traube, das 3. in derselben Wabengasse wie das 1., aber neben der hinteren Wand der Beuten, und das 4. in der äußersten Wabengasse. Im Abstand von 2 Std. wurden die Völker durch leichtes Klopfen gestört. Gleich nach der Störung wiesen die Elemente 1 und 2 eine Erhöhung der Temperatur aus. In 2 Std. erreichte diese im Element 2 eine Erhöhung um 4,8–5,8 °C. In den Elementen 3 und 4 blieb die Temperatur unverändert. Gleichartige Versuche im Winter 1961/62 mit 3 Versuchsvölkern zeigten eine Steigerung der Temperatur sogar in der äußersten Wabengasse um 4,6 °C. Nach 3 Std. begann die Temperatur wieder zu fallen. Ein Auseinanderschieben der Waben rief im Zentrum und im unteren Teil der Wintertraube eine Steigerung der Temperatur um 5,9–6,0 °C hervor. An den Rändern stieg die Temperatur nicht bedeutend (0,9–1,5 °C). Bei allen Versuchen wurde die Ausgangstemperatur erst nach 10 Std. wieder erreicht. Die Säuberung der Fluglöcher rief eine Steigerung der Temperatur in der äußeren Wabengasse im Mittel um 2,6 °C hervor. H. Oschmann. 5485.

3-64/07-0455 Minkov, Ivan. Organičenoto zasemenjavane na majkata uveličava dobiva. **(Durch die eingeschränkte Besamung der Bienenkönigin wird der Honigertrag gesteigert.)** Pčelarstvo, Sofija **9** (1963) Nr. 6. S. 10 bis 11.

Die Königinnen von Bienenvölkern der Gr. I und der Kontrollgruppe wurden während der ganzen Trachtperiode frei besamt; die Königinnen der Gr. II wurden 6 Tage nach Beginn der Sonnenblumenblüte getötet, die Königinnen der Gr. III wurden in der Mitte der Trachtperiode durch ein Absperrgitter an einem Ende des Stockes mit 3 Waben mit frischer Brut isoliert, wobei zwischen dem Absperrgitter und dem Boden des Stockes ein Durchgang von 4,5 mm Höhe zum Durchschlüpfen der Bienen eingerichtet wurde, durch den aber die Königinnen nicht hindurch konnten. Die Völker der Gr. I lieferten ⌀ 17,5 kg Honig, die der Gr. II – je 25,8 kg und die der Gr. III – je 32,1 kg Honig. NRB/ZSNTI, übersetzt v. Ch. Eshkowa. 5493.

3-64/07-0456 Strojkov, S. A. O perevarimosti pergi i pyl'cy pčelami. **(Über die Verdaulichkeit des von den Bienen gesammelten Blütenstaubes.)** Pčelovodstvo, Moskva **40** (1963) Nr. 6. S. 23–25. – 2 Abb., 2 Tab.

Versuchsweise wurde die Verdaulichkeit des von den Bienen frisch gesammelten und über einen Zeitraum von 11–14 Mon. unter verschiedenen Bedingungen aufbewahrten Pollens geprüft. Von frisch gesammeltem und in Waben eingelagertem Pollen konnten die Bienen 79–83% der Nährstoffe verdauen. Nach einjähriger Lagerung veränderte sich die Verdaulichkeit nur geringfügig (80–82%). Die Aufbewahrung des Pollens in einem Glasgefäß erbrachte schlechtere Resultate als in Waben eingelagerter Pollen. Die Bienen, die wabenfrischen Pollen erhielten, zogen mehr Brut auf. Die Bienen, die mit Pollen ernährt wurden, der bei einer Temperatur von 0–12 °C in den Waben aufbewahrt wurde, zogen 3mal mehr Brut auf als dies bei Pollen, der bei Zimmertemperatur aufbewahrt wurde, der Fall war. Die Verdaulichkeit des Wabenpollens erhöht sich bei Durchfrieren. Dies wird durch die Spaltung der Pollenkörner erklärt. Handgesammelter Pollen und vor dem Flugloch gesammelte Pollenhöschen werden von den Bienen etwas schlechter verdaut als in Waben eingelagerter Pollen. H. Oschmann. 5494.

3-64/07-0457 Ruttner, H.; Lunz am See, Bundesanst. für Bienenkunde. **Fadenziehende Zuckerlösungen.** Bienenvater [Wien] **84** (1963) Nr. 10. S. 295–296.

Zuckerlösungen wandeln sich gelegentlich innerhalb kurzer Zeit in eine fadenziehende, gallertige Masse um und sind damit wertlos. Es handelt sich dabei

um eine Mischinfektion von Kokken, Stäbchenbakterien und Hefen. Der Rohrzucker wird abgebaut und im wesentlichen die Glukosereste zu Dextran polymerisiert, das lange Moleküle bildet. Bes. bei der Dosenfütterung ist mit der Möglichkeit der Infektion zu rechnen. Häufig dürften die schleimbildenden Mikroorganismen schon mit dem Zucker in die Lösungen gelangen, da sie auch in der Melasse nachweisbar sind. Aber auch das Wasser kommt als Überträger in Frage. Das wichtigste Gegenmittel ist peinliche Sauberkeit. Weiterhin wird Zusatz von Chinosol (0,06‰) zur Zuckerlösung empfohlen.
M. Biedermann. 5494.

3-64/07-0458 Temnov, V. A. Pererabatyvajte suš' na pasekach. **(Die Altwaben sollen auf den Bienenständen geschmolzen werden.)** Pčelovodstvo, Moskva **40** (1963) Nr. 1. S. 20–24.
Um die Verbreitung der Bienenkrankheiten und auch den Verderb der Altwaben durch Wachsmotten zu verhindern, wurde ein Entschluß vom Ministerrat der RSFSR angenommen, demzufolge alle Handelsorganisationen Wachs von Bienenzüchtern nur noch in Form von Wachsschmelzbarren kaufen dürfen. Vf. beschreibt die einfachsten Methoden der Verarbeitung der Altwaben auf kleinen und großen Bienenständen. Zur Gewinnung eines Wachses von hoher Qualität werden folgende Regeln empfohlen: 1. Vor allem ist das Kittharz von den Altwaben zu trennen; 2. bei allen Wachsarbeiten nur weiches Wasser (Regenwasser) verwenden, dasselbe Wasser kann mehrmals benutzt werden; 3. die Altwaben sind in einem Kessel aus Aluminium, rostfreiem Stahl, Ton oder in einem emaillierten Geschirr zu kochen. Die Konstruktion eines Dampfwachsschmelzers wird beschrieben.
H. Oschmann. 5496.

3-64/07-0459 Euthin, P. **Über die Frage der Entlohnung in der Imkerei.** Dtsch. Landwirtsch. **14** (1963) Nr. 12. S. 579-581. – nach Zus.
Es wird auf die Stellung der Imkerei im landwirtsch. Betrieb hingewiesen und ihr Charakter als Hilfszweig begründet. Um die Festigung und Ausweitung der Imkereien im sozialistischen Sektor zu ermöglichen, wird eine Veränderung der Vergütungsform als notwendig herausgestellt. Ein Vorschlag zur Vergütung nach dem Endprodukt auf AE-Basis wird zur Diskussion gestellt. 5502.

3-64/07-0460 Petkov, Valentin. Proučvane vŭrchu medonosite kačestva na kulturnata malina. **(Untersuchung über die Eigenschaften der Kulturhimbeere als Trachtpflanze.)** Selskostopanska nauka, Sofija **2(8)** (1963) Nr. 2. S. 201–207. – 5 Tab., 4 Lit. Zus. in Russ., Engl.
Auf einer Himbeerplantage von 3 ha wurden 3 Jahre hintereinander die Trachteigenschaften der Sorten „Marlborough" und „Newbourg" untersucht. Die von einer Blüte ausgeschiedene Nektarmenge betrug („Newbourg" in Klammern) 6,56–23,00 mg, ⌀ 15,954 mg (11,76–33,20 mg, ⌀ 20,413 mg); der Zuckergehalt des Nektars betrug 30–60%, ⌀ 46,98% (32–64%, ⌀ 49,30%); die Honigmenge betrug 53,05–61,60 kg/ha, ⌀ 58,72 kg/ha (113,35 bis 122,51 kg/ha, ⌀ 116,46 kg/ha); jeder m² wurde tägl. von 12,86 (16,1) Bienen besucht, eine Biene besuchte pro Min. 5,46 (4,8) Blüten, die Dauer eines Arbeitstages betrug für die Bienen 12, 13 (12, 29) Std.
NRB/ZSNTI, übersetzt v. Th. C. Boetticher. 5530.

3-64/07-0461 Veličkov, Veličko. Kak da se izpolzuva po-dobre akacievata paša. **(Wie kann die Akazienbienenweide besser genutzt werden?)** Pčelarstvo, Sofija **9** (1963) Nr. 6. S. 2–4.
Bei voller Vereinigung des Hauptvolkes mit dem Hilfsvolk, wobei nur die Königin mit 1–2 Waben des Hilfsvolkes in einen Ableger abgetrennt wird, erhält man weniger Honig (72–94% Honig im Vergleich zu den Kontroll-

völkern in Dadan-Blatta-Stöcken und 44–66% in Lagerbeuten); bei systematischer Verstärkung der Hauptvölker mit verdeckelter Brut aus den Hilfsvölkern erhält man gleichfalls weniger Honig (74–68% des Honigs, der von den Kontrollvölkern erhalten wurde); bessere Ergebnisse liefert eine Verstärkung des Volkes durch Sommerbienen aus dem Hilfsvolk (146–204% des Honigs der Kontrollvölker). In letzterem Fall entwickeln sich auch die Hilfsvölker erheblich besser.

NRB/ZSNTI, übersetzt v. Th. C. Boetticher. 5530.

3-64/07-0462 Foote, Homer Len. Honeybee disorders in California. **(Krankheiten der Honigbienen in Californien.)** State Calif., Dep. Agric., quart. Bull. **49** (1963) Nr. 4. S. 218–225. – 11 Abb. 5555.

3-64/07-0463 Mika, J. Diagnostyka zgnilca złośliwego. **(Die Diagnose der bösartigen Faulbrut bei Bienen.)** Pszczelarstwo **14** (1963) Nr. 7/8. S. 11–12. – 3 Abb. PRL/CBR. 5560.

3-64/07-0464 Kamburov, G. Proučvanija na evropejskija gnilec pri pčelnoto pilo s ogled na Streptococcus pluton. **(Untersuchung der europäischen Faulbrut unter Berücksichtigung von Streptococcus pluton.)** Naučni trudove. Visš veterinarnomedicinski institut „Prof. d-r G. Pavlov", Sofija **11** (1963) S. 317–320. – 5 Abb., 7 Lit. NRB/ZSNTI. 5560.

3-64/07-0465 Kamburov, G. Mikrobiologični proučvanija na Streptococcus apis, pričinitel na kiselija gnilec pri pčelnoto pilo. **(Mikrobiologische Untersuchung von Streptococcus apis, des Erregers der Sauerbrut bei der Bienenbrut.)** Naučni trudove. Visš veterinarnomedicinski institut „Prof. d-r G. Pavlov", Sofija **11** (1963) S. 311–315. – 2 Tab., 9 Lit. NRB/ZSNTI. 5560.

3-64/07-0466 Jordan, R.; Wien, Bundesanst. für Bienenkunde. **Vom Infektionsgang bei Nosema apis und was der Imker beachten soll.** Bienenvater [Wien] **84** (1963) Nr. 11. S. 317–321. – 3 Abb., 1 Tab.

Vf. bewies an Hand von Versuchen, daß die Nosema nicht nur durch die Aufnahme infizierten Kotes, sondern auch durch Weiterreichen infizierten Honigblaseninhaltes von Mund zu Mund übertragen werden kann. Gegen jede Infektion von außen geschützte, im Brutschrank geschlüpfte Brut eines gesunden Volkes wurde 4 Tage mit 2%igem Honigpollenteig und danach mit Zuckerwasser gefüttert. Eine Gruppe gezeichneter Bienen erhielt weitere 4 Tage hochgradig mit Nosemasporen durchsetzten Futterteig. Je 4 dieser Bienen wurden 2 Versuchskäfigen mit gesunden Bienen zugesetzt. Nach 10 Tagen waren 25% davon angesteckt, und zwar durch das Weiterreichen des Honigblaseninhaltes. Als Beweis wurden kranke Bienen 48 Std. mit Zuckerwasser gefüttert, bis die Honigblase frei von Nosemasporen war, und dann gesunden Bienen zugesetzt. Hier erfolgte in 8 Tagen keine Infektion. Vf. warnt vor hastigen Eingriffen ins Bienenvolk, bes. im Frühjahr, weil die Bienen, bes. geschwächte Tiere, vor Schreck im Stock koten. Aus dem gleichen Grunde sollen nach fluglosen Tagen größere Eingriffe vermieden werden. G. Droege. 5565.

3-64/07-0467 Schulz-Langner, Elisabeth. **Der Entwicklungsgang der in den Malpighischen Gefäßen der Honigbiene lebenden Amöbe (Malpighamoeba mellificae Prell) in Kulturen und im Bienenkörper.** Z. Bienenforsch. **7** (1964) Nr. 1. S. 1–24. 5570.

3-64/07-0468 Bulánek, F. XIX. kongres mezinárodní včelařské organizace „Apimondia". **(XIX. Kongreß der internationalen Imkerorganisation „Apimondia".)** Věstník Výzkumných Ústavů zemědělských **10** (1963) Nr. 9. S. 326–340. – 9 Abb. 5590.

H. SEIDENRAUPEN

3-64/07-0469 Coombes, Frederick North. Notes on the silk industry. **(Aufzeichnungen über die Seidenindustrie.)** Rev. agric. sucrière Île Maurice **42** (1963) Nr. 3. S. 186–196. – 2 Abb.
Diese im Nachlaß des Vf. gefundenen Aufzeichnungen haben in der Hauptsache histor. Interesse. Vf. berichtet einleitend über die Entwicklung des Seidenbaues auf der Insel Mauritius (seit 1814 brit. Kronkolonie) ab 1847, insbesondere über die Versuche seines Vaters zwischen 1890 und 1907 zur Einbürgerung dieses Erwerbszweiges, auf die er sich in der Hauptsache stützt. Es folgen dann eine genaue Anleitung zur Anlage der Maulbeerplantagen, die Darstellung der Arbeiten bei der Raupenaufzucht und eine ausführliche Kalkulation (in damaliger Währung) über die Rentabilität des Seidenbaues. Das Klima ermöglicht 4–6 Aufzuchten jährl. Das Anlegen von Unterkulturen zwischen den in Abständen von 15 × 15 ft. gepflanzten Maulbeerhalbstämmen gewährleistet eine ganzjährige Beschäftigung der Arbeitskräfte und gestaltet den Seidenbau rentabel (bei Zugrundelegung einer Brutauslage von 15 oz. mit einem Kokonertrag von 750 kg). H. Rost. 5652.

3-64/07-0470 Donev, K. Proučvane vlijanieto na zabavjane v zachranvaneto vŭrchu razvitieto i produktivnostta na koprinenite bubi. **(Untersuchung des Einflusses einer Verzögerung der Fütterung auf die Entwicklung und Leistung der Seidenraupen.)** Naučni trudove. Visš selskostopanski institut „Georgi Dimitrov" – Kostinbrod, Sofija **13** (1963) S. 235–242. – 4 Tab., 4 Lit.
Es wurden 4 Gruppen zu je 410 Seidenraupen der Chinesischen Rasse mit gelben Kokons mit 2 Wiederholungen (zu je 0,250 g Eiern) aufgefüttert: Gr. I unmittelbar nach dem Schlüpfen, Gr. II, III und IV entspr. 24, 48 und 72 Std. nach dem Schlüpfen. Die Ergebnisse (in der Reihenfolge der Gruppen) sind folgende: Larvenstadium 27,19, 27,23, 29,18 und 32,04 Tage; Lebensfähigkeit der Seidenraupen 97,5, 97,3, 86,5 und 79,3%; Kokonertrag 84,8, 84,8, 76,8, 74,0 kg von einer Unze Eier; Seidengehalt der Kokons 43,8, 43,4, 41,9 und 40,2%; Durchschnittsgewicht eines Kokons 737, 719, 687 und 798 mg; Durchschnittsgewicht der Puppe 406, 400, 392 und 470 mg.
NRB/ZSNTI, übersetzt v. Th. C. Boetticher. 5670.

TIERERNÄHRUNG

A. ALLGEMEINES

3-64/07-0471 Breirem, Knut. Utviklingstendenser i husdyrfôringa. **(Entwicklungstendenzen in der Haustierfütterung.)** Tidsskr. norske Landbruk **70** (1963) Nr. 7/8. S. 160–242.
Die Einführung von Kraftfuttermischungen wirkte in der Tierfütterung revolutionierend, da Futterverwertung und Arbeitsaufwand sich günstig gestalteten. Kraftfuttereinsatz in der Milchproduktion ist von verschiedenen Faktoren abhängig, u.a. vom Leistungsniveau der Tiere und von den Milch- und Kraftfutterpreisen. Hochträchtige Kühe in guter Kondition zeigten wenig Wirkung auf stärkere Kraftfuttergaben. Infolge der Technisierung kann je AK über das Getreide die höchste Menge produktiver Energie erzeugt werden. Inzwischen hat sich als Folge von Importen aus Nordamerika die Futtermittelindustrie in Westeuropa stark ausgedehnt. Dies hat eine Überproduktion der tier. Erzeugnisse zur Folge, die sich nicht durch größere Verkaufsaktivität absetzen lassen. Eine Produktionsregulierung erscheint als beste Maßnahme. Um die Gemische zu verbilligen, sollte die Erforschung grundlegender Probleme durch staatliche Stellen, das Testen der Produkte durch die Industrie selbst erfolgen.
B. Piatkowski. 7010.

3-64/07-0472 Kraut, Heinrich; Dortmund, Max-Planck-Inst. für Ernährungsphysiol. **Eiweißbedarf und Eiweißversorgung in der Welt.** Naturwissenschaften **50** (1963) Nr. 21. S. 654–660. – 7 Abb., 1 Tab.

In einem Kapitel über die Bedeutung der Proteine für den Aufbau und die Erhaltung des Körpers wird der Abbau des Nahrungseiweißes und der Aufbau des Körperproteins im intermediären Stoffwechsel, die Verwendung überschüssigen Eiweißes im Energiestoffwechsel und bei Transaminierungsreaktionen, die biologische Wertigkeit der Nahrung und der Eiweißbedarf der einzelnen Altersstufen erörtert. Der Eiweißverbrauch der Weltbevölkerung (Angaben 1960) wird tabellarisch angegeben und die Verteilung der Weltbevölkerung im bezug zum Gesamteiweißverbrauch dargestellt. Als Folgen ungenügender Versorgung werden die schweren Mangelkrankheiten Marasmus, Kwashiorkor und Hungerödeme besprochen sowie auf den Einfluß leichten Mangels auf die Leistungsfähigkeit und die Krankheitsresistenz der Menschen hingewiesen. Als Wege zur Abhilfe werden neben Direktlieferungen von Lebensmitteln bes. die Unterstützung der Landwirtschaft der betr. Länder zur Hebung der Eigenproduktion angesehen. In den Mangelländern ist oft auch eine Verbesserung des Verhältnisses von Kalorien- und Proteingehalt der Nahrung anzustreben. W. Franzke. 7010.

3-64/07-0473 *Lohmann* und *Steinmetz, H.*, Hrsg. Tierfütterung und Tierhaltung. Mehrsprachen-Bilderwörterbuch. Betzdorf/Sieg: Steinmetz. 1962. getr. Pag. 8°. (1964, A 138 a+b)

B. CHEMISCHE BESTANDTEILE DES TIERKÖRPERS UND DER FUTTERMITTEL

3-64/07-0474 Jarrige, R.; Jouy-en-Josas, Seine-et-Oise, Stat. de Rech. sur l'Élevage des Ruminants. Les constituants membranaires des plantes fourragères. **(Die Zellwandbestandteile von Futterpflanzen.)** Ann Biol. Animale, Biochim. Biophys. **3** (1963) Nr. 2. S. 143–190. – 11 Abb., 22 Tab., 35 Lit. Zus. in Engl., Franz.

In 165 Proben von Organteilen (Blätter, Stengel, Blattscheiden und -ränder) und 82 Proben ganzer Grünfutterpflanzen (Luzerne, Rot- und Weißklee, Weidelgras, Knaulgras, Kohl) von verschiedenem Entwicklungsstadium sowie in 20 Proben von Wiesenheu wurde der Gehalt an Hemicellulose, Cellulose und Lignin bestimmt. 114 dieser Proben wurden außerdem auf die verschiedenen Polysaccharide der Zellwand papierchromatographisch analysiert. Die zwischen den verschiedenen Teilen derselben Pflanze sowie gegenüber anderen Arten und Gattungen gefundenen Unterschiede in den Analysenwerten werden in einem umfangreichen Tabellenmaterial dargestellt und erläutert. L. Sperling. 7136.

3-64/07-0475 Pettersson, Ylva. **Fettsäurezusammensetzung vegetabiler Öle unter besonderer Berücksichtigung der Polyensäuren.** Z. Lebensmittel-Unters. u. -Forsch. **124** (1963) Nr. 1. S. 14–17. – 1 Tab., 7 Lit. – nach Zus.

Der Gehalt an Linol- und Linolensäure von 30 Proben Speiseöl vegetabilen Ursprungs wurde nach 2 verschiedenen Methoden bestimmt, nämlich spektrophotometrisch nach Alkaliisomerisierung und gaschromatographisch. Mit letztgenannter Methode wurden gleichzeitig auch die übrigen Fettsäuren erfaßt. Die Berechnungsunterlagen wurden mit Hilfe reiner Methylester ermittelt. Die Resultate sind in einer Tab. zusammengestellt. 7180.

3-64/07-0476 Anonym. Teff – a source of protein. **(„Teff" — eine Eiweißquelle.)** Nutrit. Rev. **20** (1962) Nr. 10. S. 310–311. 7225.

3-64/07-0477 Grossmann, D. und Lang, K. **Anorganische Poly- und Metaphosphatasen sowie Polyphosphate im tierischen Zellkern.** Biochem. Z. **336** (1962) Nr. 4. S. 351–370. – 10 Abb., 17 Tab., 32 Lit. 7300.

3-64/07-0478 Smeets, J. G. P. M. Een kwantitatieve en kwalitatieve vergelijking omtrent het voorkomen van splijtingsprodukten in de atmosfeer en in plantaardige en dierlijke produkten. **(Quantitativer und qualitativer Vergleich**

des Vorkommens von Spaltungsprodukten in der Atmosphäre und in pflanzlichen und tierischen Produkten.) Landbouwkund. Tijdschr. **75** (1963) Nr. **13.** S. 760–777.
Von Bedeutung für die Organismen sind folgende Spaltungsprodukte, die sowohl in der Atmosphäre als auch im pflanzlichen, tierischen und menschlichen Körper vorkommen können: ^{90}Sr, ^{137}Cs, ^{131}J, ^{144}Ce, ^{89}Sr, ^{103}Ru, ^{140}Ba, ^{132}Te ^{97}Zr, und ^{95}Zr. Am gefährlichsten für den Stoffwechsel sind die 3 ersten Isotope. Bei Pflanzen wird direkte (oberirdische Pflanzenteile z.B. durch Beregnungswasser) und indirekte (unterirdische Pflanzenorgane, meist durch den Boden) Verseuchung unterschieden. Die Versuche zeigen, daß bei Kartoffeln durchschnittlich 28% der in der Atmosphäre vorhandenen Menge von ^{137}Cs in den Blättern und Knollen gefunden wurden. Bei Zuckerrüben waren es nur 4,9%. In der Atmosphäre vorhandene Spaltungsprodukte erschienen außerordentlich schnell in der Milch bei Weidegang der Milchkühe. Die Aufnahme kann sowohl durch die Grünlandpflanzen als auch durch das Trinkwasser erfolgen. In einigen Ländern der Erde sind zur Erhaltung der Volksgesundheit bereits Lebensmittelkontrolldienste zur Überwachung des Vorkommens von Spaltprodukten eingerichtet worden. E. M. Ardelt. 7400.

3-64/07-0479 *Belitz, Hans-Dieter.* **Phosphoproteine des Eidotters und ihr enzymatischer Abbau.** Diss. Allgem. Ingenieurwiss. der Techn. Univ. Berlin. 1962. 8°. (Diss. 9426)

C. UNTERSUCHUNGS- UND VERSUCHSMETHODIK

3-64/07-0480 Fittkau, S.; Halle/S., Martin-Luther-Univ., Physiol.-Chem. Inst. **Eine komplette Einrichtung zur Hochspannungselektrophorese.** Pharmazie **18** (1963) Nr. 10. S. 678–682. – 5 Abb., 1 Tab., 30 Lit.
Die beschriebene Apparatur zur Hochspannungselektrophorese arbeitet nach dem Prinzip der gekühlten Unterlage. Ein von Kühlsole durchströmter Al-Block bildet den Kühlträger mit einer Fläche von 60 × 30 cm, die eine an die Elektrophorese anschließende Papierchromatographie in der 2. Richtung ermöglicht. Die Elektrodengefäße sind separat angeordnet, Diaphragmawand und Pt-Elektroden sind herausnehmbar. Die Kühlung ist sehr intensiv (Kühlsolentemperatur –17 bis –20°), so daß die bei Potentialgradienten von 100 V/cm auftretenden Stromwärmen bis 0,3 Watt/cm^2 gut abgeführt werden. Die gute Kühlung ermöglicht die Anwendung der Apparatur bei Einsatz von anderen Trägerschichten zur präparativen Trennung höher molekularer Verbindungen und bei Verwendung von Puffern höherer Ionenstärken. Für die hochspannungselektrophoretische Trennung von Aminosäuren und Peptiden erwiesen sich die doppelt säuregewaschenen Filtrak-Papiere FN 13 und FN 14 (VEB Niederschlag/Erzgeb.) den Schleicher & Schüll-Sorten 2043a und 2043b als vollkommen gleichwertig. F. Kreienbring. 7450.

3-64/07-0481 Honkanen, Erkki und Karvonen, Pertti; Helsinki, Biochem. Inst. A gas chromatographic method for the determination of volatile flavours form foodstuffs. **(Eine gaschromatographische Methode zur Bestimmung von flüchtigen Geschmacksstoffen in Futtermitteln.)** Acta chem. scand. **17** (1963) Nr. 5. S. 1357–1362. – 5 Abb., 6 Lit.
Zur semiquantitativen Bestimmung von höhersiedenden (Kp. 100–250°) flüchtigen Substanzen in flüssigen Futterstoffen wird zunächst eine Vakuum-Dampfdestillation (20–25 mm) mit nachfolgender Extraktion (Pentan/Äther 1:1) und Konzentrierung durchgeführt. Die etwa 1000fach konzentrierte Originalprobe wird in Mengen von 10–50 μl direkt auf die chromatographische Säule (Polyäthylenglykol, 6 m, ⌀ 4.5 mm) gespritzt. Benutzt wird ein A „Fraktometer" von Perkin Elmer Co. mit FID (Temp.: 175°; Trägergas: N_2, 45 ml/Min.). Die Auswertung der Peaks erfolgt planimetrisch. Die Methode gestattet die Bestimmung von 5 μg – 10 mg/l bei einer Ausbeute von 50–90%. U. Zelck. 7455.

3-64/07-0482 Commerford, J. D., Duzee, G. T. van und Scallet, B. L. Macro paper chromatography of corn starch hydrolysates. **(Makro-Papierchromatographie von Mais-Stärkehydrolysaten.)** Cereal Chem. **40** (1963) Nr. 5. S. 482–486. – 1 Abb., 7 Lit.
Zur präparativen Darstellung größerer Mengen an Malto-Oligosacchariden (bis zu DP = 12) wird die Papierchromatographie herangezogen. Auf der Startlinie von Whatman-3 mm-Papier werden unter mehrmaligem Auftragen bis zu 3 g (berechnet auf Tr.-Subst.) einer ca. 25%igen wäßrigen Lösung von Stärkesirup aufgetragen. Breite des Bandes: 1 bis 1,5 inch. An beiden Seiten des Papiers befinden sich Leitstreifen, die am Startpunkt mit bekannten Zukkern besetzt sind. Man entwickelt mit n-Propanol/Äthylacetat/Wasser (14 : 2 :7), behandelt die Leitstreifen (Benzidin-Reagenz nach Bacon und Edelman) in üblicher Weise und extrahiert in mehreren Abschnitten. Nach Elution der Komponentengemische wird im Vakuum eingedampft, mit Kohle entfärbt und abermals aufgetrennt. Die gemäß Leitchromatogramm reinen Zucker werden eluiert und gefriergetrocknet. Bei Einsatz von 40 Papierbogen erhält man insgesamt 30 g an reinen Zuckern. H. Ruttloff. 7485.

3-64/07-0483 Becker, M., Hausberg, H., Harnisch, S. und Clemens, E. **Untersuchungen über Pektinstoffe als Bestandteile von Futtermitteln.** Arch. Tierernähr. **13** (1963) Nr. 4. S. 215–227. – 9 Tab., 35 Lit.
Vff. besprechen zuerst die z.Z. angewandten Methoden der Analyse des Pektins (**I**). Als bestes Verfahren betrachten sie den Nachweis der Galakturonsäure (**G**) über ihre Decarboxylierung nach dem Prinzip von Tollens und Lefevre. Diese Methode untersuchen sie in ihrer Anwendbarkeit zur **I**-Bestimmung in Futterstoffen. Hierzu wird ein Verfahren ausgearbeitet zur Darstellung von reinem α-d-**G**-Monohydrat (**II**) aus **I**-Konzentrat. Die CO_2-Abspaltung aus **I** erreichte bei 2-stündiger Behandlung mit siedender 19%iger HCl nur 91–93% und erst nach 6stündigem Erhitzen 95–98%. Wurde 40%ige Bromwasserstoffsäure verwendet, so genügten 2 Std. Untersuchungen an Zuckerrüben-**I**, Trockenschnitzel, Heu und Hammelkot ergaben reproduzierbare Werte der CO_2-Abspaltung. Jedoch erschien in den letzten beiden Materialien der sich errechnende **I**-Gehalt zu hoch. Vff. prüften dann einige **I**-freie Subst. auf CO_2-Abspaltung und fanden in Cellulose, Holzmehl und Arabinose einen scheinbaren **G**-Gehalt von 2,5-5,8%. Dagegen war keine CO_2-Abspaltung bei Glucose, Casein und 4 verschiedenen org. Säuren festzustellen. Als eine neue Methode zur **I**-Bestimmung untersuchen Vff. die Oxydation von **G** zu Schleimsäure. Diese Methode ist für **I**-reiche Materialien geeignet, erfordert aber einen größeren Arbeitsaufwand. Vff. entwickeln weiterhin eine Schnellmethode zur **I**-Bestimmung. Hierbei wird **I** mit verdünnten Mineralsäuren gelöst, mittels Pektinase abgebaut, und **G** abgetrennt. (Anionenaustauscher). **G** wird dann nach Reaktion mit Naphthoresorcin photometrisch bestimmt. Abschließend weisen Vff. darauf hin, daß bei der Ermittlung des Pentosangehaltes in Futtermitteln über die Furfurolbildung bei Anwesenheit von **I** die Ergebnisse falsch sein müssen, da **G** hierbei ebenfalls nach CO_2-Abspaltung in Furfurol übergeht. H. Bergner. 7490.

3-64/07-0484 Schröder, I. und Bock, H.-D. **Bericht über die von der Forschungsgemeinschaft „Eiweiß in der Tierernährung" durchgeführten Enquêten über die Methoden zur Bestimmung der Aminosäuren-Zusammensetzung und der biologischen Wertigkeit von Futterproteinen.** Arch. Tierernähr. **13** (1963) Nr. 4. S. 241–246. – 5 Tab.
5 verschiedene Institute beteiligten sich an der Aminosäurenbestimmung von 3 Hydrolysaten (Dorschmehl (**I**), Gerstenschrot (**II**), Luzerne (**III**) sowie einem Aminosäurengemisch (**IV**)). Es wurden säulenchromatographische, papierchromatographische und mikrobiol. Analysenmethoden verwendet. Die Ergebnisse werden in g Aminosäure pro 100 g Protein angegeben. Z.B. liegen

die Lysinwerte bei **I** zwischen 4,9 und 10,4 bei **II** zwischen 2,4 und 20,2, bei **III** zwischen 4,0 und 7,1 und bei **IV** beträgt die Abweichung vom vorgegebenen Wert −15,0 bis +39,1%. 4 Institute untersuchten mit ihren gebräuchlichen Methoden 4 Eiweißfutterstoffe hinsichtlich der biologischen Wertigkeit (nach Thomas und Mitchel an Albinoratten). Die biologische Wertigkeit des Caseins (+0,5% Methionin) lag zwischen 74,9 und 85,1, der Gerste 73,6 und 80,9, des Sojaextraktionsschrotes 51,3 und 71,8 und der Futterhefe (Prowona) zwischen 49,6 und 68,3. H. Bergner. 7505.

3-64/07-0485 Dittrich, Simon; Montevideo, Uruguay, Fac. de Quimica. A new method for quantitative paper chromatography. **(Eine neue Methode zur quantitativen Papierchromatographie.)** J. Chromatogr. [Amsterdam] **12** (1963) Nr. 1. S. 47–51. – 2 Abb., 2 Tab., 16 Lit.
Vf. beschreibt eine Methode zur quantitativen Bestimmung von Verbindundungen auf Papierchromatogrammen mit J-Dampf. Nach der Entwicklung und Trocknung der Chromatogramme erfolgt bis zum Erscheinen der Flecken eine Behandlung mit J-Dampf, eine Umzeichnung der Flecke, das Ausschneiden und eine Vervollständigung der Reaktion mit J. Die Elution wird mit 5 ml 10%igem KJ durchgeführt und die Titration nach Zugabe von 1% Stärkelösung mit 0,001 n $Na_2S_2O_3$. Die Bestimmung kann nach der Elution auch colorimetrisch erfolgen. Die auf dem 1. oder 2. Weg ermittelten J-Gehalte werden gegen eine Eichkurve ausgewertet. Folgende Verbindungen wurden bestimmt: Alanin, Tryptophan, Ascorbinsäure, Kreatinin, Malonsäure, Pilocarpin, Ephedrin. Die Reproduzierbarkeit der Ergebnisse wird als sehr gut angegeben. Bei Dublikatbestimmungen beträgt die Abweichung vom Mittel weniger als 5%. I. Schröder. 7505.

3-64/07-0486 Bonker, G. J. und Tonge, B. L.; Plymouth, Coll. of Technol. Separation of cysteine and its oxidation products by paper and thin-layer chromatography. **(Trennung von Cystein und seinen Oxydationsprodukten durch Papier- und Dünnschichtchromatographie.)** J. Chromatogr. [Amsterdam] **12** (1963) Nr. 1. S. 52–56. – 4 Abb., 14 Lit.
Vff. untersuchten den Abbau von Cystein mit Hilfe einer ^{35}S-Markierung während der chromatographischen Auftrennung (1- und 2-dimensional mit Whatman No. 1 Papier) mit 3 verschiedenen Lösungsmittelsystemen (Butanol-Essigsäure-Wasser (120 : 30 : 50), Butanol-Pyridin-Wasser (1 : 1 : 1) und Phenol-Wasser (4 : 1). Es wurden Oxydations- und Decarboxylierungsprozesse nachgewissen. Folgende Verbindungen konnten festgestellt werden: Cystin, Cysteinsäure, Cystindisulfoxyd, Cystinmonosulfoxyd, β-β'-Diamino-β-carboxydiäthyldisulfid Cysteinsulfinsäure, Cystamin, Cysteinsulfoxylsäure, Taurin, β-Aminoäthylsulfinsäure, Cysteamin und 1 unbekannte Verbindung. Die Menge an Abbauprodukten konnte durch Reinigung von Chemikalien und Chromatographiepapier sowie durch Ausschluß von Licht reduziert werden. I. Schröder. 7505.

3-64/07-0487 Šljapnikov, S. V., Karpejskij, M. Ja. und Litvin, E. F.; Moskau, Akad. der Wiss. der UdSSR, Inst. für Strahlen- und Physiko-Chem. Biol.; Inst. für Organ. Chemie. Primenenie metoda gazo-židkostnoj chromatografii dlja razdelenija nekotorych aminokislot. **(Anwendung der Gas-Flüssig-Chromatographie für die Auftrennung einiger Aminosäuren.)** Biochimija, Moskva **28** (1963) Nr. 4. S. 664–670. – 6 Abb., 1 Tab., 9 Lit. Zus. in Engl.
Mit einer engl. Gaschromatographie-Apparatur (Firma W. G. Pye & Co.) wurden vergleichende Untersuchungen zur gaschromatographischen Trennung verschiedener Aminosäure-Derivate durchgeführt. Die Auftrennung der N-Acetylaminosäureester erfolgt in 3 Standardsäulen (120 cm lang, 4 mm ⌀), die mit 10% Apiezon M, 10% Apiezon L oder 10% Polyäthylenglycoladipinat auf Celite 545 (120–150 mesh) gefüllt waren. Der Trenneffekt wurde in Abhängigkeit von der Struktur der N-Acetylderivate (Äthyl-, n-Propyl-, Isopropyl-,

n-Butyl- und n-Amylester) bei folgenden Aminosäuren untersucht: α-Alanin, Glycin, α-Aminobuttersäure, Valin, Norvalin, Leucin, Isoleucin, Norleucin, Prolin, Serin, Methionin, Asparaginsäure und Phenylalanin. Die vollständigste und schnellste Trennung wurde mit den n-Propylestern der N-Acetylderivate in einer mit 10% Apiezon L auf Celite gefüllten Säule erreicht. Die aliphatischen Aminosäuren wurden bei einer Temperatur von 160° optimal aufgetrennt, wenn die Trägergasgeschwindigkeit 30 min. lang 51 cm^3/min. und danach 85 cm^3/min betrug. J. Wünsche. 7505.

3-64/07-0488 Perry, Thomas L. und Schroeder, Walter A.; Pasadena, California Inst. of Technol. The occurrence of amines in human urine: determination by combined ion exchange and paper chromatography. **(Das Auftreten von Aminen im menschlichen Harn. Bestimmung durch kombinierte Ionenaustausch- und Papierchromatographie.)** J. Chromatogr. [Amsterdam] **12** (1963) Nr. 3. S. 358–373. – 2 Abb., 5 Tab., 17 Lit.
Mittels (der ausführlich beschriebenen) Kombination von Ionenaustauschchromatographie (an Amberlite CG-50 und Amberlite CG-120) und Papierchromatographie wurden im menschlichen Harn folgende 26 Amine identifiziert: Methylamin, Dimethylamin, Äthylamin, Äthanolamin, Pyrrolidin, Piperidin, Histamin, N-Acetyl-Histamin, 1-Methyl-Histamin, p-Hydroxybenzylamin, 3-Methoxy-4-hydroxy-benzylamin, p- und m-Tyramin, Octopamin, Synephrine, 3-Methoxy-tyramin, Normethanephrine, Methanephrine, Tryptamin, Serotonin, Bufotenin, Kynuramin, β-Hydroxy-propylamin, Cadaverin, Putrescin und 2,2'-dithiobis-(äthylamin). Die 5 letztgenannten Amine wurden bisher nicht als normale Bestandteile des menschlichen Harns angesehen.
U. Zelck. 7505.

3-64/07-0489 Ikekawa, Nobuo; Tokyo, Bunkyo-ku, Komagome, Inst. of Phys. and Chem. Res. Gas chromatography of amino acids. I. Analyse of the mixture of methyl-N-trifluoroacetyl derivatives. **(Gaschromatographie von Aminosäuren. 1. Mitt. Analyse der Mischung von Methyl-N-trifluoracetylderivaten.)** J. Biochemistry [Tokyo] **54** (1963) Nr. 3. S. 279–282. – 3 Abb., 1 Tab., 20 Lit. Orig.: engl.
Die Herstellung der zur Gaschromatographie benötigten N-Trifluoracetylaminosäuremethylester wird beschrieben. Zur Gaschromatographie werden 2 u-förmige Säulen (je 75 × 0,4 cm) aus rostfreiem Stahl benutzt, die mit Gas Chrom P (80–100 mesh) als Trägermaterial gefüllt sind. Die Anwendung einer programmierten Säulentemperatur ist einer isothermalen Analyse eindeutig überlegen. Die Analyse der Derivate von Ala, Val, Gly, Leu, Pro, Asp, Thr, Ser, Met, Glu, Phe, Hypro, Lys, Tyr und Try wird beschrieben, bei der die Temperatur von 95° auf 225° programmiert ist (4°/Min.) und N_2 als Trägergas mit einer Durchflußrate von 50 ml/Min. durch die Säule hindurchströmt. Bei Anwendung von 1% Neopentylglycolsuccinat (NGS) als flüssige Phase in der ganzen Säulenlänge (2 × 75 cm) werden nur Met und Ser nicht getrennt. Diese Trennung gelingt jedoch bei Verwendung einer Säulenfüllung von 75 cm mit 1% NGS und 75 cm mit 1.5% SE-30 (Methylsilicon). Die Analysendauer beträgt etwa 50 Min., die Retentionszeiten der einzelnen Aminosäuren sind angegeben. Zwischen der Fläche eines Aminosäurepeaks und der Menge ergibt sich ein sehr gutes lineares Verhältnis. F. Kreienbring. 7505.

3-64/07-0490 Aparicio Ruiz, Daniel und Peinado Lucena, Eduardo; Cordoba, Espana, Fac. de Veterin. Análisis espectrofotométrico de grasas animales. I. Comportamiento de las grasas de varias especies de pescado en el espectro infrarrojo. **(Spektrophotometrische Analyse von tierischen Fetten. 1. Mitt. Verhalten der Fette verschiedener Fischarten im Infrarotspektrum.)** Arch. Zootecn. [Córdoba] **12** (1963) Nr. 46. S. 173ß194.
In einem Bereich von 1300 bis 2000 mμ wurden die Fette 8 verschiedener Fischarten (*Eugraulis encrassicholus*, *Trachurus trachurus*, *Merluccius merluccius*,

Sardina pilchardus, Trigla lastoviza, Trigla cuculus, Scorpaena scrofa and *Pagellus orphus*) durchgemessen (0,4%ige Lösung in Petroläther) und festgestellt, daß Unterschiede erst bei 1500 mμ beginnen. Für jede dieser 8 Fischarten wird aus den gemessenen K-Werten das charakteristische Vertrauensintervall berechnet, so daß es möglich wird, die Fette der verschiedenen Arten durch ihre K-Werte zu erkennen. Nur das Fett von *Merluccius merluccius* läßt sich nicht einordnen und gibt bei Mischungen mit Fetten der anderen untersuchten Arten Anlaß zu Verwechslungen. H. Steger. 7520.

3-64/07-0491 Hal'ama, Dušan und Michalec, Čestmír. The comparison of various evaluation methods for paper chromatograms of derivatives of higher fatty acids. **(Ein Vergleich verschiedener Auswertungsmethoden für Papierchromatogramme von Derivaten höherer Fettsäuren.)** J. Chromatogr. [Amsterdam] **12** (1963) Nr. 3. S. 374–379. – 2 Abb., 2 Tab., 7 Lit.

Zur Untersuchung normaler und pathologischer Humanseren auf ihre Cholesterinester- und Glycerid-Fraktionen wurden letztere durch Extraktion mit Äthanol-Äthyläther (1 : 3) und Reextraktion mit Petroläther gewonnen und auf eine Al_2O_3-Säule gegeben. Mit Tetrachlorkohlenstoff wird die Cholesterinester-Fraktion und mit Chloroform die Glycerid-Fraktion eluiert. Nach Eindampfen zur Trockne werden beide Fraktionen in Chloroform aufgenommen und auf mit Paraffinöl imprägniertem Papier (Whatman Nr. 3) mit Essigsäure-Chloroform-Paraffinöl (80 : 15 : 5) chromatographiert. Nach Trocknung bei 80–100° werden die Chromatogramme in 1%ige $KMnO_4$-Lösung getaucht und unter fließendem Wasser gewaschen. Es ergeben sich braune Flecke auf weißem bis lichtbraunem Grund. Die quantitative Auswertung erfolgt gegen Standard; genaue Vorschriften dazu werden gegeben. Zur Auswertung werden folgende Methoden verglichen: Durchstrahlverfahren, Reflexionsverfahren, Durchstrahlverfahren nach Imprägnierung mit Paraffinöl und Mikrophotometrie des fotographischen Negativs des Chromatogramms. Die erhaltenen Densitogramme werden nach der Fleckengröße und dem Kurvenmax. ausgewertet. Das Reflexionsverfahren mit Auswertung des Kurvenmax. ergab die genauesten Ergebnisse, die mit Literaturwerten, gewonnen nach anderen Methoden, übereinstimmten. G. Sternkopf. 7520.

3-64/07-0492 Ackman, R. G., Burgher, R. D. und Sipos, J. C., Halifax, Nova Scotia, Fisheries Res. Board of Canada. Quantitative gas-liquid chromatography of the higher fatty acids. **(Quantitative Gas-Flüssig-Chromatographie der höheren Fettsäuren.)** Nature [London] **200** (1963) Nr. 4908. S. 777–778. – 1 Abb., 2 Tab., 11 Lit.

Durch das Zumischen von Ameisensäure zum Trägergas (He) erreichen Vff. wie schon bei der Gaschromatographie der flüchtigen Fettsäuren (vgl. 3-64/03-0495), auch bei den höheren Fettsäuren eine für die quantitative Auswertung wesentlich bessere Trennung auf dem Chromatogramm. Getrennt wurden sowohl die frisch aus Leinsamenöl gewonnenen freien Fettsäuren als auch ihre Methylester (jeweils in CS_2 gelöst) an Äthylenglykol-succinat (20%) auf Chromosorb W (80–100 mesh) als Träger (Temp. 212°; Trägergas: He, 20 lb./in. für die Fettsäuren und 7 lb./in. für die Ester). Für die quantitative Bestimmung wurden dabei Ester und freie Fettsäuren gemeinsam auf die Säule gegeben. Dabei stimmten die aus den Peakhöhen der Ester und der freien Säuren errechneten Konzentrationen von Palmitin-, Stearin-, Öl-, Linol- und Linolensäure innerhalb von $\pm 2\%$ überein. U. Zelck. 7520.

3-64/07-0493 Levićkyj, A. P. und Bulaćkyj, M. P.; Odessa, Staatl. Med. Inst. Ekstrakcijno-bichromatnyj mikrometod vyznačennja vyščych žyrnych kyslot. **(Die Bestimmung von Fettsäuren mit Hilfe einer Bichromat-Mikroextraktionsmethode.)** Ukraïnśkyj biochimičnyj žurnal, Kyïv **35** (1963) Nr. 1. S. 120–128. – 4 Abb., 5 Tab., 16 Lit. Orig.: ukrain., Ausz.: russ., engl.

Basierend auf der Oxydation von Fettsäuren mit Bichromat ist eine empfindliche Mikromethode zur Bestimmung von Fettsäuren beschrieben. Die Oxydation findet bei 125° ± 10° in einem trocknen Gefäß statt. Zu 0,1–1 ml gelöster Fettsäuren werden 3 ml Chromatlösung (1 mg/ml H_2SO_4) unter Rühren zugegeben, anschließend erfolgt 60 Min. Nachrühren auf einem Wasserbad. Das Bichromat wird jodometrisch mit 0,005 n Thiosulfat-Lösung bestimmt und der Gehalt an Fettsäuren durch die Differenzmethode ermittelt. Die Abtrennung von höheren Fettsäuren erfolgte aus Petroläther mit 0,05 n KOH in 40%igem Alkohol zu 98–100%, aus Geweben zu 90–95%. Bestimmt wurde der Fettsäuregehalt aus pflanzlichen Ölen. G. Rothe. 7520.

3-64/07-0494 Winter, Erwin. **Über ein neues Verfahren zur Bestimmung und Untersuchung von Fetten in Lebensmitteln.** Z. Lebensmittel-Unters. u. -Forsch. **123** (1963) Nr. 3. S. 205–210.
Es wird ein neues Verfahren der Bestimmung des Gesamtfettes in Nahrungsmitteln beschrieben; die Genauigkeit der Methode steht dem Verfahren nach Weibull und Stoldt durch Säureaufschluß nicht nach. Es hat neben dem Vorteil der raschen Ausführbarkeit auch den, daß die Fettsubstanzen schonend gewonnen werden und diese sich zur weiteren analytischen Untersuchung eignen. In einem Mixgerät wird die Untersuchungsprobe in Gegenwart von wenig $MgCl_2$ mit Chloroform-Methanol extrahiert und die Abtrennung der fetthaltigen Lösung durch Wasserzusatz erreicht. Ein aliquoter Teil wird abgedampft und zur Wägung gebracht. H. Steger. 7520.

3-64/07-0495 Jovtscheff, A., Popoff, A., Micev, I. und Spassov, S. **Papierchromatographische Trennung kritischer Paare von Fettsäuren durch Brom-Methoxylierung.** Fette, Seifen, Anstrichmittel **65** (1963) Nr. 11. S. 913 bis 915.
Brommethoxylierte Fettsäuren (**FS**) haben größere Rf-Werte als die entsprechenden ungesättigten FS. Auf Grund dieser Tatsache wurde ein Verfahren erarbeitet, wonach man ohne Isolierung von Reaktionsprodukten kritische Paare von FS papierchromatographisch trennen kann. Man arbeitet mit Undecan imprägniertem Papier (Schl. u. Sch. 2043b bzw. 2040bM) und trägt die brommethoxylierte Probe der zu untersuchenden FS auf. Man läßt 12–15 Std. mit 90% Essigsäure laufen, trocknet bei 80° und färbt die FS mit Kupferacetat- und Kaliumferrocyanidlösung an. Zur Brommethoxylierung löst man 0,2 g FS in 10 ml Methanol und gibt je nach Jodzahl 0,4–0,7 g N-Bromsuccinimid zu. Nach Lösung läßt man 1 Std. bei Raumtemperatur stehen und entnimmt ohne vorherige Isolierung des Reaktionsproduktes geeignete Mengen (20–50 μg je FS) zur Auftragung auf das Papier. H. Steger. 7520.

3-64/07-0496 Kaufmann, H. P. und Viswanathan, C. V.; Münster, Dtsch. Inst. für Fettforsch. **Die Chromatographie des Cholesterins und seiner Ester.** Fette, Seifen, Anstrichmittel **65** (1963) Nr. 10. S. 839–845. — 11 Tab., 39 Lit.
Es wird ein kurzer Überblick über die Methoden der Säulen-, Papier- und Dünnschichtchromatographie in der Analyse des Cholesterins und seiner Ester gegeben. Für die quantitative Untersuchung des Gehaltes einiger menschlicher Gewebe (Leber, Herz, Aorta) auf Cholesterin und seine Ester wird die Dünnschichtchromatographie auf Kieselgel G-Platten durchgeführt. Auf einer nichtimprägnierten Platte lassen sich die Cholesterinester durch Mehrfach-Entwicklung (4 mal) mit Petroläther-Benzol (85 : 15), Isooctan mit 2% Isopropyläther bzw. 1% Äthyläther oder Petroläther (Sdp. 50–70°) mit 2% Isopropyläther bzw. 1% Äthyläther in folgende 6 Esterfraktionen zerlegen: Gesättigte Säuren, Monoen-, Dien-, Trien-, Tetraen- und Polyensäuren.
F. Kreienbring. 7530.

3-64/07-0497 Genetet, F., Meyer, N. und Wolf, R.; Nancy, France, Fac. of Med. The estimation of cholesterol distribution in the paper-electrophoretogram of serum. **(Die Bestimmung der Cholesterin-Verteilung im Papierelektropherogramm von Serum.)** Biochem. J. **89** (1963) Nr. 1. S. 21p–22p. — 7 Lit.

Zur Papierelektrophorese des Serums werden auf 4 Papierstreifen (S & S 2043 A mg I, 30,6 × 3 cm) je 40 μl Serum aufgetragen und die Proteine unter Verwendung von tris-EDTA-Boratpuffer während 19 Std. bei 70 V und 3 m A getrennt. Nach dem Trocknen bei 120° wird je ein Streifen zur Kennzeichnung der Lipoproteine mit „Oil Red O" und zur Kennzeichnung der Proteine mit Amidoschwarz angefärbt. Die beiden restlichen Streifen werden für Parallelanalysen entsprechend den Vergleichsstreifen in ca 20 0,5 cm-breite Abschnitte zerlegt. Jeder Abschnitt wird mit 1 ml einer Lösung von 0,05% (w : v) $FeCl_3 \cdot 6\, H_2O$ in Eisessig während 1 Std. unter Schütteln extrahiert. Zu 0,8 ml des Extraktes werden dann 0,48 ml konz. H_2SO_4 gegeben und nach 30 Min. die Extinktion bei 560 mμ gemessen. Die Eichkurve verläuft im Bereich von 4–80 γ Cholesterin linear. In tiefgefrorenem Serum zeigte sich nach 11 Tagen keine Veränderung des Cholesteringehaltes, während sich im trocknen Zustand auf dem Papier nach Elektrophorese die Cholesterinmenge vom 5. Tag an kontinuierlich verringerte. F. Kreienbring. 7530.

3-64/07-0498 Trail, J. C. M.; Entebbe, Uganda, Livestock Exp. Stat. The effect of storage time and holding temperature on egg interior quality in Uganda. **(Die Wirkung von Lagerzeit und Haltungstemperatur auf die innere Eiqualität in Uganda.)** Poultry Sci. **42** (1963) Nr. 2. S. 310–313. — 1 Abb., 3 Tab.

Es wurden Eier von 63 Isländischen Rhodeländern im 10. Legemonat untersucht. Es wurden 10 Gruppen gebildet, 5 bei normaler Raumtemperatur gelagert, die übrigen bei 50–55 °F, 2, 7, 14, 21 und 28 Tage bei 65–79 °F. Bei der Feststellung der Ergebnisse wurde die innere Eiqualität frischer Eier (30 Min. nach dem Legen) der der gelagerten Eier gegenübergestellt und dabei errechnet, daß die Haugh-Einheiten bei längerer Lagerung und hoheren Temperaturen ansteigen, also die innere Eiqualität abnimmt. Vf. schlußfolgert, daß für die Eierproduzenten in Uganda die Einrichtung geeigneter Lagerräume ein sehr wichtiges Problem ist. B. Rempel. 7535.

3-64/07-0499 Sandev, S. und Chobanow, D. **Vereinfachte chromatographische Bestimmung der organischen Säuren in Gärfuttern.** Arch. Tierernähr. **13** (1963) Nr. 4. S. 229–234. — 2 Abb., 1 Tab., 7 Lit.

Vff. entwickeln ein Verfahren zur Trennung und Bestimmung der org. Säuren im Gärfutter durch Flüssigkeits-Verteilungschromatographie (Säulenchromatographie). Nach Eindampfen des wäßrigen Auszuges bis zur Trockne und Lösen des Rückstandes in der beweglichen Phase wird der Auszug direkt auf eine Silikagelsäule aufgetragen. Im System Petroläther-Aceton-Wasser (55 : 40 : 5) konnten Buttersäure (**I**) mit Propionsäure (**II**) gemeinsam, Essigsäure (**III**) alleine und Milchsäure (**IV**) mit Bernsteinsäure zusammen bestimmt werden. Im gleichen System mit abgeändertem Komponentenanteil (57 : 38 : 5) konnten auch **I** und **II** getrennt werden. Die beste Trennung von **IV** erhält man, indem man nach Abtrennung von **I, II** und **III** das gleiche System höherer Polarität (51 : 44 : 5) verwendet. Die parallele Bestimmung von 2 × 3 Gärfutterproben ergab nur eine Abweichung von $\pm 4\%$. Auch mit verschiedenen Konservierungsmitteln bereitete Gärfutter können anhand der gegebenen Methode untersucht werden. H. Bergner. 7540.

3-64/07-0500 Spahr, S. L., Holter, J. B. und Kesler, E. M. Separation of organic acids from ruminant blood by the Wiseman-Irvin method. **(Trennung von organischen Säuren aus Wiederkäuerblut durch die Wiseman-Irvin-Methode.)** J. Dairy Sci. **46** (1963) Nr. 10. S. 1139–1142.

Es wird eine modifizierte Methodik der säulenchromatographischen Trennung von kurzkettigen Fettsäuren nach Wiseman-Irvin (vgl. J. agric. Food Chem. 5 [1957] S. 213.) in Blut beschrieben und die Leistungsfähigkeit dieses Verfahrens durch Zusatz von entsprechenden radioaktiven Säuren getestet. Bei Zugabe von ^{14}C-Acetat werden etwa 95% in der Acetatfraktion wiedergefunden. 4–5% befinden sich in der Formiatfraktion. Bei gleichzeitiger Anwesenheit von Lactat und β-Hydroxybuttersäure lassen sich nach der beschriebenen Methode beide Säuren nicht quantitativ trennen. Im Blut einer 240 kg schweren Jerseyfärse wurden folgende μ-Mol-Mengen Säuren in 10 ml Blut festgestellt. Valeriat 0,2, Butyrat 0,1, Propionat 0,6, Acetat 17,1, Formiat 24,2 und Lactat und β-Hydroxybutyrat 27,6. H. Steger. 7540.

3-64/07-0501 Katz, Solomon und Come, Donald G.; Boston, Mass., Dep. of Biol. Chem. A new method for the determination of the base composition of ribonucleic acid. **(Eine neue Methode zur Bestimmung der Basenzusammensetzung von Ribonucleinsäure.)** J. biol. Chemistry **238** (1963) Nr. 9. S. 3065 bis 3067. — 2 Abb., 5 Lit.
Vff. beschreiben eine säulenchromatographische Trennung der 4 2-, 3-Ribomononucleotide aus hydrolysierter RNS. Nach dem Auftragen des neutralen, salzfreien (nach KOH-Hydrolyse wird mit $HClO_4$ neutralisiert und das $KClO_4$ entfernt) Hydrolysats wird mit 0,05 n HCl das Uridylmonophosphat eluiert. Anschließend wird mit den ersten 7 ml H_2O das Guanosinmonophosphat ausgewaschen, in den nächsten 25 ml folgen Adenosin- und Cytidinmonophosphat. Ihre Einzelkonzentrationen können spektrophotometrisch bei 279 und 257 mμ ermittelt werden. Jedoch können CMP und AMP auch auf einer 2. Säule getrennt werden. Hierbei wird CMP mit 0,05 n und AMP mit 0,4 n Ameisensäure eluiert. Die Extinktionsquotienten $\left(\text{bei } \frac{250}{260}\text{ m}\mu \text{ und } \frac{280}{260}\text{ m}\mu\right)$ der getrennten Nucleotide werden angegeben. Weiterhin wird die Basenzusammensetzung von Ribosomen-RNS und Transfer-RNS aus E. coli untersucht und mitgeteilt. Die Methode erlaubt noch die Basenzusammensetzung von 40 μg RNS zu ermitteln. H. Bergner. 7540.

3-64/07-0502 Schweiger, A. **Chromatographie von Milchsäure und einigen anderen organischen Carbonsäuren auf Cellulose-Schichten.** Z. Lebensmittel-Unters. u. -Forsch. **124** (1963) Nr. 1. S. 20–22. — 1 Tab., 11 Lit. — nach Zus.
Org. Carbonsäuren lassen sich auf einer Dünnschicht von Cellulose-Pulver im System Pentanol-Ameisensäure-Wasser (20 : 20 : 1) trennen. Zur Identifizierung wurde neben dem Verfahren nach Schweppe eine 0,05%ige Lösung von 8-OH-Chinolin angewandt. Hiermit konnten bei einigen Säuren Mengen von 0,5–0,1 μg nachgewiesen werden. 7540.

3-64/07-0503 Flatmark, T. Demonstration of peroxidase activity in the rat kidney and liver: peroxidase effect of cytochrome c. **(Demonstration der Peroxydaseaktivität in der Rattenniere und -leber: Peroxydaseeinfluß von Cytochrom c.)** Nature [London] **196** (1962) Nr. 4857. S. 894–895. 7580.

3-64/07-0504 Laws, B. M. und Moore, J. H.; Reading, Univ.; Nat. Inst. for Res. in Dairying. Some observations on the pancreatic amylase und intestinal maltase of the chick. **(Einige Beobachtungen an Pankreasamylase und Darmmaltase beim Huhn.)** Canad. J. Biochem. Physiol. **41** (1963) Nr. 10. S. 2107–2121. — 4 Abb., 4 Tab., 28 Lit.
In Aceton-getrockneten Pulvern von Pankreas- und Dünndarmgewebe und in Homogenaten des Dünndarminhaltes von Hühnchen (1 bis 30 Tage alt) werden die Pankreasamylase und nach einer modifizierten Methode die Darmmaltase bestimmt. Die Stabilität der Amylaseaktivität in 0,15 m NaCl-Lösung (Aktivitätsverlust 20% in 1 Std.) wurde stark verbessert durch die Anwesenheit von 0,02 m Veronalpuffer (Aktivitätsverlust 5% in 1 Std.). Das pH-Opti-

mum der chloridaktivierten Amylase beträgt 7,0, das der Maltase 6,9. Die hohe Amylaseaktivität bei Hühnchen am 1. Lebenstag vermindert sich bis zum 20. Tag und bleibt dann konstant. Es besteht ein starker Unterschied zwischen hoher Amylase- und niedriger Maltaseaktivität im Dünndarminhalt, aus dem angenommen werden kann, daß die durch die Stärkehydrolyse gebildete Maltose direkt von den Mucosazellen resorbiert wird. Bei 10 Tage alten Hühnchen wird die Maltose offenbar in allen Dünndarmabschnitten gleichmäßig gut resorbiert, während bei den älteren Tieren die Resorption im oberen Dünndarm schneller zu verlaufen scheint als im Duodenum und im unteren Dünndarm. F. Kreienbring. 7580.

3-64/07-0505 Minkina, A. I.; Rostow/Don, Forsch.-Inst. für Geburtshilfe und Pädiatrie. Očistka preparatov gonadotropnych gormonov ionnoobmennoj chromatografiej na diėtilaminoėtilcelljuloze i zonal'nym ėlektroforezom na krachmale. **(Die Reinigung von Präparaten des Gonadotropen-Hormones durch Ionenaustauschchromatographie mit Diäthylaminoäthylcellulose [DEAE-cellulose] und Elektrophorese mit Stärke.)** Biochimija, Moskva **27** (1962) Nr. 5. S. 805–813. – 5 Abb., 7 Tab., 19 Lit. Zus. in Engl.

Vf. untersuchte die Möglichkeiten der Anwendung beider Methoden zur Reinigung von Präparaten des Gonadotropen Hormones aus dem Harn von Mädchen und Frauen verschiedenen Alters. Die Möglichkeit der Anwendung der Methode mit DEAE-Cellulose wird dadurch eingeschränkt, daß die erhaltenen Fraktionen elektrophoretisch inhomogen sind. Es wird die Methode der Elektrophorese mit Stärke empfohlen, wobei 5 Fraktionen durch Adsorption an Kaolin und 2 Fraktionen an Benzoesäure erhalten wurden. Bei einem pH 8,6 bewegen sich die einzelnen Fraktionen im elektrischen Feld mit verschiedener Geschwindigkeit. Unterschiedlich ist die biol. Aktivität. B. Hoffmann. 7595.

3-64/07-0506 Bottei, Rudolph S. Determination of organic substances by standard chromous chloride solution. **(Bestimmung von organischen Substanzen durch standardisierte Chromchloridlösung.)** Analyt. chim. Acta [Amsterdam] **30** (1964) Nr. 1. S. 6–10. – 1 Tab., 5 Lit. Zus. in Franz., Dtsch. – nach Zus.

Die Reduzierbarkeit einer Anzahl org. Verbindungen mit einer aus Kaliumbichromat hergestellten Chromchlorid-Lösung wurde untersucht. Ein Teil der Verbindungen wurde quantitativ gespalten, ein anderer quantitativ reduziert, während einige selbst bei erhöhten Temperaturen nicht reduziert wurden. 7610.

3-64/07-0507 Klouwen, H. M. Determination of the sulfhydryl content of thymus and liver using DPPH. **(Die Bestimmung des Sulfhydrylgehaltes von Thymus und Leber unter Verwendung von DPPH.)** Arch. Biochem. Biophysics **99** (1962) Nr. 1. S. 116–120. 7610.

3-64/07-0508 Schlossberger, Hans Georg; Kuch, Heinz und Buhrow, Ingrid; München, Max-Planck-Inst. für Biochem. **Abtrennung von Indol-Derivaten aus Urin mittels Sephadex G 25.** Hoppe-Seyler's Z. physiol. Chem. **333** (1963) Nr. 1/3. S. 152–153. – 1 Tab., 5 Lit.

Jeweils 10 ml Rattenharn wurden nach Zugabe von je 1 mg Tryptophan, Tryptamin und Indolyl-3-essigsäure (bzw. deren 5-Monohydroxy- oder 5,6-Dihydroxy-Derivate) auf 2 ml eingeengt und 0,8 ml vom klar zentrifugierten Überstand auf eine mit 0,5%iger wäßriger Ascorbinsäurelösung (I) äquilibrierte Sephadex-G-25-Säule von 20 cm Länge und 1,4 cm Durchmesser aufgetragen. Dann wird mit (I) eluiert und die 1 ml Fraktionen dünnschichtchromatographisch (Cellulosepulver MN 300 der Fa. Macherey, Nagel & Co., Düren; Fließmittel Butanol/Eisessig/Wasser 12 : 3 : 5) getrennt und die Indolderivate mit p-Dimethylamino-zimtaldehyd sichtbar gemacht. Es zeigte sich, daß die zugesetzten Indolderivate durch die Filtration über Sephadex G 25 quantitativ von Harnstoff, Citrullin und den meisten übrigen Harninhaltsstoffen abgetrennt wurden. U. Zelck. 7610.

3-64/07-0509 Michaelis, Carl, Tarlano, Nancy Spires, Clune, Julianna und Yolles, Robert; Dayton, Ohio, Univ. A complete separation of a mixture of iron (III), cobalt (II), molybdenum (VI), aluminum (III), and nickel (II) by ion exchange chromatography. **(Die vollständige Trennung einer Mischung von Eisen (III), Cobalt (II), Molybdän (VI), Aluminium (III) und Nickel (II) durch Ionenaustauschchromatographie.)** Analyt. Chem. **34** (1962) Nr. 11. S. 14 bis 1426. – 2 Abb., 9 Lit.
Die genannten Elemente wurden mit Dowex-Kationen- und Anionen-Austauscherharz getrennt und mit HCl eluiert. Ni und Al werden durch Anionenaustauscherharz nicht zurückgehalten, während Fe, Co und Mo in der Säule verbleiben. Nachdem Ni und Al mit rauchender HCl aus der Anionen-Austauschersäule eluiert sind, werden sie in der Kationenaustauschersäule getrennt. Co, Fe und Mo wurden durch HCl verschiedener Konzentration von der Anionenaustauschersäule eluiert. Die Eluierungskurven der 5 Elemente werden mitgeteilt. M. Anke. 7620.

3-64/07-0510 Druding, Leonard F.; Newark, N. J., Univ. Tetracyanoquinodimethanide as a color reagent for inorganic thin layer chromatography. **(Tetracyanoquinodimethanid als Farbreagens für anorganische Dünnschichtchromatographie.)** Analyt. Chem. **35** (1963) Nr. 11. S. 1582–1583. – 2 Tab., 9 Lit.
Vf. beschreibt die Trennung von Alkali-, Erdalkali- und anderer 1- und 2-wertiger Metallionen durch Dünnschichtchromatographie unter Verwendung von Silicagel. Eine Lösung von 5% Eisessig in Äthanol erwies sich zur Abtrennung der Alkalielemente besonders geeignet. Zur Trennung der übrigen Ionen wurde eine 5%ige Lösung von 2n HCl in Butanol verwendet. Es werden die Rf-Werte für Li, Na, K, Rb, Cs, Be, Mg, Ca, Sr, Ba, Cu(II), Ag, Zn, Cd, Hg(I), Hg(II), T(I) und Pb(II) mitgeteilt. Tetracyanoquinodimethanid eignete sich als Farbreagenz für 1-wertige Ionen. M. Anke. 7620.

3-64/07-0511 Hunt, J. R.; Ottawa, Canada Dep. of Agric. Rapid determination of calcium in feedstuffs. **(Schnellbestimmung von Calcium in Futtermitteln.)** J. agric. Food Chem. **11** (1963) Nr. 4. S. 346–347. – 4 Tab., 8 Lit.
Vf. vergleicht das klassische Verfahren zur Ca-Bestimmung in Futtermitteln, die Oxalatmethode, mit der Rücktitrationsmethode unter Verwendung von EDTA. Zur Kalkbestimmung nach dem vorher genannten Verfahren verwendet er 3 ml einer Lösung von 3,579 g EDTA/l H_2O und Calcein als Indikator. Der pH-Wert der Analysenlösung wird mit 3 n KOH auf pH 13 eingestellt. Die EDTA-Rücktitrationsmethode gab bei Futter-, aber nicht bei Knochenproben niedrigere Werte als die Oxalatmethode. Durch Aufstellung einer Standardkurve kann dieser Fehler ausgeglichen werden. Die Rücktitrationsmethode ist einfacher und weniger zeitaufwendig als die Oxalatmethode und soll sich besonders zur Analyse einer kleineren Anzahl von Proben bewähren.
M. Anke. 7630.

3-64/07-0512 Parks, Paul F. und Dunn, Dorothy E. Evaluation of the molybdovanadate photometric determination of phosphorus in mixed feeds and mineral supplements. **(Anwendung der Molybdänvanadat-Methode auf die photometrische Bestimmung von Phosphor in Mischfuttermitteln und Mineralstoffmischungen.)** J. Assoc. off. agric. Chemists **46** (1963) Nr. 5. S. 836–838. – 1 Tab., 11 Lit.
Es werden zur Bestimmung des Gehaltes in 10 verschiedenen Mischfuttermitteln und Mineralstoffmischungen die AOAC-Methode 22.061 (I) und die Molybdänblau-Methode (II) der Molybdänvanadat-Methode (III) gegenüberge-

stellt. Die Untersuchungsproben (0,5–2 g) werden dazu bei 600° verascht, mit 40 ml HCl (1 : 3) und einigen Tropfen konz. HNO_3 gekocht und auf 200 ml aufgefüllt. Aliquote Teile der Lösungen werden mit 20 ml Molybdänvanadatreagens (nach AOAC 2.024) versetzt, auf 100 ml aufgefüllt und nach 10 Min. am Spektrophotometer bei 400 mμ gemessen. Aus einer Eichkurve werden dann die Ergebnisse berechnet. **III** ist **I** ebenbürtig, sie erfordert jedoch weniger Zeit und folgt dem Lambert-Beerschen Gesetz von 0–40 ppm. **II** eignet sich wegen ihrer hohen Empfindlichkeit nur für P-Gehalte unter 2,5%.
G. Sternkopf. 7640.

3-64/07-0513 Schmitt, R. A. und Zweig, Gunter. Total organic chloride content in butterfat by a rapid method of neutron activation analysis. **(Der gesamte organische Chloridgehalt in Butterfett durch eine schnelle Neutronenaktivierungsanalyse.)** J. agric. Food Chem. **10** (1962) Nr. 6. S. 481–484.
7645.

3-64/07-0514 Rae, A. C. und Hall, A. N.; London; Nairobi, Queen Elizabeth Coll. Determination of nitrate in fermentation media by a modification of the nitron method. **(Bestimmung von Nitrat in Gärungsmedien durch Modifizierung der Nitron-Methode.)** J. Sci. Food Agric. **14** (1963) Nr. 11. S. 821–824. — 2 Tab., 8 Lit.
Zur Bestimmung des Nitratgehaltes in zusammengesetzten Kulturmedien wird aus der Zahl der anwendbaren Bestimmungsmethoden eine veränderte Bestimmung mit Nitron (1,4-Diphenyl-end-anilotriazolin) beschrieben. Das Nitrat wird als Nitronnitrat gefällt und der Niederschlag mit Dewarda-Legierung reduziert. Das entstandene NH_3 wird abdestilliert und seine Konzentration mit Nesslers Reagens spektrophotometrisch bestimmt. Die endgültige Auswertung geschieht an Hand einer Eichkurve. 0,1–0,7 mg/ml Nitrat werden 100%ig wiedergefunden. Es werden Arbeitsvorschriften, Beispielanalysen und Fehlermöglichkeiten mitgeteilt. G. Sternkopf. 7650.

3-64/07-0515 Heydel, H. R.; Rostock, Inst. für Landwirtsch. Versuchs- und Untersuchungswes. **Über Methoden und Ergebnisse der mikroskopischen Futtermitteluntersuchung.** Z. landwirtsch. Versuchs- u. Untersuchungswes. **9** (1963) Nr. 3. S. 251–262. — 2 Tab., 9 Lit.
Mit der Produktion von Trocken- und Mischfuttermitteln gewinnt die mikroskopische Futtermittelanalyse gesteigerte Bedeutung. Nur sie vermag 1. mangelhaften Frischezustand, 2. Verschmutzung und minderwertige Zusätze, 3. falsche Zusammensetzung und 4. Besatz mit futterschädlichen Stoffen festzustellen. Die Nachweismethoden sind heute exakt und erlauben auch quantitative Bestimmungen. Als Hilfsmittel dienen: a) das Stereomikroskop (Vergrößerung 4- bis 100fach), b) das Hellfelddurchlichtmikroskop, c) Untersuchungen mit polarisiertem Licht, d) die Anwendung der Fluoreszenzmikroskopie. Nach Erläuterung der einzelnen Verfahren und ihrer Anwendungsbereiche gibt Vf. einen Überblick über die 1959–62 im o.a. Inst. untersuchten Futtermittelproben. Danach sind die Mischfuttermittel, Körner, Schrote und Kleien in der Berichtszeit kaum besser geworden (Beanstandung wegen Frischezustand und ungenügender Qualität), während sich Eiweißkonzentrate, Ölsaatextraktionsschrote, Fisch- und Tierkörpermehle verbesserten. In trockenen Jahren überwog die Beanstandung wegen Milbenbefalls, in feuchten Jahren die wegen Schimmelbildung. Längere Zeit lagernde Futtermittelpartien sollten häufiger als es bisher üblich ist auf ihren Frischezustand überprüft werden.
C. Engelmann. 7730.

3-64/07-0516 Wainman, F. W. und Paterson, D.; Ayr, Hannah Dairy Res. Inst. A note on the collection of urine from male cattle and sheep. **(Eine Bemerkung zur Harnsammlung bei männlichen Rindern und Schafen.)** J. agric. Sci. **61** (1963) Nr. 2. S. 253–254. — 2 Abb.

Vff. beschreiben eine seit Jahren bewährte Vorrichtung zum Sammeln des Harns im Stall bei ♂ Rindern und Schafen. Die Vorrichtung besteht aus Geschirr mit Harntrichter, Harnsammelgefäß, $CaCl_2$-Trockenturm, NH_3-Falle und elektr. Luftpumpe. Die Luftpumpe erzeugt einen ständigen Sog im Harntrichter. Ausgeschiedener Harn wird mittels dieser Saugwirkung sofort in das Sammelgefäß überführt. Aus dem Harn freiwerdendes NH_3 wird in verdünnter Säure aufgefangen. Größe des Harntrichters und Saugwirkung der Pumpe sind so aufeinander abgestimmt, daß ein Überlaufen des Harns im Harntrichter vermieden wird. Die Vorteile dieses Harnsammel-Verfahrens sehen Vff. darin, daß kein besonderer Stoffwechselstand erforderlich ist und daß ein Sammelgefäß bzw. ein Schlauch unter dem Tier entfällt. An Hand der Abb. kann die beschriebene Vorrichtung leicht nachgebaut werden.
L. Hoffmann. 7755.

3-64/07-0517 Langlands, J. P., Corbett, J. L., McDonald, I. und Reid, G. W.; Aberdeen, Bucksburn, Rowett Res. Inst. Estimation of the faeces output of grazing animals from the concentration of chromium sesquioxide in a sample of faeces. 1. Comparison of estimates from samples taken at fixed times of day with faeces outputs measured directly. **(Bestimmung der Kotabgabe von weidenden Tieren auf Grund der Cr_2O_3-Konzentration in den Kotproben 1. Mitt. Vergleich von Proben, die zu einer bestimmten Tageszeit genommen und die im konventionellen Versuch ermittelt wurden.)** Brit. J. Nutrit. **17** (1963) Nr. 2. S. 211–218. – 3 Tab., 15 Lit.

In Versuchen an Ochsen und Schafen wurde festgestellt, daß bei Verabreichung von Cr_2O_3 mit Hilfe von entsprechend präpariertem Papier die Cr_2O_3-Ausscheidung im Kot gleichmäßiger ist als bei Verabreichung in Gelatinekapseln (ölige Suspension). Die auftretenden Fehler waren somit bei Dosierung in Kapseln größer. Eine einmalige tägl. Cr_2O_3-Gabe erbrachte bei beiden Dosierungstechniken unbefriedigende Resultate. Die Fehlerursachen werden aufgeteilt in langfristige Fehler ($F - D/Cg$) und kurzfristige Fehler ($D/C_R - D/C_B$) (F = org. Subst. im Tageskot; D = Cr_2O_3-Menge; C_R = Cr_2O_3 % in org. Subst. im Kot des konventionellen Versuches, C_G = Cr_2O_3 % in org. Subst. im Kot der Greifproben). Wird eine größere Futtermenge nach der Cr_2O_3-Verabreichung verzehrt, so werden die Fehler kleiner. B. Piatkowski. 7760.

3-64/07-0518 Langlands, J. P., Corbett, J. L., McDonald, I. und Reid, G. W.; Aberdeen, Bucksburn, Rowett Res. Inst. Estimation of the faeces output of grazing animals from the concentration of chromium sesquioxide in a sample of faeces. 2. Comparison of estimates from samples taken at fixed times of day with estimates from samples collected from the sward. **(Bestimmung der Kotabgabe von weidenden Tieren auf Grund der Cr_2O_3-Konzentration in den Kotproben. 2. Mitt. Vergleich der Bestimmungen von an bestimmten Tageszeiten gezogenen Proben aus dem Rectum und aus frisch gefallenem Kot auf der Weide.)** Brit. J. Nutrit. **17** (1963) Nr. 2. S. 219–226. – 5 Tab., 7 Lit. 1. Mitt. vgl. vorst. Ref.

Weidende Färsen erhielten tägl. 2mal Cr_2O_3 in Form von Papier oder Kapseln verabfolgt. Im 1. Versuch wurden 6–13 Fladen, die von 6 Tieren stammten, im Verlauf von 3 Tagen auf der Weide gesammelt. Im 2. Versuch wurde die Kotsammlung von Fladen und per Rectum verglichen, die zu gleicher Zeit 2mal tägl. erfolgte. Die Ergebnisse der Fladensammlung sind als günstiger zu beurteilen. Bei Fladensammlung war der Vorteil der Cr_2O_3-Verabreichung mit Hilfe von Papier gegenüber Kapseln kaum noch vorhanden.
B. Piatkowski. 7760.

3-64/07-0519 Minson, D. J.; Hamilton, Ruakura Animal Res. Stat. Methods of assessing herbage feeding value. **(Methoden der Schätzung des Futterwertes von Grünfutter.)** Proc. New Zealand Soc. Animal Product. **23** (1963) S. 63–78. – 2 Abb., 2 Tab., 51 Lit.

Pflanzenzüchter sind oft veranlaßt, den Futterwert von Neuzüchtungen zu prüfen. Vf. bespricht daher die möglichen Bewertungsmethoden unter besonderer Berücksichtigung von Futterverzehr, Verdaulichkeit und Relation der FFS im Pansen. Diese 3 Kriterien sind direkt und indirekt meßbar. Während die direkte Methode arbeitsaufwendiger ist, bemüht sich die Forschung um eine Ermittlung der Größen ohne eine quantitative Ermittlung der Futtereinnahme und Kotabgabe. Auf Grund der auftretenden Fehler bei indirekten Verfahren ist jeweils die Standardabweichung im Vergleich zur direkten Methode zu ermitteln. Daraus errechnete Regressionen haben oft nur lokale Bedeutung, sie sind durchaus brauchbar für bestimmte Species und Monate. Es wird daher vorerst die Anwendung von direkten Verfahren empfohlen. B. Piatkowski. 7760.

3-64/07-0520 Naga, M. M. A. und El-Shazly, K.; Alexandria, Egypt, Univ., Fac. of Agric. The use of the in vitro fermentation technique to estimate the digestible energy content of some Egyptian forages. I. The in vitro digestion of cellulose as a criterion of energy content. **(Der Gebrauch der in vitro Fermentationstechnik zur Bestimmung des Gehaltes an verdaulicher Energie einiger ägyptischer Futtermittel. 1. Mitt. Die in vitro-Verdauung der Cellulose als ein Kriterium des Energiegehaltes.)** J. agric. Sci. **61** (1963) Nr. 1. S. 73–79. — 4 Tab., 43 Lit.

Verdauungsversuche sind mit ausgewachsenen Schafböcken durchgeführt worden, um 7 Leguminosen und 5 andere Futterpflanzen zu testen. In vitro-Fermentationen wurden in 24-Std.-Perioden durchgeführt und die proz. Celluloseverdauung bestimmt. CO_2 sorgte für Anaerobiose. Regressionsgleichungen für die getesteten nicht zu den Leguminosen gehörenden Futterpflanzen und für alle anderen Futtermittel ergaben, daß die Werte der verd. Energie/kg Tr.-Subst. von der bestimmten verd. Energie um $\pm 8{,}70$ bzw. $\pm 9{,}90$ differiert. J. Rojahn. 7770.

3-64/07-0521 El-Shazly, K., Abou Akkada, A. R. und Naga, M. M. A Alexandria, Egypt, Univ., Fac. of Agric. The use of the in vitro fermentation technique to estimate the digestible energy content of some Egyptian forages. II. The in vitro production of total volatile fatty acids and organic acids as criteria of energy content. **(Der Gebrauch der in vitro-Fermentationstechnik zur Bestimmung des Gehaltes an verdaulicher Energie einiger ägyptischer Futtermittel. 2. Mitt. Die in vitro-Produktion der gesamten flüchtigen Fettsäuren und org. Säuren als Kriterium für den Energiegehalt.)** J. agric. Sci. **61** (1963) Nr. 1. S. 109–114. — 1 Abb., 3 Tab., 36 Lit. 1. Mitt. vgl. vorst. Ref.

In vitro-Fermentationsexperimente wurden über eine 24-Std.-Periode durchgeführt. Die Bildung von flüchtigen Fettsäuren und org. Säuren aus Futtermitteln ist verfolgt worden. Vff. beschreiben eine neue Technik zur Bestimmung der org. Säuren, welche sich im Pansen bilden. Größere signifikante Korrelationen wurden zwischen der in vitro-Produktion von flüchtigen Fettsäuren oder org. Säuren und der verd. Energie/kg Tr.-Subst. vor allem beim Raygras gefunden. Die nicht zu den Leguminosen gehörenden Pflanzen geben eine höher signifikante Korrelation als die Leguminosen. Die Regressionsgleichungen zeigen, daß für die Aussage der verd. Energie der nicht zu den Leguminosen gehörenden Futterpflanzen die org. Säuren oder flüchtigen Fettsäuren genauer sind als die Celluloseverdauung. J. Rojahn. 7770.

3-64/07-0522 Anonym. Net protein values in chickens. **(Die Nettoproteinwerte in Hühnchen.)** Nutrit. Rev. **20** (1962) Nr. 10. S. 319–320. 7785.

3-64/07-0523 Peretianu, Jean und Abraham, Jean; Bellevue, Seine-et-Oise, C.N.R.S., Centre de Rech. sur la Nutrit. Nouvelle technique de mesure du coefficient d'efficacité protéique. **(Eine neue Technik zur Messung des**

Proteinwirksamkeits-Koeffizienten.) Ann. Nutrit. Alimentat. [Paris] **17** (1963) Nr. 2. Mém. orig. S. 81–102. – 8 Abb., 13 Tab., 29 Lit.

Vff. schlagen eine Modifikation der klassischen Methode zur Bestimmung des Proteinwirksamkeits-Koeffizienten (PER) nach Osborne und Mendel vor, die darin besteht, daß das jeweilige Testprotein in gleicher begrenzter Menge für sich allein und zeitlich getrennt vom ad lib. dargebotenen N-freien Grundfutter an die Albinoratten verabreicht wird. Vergleiche mit den nach der klassischen Methode gemischten Versuchsrationen (Testprotein und N-freies Grundfutter in einem vergleichbaren Verhältnis gemeinsam verabreicht) zeigten, daß die vorgeschlagene Modifikation eine klarere Differenzierung zwischen den verschiedenen biologischen Wertigkeiten von Nahrungs- bzw. Futterproteinen gestattet. H.-D. Bock. 7785.

3-64/07-0524 Wacker, A., Träger, L. und Büttner, H.; Frankfurt/M., Univ., Inst. für Therapeut. Biochem. **Einfache Methode zur Gewinnung ^{14}C-markierter Verbindungen aus Algen.** Naturwissenschaften **49** (1962) Nr. 22. S. 518. 7830.

3-64/07-0525 *Erbersdobler, Helmut.* **Die Bestimmung von verfügbarem Lysin in Eiweißfuttermitteln mit Hilfe von Dinitrofluorbenzol.** Diss. Veterinärmed. Fak. München. 1962. (54 S.) 8°. (Diss. 9356)

3-64/07-0526 *Grodzinskij, Dmitrij Michajlovič.* **Metodika primenenija radioaktivnych izotopov v biologii.** (Methodik zur Verwendung radioaktiver Isotope in der Biologie.) Kiev: Izd. Ukr. akad. sel'skochoz. nauk. 1962. (170 S.) 8°. (1963 A 6)

D. ERNÄHRUNGSPHYSIOLOGIE

Verdauung und Resorption

3-64/07-0527 Rook, J. A. F., Balch, C. C., Campling, R. C. und Fisher, L. J.; Shinfield, Nat. Inst. for Res. in Dairying. The utilization of acetic, propionic and butyric acids by growing heifers. **(Die Verwertung von Essig,- Propion- und Buttersäure bei wachsenden Färsen.)** Brit. J. Nutrit. **17** (1963) Nr. 3. S. 399–406. – 5 Tab., 19 Lit.

In 2 Versuchen an fistulierten Färsen im Alter von 22 bzw. 26 Mon. wurde durch intraruminale Infusion jeweils der Einfluß von Essig-, Propion- und Buttersäure auf N-Retention, Gewichtzuwachs, Verdaulichkeit der Ration, Futteraufnahme, Konzentration der flüchtigen Fettsäuren im Pansen und im Blut bestimmt. Die Energiezufuhr durch die Fettsäuren betrug in Versuch I 3500 und Versuch II 5500 kcal/Tag. – Alle 3 Fettsäuren erhöhten die N-Retention und den tägl. Gewichtszuwachs gegenüber der Kontrolle. Im Mittel betrug die Erhöhung der N-Retention in Versuch I 5,4 und Versuch II 3,7 g/Tag. In beiden Versuchen wurde der höchste Gewichtszuwachs und die höchste energetische Verwertung durch Infusion von Buttersäure erzielt. Essigsäure erniedrigte leicht den pH-Wert der Pansenflüssigkeit, führte zu einer Verminderung der Futteraufnahme an Heu und in einem Versuch zur Abnahme der Tr.-Subst.-Verdaulichkeit. Ähnliche Effekte wurden bei Infusion von Butter- und Propionsäure nicht beobachtet.
L. Hoffmann. 7862.

3-64/07-0528 Sivers, V. S. Kil'kist' mikroskopičnych grybiv rubci velykoï rogatoï chudoby pry zymovomu ta litńomy utrymanni. **(Die Menge mikroskopischer Pilze im Rinderpansen bei Winter- und Sommerhaltung.)** Mikrobiologičnyj žurnal, Kyïv **24** (1962) Nr. 8. S. 51–58. – 4 Abb., 2 Tab. Orig.: ukrain., Ausz.: russ., engl.

Die Menge der Pilze in 1 ml flüssigen Anteils des Panseninhalts schwankt zwischen einigen 100 bis 20000 in der Kolonie und hängt ab von Ration und Jahreszeit. Unter den thermophilen Pilzen wurden meistens bei 38° *Absidia corymbifera, Absidia ramoza, Aspergillus fumigatus* und *Mucor pusillus* angetroffen. Bei einer Temperatur von 28° wuchsen meistens *Geotrichum candidum* und Pilze der Stämme *Penicillium, Aspergillus* und *Trichoderma*.

K. Neumann. 7862.

3-64/07-0529 Ketz, H.-A.; Leipzig, Karl-Marx-Univ., Veterin.-Physiol. Inst. **Ablauf und Regulierung der mechanischen Verdauungsvorgänge in den Vormägen der Wiederkäuer.** Mh. Veterinärmed. **18** (1963) Nr. 16. S. 610–612. – 29 Lit.

Mit Hilfe neuester Literaturergebnisse werden die mechanischen Vorgänge in den Vormägen der Wiederkäuer behandelt, hierbei insbesondere der Hauben-Pansen-Cyclus, der Ructus, der Wiederkauakt, der Transport von Flüssigkeiten, sowie die Speichelsekretion. Hierzu dienten die neuesten Erkenntnisse aus histol. und physiol. Untersuchungen. Eingehend wird die reflektorische Steuerung der Vormagenmotorik sowie die mechanischen Vorgänge nach dem Abschlucken der Nahrung behandelt. Interessantes Material konnte über die zentralnervöse Steuerung zusammengetragen werden. Abschließend wird die chem. und pharmakologische Beeinflussung der Vormagenmotorik erörtert.

W. Richter/Kleinmachnow. 7862.

3-64/07-0530 Cordiez, E., Bienfait, J. M. und Mignon, J. Régime alimentaire et dévelopment des estomacs du jeune bovin. **(Der Einfluß der Nahrung auf die Entwicklung der Magenabteilungen beim jungen Wiederkäuer.)** Rev. Agric. [Bruxelles] **16** (1963) Nr. 4. S. 551–568. – 2 Abb., 10 Tab., 37 Lit.

Das Fassungsvermögen des gesamten Rindermagens beträgt 180–270 l bei großen, 135–180 l bei mittleren und 110–160 l bei kleinen Rindern. Im Verhältnis zum Volumen des gesamten Rindermagens nehmen die einzelnen Abteilungen folgende Anteile in Anspruch (Kalb bzw. erwachsenes Rind): Netzmagen + Pansen 32 bzw. 80, Psalter 4 bzw. 12, Labmagen 64 bzw. 8%. Die Entwicklung der Pansenhaubenmucosa und ihrer Muscularis sind voneinander unabhängig und reagieren nicht auf die gleichen, von der Fütterung herrührenden Reize. Das Wachstum der Muscularis hängt vom Ballastgehalt der Ration ab, die Entwicklung der Mucosa wird bei Trockenfütterung von den fermentierbaren Bestandteilen der Nahrung beeinflußt. FFS haben für die Entwicklung der Papillen eine essentielle Bedeutung. H. Busse. 7862.

3-64/07-0531 Żebrowska, T. Badania nad proteoliga i dezaminacja białek niektórych pasz treściwych stosowanych w żywieniu przeżuwaczy. **(Forschungen über Proteolyse und Desaminierung der Eiweißstoffe mancher Kraftfuttermittel, die zur Fütterung der Wiederkäuer dienen.)** Zeszyty naukowe wyższej Szkoły rolniczej Olsztynie **15** (1963) Nr. 2. S. 243–244. – 1 Lit.

Die Untersuchungen sollten den Zersetzungsgrad des Eiweißes von Ölkuchen und Lein-, Soja- und Rapsextraktschrot im Pansen bestimmen. Hammel mit ständigen Fisteln im Pansen erhielten Futterdosierungen, die aus den zu untersuchenden Futtermitteln bestanden. Der höchste Gehalt an Gesamt-N, Protein und Nicht-Protein-N im flüssigen Panseninhalt war zu verzeichnen bei der Fütterung der Tiere mit Raps- und Sojaschrot. Den niedrigsten Stand beobachtete man bei der Verabreichung von Leinölkuchen. Ähnlich waren die Kurven beim Gehalt von NH_3-N. Die beobachteten Unterschiede in der Höhe N-NH_3 als Hauptkennziffer der Eiweißzersetzung im Pansen werden in Korrelation gebracht zur Menge des in den untersuchten Futtermitteln löslichen N. Bei den Untersuchungen wurde zum 1. Mal in Polen die Methode der Hochspannungselektrophorese zur Bestimmung des Gehalts der freien Aminosäuren angewandt. Diese Methode erwies sich als sehr brauchbar für diese Untersuchungen. Bestimmt wurden auch die N-Bilanzen bei der Fütterung mit den zu untersuchenden Futtermitteln. Die niedrigste N-Retention beobachtete man bei der Fütterung von Rapsschrot.

PRL/CBR, übersetzt v. O. Kasperl. 7862.

3-64/07-0532 Hvidsten, Harald und Carlsson, James R. Virkningen av nitrat i fôret til drøvtyggere. **(Wirkungen von Nitrat im Futter der Wiederkäuer.)** Forskn. Forsøk Landbruket **14** (1963) Nr. 3. S. 443–457.
Vff. erläutern das Schrifttum über Nitratgehalt in Futterpflanzen, Nitratstoffwechsel im Pansen und den Einfluß auf die Tiergesundheit. An ein Schaf mit einer Fistel wurde eine Mischsilage verabreicht, die auf Grund unterschiedlicher N-Düngung 0,06 bzw. 0,5% Nitrat-N in der Tr.-Subst. enthielt. Durch die N-Gabe wurden zwar der Rohproteingehalt und die -verdaulichkeit erhöht, im Hinblick auf den Futterwert und die Produktion der flüchtigen Fettsäuren jedoch keine Differenzen festgestellt. Nitrat oder Nitrit konnten im Pansen nicht gefunden werden. Auch bei Lämmern trat kein Einfluß auf Futterverwertung, Zuwachs, sowie Mineral- Carotin- und Vit.-A-Gehalt im Blut auf. Der Vit.-A-Gehalt der Leber war auch nicht erhöht bei Futter mit höherem Carotingehalt (bei gesteigerter N-Düngung). Die Verabreichung von 5–10 g KNO_3 ergab bei Lämmern eine Depression beim Zuwachs, in der Futteraufnahme und -verwertung sowie in der Carotinverwertung. B. Piatkowski. 7862.

3-64/07-0533 Albright, J. L., Davis, C. L. und Blosser, T. H. Teaching aids in rumen physiology. **(Anschauungsmittel für den Unterricht auf dem Gebiet der Pansenphysiologie.)** J. Dairy Sci. **46** (1963) Nr. 10. S. 1142–1146. — 4 Abb., 7 Lit. 7862.

3-64/07-0534 Schicketanz, W. und Börnert, D. **Die Registrierung der Wasserstoffionenkonzentration im Verdauungskanal bei Hund und Schwein mit Hilfe der Intestinalsendermethode.** Mh. Veterinärmed. **18** (1963) Nr. 17. S. 653–657. — 10 Abb., 13 Lit.
Die Ergebnisse bisher durchgeführter Untersuchungen zur Bestimmung der H^+-Concentration im Verdauungstrakt der Haustiere werden gegeneinander abgewogen und die beträchtlichen Fehlerquellen herausgestellt. Durch die Anwendung der Intestinalsendermethode können die erwähnten Unzulänglichkeiten und Schwierigkeiten ausgeschaltet werden. Sie ermöglicht eine kontinuierliche Registrierung, auch distaler Darmabschnitte. Aufbau und Anwendungsweise werden an Beispielen bei Hunden und Schweinen beschrieben. und der Verlauf der H^+-Koncentration bei der Magenpassage des Senders kurvenmäßig festgehalten. Weiterhin wird das Reaktionsvermögen der Magensaftsekretion nach einer Fütterung und der Neutralisierung der gebildeten Magensäure durch Natriumbikarbonat am Beispiel eines Versuches erörtert. Zur Ortung des Senders im Verdauungskanal werden 2 Hilfsgeräte beschrieben, wobei das Transistorenpeilempfängergerät als das bessere erkannt wurde. W. Richter/Kleinmachnow. 7870.

3-64/07-0535 Bayley, H. S. und Lewis, D.; Sutton Bonington, Loughborough, Univ. of Nottingham, School of Agric. The effect of a non-ionic surface-active agent on the digestibility of triglycerides and free fatty acids in the pigs. **(Die Wirkung eines nichtionisierten oberflächenaktiven Agens auf die Verdaulichkeit von Triglyceriden und freien Fettsäuren beim Schwein.)** Proc. Nutrit. Soc. **22** (1963) Nr. 2. S. XXXII–XXXIII. — 1 Tab., 3 Lit.
Vff. berichten unter Hinweis auf Versuche von Solton, in denen durch Zugabe eines nichtionisierten oberflächenaktiven Agens (**I**) eine erhöhte Verdaulichkeit von Rindertalg (**II**) bei Küken gefunden wurde, über die Veränderung der „wahren" Verdaulichkeit des Gesamtfettgehaltes und der Fettsäuren bei Schweinen von Rationen, die 10% **II** oder 10% freie Fettsäuren (**III**) (gewonnen aus **II** durch katalytische Hydrolyse) enthielten, durch Zugabe von 0,1% **I** (Lissapol N (Nonylphenol-Äthylenoxyd-Kondensat)). Resultate: Ohne Zusatz von **I** war **III** schlechter verdaulich als **II** (Gesamtfett 54→71%). Als freie Säuren sind gegenüber im Triglycerid verabreicht schlechter verdaulich (%): Myristin- (54 → 86), Palmitin- (28 → 62) und Stearinsäure

(neg. —·23); gleich hoch verdaulich sind Öl- und Linolsäure. Die Zugabe von I bewirkte lediglich eine Erhöhung der „wahren "Verdaulichkeit von III (Myristin- von 54 auf 74; Palmitin- von 28 auf 42, Linol- von 94 auf 99, Öl- von 83 auf 86, Stearinsäure von neg. auf 11 und Gesamtfett von 54 auf 60% und blieb damit unter den Werten von II (86; 62; 96; 87; 23 und Gesamtfett 71%), die durch Zugabe von I nicht beeinflußt wurden. Vff. schließen daraus, daß die mangelhafte Emulgierbarkeit der Fettsäuren Ursache ihrer niedrigen Verdaulichkeit ist und im Gegensatz zum Küken nicht die Emulgierbarkeit die natürliche Grenze der Verdaulichkeit des II bildet. A. Chudy. 7888.

3-64/07-0536 *Lewis, D.*, Ed. **Digestive physiology and nutrition of the ruminant.** London: Butterworths. 1961. (IX, 297 S.) 8°. (1963 A 1350)

3-64/07-0537 *Prabucki, Alwin L.* **Vergleichende Untersuchung über den Einfluß von frischem und dehydratisiertem Gras auf die chemische Zusammensetzung des Panseninhaltes ausgewachsener Schafe.** Diss. Techn. Wiss. Zürich. 1963. (66 S.) 8°. (Diss. 9333)

3-64/07-0538 *Ray, Maurice L.* and *Essig, H. W.* **Effects of protein and energy supplements on the digestibility of low quality roughages by beef cattle.** Fayetteville: Univ. of Arkansas. 1963. (31 S.) 8° = University of Arkansas. Bulletin. 669. (SR 800, 669)

Intermediärer Stoffwechsel

3-64/07-0539 Gordon, Ellen R.; Toronto, Ontario, Defence Res. Med. Lab. Glucose consumption by the perfused, isolated rat liver. **(Glucoseverwertung durch die durchströmte, isolierte Rattenleber.)** Canad. J. Biochem. Physiol. **41** (1963) Nr. 7. S. 1611–1620. — 7 Abb., 3 Tab., 27 Lit.

Vf. teilt mit, daß mit der Durchströmung der isolierten Leber die Funktionsprüfung der Leber für sich erfolgen kann. Die Durchströmungsapparatur ist abgebildet und von M. Green und L. L. Miller (vgl. J. biol. Chemistry **235** [1960] S. 3202.) beschrieben worden. Verwendet wurden 200–300 g schwere ♂ Albinoratten, die 18–20 Std. vor der Tötung hungerten. Der Glucoseumsatz der isolierten, durchströmten Rattenleber stand in linearer Beziehung zum Blutglucosegehalt. Mit steigendem Blutzuckergehalt stieg der Umsatz durch die Leber und blieb bei konst. Blutzuckergehalt nach Einstellung auf konst. Höhe. Der Glucoseumsatz trat bereits bei einem Blutglucosegehalt von 100 mg/100 ml ein. Die Funktion der Leber wurde an der Gallen- und Harnbildung und am Milchsäure-, Pyruvat- und Glykogengehalt geprüft.
W. Jentsch. 7910.

3-64/07-0540 Annison, E. F., Leng, R. A., Lindsay, D. B. und White, R. R.; Armidale, New South Wales, Univ. of New England. The metabolism of acetic acid, propionic acid and butyric acid in sheep. **(Der Stoffwechsel der Essigsäure, Propionsäure und Buttersäure im Schaf.)** Biochem. J. **88** (1963) Nr. 2. S. 248–252. — 2 Tab., 17 Lit.

Bei 2-3jährigen Hammeln wurden Infusionen von 1-^{14}C-Acetat (**I**), 2-^{14}C-Acetat (**II**), 1-^{14}C-Propionat (**III**), 2-^{14}C-Propionat (**IV**), 1-^{14}C-Butyrat (**V**), 2-^{14}C- (**VI**) oder 3-^{14}C-Butyrat(**VII**) (jeweils die Na-Salze) in die Pfortader vorgenommen. Die höchste spez. Radioaktivität des Leber- und Muskelglykogens betrug nach allen Infusionen $< 0,2\%$, die von Blutlactat waren noch geringer und nur nach Infusion von **VI** war sie geringfügig höher. Nach Infusion von **I**, **II** oder **V–VII** betrug die spez. Radioaktivität der Plasmaglucose 2–5%, nach Infusion von **IV** 30% der verabreichten Substanz. Durch Infusion von **I**, **III**, **V** oder **VII** wurden hauptsächlich die C-Atome 3 und 4 der Glucose und das C-Atom 1 von Lactat markiert, durch **II**. **IV** oder **VI** die C-Atome 1, 2, 5 und 6 der Glucose und 2 und 3 von Lactat. Die spez. Radioaktivität des β-Hydroxybutyrats des Blutes betrug etwa 50% des verabreichten **V–VII**, 7–15% des **I–II** und 2% des **III–IV**, die des Blutformiats 5% des verabreichten **I–VII** und die des Blutacetats $<1\%$ des **III–IV** und 6–10% des **V–VII**. Die Stoffwechselwege der untersuchten Fettsäuren sind also denen bei Nichtwiederkäuern ähnlich. W. Jentsch. 7910.

3-64/07-0541 Leat, W. M. F.; Cambridge, Univ., School of Agric: Fatty acid composition of the serum lipids of pigs given different amounts of linoleic acid. **(Zusammensetzung der Serumlipoide beim Schwein nach Gabe unterschiedlicher Mengen von Linolsäure.)** Biochem. J. **89** (1963) Nr. 1. S. 44–51. — 2 Abb., 7 Tab., 21 Lit.
In einem Aufzuchtversuch wurden 6 Schweine von 4,5 kg auf 90 kg Lebendmasse gebracht mit einem Futter, das 0,1–3,7% des Kaloriengehaltes als Linolsäure in Form von Olivenöl enthielt. Das Blutserum der Versuchstiere wurde extrahiert, nach Böttcher u. a. (vgl. Recueil Trav. chim. Pays-Bas 78 [1959] S. 794.) fraktioniert und nach Veresterung gaschromatographisch untersucht. Die deutlichsten Veränderungen der Fettsäurezusammensetzung der Serumlipoidfraktionen ergaben sich bei einer Linolsäuremenge im Futter von weniger als 1% des Kaloriengehaltes. Bei den Phospholipoiden wurde dabei der Prozentgehalt der Linol- und Arachidonsäure gesenkt, der der Ikosatriensäure erhöht. Es fanden sich 70–75% der Ikosatrien- und Arachidonsäure des Serums in den Phospholipoiden. Bei den Sterinestern bewirkte eine Verminderung der Linolsäuregabe ebenfalls eine Abnahme der Linolsäure, die durch ein Ansteigen des Gehaltes an Öl- und Palmitoleinsäure kompensiert wurde. 60–70% der Linolsäure des Serums fanden sich in den Sterinestern. Die Zusammensetzung der Triglyceride und freien Fettsäuren wurde durch Änderung der Linolsäuregabe kaum verändert. G. Sternkopf. 7910.

3-64/07-0542 Niesar, Karl-Heinz. **Die „Kettenverlängerung" exogener Caprin- und Laurinsäure im Organismus landwirtschaftlicher Nutztiere.** Naturwissenschaften **50** (1963) Nr. 20. S. 646–647. — 1 Tab. 7910.

3-64/07-0543 Landau, Bernard R., Hastings, A. Baird und Zottu, Sylvia; Boston, Mass., Harvard Med. School. Substrate concentration and metabolic pathways in liver slices in vitro. **(Substratkonzentration und Stoffwechselwege in Leberschnitten in vitro.)** Biochim. biophysica Acta [Amsterdam] **74** (1963) Nr. 4. S. 621–628. — 4 Tab., 13 Lit.
Leberschnitte von normalgefütterten bzw. 24 Std. vor der Tötung hungernden Ratten wurden mit verschiedenen Konzentrationen (0,3 oder 1,0 mM und 20 und 40 mM) folgender ^{14}C-markierter Substrate wie Galaktose, Fructose, Mannose, Glycerin und Pyruvat bebrütet und die Umwandlung der Substrate in CO_2, Glykogen, Fettsäuren, Glucose, Milchsäure in Abhängigkeit von Konzentration und Zeit untersucht. Qualitativ ergaben sich keine prinzipiellen Differenzen in den Umwandlungsvorgängen in Abhängigkeit von der Substratkonzentration; quantitativ zeigten sich jedoch erhebliche Differenzen auch zwischen den Leberschnitten der gefütterten und der hungernden Ratten. Vff. schließen daraus, daß die Substratkonzentrationen einen quantitativen Einfluß auf die einzelnen Stoffwechselwege, denen die verschiedenen Substanzen im Verlauf ihres Stoffwechsels an der Leber unterliegen, ausüben.
R. Schiemann. 7910.

3-64/07-0544 Reiser, Raymond, Williams, Mary Carr, Sorreis, Mary Frances und Murty, Nadella L.; College Station, Texas A & M Coll. Biosynthesis of fatty acids and cholesterol as related to diet fat. **(Biosynthese von Fettsäuren und Cholesterin in Beziehung zum Nahrungsfett.)** Arch. Biochem. Biophysics **102** (1963) Nr. 2. S. 276–285. — 2 Abb., 4 Tab., 36 Lit.
Zu einer fettfreien Diät erhielten Ratten eine Zugabe von 30% synthetischer Triglyceride folgender Säuren: Butter-, Capron-, Capryl-, Caprin-, Laurin-, Myristin-, Palmitin-, Öl- bzw. Linolsäure. Bei anderen Tiergruppen wurde statt der reinen Triglyceride Schmalz, Butterfett oder Sonnenblumenöl gegeben. Nach 14 Tagen ad libitum-Aufnahme der verschiedenen Diäten wurde den Tieren 1 Std. vor der Tötung i.p. Acetat-1-^{14}C verabfolgt und neben dem Gehalt der ^{14}C-Einbau in die einzelnen Leberfettsäuren (nach gaschromatographischer Trennung), in das Lebercholesterin und in das Cholesterin der

Aorten bestimmt. Ergebnis: Trilinolat wurde nicht in der Leber abgelagert, sondern führte zu einer hohen Myristinsäurebildung in der Leber. Von den ^{14}C-Gaben inkorporierten in die Leberfettsäuren die O-Gruppe 7%, die Gruppen mit den kurzkettigen Fettsäuregaben etwa 5%, die Gruppen mit den mittellangen Fettsäuren etwa 2,5%, die Gruppen mit den langkettigen Fettsäuren ca. 1,5% und die Gruppen mit den natürlichen Fettgaben nur 0,2–0,3%. Demgemäß beeinflussen sich die kurzkettigen Fettsäuren bei der Synthese von Palmitinsäure wenig, während sich die langkettigen Fettsäuren gegenseitig inhibieren. Tripalmitat verursachte eine stark erhöhte Lebercholesterinsynthese, gemessen am ^{14}C-Einbau; in den Aorten wurde jedoch bei Tripalmitatgaben die weitaus geringste spez. Aktivität des Cholesterins gemessen. R. Schiemann. 7910.

3-64/07-0545 Bergman, E. N., Kon, K. und Katz, M. L.; Ithaca, N.Y., Cornell Univ. Quantitative measurements of acetoacetate metabolism and oxidation in sheep. **(Quantitative Messung des Acetoacetat-Stoffwechsels und der Oxydation bei Schafen.)** Amer. J. Physiol. **205** (1963) Nr. 4. S. 658–662. — 2 Abb., 3 Tab., 23 Lit.

Die Messung der max. Verwertung von Acetoacetat (AcAc) bei gesunden Schafen durch Infusion von ^{14}C-markiertem AcAc ergab, daß der Stoffwechsel von Ketonkörpern beim normalen Wiederkäuer rel. unbedeutend ist. Nur etwa die Hälfte der verwerteten Keto-Verbindungen wird sofort zu CO_2 oxydiert. Bei Ketose kann dagegen 30% und mehr des Atmungs-CO_2 vom AcAc-Stoffwechsel gebildet werden. L. Sperling. 7910.

3-64/07-0546 Century, Bernard und Horwitt, M. K.; Chicago, Univ. of Illinois, Coll. of Med. Effect of dietary lipids upon mitochondrial composition and swelling. **(Wirkung von Nahrungslipiden auf die Zusammensetzung und Schwellung der Mitochondrien.)** J. Nutrit. [Philadelphia] **80** (1963) Nr. 2. S. 145–150. — 2 Abb., 1 Tab., 27 Lit.

Abgesetzte Versuchsratten erhielten in ihrer Diät entweder 15% Rinderfett (**I**), 15% Pflanzenöl (**II**) oder 7% Lebertran (**III**). Vff. isolieren nach einer Fütterungsdauer von 11–14 Wochen die Lebermitochondrien (M.). Das verwendete Verfahren wird beschrieben. Weiterhin erhielten ♂ Küken (K.) Pflanzenöl oder Rinderfett in der Höhe von 4 oder 8% in der Diät und nach 28–30 Tagen wurden ihre M. isoliert. Im Schwellungstest mit Ag^+ zeigten die M. von **II** und **III** die stärkste Reaktion. Dagegen im Test mit Thyroxin reagierten **II** und **III** weniger und **I** stärker. Auf PO_4^{---} oder Cu^{++}-Zugaben war zwischen **I**, **II** und **III** keine signifikant unterschiedliche Schwellungsreaktion zu beobachten. Die M. von K. mit 4 oder 8% Pflanzenöl reagierten auf Ag^+, Cu^{++} und Hg^{++} stärker als die M. nach Rinderfettfütterung. Weiterhin wird die Schwellungsreaktion bei verschiedenen Vergleichspräparationen in Rohrzuckerlösung mit α-Tocopherol oder Propylgallat angegeben. Die Fettsäurenzusammensetzung der verschiedenen M.-Präparationen wird mitgeteilt. H. Bergner. 7920.

3-64/07-0547 Shapiro, B.; Jerusalem, Israel, Hebrew Univ., Hadassah Med. School. Endogenous fat in energy metabolism. **(Endogenes Fett im Energiewechsel.)** Wld. Rev. Nutrit. Dietetics 4 (1963) S. 79–91. — 83 Lit.

In Form einer Übersichtsarbeit werden an Hand von Ergebnissen der Literatur und Untersuchungen des Vf. die Beziehungen dargestellt, die sich zwischen dem Fettstoffwechsel und der Körpergewichtsregulation abzeichnen. Die Arbeit ist wie folgt gegliedert: Einleitung; Regulation des Körpergewichtes; Mobilisierung der freien Fettsäuren aus Fettgewebe; Mechanismus der Fettsäurefreisetzung; Triglyceride als Energiequelle; Fettsäuresynthese; Aktivität des Fettgewebes bei Verfettung und Magerkeit. Die Literatur ist nach Angaben des Vf. nicht vollständig wiedergegeben, sondern dient hauptsächlich dazu, die erörterten Thesen zu untermauern. R. Schiemann. 7920.

3-64/07-0548 Padučeva, A. L., Volkova, Z. I. und Feofilova, Z. A. Skorost' obrazovanija serusoderžaščich predšestvennikov keratina volosa v kože ovec posle vvedenija im sul'fata i metionina. **(Bildungsgeschwindigkeit schwefelhaltiger Vorgänger des Haarkeratins in der Haut von Schafen nach der Einführung von Sulfat und Methionin.)** Doklady Akademii nauk SSSR, Moskva **148(31)** (1963) Nr. 5. S. 1205–1206. — 1 Abb., 3 Lit. 7930.

3-64/07-0549 Kroon, A. M. Inhibitors of mitochondrial protein synthesis. **(Inhibitoren der Proteinsynthese in den Mitochondrien.)** Biochim. biophysica Acta [Amsterdam] **76** (1963) Nr. 1. S. 165–167. — 2 Tab., 9 Lit. 7930.

3-64/07-0550 Smith, Louis C., Ravel, Joanne M., Skinner, Charles G. und Shive, William. 3,4-dehydroproline, a proline antagonist. **(3.4-Dehydroprolin, ein Prolinantagonist.)** Arch. Biochem. Biophysics **99** (1962) Nr. 1. S. 60–64. 7930.

3-64/07-0551 Menne, Fritz, Koßmann, Karl T. und Lange, Kurt; Münster/Westph., Univ., Physiol.-Chem. Inst. **Über die Entstehung von Harnstoff im Myokard.** Hoppe-Seyler's Z. physiol. Chem. **332** (1963) Nr. 1/6. S. 314–315. — 1 Tab., 4 Lit. Zus. in Engl.
Die bei früheren Durchströmungsversuchen an Rattenherzen festgestellte Harnstoffvermehrung (vgl. Verh. dtsch. Ges. Kreislaufforsch., 27. Tagung **1961** S. 219.) wurde einer näheren Untersuchung unterzogen. Vff. bestimmten in Homogenaten von Schweine- und Rattenherzmuskel den Arginasegehalt und prüften nach Zugabe von Arginin die Arginasewirkung (durch Harnstoffbestimmung nach Folin). Durch die Zunahme der Harnstoffwerte (Differenz zwischen Harnstoffgrundwerten und den Werten nach einstündiger Einwirkung der Homogenate auf zugesetztes Arginin) wird die in den Durchströmungsversuchen erhaltene Harnstoffvermehrung auf die Wirkung von Arginase zurückgeführt. I. Schröder. 7930.

3-64/07-0552 Čečetkin, A. V. und Savroń, E. S.; Charkow, Zootechn. und Veterinärmed. Inst. Ontogenetičeskie osobennosti bolkovogo i nukleoproteidnogo obmena v tkanjach cypljat. **(Ontogenetische Besonderheiten des Eiweiß- und Nukleoproteidumsatzes in den Geweben der Küken.)** Sbornik rabot molodych učenych. Doklady na naučnoj konferencii aspirantov. Vsesojuznyj naučno-issledovatel'skij institut pticevodstva, Moskva **4** (1961, hrsg. 1962) S. 183–192. — 8 Tab., 6 Lit.
Untersucht wurden Küken der Rassen Plymouth Rock, New Hampshire und deren Kreuzungen jeweils am 15., 30., 60., 90. Tag der Aufzucht bzw. Mast. In den Geweben der Kreuzungsküken ist Umsatz intensiver als in den Geweben der Ausgangsrassen. Bei ersteren steigert sich der Stoffwechsel und hält sich auf einem hohen Niveau bis zum 60. Tag, um danach abzufallen. Bei den Ausgangsrassen erfolgt diese Steigerung langsamer und hält bis zum Alter von 90 Tagen an. Der Umsatz des Eiweißes und der Nucleoproteide geht bei den Plymouth Rocks aktiver als bei den New Hampshire vor sich.
W. Bonitz. 7930.

3-64/07-0553 Kroon, A. M.; Amsterdam, Univ. Protein synthesis in heart mitochondria. I. Amino acid incorporation into the protein of isolated beefheart mitochondria and fractions derived from them by sonic oscillation. **(Proteinsynthese in Herzmitochondrien. 1. Mitt. Aminosäureeinbau in das Protein von isolierten Rinderherzmitochondrien und aus ihnen durch Ultrabeschallung isolierten Fraktionen.)** Biochim. biophysica Acta [Amsterdam] **72** (1963) Nr. 3. S. 391–402. — 2 Abb., 7 Tab., 57 Lit.
Herzmitochondrien von Rindern zeigen, wie radiochemische Messungen mit uniform markiertem Leucin gezeigt haben, eine sehr hohe Aktivität hinsichtlich des Aminosäureeinbaues in Proteine. Es konnte sichergestellt werden, daß die Mitochondrienpräparate nicht durch Mikrosomen (Messung des RNA-

Gehaltes, der DPN-Nucleosidase- und der Carboxylesteraseaktivitäten) oder Bakterien verunreinigt waren. Für die Proteinsynthese ist die Anwesenheit von ATP, nicht jedoch die aktive oxydative Phosphorylierung notwendig. pH 5-Enzyme stimulieren zwar die Proteinsynthese, sind aber prinzipiell nicht erforderlich. Chloramphenicol inhibiert den Aminosäureneinbau vollständig, Oligomycin und 2,4-Dinitrophenol partiell. Ergänzende Versuche zur Aufteilung der Mitochondrien in Subfraktionen durch Ultrabeschallung ergaben, daß die spez. Einbauaktivität für Aminosäuren in isolierten Teilfraktionen noch höher lag als in den intakten Mitochondrien.
R. Schiemann. 7930.

3-64/07-0554 Starovojtov, A. M.; Charkow, Forsch.-Inst. für Tierzucht des Waldsteppen- und Polessje-Gebietes der Ukrain. SSR. Vzaimosvjaź meždu piščevareniem i obmenom ėndogennogo belka u svinej. **(Wechselbeziehung zwischen Verdauung und endogenem Eiweißstoffwechsel bei Schweinen.)** Vestnik sel'skochozjajstvennoj nauki, Moskva 8 (1963) Nr. 8. S. 86–90. – 14 Lit. Zus. in Engl., Franz., Dtsch.
Die Versuche wurden mit Ferkeln im Alter von 4–6 Mon. durchgeführt. Folgende Verfahren wurden angewendet: mit einer Magenfistel und Anastomose des Zwölffingerdarmes, mit einer Magenfistel und 2–3 Fisteln am Vorderteil des Darmes, mit isoliertem Magen und Basowschen Magenfisteln. Die Versuche zeigen, daß der Magen-Darm-Kanal am Zwischenstoffwechsel endogener Eiweißstoffe teil hat. G. Leisner. 7930.

3-64/07-0555 Tamir, Hadassah und Ratner, S.; New York, Public Health Res. Inst. of the City of New York. A study of ornithine, citrulline and arginine synthesis in growing chicks. **(Eine Untersuchung der Ornithin-, Citrullin- und Argininsynthese bei wachsenden Küken.)** Arch. Biochem. Biophysics **102** (1963) Nr. 2. S. 259–269. – 4 Tab., 35 Lit.
Wachsende Küken erhielten zu einer Arginin-armen Nahrung ^{14}C-markiertes Citrullin (Markierung in der Ureidogruppe). Etwa $^1/_3$ des ^{14}C wurde im Amidin-C des Gewebsarginins wiedergefunden. Die Argininsynthese aus Citrullin, die hauptsächlich in der Niere erfolgt, konnte durch enzymatische Studien erhärtet werden. Im Wachstumstest konnte Citrullin die für Geflügel sonst essentielle Aminosäure Arginin ersetzen. Dagegen vermögen Küken nicht Ornithin in Citrullin umzuwandeln, wie Versuche mit Gaben von $Na_2{}^{14}CO_3$ + Citrullin bei einer Argininmangeldiät (kein ^{14}C im Gewebsarginin) bewiesen. Ferner wird eine neue Methode zur Isolierung der Ornithursäure aus den Exkrementen von Küken beschrieben. Aus dem Fehlen von ^{14}C in der isolierten Ornithursäure nach Gaben von Na-Benzoat und Glutamat-^{14}C bzw. von $Na_2{}^{14}CO_3$ bei Normal- oder Argininmangeldiät schließen Vff., daß Küken kein Ornithin aus diesen Substanzen synthetisieren können.
R. Schiemann. 7930.

3-64/07-0556 Riggs, Thomas R. und Walker, Lois M.; Ann Arbor, Univ. of Michigan. Some relations between active transport of free amino acids into cells and their incorporation into protein. **(Einige Beziehungen zwischen dem aktiven Transport freier Aminosäuren in die Zellen und ihrem Einbau in Protein.)** J. biol. Chemistry **238** (1963) Nr. 8. S. 2663–2668. – 6 Abb., 4 Tab., 28 Lit.
Vff. untersuchten in Abhängigkeit von der Bebrütungszeit und der Zugabe verschiedener Inhibitoren und Stimulatoren der Atmung und oxydativen Phosphorylierung sowie des aktiven Transportes die Verteilung von ^{14}C-markierten Aminosäuren (Glycin, Leucin, „Cycloleucin", Methionin, Histidin, Valin) auf die extra- und intracelluläre Flüssigkeit sowie den Einbau in Protein bei Suspensionen von Mäusecarcinomzellen. Sie fanden, daß der Transport der Aminosäuren in die Zellen schneller verlief als der Einbau in Protein. Für jede Aminosäure ergab sich ein intracellulares Konzentrationsmax. für

max. Einbau, der teilweise durch Glucosezusatz, d. h. durch vermehrte Energiezufuhr, gesteigert werden konnte. Die Inkorporationsrate zeigte sich stärker abhängig von der Energiezufuhr als der Transport. Transport und Einbau waren unter den Versuchsbedingungen unabhängige Vorgänge, es sei denn, daß zunächst genügend Aminosäuren für max. Einbau in die Zellen transportiert werden mußten. R. Schiemann. 7930.

3-64/07-0557 *Koštíř, Josef.* **Allgemeine Biochemie. Jena: Fischer. 1963. (XIV, 509 S. m. 24 Abb. u. 3 Taf.) 8°. (1964 A 152)**

Energiewechsel

3-64/07-0558 Kraut, Heinrich und Jekat, Friedrichkarl; Dortmund, Max-Planck-Inst. für Ernährungsphysiol. **Die Abhängigkeit der Stickstoffbilanz von der Energiebilanz.** Z. Ernährungswiss., Suppl. **1963** Nr. 3. S. 84–96. – 5 Abb., 2 Tab., 21 Lit.

3 ♂ Versuchspersonen erhielten als Grunddiät eine normale gemischte Kost mit tägl. 1 g Protein und 2 weitere ♂ Versuchspersonen mit tägl. 1,2 g Protein/kg Körpermasse. Die Kalorienzufuhr wurde so bemessen, daß die Körpermasse konstant blieb. Der Anteil an Fettkalorien betrug 35%. In insgesamt 13 je 1 Woche dauernden Versuchsperioden, an der nicht immer alle Personen teilnahmen, wurde die Höhe der Kalorienzufuhr bei gleichbleibender oder verminderter Proteinzufuhr vermindert oder unterschiedliche Arbeit am Fahrradergometer geleistet. In allen Fällen wurde die N-Bilanz bestimmt. Unabhängig davon, ob eine verminderte Energiezufuhr erfolgte oder infolge Arbeitsleistung ein erhöhter Energiebedarf vorlag, entsprach ein Plus oder Minus einer Nahrungskalorie im Durchschnitt einer parallelen N-Bilanzänderung von 2,5 mg. Gleichzeitiger Abzug von Energie und Protein ergab nicht eine Summation der N-Bilanzsenkung, sondern nur 3,4 mg N je Nahrungskalorieverminderung. Vff. schlußfolgern, daß bei N-Bilanzmessungen zum Zweck der Eiweißbewertung auf eine ausreichende Energieversorgung geachtet werden sollte und daß Schwerstarbeiter statt 1,0 g Protein/kg Körpermasse entsprechend 1,2 g tägl. erhalten sollten. R. Schiemann. 8000.

Eiweißstoffwechsel

3-64/07-0559 Charton, A., Faye, P., Hervy, A., Bernard, C. und Gueslin, M. Étude des taux de quelques constituants du sérum et de leurs rapports, utilisables pour l'exploration du métabolisme azoté, chez la brebis normale en bergerie. **(Studien über einige Bestandteile des Serums und ihre Beziehungen zum Eiweißstoffwechsel an Schafen in einer Schäferei.)** Recueil Méd. vétérin. **138** (1963) Nr. 6. S. 445–454. – 3 Abb., 2 Tab., 3 Lit. Zus. in Engl., Span.

Von 10 Mutterschafen sind bei gleichbleibendem Futter und guter Haltung während der Trächtigkeit und der Laktation Blutproben innerhalb von 9 Mon. entnommen worden. An NH_3 wird pro 1000 ccm von 0,33–1,61 mg gefunden. Der mittlere und zugleich häufigste Wert beträgt 0,95 mg auf 1000 ml. Trächtigkeit und Laktation bewirken keine Änderung der Werte. Nicht-Protein-N des Blutserums ist bei tragenden Tieren um 0,350 g in 1000 ml und bei laktierenden Tieren um 0,420 g in 1000 ml gefunden worden. Die Mengen an Harnstoff erreichen in 2 Versuchen 0,59 g bzw. 0,45 g je 1000 ccm Blutserum während der Trächtigkeit und 0,74 g bzw. 0,61 g je 1000 ccm Blutserum während der Laktation im Durchschnitt. Polypeptide finden sich 13 mg bis 119 mg, im Mittelwert 49 mg ohne Unterschied bei Trächtigkeit und Laktation in 1000 ml Blutserum. Als Rest-N wird die Differenz zwischen dem Nicht-Protein-N und dem Harnstoff bezeichnet. Die in 1000 ml gefundene Menge Rest-N beträgt 0,10–0,18 g, im Durchschnitt 0,14 g. K. Preißler. 8042.

3-64/07-0560 Edwards, Cecile H., Gadsden, Evelyn L. und Edwards, Gerald A.; Greensboro, N. C., Agric. and Techn. Coll. Utilization of methionine by the adult rat. II. Absorption and tissue uptake of L- and DL-methionine. **(Die Methioninverwertung durch die ausgewachsene Ratte. 2. Mitt. Resorption und Gewebeaufnahme von L- und DL-Methionin.)** J. Nutrit. [Philadelphia] 80 (1963) Nr. 1. S. 69–74. – 1 Abb., 3 Tab., 13 Lit. 1. Mitt. vgl. LZ. Abt. III 6 (1961) Nr. 11. S. 1973.

An ♂ 6 Monate alten Wistar-Ratten wurde die Resorption von L-(I) und DL-(II)-Methionin-$^{14}CH_3$ aus dem Verdauungskanal und ihre Verteilung sowie die von DL-Methionin-2-^{14}V (III) in den Blutkomponenten und in 18 verschiedenen Geweben untersucht. Die Resorptionsrate war bei I am höchsten, und zwar rechnerisch ermittelt 1,1 mal so hoch wie die der D-Form. 30 Min. nach der Futteraufnahme wiesen Plasma und Plasmaprotein der mit I gefütterten Tiere eine höhere Aktivität als der mit II gefütterten Ratten auf. Bei den mit III gefütterten Ratten war der ^{14}C-Gehalt des Plasmas, des proteinfreien Plasmas und Plasmaproteins höher als bei den Tieren, an die II verabreicht worden war. 30 Min. nach der Fütterung traten die größten Streuungen bei der I-Aufnahme in Pankreas, Leber, Knochenmark und Schilddrüse auf. Bei den mit I gefütterten Ratten wurden in Gehirn, Lungen, Leber und Herz signifikant höhere ^{14}C-Konzentrationen gemessen als bei den mit II oder III gefütterten Tieren.
H.-D. Bock. 8042.

3-64/07-0561 Edwards, Cecile H., Gadsden, Evelyn L. und Edwards, Gerald A.; Greensboro, N. C., Agric. and Techn. Coll. Utilization of methionine by the adult rat. III. Early incorporation of methionine-methyl-C^{14} and methionine-2-C^{14} into rat tissues. **(Die Methioninverwertung durch die ausgewachsene Ratte. 3. Mitt. Frühe Incorporierung von Methioninmethyl-^{14}C und Methionin-2-^{14}C in Rattengewebe.)** J. Nutrit. [Philadelphia] 80 (1963) Nr. 2. S. 211–216. – 3 Tab., 10 Lit. 2. Mitt. vgl. vorst. Ref.

An ausgewachsenen ♂ Wistarratten wurde die Verteilung des α-(I) und Methyl-C (II) von Methionin in den wasser- und fettlöslichen Fraktionen sowie in den Proteinfraktionen von 17 Geweben kurz nach der Applikation des ^{14}C-markierten Methionins und 24 Std. danach gemessen. Die Initial-Incorporierung war bei I in den wasserlösl. Fraktionen des Pankreas und der Nebennieren am höchsten, bei II in der Leber. In den fettlösl. Fraktionen war die II-Konzentration höher, besonders in Leber und Nebennieren. In den Proteinfraktionen war wiederum die I-Konzentration höher, wenn sie auch erst 24 Std. nach der Futteraufnahme deutlicher in Erscheinung trat. H.-D. Bock. 8042.

3-64/07-0562 Choitz, Harold C., Kurrie, Dorothy und Gaebler, O. H.; Detroit, Mich., Ford Inst. for Med. Res., Henry Ford Hospital. Utilization of glycine nitrogen at various levels of glycine intake. **(Ausnutzung des Glycin-N bei verschieden aufgenommener Glycinmenge.)** J. Nutrit. [Philadelphia] 80 (1963) Nr. 4. S. 365–369. – 6 Abb., 2 Tab., 12 Lit.

Der Stoffwechsel von ungefähr 20 mg ^{15}N-Glycin wurde an 2 Hunden in 5 aufeinanderfolgenden Versuchen und schrittweiser Steigerung der Gesamtaufnahme des freien Glycin von 1,5–19,5 g/Tag studiert. Die Ausnutzung des ^{15}N vom Gesamt-N, Harnstoff und Ammoniak sowie die Menge im Fibrinogen wurde 6, 12, 24 und 48 Std. nach der Applikation geprüft. Der Prozentgehalt des ^{15}N, der nach 24 Std. reteniert wurde, und der Prozentsatz, der im Fibrinogen beobachtet wurde, waren umgekehrt proportional dem Logarithmus des gesamten aufgenommenen freien Glycin. Die Harnstoffrate, ausgedrückt als mg-Harnstoff-N je kg Lebendmasse und Std., war eine lineare Funktion der Glycinaufnahme während der aktivsten Stoffwechselperiode. Der Prozentgehalt des Urin-Ammoniak vom verabreichten Glycin stieg während der ersten zwei 6-Std.-Perioden linear mit steigender Glycinaufnahme mit Ausnahme der letzten und höchsten Gabe an. Glycin hat offenbar einen sparenden Einfluß auf die Bildung des Ammoniaks aus anderen Quellen. K. Gruhn. 8042.

3-64/07-0563 Stirpe, Fiorenzo und Schwarz, Klaus; Bethesda, Md., Nat. Inst. of Arthritis and Metabolic Diseases. Incorporation of valine-1-C^{14} into serum and tissue proteins of rats fed Torula yeast diets. **(Einbau des Valin-1-C^{14} in Serum- und Gewebeproteine bei Ratten, die mit Torulahefe gefüttert wurden.)** J. Nutrit. [Philadelphia] **79** (1963) Nr. 2. S. 151–160. – 2 Abb., 3 Tab., 22 Lit.

Der Einbau des intraperitonal injizierten Valin-1^{14}C in die Proteine des Serums und verschiedener Gewebe wurde an Ratten gemessen, die mit Vit.-E-Mangel-Hefe während der latenten, pränekrotischen und nekrotischen Leberdegeneration gefüttert wurden. Der beschleunigte Valineinbau war nicht direkt proportional den pränekrotischen Befunden der Tiere. Die Nekrotis vorbeugende Ergänzung mit Vit. E oder Selenit mit oder ohne Zusatz von DL-Methionin blieb ohne Einfluß; das gleiche traf für L-Cystin zu. Jedoch reduzierte eine Kombination von Vit. E und Selenit mit Methionin signifikant den Einbau des Valins in das Lebereiweiß. K. Gruhn. 8042.

3-64/07-0564 Morrison, Mary A., Reynolds, May S. und Harper, A. E.; Madison, Univ. of Wisconsin. Effect of increments of tryptophan and niacin on growth and on the concentrations of blood and liver pyridine nucleotides. **(Wirkung der Zunahme des Tryptophans und Niacins auf das Wachstum und die Konzentration der Blut- und Leber-Pyridinnucleotide.)** J. Nutrit. [Philadelphia] **80** (1963) Nr. 4. S. 441–446. – 2 Abb., 1 Tab., 16 Lit.

An junge Ratten wurde eine Diät verfüttert, die 6% Casein und 12% Gelatine enthielt. Das Wachstum wurde bis zur Steigerung von 0,06% Tryptophan in der Ration verbessert; das gleiche traf für die Blut- und Leber-Pyridinnucleotide zu. Niacin stimulierte das Wachstum der Ratten, wenn die Diät einen suboptimalen Gehalt an Tryptophan hatte; es hatte keinen Einfluß, wenn der Tryptophangehalt adäquat war. Ein Überschuß an Tryptophan und Niacin in der Nahrung, der das Wachstum nicht weiter förderte, verursachte jedoch einen Anstieg der Leber- und Blut-Pyridinnucleotide. K. Gruhn. 8042.

3-64/07-0565 Snyderman, Selma E., Holt jun., L. Emmett, Dancis, Joseph, Roitman, Ellen, Boyer, Audrey und Balis, M. Earl. „Unessential" nitrogen: a limiting factor for human growth. **(Nichtessentieller Stickstoff: ein limitierender Faktor für das menschliche Wachstum.)** J. Nutrit. [Philadelphia] **78** (1962) Nr. 1. S. 57–72. 8042.

3-64/07-0566 Spolter, Pari D. und Harper, Alfred E. Adaptation of rats to diets containing ethionine or excess leucine. **(Adaptation von Ratten auf Diäten mit Äthionin oder viel Leucin.)** J. Nutrit. [Philadelphia] **80** (1963) Nr. 4. S. 386–390. 8042.

Stoffwechsel stickstofffreier Nährstoffe

3-64/07-0567 Dupont, Jacqueline und Lewis, Harvye; Tallahassee, Florida State Univ. Lipid metabolism of young female rats fed diets varying in fat and calories. **(Fettstoffwechsel junger weiblicher mit Rationen verschiedenen Fett- und Energiegehalts gefütterter Ratten.)** J. Nutrit. [Philadelphia] **80** (1963) Nr. 4. S. 397–402. – 2 Abb., 3 Tab., 12 Lit.

An 10 und 15 Wochen alten ♂ Ratten wurde der Einfluß von Baumwollsaatöl und tierischem Fett auf die Inkorporation von Acetat-1-^{14}C in Leber- und Serumfette untersucht. Die Variationen im Fettgehalt waren 1 oder 20% Baumwollsaatöl oder 20% tierisches Fett (Schmalz und Butter 1 : 1). Durch größere Fettmengen wurde die Cholesterinsynthese gesteigert, während die Nichtcholesterinfette vermindert wurden. Nach 10 Wochen hatten die Ratten mit größerer Fettmenge im Futter sehr hohe Cholesterinaktivitäten bei nur wenig höheren Cholesterinkonz. in Leber und Serum. Bei Einschränkung der Futteraufnahme stellte sich der Cholsterinstoffwechsel auf die Höhe des Nahrungs oder Reservefettes ein. W. Jentsch. 8066.

3-64/07-0568 Barton, R. A., Shirland, F. B. und Rae, A. L. Variations in the iodine values of fats from fatty, muscular and bone tissues of the Romney sheep. **(Die Variationen in der Jodzahl der Fette im Talg, Muskel- und Knochengewebe bei Romneyschafen.)** Proc. New Zealand Soc. Animal Product. **23** (1963) S. 121–130. – 3 Tab., 32 Lit.
Die Fette der verschiedenen Körpergewebe bei 6 Jahre alten Romney-Mutterschafen und 16 Monate alten Romneyhammeln wiesen folgende durchschnittliche Jodzahlen auf (Mutterschafe bzw. Hammel): Nierenfett 40 bzw. 44; Netzfett -- bzw. 46; s. c. Lendenfett 42 bzw. 49; i. m. Lendenfett 44 bzw. --; Muskelfett des Long. dorsi 53 bzw. 60; Femur 45 bzw. —; Tibia-tarsus 54 bzw. --; Metacarpus 80 bzw. --. Daraus ist ersichtlich, daß die Jodzahlen im Fette der Hammel höher als im Fette der Mutterschafe waren. Innerhalb des Fettes bestimmter Gewebe bestanden beträchtliche Variationen, die zum Teil 12–15 Jodzahleinheiten betrugen. Auch zwischen den Werten der einzelnen Fettdepots beim gleichen Tiere lagen erhebliche Unterschiede vor. Zwischen den Jodzahlen des s.c. und des i.m. und des Long. dorsi-Muskelfettes bei Mutterschafen bestanden jedoch korrelative Beziehungen. H. Busse. 8066.

3-64/07-0569 Marion, J. E. und Edwards, H. M.; Athens, Ga., Univ. The influence of protein source on the response of chicks to corn oil. **(Der Einfluß der Proteinquelle auf die Reaktion von Küken gegenüber Maisöl.)** Poultry Sci. **42** (1963) Nr. 4. S. 825–828. – 4 Tab., 8 Lit.
Inwieweit die Verbesserung des Kükenwachstums, die nach Maisölzugabe einsetzt, vom Lipoidgehalt des Proteinträgers abhängt, prüften Vff. an 3 Eiweißstoffen: Sojabohnenprotein (1) natürlich (a) u. mit Methanol extrahiert (b), Caseingelatine (2) u. erhitzten Eialbumin (3). Die 4 synthetischen Futtermischungen mit niedrigem Fettgehalt wurden 4 Wo. lang an Eintagsküken verfüttert, entweder ohne oder mit Zusatz von 8% Maisöl. Die Fettsäuren in der Leber wurden am Versuchsende bestimmt. Das Maisöl steigerte die Wüchsigkeit in allen Fällen; die Proteinquellen wirkten sich nicht aus. Die Reaktion der Küken auf ungesättigte Öle im Futter kann daraufhin nicht mit den zurückgehaltenen Fettsäuren in Verbindung stehen, die aus den Eiweißträgern stammen. C. Engelmann. 8066.

3-64/07-0570 Anonym. Essential fatty acid intake and liver fatty acids in rats. **(Essentielle Fettsäureneinnahme und die Fettsäuren der Leber bei Ratten.)** Nutrit. Rev. **21** (1963) Nr. 9. S. 276–279. – 11 Lit.
Es wird über den Einfluß verschiedener Mengen (0,01–5% der Cal-Einnahme (E.)) von Linol-(**I**), Linolen-(**II**) und Arachidonsäure (**III**), verabreicht als einzigstes Fett in Form von Äthylestern, auf Gewicht, Fettmangelsymptome und auf die Fettsäurenzusammensetzung der Leber im Vergleich zu fettfreier Diät bei 27 Tage alten ♂ Ratten in 100-Tage-Versuchen berichtet. **III** erhöhte das Lgw. mehr als **I** (>**II**) nur bei Mengen <1% E.; bei >1% ergaben sich keine Unterschiede. Mangelsymptome wurden nur durch **III** (0,25% E.) und **I** (0,6% E.) aber nicht durch **II** geheilt. 5–10% E. von **I**, **II** und **III** erzeugten Mangelsymptome, so daß deren Oxydationsprodukte als Ursache angesehen werden. Die Fettsäurezusammensetzung der Leber veränderte sich entsprechend der Einnahme; bei Fütterung von **II** und **III** war **I** (geringfügig), **II** aber nur bei Fütterung von **II** vermehrt. Bei fettfreier Fütterung wurden in der Leber mehrfach ungesättigte Fettsäuren ($C_{20,22}$) gefunden. A. Chudy. 8066.

3-64/07-0571 Mohrhauer, Hans und Holman, Ralph T.; Austin, Univ. of Minnesota, Hormel Inst. The effect of dietary essential fatty acids upon composition of polyunsaturated fatty acids in depot fat and erythrocytes of the

rat. **(Der Einfluß der essentiellen Fettsäuren des Futters auf die Zusammensetzung der mehrfachungesättigten Fettsäuren im Depotfett und in den Erythrocyten der Ratte.)** J. Lipid Res. **4** (1963) Nr. 3. S. 346–350. – 2 Abb., 2 Tab., 12 Lit.
Die fettfreie Ration der Ratten wurde bis zu 5% ihres Kaloriengehaltes wechselnd mit den Äthylestern der Linolsäure, der Linolensäure und der Arachidonsäure (EFS) ergänzt. Nach 100 Versuchstagen wurden die Tiere getötet. (Rezepturen und Arbeitsvorschriften vgl. 3-64/03-0571.) Im Depotfett findet sich Ölsäure zu 50% aller Fettsäuren, in den Erythrocyten bis zu 20%. In beiden Fällen erniedrigt sich dieser Gehalt bei Zufütterung von EFS. Der Gehalt an gesättigten Fettsäuren bleibt nahezu unverändert. Linol- und Linolensäure werden ins Depotfett eingefügt, sie stehen mit der Arachidonsäure in Wechselwirkung. G. Sternkopf. 8066.

3-64/07-0572 *Wenderhold, Jürgen.* **Der Einfluß von Sorbinsäure auf die Gewichtsentwicklung von Ratten im Vergleich zur Wirkung anderer Konservierungssäuren.** Diss. Veterinärmed. Fak. Gießen. 1961. (39 S.) 8°. (Diss. 9103)

Mineralstoffwechsel

3-64/07-0573 Kirchgessner, M. **Mineral- und Wirkstoffe in der Nutztierhaltung.** Wirtschaftseigene Futter **9** (1963) Nr. 3. S. 230–241.
Vf. bespricht u.a. die Wirkung von Vit. B_6, Cu, Zn, Fe sowie Antibiotica in der Tierernährung. 8105.

3-64/07-0574 Gilman, A., Koelle, Ethol und Ritchie, J. M.; New York, Albert Einstein Coll. of Med. Transport of potassium ions in the rat's intestine. **(Transport von Kaliumionen im Rattendarm.)** Nature [London] **197** (1963) Nr. 4873. S. 1210–1211. – 1 Tab., 9 Lit.
Potentialmessungen an der mucosalen und serosalen Seite des isolierten Rattenjejunums und Ileums ergaben volle Übereinstimmung mit den aus Gleichgewichtsstudien errechneten, so daß Vff. vermuten, daß K^+ die Darmwand passiv durchwandern und ihre Verteilung durch das vorgegebene Potential entlang der Darmwand, das sich durch den aktiven Transport des Na^+ einstellt, bestimmt wird. R. Schiemann. 8122.

3-64/07-0575 Preś, Jerzy, Curlanis, Jadwiga und Fritz, Zofia. Bilans wapnia i fosforu u krów mlecznych w różnych okresach fizjologicznych. **(Die Calcium- und Phosphorbilanz der Milchkühe in den verschiedenen physiologischen Zuständen.)** Zeszyty naukowe wyższej Szkoły rolniczej Wrocławiu, Zootechn. **9** (1962) Nr. 41. S. 97–108. – 6 Tab., 13 Lit. Zus. in Russ., Engl.
Die Untersuchung erfolgte an 8 schwarzbunten Niederungskühen während der Trockenperiode bei unterschiedlichen Ernährungsniveaus unter Zusatz von Knochenmehl. Die Ca- und P-Bilanz wurde dreimal ermittelt nämlich zu Beginn der Trockenperiode, etwa 10 Tage vor dem Kalben und 5 Wochen nach dem Kalben. Im 1. Zeitabschnitt war die Bilanz aller Kühe positiv (17–31 g Ca, 10–21 g P). Im 10tägigen Zeitabschnitt vor dem Kalben war die positive Auswirkung des höheren Ernährungsniveaus und des Knochenmehlzusatzes erkennbar. Im Zeitabschnitt nach dem Kalben stand die Ca-Bilanz unter der Nachwirkung des Ernährungsniveaus während der Trockenperiode. Kühe, die vor dem Kalben weniger Ca erhielten, wiesen in der 5. Laktationswoche eine positive Bilanz auf. Bei hoher Gabe war sie negativ. Die P-Bilanz war bei allen Versuchstieren positiv. PRL/CBR. 8123.

3-64/07-0576 Forbes, R. M.; Urbana, Univ. of Illinois. Mineral utilization in the rat. I. Effects of varying dietary ratios of calcium, magnesium and phosdhorus. **(Mineralstoffverwertung durch die Ratte. 1. Mitt. Der Einfluß verschiedener Verhältnisse von Calcium, Magnesium und Phosphor in der Nahrung.)** J. Nutrit. [Philadelphia] **80** (1963) Nr. 3. S. 321–326. – 6 Abb., 2 Tab., 6 Lit.

Mit 40 ♂ Ratten mit etwa 60 g Gewicht wurden Wachstums- und Mineralstoffbilanzversuche durchgeführt. Ca wurden 0,4 und 0,8%, Mg 142 und 420 ppm und P 0,19 und 0,50% verabreicht. Gewichtszuwachs- und Futtereinnahme wurden durch Ca-Zugabe zur Ration mit wenig P vermindert. Offensichtlicher Mg-Mangel wurde nur durch Zugabe von Ca und P zu Rationen mit wenig Mg hervorgerufen. Es entstand durch reduzierte Resorption ein hohes Ca/Mg-Verhältnis in den gebildeten Geweben. Die Zugabe von Ca zur Ration verminderte den Mg-Gehalt im Blutserum, aber nicht in der Knochenasche. Mäßige bis schwere Ca-Ablagerung in der Niere wurde durch Zugabe von P zu wenig Mg in der Ration hervorgerufen. Dieser Effekt war am größten in Gegenwart von wenig Ca. W. Jentsch. 8123.

3-64/07-0577 Taylor, T. G.; Reading, England, Univ. Calcium metabolism and the laying hen. **(Der Calcium-Stoffwechsel und die Legehenne.)** J. Sci. Food Agric. **14** (1963) Nr. 9. S. 611–613. — 8 Lit.
Die Eischale enthält etwa 1,6–2,4 g Ca, das von der Schalendrüse in 15–16 Std. ausgeschieden und auf die Eihaut abgelagert wird. Die Henne entnimmt dem Futter im Höchstfall 1,83 g/24 Std. oder 76 mg/Std; den fehlenden Anteil entzieht sie ihren Knochen, etwa 100–120 mg/Std., wobei in erster Linie Ca-Depots angegriffen werden, die in Form spongiöser Knochenspangen („medullary bone") 10–14 Tage vor dem Legebeginn unter dem Einfluß von Östro- und Androgenen in den Markraum hineinwuchern. Auf- und Abbauvorgänge lösen sich im Skelett je nach dem Ca-Bedarf ab. Bisher galt die Anschauung, daß Hennen bei Ca-armer Fütterung das Legen einstellen, sobald dem Knochengerüst eine gewisse Ca-Menge entzogen ist. Sehr gut legende Batteriehennen erschöpften aber ihre Ca-Reserven z.T. bis zum Zusammenbruch (Legerinnenkrämpfe oder -erschöpfung). Welcher Mechanismus die Hennen üblicherweise davor bewahrt, sich derart zu verausgaben, ließen Versuche an 6 Hennen erkennen, die bei Ca-armer (I) oder Ca-reicher (II) Fütterung — 0,2% bzw. 3,0% Ca — a) rohe Vogelhypophysen injiziert bekamen, b) unbehandelt blieben. Nach 9 Tagen waren die Hennen Ia, die tägl. gelegt hatten, völlig zusammengebrochen oder weitgehend erschöpft, während die Hennen Ib nach 5 Tagen das Legen einstellten und die Tiere IIa mehr als IIb gelegt hatten. Danach scheint am Zusammenbruch im Legekäfig die ungenügende Sekretion von Gonadotropin in der Hypophyse verantwortlich zu sein; dieser Schutzmechanismus reagiert bei den Hennen nicht empfindlich genug, die zu jener Paralyse neigen. C. Engelmann. 8123.

3-64/07-0578 Kutikov, E. S.; Charkow, Zootechn. und Veterinärmed. Inst. Porodnye otličija izmenenij mineral'nogo obmena v kostjach u kur. **(Rassenunterschiede des Mineralstoffumsatzes in den Knochen der Hennen.)** Sbornik rabot molodych učenych. Doklady na naučnoj konferencii aspirantov. Vsesojuznyj naučno-issledovatel'skij institut pticevodstva, Moskva 4 (1961, hrsg. 1962) S. 193–202. — 5 Abb., 1 Tab., 12 Lit.
Vf. untersuchte an Tieren der Rassen New Hampshire und Russische Weiße das absolute und relative Gewicht, Tr.-Subst., Ca und P des Schlüssel- und Brustbeins sowie des Oberschenkelknochens. Die angeführten Merkmale wurden in der Periode des intensiven Wachstums (2 Tg. alte Küken), zu Beginn der Legereife und während der Mauser festgestellt. Danach liegt das absolute Gewicht der untersuchten Knochen bei den New Hampshire höher, das relative Gewicht jedoch niedriger als bei den Russischen Weißen. Der Gehalt an Tr.-Subst. war bei 2 Tg. alten Küken am geringsten und stieg zum Beginn der Legereife stark an; während der Mauser nahm er etwas zu, was auf den starken Wasserverlust der Knochen zurückzuführen ist. Der Anteil der einzelnen Knochen am Mineralstoffwechsel ist unterschiedlich. Dabei verfügt der Oberschenkelknochen bei beiden Rassen über die größere metabolische Aktivität als das Brustbein. W. Bonitz. 8123.

3-64/07-0579 Bruce, R. S.; Harwell, Med. Res. Council. Influence of calcium phosphate on the absorption of radioactive strontium. **(Einfluß von Calciumphosphat auf die Resorption von radioaktivem Strontium.)** Nature [London] **199** (1963) Nr. 4898. S. 1107–1108. – 1 Abb., 1 Tab., 1 Lit.
Versuche ergaben, daß Ratten, die vor und nach der intragastrichen Verabreichung einer ^{85}Sr-haltigen Lösung fasteten, etwa 3 mal so viel ^{85}Sr resorbierten. wie Ratten mit freiem Zugang zur Nahrung. Die ^{85}Sr-Resorption konnte auch auf das Niveau der gefütterten Ratten gesenkt werden, wenn die Grundnahrung unmittelbar nach ^{85}Sr verabreicht wurde. Hauptkomponente der Grundnahrung war Knochenmehl. Der gleiche Effekt wurde durch Mischungen von $CaHPO_4 \cdot 2\ H_2O$ mit Cellulose und Rohrzucker erzielt. Die Ergebnisse lassen vermuten, daß $CaHPO_4$ als sicheres Mittel zur Herabsetzung der Sr-Resorption nach zufälliger Einnahme von radioaktivem Sr durch den Menschen dienen kann. P. Stoß. 8123.

3-64/07-0580 Seidler, H. **Über Verteilung und Löslichkeit von 90-Strontium in Tierknochen.** Ernährungsforschung 8 (1963) Nr. 3. S. 417–422. – 3 Tab., 29 Lit.
Im Mittelpunkt der Untersuchungen des Vf. steht die Verteilung von ^{90}Sr innerhalb des Gesamtskeletts von Haustieren und die Löslichkeit des vom Knochen resorbierten ^{90}Sr. Bestimmt wurden die ^{90}Sr-Aktivitäten an Durchschnittsproben von Rinder-, Schweine- und Hammelknochen. Die Knochen wurden aufgearbeitet (Entfernung vom Weichgewebe, bei Röhrenknochen vom Mark), bei 900 °C verascht, und mit einem modifizierten Nitratverfahren auf ^{90}Sr untersucht. Im Gegensatz zu Literaturangaben wurde gefunden, daß bei Rinder- und Schweineknochen die Kontamination in der Reihenfolge Femur-Becken-Wirbel abnimmt. Heißwasserextraktionen zeigen eine Abnahme des Gehaltes an ^{90}Sr bei Rinderknochen von ca. 50% und bei Schweineknochen um ca. 30%. G. Rothe. 8123.

3-64/07-0581 Hemingway, R. G.; Glasgow, Univ. Experimental production of phosphorus-deficient rickets in young lambs. **(Über eine an jungen Lämmern erzeugte Phosphor-Mangel-Rachitis.)** Proc. Nutrit. Soc. 22 (1963) Nr. 2. S. XVI–XVII. – 1 Tab.
Lämmer erhielten von der 8.–26. Lebenswoche eine halbsynthetische Ration. Sie enthielt 0,09% P (I), 0,6% Ca, 14,5% Eiweiß und ausreichend Vit. D. In 3 Gruppen erfolgte eine Zulage von 0,1 (II), 0,2 (III) oder 0,5% P (IV). Nach 7 Wochen trat in Gruppen I und II Rachitis auf, der Blut-P betrug in beiden Gruppen nach 8 Wochen 2,0 bzw. 2,9 mg/100 ml. In Gruppe III stieg er später auf 4 mg an. Lebendmassezunahme: I 13,2, II 18,3 III 28,0, IV 24,3 lb. Aschegehalt der fettfreien Rippenknochen: I 42, II 53, III 59, IV 61%.
A. Hennig. 8124.

3-64/07-0582 Ritchie, H. D., Luecke, R. W., Baltzer, Betty V., Miller, E. R., Ullrey, D. E. und Hoefer, J. A.; East Lansing, Mich., State Univ. Copper and zinc interrelationships in the pig. **(Wechselbeziehungen zwischen Kupfer und Zink bei Schweinen.)** J. Nutrit. [Philadelphia] 79 (1963) Nr. 2. S. 117 bis 123. – 1 Abb., 4 Tab., 15 Lit.
6 Gruppen von insges. 60 Schweinen erhielten eine Mais/Soja-Ration mit 1,3% Ca. Die Versuchsgruppen erhielten jeweils folgende Zusätze in ppm: 125 Cu (I), 250 Cu (II), 100 Zn (III), 100 Zn und 125 Cu (IV), 100 Zn und 250 Cu (V) (Cu als $CuSO_4 \times 5\ H_2O$, Zn als ZnO). Nach 10 Versuchswochen waren 88% der Vergleichstiere an Parakeratose (Pk) erkrankt. Erst nach 15 Wochen wiesen 86% der Tiere mit 125 Cu und 17% der Tiere mit 250 Cu Pk (0–V) auf. Die Tageszunahmen betrugen in diesem Zeitraum (0–V), in lb: 0,58; 1,10; 1,21; 1,26; 1,29; 1,32. In der Gruppe III verendeten 3 Tiere an Cu-Vergiftung, bei einigen Tieren wurde Anämie, Hämorrhagien, Leber-

cirrhose, Magengeschwüre ermittelt. Der HB und Hämatokrit waren subnormal. Die Zn-Gaben erhöhten den Zn-Gehalt der Leber signifikant und schränkten die Cu-Ablagerung in der Leber ein. Alleinige Zn-Gabe erhöht den Fe-Gehalt der Leber. Die hohen Cu-Gaben führen zu einer Vervielfachung des Cu-Gehaltes der Leber in Abhängigkeit von der Gabe und dem Zn-Anteil in der Ration. A. Hennig. 8127.

3-64/07-0583 Latteur, J. P. Carences et précarences en cobalt chez les ruminants. **(Cobaltmangelerscheinungen und ihre Vorstadien beim Wiederkäuer.)** Rev. Agric. [Bruxelles] **16** (1963) Nr. 4. S. 645–653.

Bei akutem Mangel führt die Verabreichung von Co in wenigen Tagen zu einer Besserung. Die Tiere verlieren ihre Apathie, sie nehmen wieder erheblich zu und das Wachstum verläuft normal. Zuweilen tritt eine Latenzperiode in Erscheinung, während der sich die Pansenflora adaptiert. Es kommen auch parasitäre Befunde oder nicht mehr zu behebende degenerative Gewebsveränderungen vor. Die Reaktionen im Vorstadium sind ebenfalls interessant: Leistungsverbesserung, Gewichtserhöhung und verbesserte Fruchtbarkeit. Bei komplexen Mangelzuständen ist es erforderlich, den Co-Mangel und seine Erscheinungen isoliert darzustellen, ehe man weitere Entscheidungen trifft. H. Busse. 8127.

3-64/07-0584 Schroeder, Henry A., Vinton jun., William H. und Balassa, Joseph J.; Hanover, N.H., Dartmouth Med. School. Effect of chromium, cadmium and other trace metals on the growth and survival of mice. **(Wirkung von Chrom, Cadmium und von anderen Spurenelementen auf das Wachstum und die Lebensdauer der Mäuse.)** J. Nutrit. [Philadelphia] **80** (1963) Nr. 1. S. 39–47. — 5 Abb., 6 Tab., 12 Lit.

700 abgesetzte weiße Mäuse erhielten eine Ration aus Roggen, Magermilchpulver, Maisöl, lebenswichtigen Spurenelementen, NaCl und Vitaminen in Plastikkäfigen verabfolgt. Futter und Einstreu enthielten nur wenige Cr, Ti, Ni, Cd und Pb. Diese 5 Elemente wurden in einer Menge von 5 ppm in Form löslicher Salze dem Tränkwasser zugesetzt. Zweiwertiges Cd, Ni und Pb beeinflußten das Wachstum, die Lebendmasse und die Sterblichkeit bis zum Alter von 18 Mon. nicht, bei älteren Tieren führten Pb und Cd zu höherer Mortalität. Cr^{+++} verbesserte das Wachstum und reduzierte die Sterblichkeitsrate der ♂ bis 17 Mon. Ti^{++++}-Zusatz führt zu einer Beschleunigung der Wachstumsgeschwindigkeit. Der Gehalt an den 5 Elementen in der Leber, Niere und Lunge wird durch die Ergänzung erhöht. Mit Ausnahme des Pb und des Cd wurden jedoch in der Leber bzw. Niere gesunder erwachsener Menschen geringere Werte ermittelt. Cr wird auf Grund der Befunde als essentielles Spurenelement angesehen. A. Hennig. 8127.

3-64/07-0585 Schroeder, Henry A., Vinton jun., William H. und Balassa, Joseph J.; Hanover, N.H., Dartmouth Med. School. Effects of chromium, cadmium and lead on the growth and survival of rats. **(Wirkung von Chrom, Cadmium und Blei auf das Wachstum und die Lebensdauer der Ratten.)** J. Nutrit. [Philadelphia] **80** (1963) Nr. 1. S. 48–54. — 2 Abb., 5 Tab., 16 Lit.

Unter gleichen Versuchsbedingungen wie bei Mäusen (vgl. vorst. Ref.) wurde an 428 abgesetzte Ratten eine Cr-, Cd- und Pb-arme Ration gefüttert und in den Versuchsgruppen das Tränkwasser jeweils mit 5 ppm dieser Elemente ergänzt. Cr erhöht die Lebendmasse der ♂ Ratten bei einem Alter von 60 Tagen, 6 und 12 Monaten. Geringe, aber signifikante Mehrzunahmen gegenüber den Kontrolltieren wurden bei jüngeren Tieren durch Cd erzielt. Pb erhöhte nur bis zum 60. Lebenstag die Zunahmen signifikant. Cd und Pb vermehrte die Sterblichkeit, während Cr die Mortalitätsrate bei weiblichen Ratten senkte. Cd und Cr konnte in den Nieren der Kontrollgruppe nicht nachgewiesen werden. Der Gehalt betrug in den Versuchsgruppen bei Gabe des jeweiligen Elements: 1,2–8,6 mcg Cd, 0,7–1,5 mcg Pb, 2,4–2,9 mcg Cr je g Niere. Aus den Befunden wird abgeleitet, daß nur Cr im Stoffwechsel funktionell wirksam wird. A. Hennig. 8127.

3-64/07-0586 Miller, J. K., Swanson, E. W. und Cragle, R. G.; Oak Ridge, Tenn., Univ. Effects of feeding thyroxine on secretion of I^{131} in milk. **(Wirkung einer Thyroxin-Fütterung auf die Sekretion von ^{131}J in die Milch.)** J. Dairy Sci. **46** (1963) Nr. 8. S. 819–824. – 5 Abb., 2 Tab., 16 Lit.
In 8 vergleichenden Untersuchungen mit Milchkühen wurde festgestellt, welchen Einfluß die Verfütterung von 80 mg L-Thyroxin (**I**) je Tag auf den J-Stoffwechsel hat. Die **I**-Fütterung begann 2 Wo. vor der i.v. Applikation von 2 mC Na ^{131}J und wurde über die sich anschließende 7tägige Versuchsperiode fortgesetzt. Die Vergleiche erfolgten entweder mit eineiigen Zwillingen oder am selben Tier mit Perioden ohne **I**-Verabreichung. 2 weitere Kühe erhielten 80 mg **I**/Tag und ihre eineiigen Zwillinge i.v. je 1 mC mit ^{131}J markiertes **I**. Die **I**-Fütterung erhöhte die Milchleistung, den ^{131}Jodid-Gehalt des Plasmas und die ^{131}J-Exkretion in Milch, Harn und Kot, wobei es gleichgültig war, ob ^{131}J aus dem Jodid oder aus dem markierten **I** stammte. Obgleich bei den **I**-gefütterten Kühen mehr ^{131}J in die Milch sezerniert wurde, unterschied sich die Aktivität je ml gegenüber den Kontrollen nicht signifikant. Die Mehrausscheidung an ^{131}J über die Milch war bei den **I**-gefütterten Kühen daher vor allem durch den höheren Milchertrag bedingt. J. Wünsche. 8127.

3-64/07-0587 Hartley, W. J. Selenium and ewe fertility. **(Selen und die Fruchtbarkeit von Mutterschafen.)** Proc. New Zealand Soc. Animal Product. **23** (1963) S. 20–27. – 8 Tab., 3 Lit.
Es wird der heilende Einfluß des Se auf eine spez. fütterungsbedingte Minderung der Fruchtbarkeitsleistung bei Mutterschafen behandelt. Das Problem der güsten Mutterschafe kann durch eine einzige Dosis von 1–25 mg Selen einen Monat vor der Bockzeit verabreicht, überwunden werden. Die Unfruchtbarkeit beruht auf dem frühen Embryonaltod 3–4 Wochen nach der Konzeption. Unter den Versuchsbedingungen vermochte weder das Antioxydans Santoquin, noch das Vit.-E-Präparat Rovimix die Selen-bedingte Sterilität zu verhindern. Wurden 1 Monat vor der Paarung und einen Monat vor dem Ablammen jeweils 45 mg Cu-Glycinat s.c. und im gleichen Abstande jeweils 15 mg Se appliziert, kam es durch die Cu-Behandlung zu keinem erhöhten Ablamm-Ergebnis. Tatsächlich war hierdurch eine geringfügige Fruchtbarkeitsminderung zu beobachten. H. Busse. 8127.

3-64/07-0588 Butler, G. W. und Peterson, P. J. Availability of selenium in forage to ruminants. **(Verfügbarkeit des Selen im Futter bei Wiederkäuern.)** Proc. New Zealand Soc. Animal Product. **23** (1963). S. 13–19. – 3 Tab., 11 Lit.
Mit Hilfe der Anwendung von ^{75}Se wurde nachgewiesen, daß Assimilationsprodukte überwiegend aus Se-Aminosäuren bestehen. Schafe, die radioaktive Selenite oder ^{75}Se-markierten Rotklee bekommen hatten, schieden die radioaktive Substanz überwiegend in dem Faeces in unlöslicher Form aus. In anschließenden Gefäßversuchen wurden nur kleine Mengen Se aus mit ^{75}Se markiertem Dünger von den Weidepflanzen aufgenommen. Im Hinblick auf die Ursachen der starken fäkalen Ausscheidung wären weitere Untersuchungen von Interesse. Möglicherweise kann durch einfache Veränderungen in der Ernährung der Schafe die Se-Resorption durch den Darm und die Ausscheidung im Harn gesteigert werden. Eine andere Quelle der beschleunigten Se-Ausscheidung ist die Bildung flüchtiger Se-Verbindungen, die evtl. auch als Geruchsbestandteile in der Espirationsluft von Tieren ausgeschieden werden. H. Busse. 8127.

3-64/07-0589 Kudrjavcev, A. A., Beschlebnov, V. A. und Ivlieva, E. Ja.; Kusminki, Gebiet Moskau, Unions-Inst. für Exp. Veterinärmed. Selen kak lečebnoe sredstvo. **(Selen als Heilmittel.)** Vestnik sel'skochozjajstvennoj nauki, Moskva 8 (1963) Nr. 7. S. 62–64. – 2 Abb., 11 Lit. Zus. in Engl., Franz., Dtsch.

Vff. fanden, daß eine Injektion von Natriumselenit ($Na_2 Se O_4$) in einer Dosis von 0,1 mg je 1 kg Lgw. für Tiere nicht toxisch ist. Diese Dosis wird für Prophylaxe und Heilmittel gegen die Weißmuskelkrankheit der Lämmer zur Anwendung empfohlen. G. Leisner. 8127.

Stoffwechsel der Vitamine und anderer Wirkstoffe

3-64/07-0590 Braekkan, Olaf R.; Bergen, Norw. Fisheries Res. Inst. The mode of absorption of vitamin A in chicks. **(Über die Resorption des Vitamin A beim Küken.)** Int. Z. Vitaminforsch. [Bern] **33** (1963) Nr. 3. S. 293–303. – 2 Abb., 1 Tab., 26 Lit. Zus. in Franz., Dtsch.

Vit.-A (**I**)-Mangelküken erhalten 10000 IE **I**-Acetat, **I**-Alkohol bzw. **I**-Palmitat peroral verabreicht. 75 Min. danach werden die Tiere getötet und im Plasma **I** chromatographisch bestimmt. An Hand der im Plasma vorliegenden **I**-Formen ist anzunehmen, daß **I**-Acetat die Schleimhautzellen passiert. Unabhängig davon findet, wie in weiteren Untersuchungen festgestellt werden konnte, im Darm Hydrolyse und Veresterung der zugeführten **I**-Formen statt.
H. Ackermann. 8152.

3-64/07-0591 Braekkan, Olaf R.; Bergen, Norw. Fisheries Res. Inst. The isomerization of vitamin A in chicks. **(Die Isomerisierung des Vitamin A beim Küken.)** Int. Z. Vitaminforsch. [Bern] **33** (1963) Nr. 3. S. 279–293. – 3 Tab., 42 Lit. Zus. in Franz., Dtsch.

Nach einer Vit.-A-Mangelperiode von 14 Tagen erhalten Küken 11000 IE Vit. A (**I**)-Acetat (all-trans-Form) in Arachisol verabreicht. Es wird die Verteilung des **I** in verschiedenen Teilen des Verdauungstraktes, in Leber und Blut bestimmt (Methode U. S. P. XVI). In einem 2. Versuch wird die Isomerisation von all-trans-**I**-Ester, -Alkohol und Neo-**I**-Alkohol und in einem 3. Versuch die Isomerisationsrate von Neo-**I** zu all-trans-**I** in Abhängigkeit von der Zeit untersucht. Eine Isomerisation von all-trans-**I** zu Neo-**I** findet danach nicht statt. Neo-**I** wird dagegen in Darm und Leber rasch zu All-Trans-**I** isomerisiert. Das all-trans-**I** scheint demnach die natürliche **I**-Form in der Kükenleber zu sein. H. Ackermann. 8152.

3-64/07-0592 Braekkan, Olaf R.; Bergen, Norw. Fisheries Res. Inst. Studies on the absorption of different forms of vitamin A in young chicks. **(Untersuchungen über die Resorption unterschiedlicher Vitamin-A-Formen durch Küken.)** Int. Z. Vitaminforsch. [Bern] **33** (1963) Nr. 3. S. 234–254. – 2 Abb., 3 Tab., 37 Lit. Zus. in Franz., Dtsch.

An Eintagsküken (Weiße Leghorn) wird die Resorption von all-trans-Vit. A-(**I**)-Alkohol (**II**), -Acetat (**III**), -Palmitat (**IV**), natürlichen **I**-Estern (**V**), Neo-**I**-Alkohol (**VI**) und -Ester (**VII**) geprüft. Im Blut wird ein **I**-Maximum nach 60 bis 90 Min. bei **II** und **III**, nach 90 Min. bei **IV** und **V** erreicht. Geringere Aufnahmen sind bei **VI** und **VII** zu beobachten. In der Leber ist **I** bereits nach 20 Min. nachweisbar. Die Einlagerungsrate des **VI** und **VII** liegt gegenüber den all-trans-Formen nur bei 40 bis 50%. Der **I**-Gehalt der Nieren steigt nach 24 Std. an und fällt nach 96 Std. wieder ab. Die Speicherung von kristallinem **VI** ist gegenüber der natürlichen Form signifikant höher, was auf die mögliche Anwesenheit von 6-cis-**I** in letzterer zurückgeführt werden kann.
H. Ackermann. 8152.

3-64/07-0593 Antener, Ilse, Neuweiler, W., Althaus, U. und Richter, R. H. H. **Der Einfluß von Xantophyll auf die Speicherung von Vitamin A in der Leber von Muttertieren und deren Föten.** Int. Z. Vitaminforsch. [Bern] **32** (1962) Nr. 4. S. 459. 8152.

3-64/07-0594 Tarján, R. und Kramer, Magdalene. The effect of liquid paraffin on the utilization of carotene and vitamin A. **(Die Wirkung von flüssigem Paraffin auf die Verwertung von Carotin und Vitamin A.)** Int. Z. Vitaminforsch. [Bern] **33** (1963) Nr. 3. S. 304–310. – 2 Abb., 2 Tab., 17 Lit. 8152.

3-64/07-0595 Masuhara, T. und Migicovsky, B. B.; Ottawa, Ontario, Canada Dep. of Agric., Animal Res. Inst. Vitamin D and the intestinal absorption of iron and cobalt. **(Vitamin D und die intestinale Resorption von Eisen und Kobalt.)** J. Nutrit. [Philadelphia] **80** (1963) Nr. 3. S. 332–336. – 6 Abb., 3 Tab., 12 Lit.
An Küken wurde der Einfluß von Vit. D und Nahrungs-Ca auf die Resorption von Fe und Co untersucht. Die Mengen an ^{59}Fe und ^{60}Co in Knochen, Blut und Leber waren nach oraler und i. p. Verabreichung verschieden. Weder Vit. D noch die Höhe des Nahrungs-Ca hatten einen Einfluß auf die i. p.-Dosis. Vit. D erhöhte den Fe- und Co-Gehalt in Knochen, Blut und Leber, wenn Fe und Co oral mit wenig Ca im Futter verabreicht wurden, bei hohem Ca-Gehalt war kein Einfluß vorhanden. Die Resorption von Fe und Co war höher, wenn der Ca-Gehalt des Futters hoch war. Die Ergebnisse wurden im Hinblick auf den Wirkungsmechanismus des Vit. D bei der Resorption der Kationen diskutiert. W. Jentsch. 8154.

3-64/07-0596 Schmandke, H., Kaludin, I. und Ketz, H.-A.; Potsdam-Rehbrücke, Inst. für Ernähr. **Über den Stoffwechsel von α-, β-, γ- und δ-Tocopherol bei der Ratte.** Int. Z. Vitaminforsch. [Bern] **33** (1963) Nr. 3. S. 254–261. – 2 Tab., 39 Lit. Zus. in Engl., Franz.
An Wistarratten werden 10 mg eines Tocopherol(**I**)-Gemisches (43% α-, 45% β + γ- u. 12% δ-**I**) bei einer Resorptionszeit von 3 Std. intraduodenal und bei einer Resorptionszeit von 24 Std. peroral verabreicht. Herz (H), Leber (L) und Nieren (N) werden nach der Gewinnung des Portalvenenblutes entnommen. Die Bestimmung der **I** erfolgt papierchromatographisch. Die absolute **I**-Aufnahme in H, L und N beträgt nach 3 Std. insgesamt 0,5%, nach 24 Std. 0,7%. Der α- und δ-**I**-Gehalt der L. liegt nach 3 Std. in gleicher Größenordnung, in der N. ist der δ-**I**-Gehalt nach 24 Std. höher als nach 3 Std Die relativ hohen δ-**I**-Werte der L. werden auf ein erhöhtes Speicherungsvermögen und auf eine Umwandlung hoher methylierter **I** zu δ-**I** zurückgeführt. H. Ackermann. 8156.

3-64/06-0597 Gorodeckij, A. A. Ėffektivnost' podkormki porosjat cholinom i vitaminom B_{12}. **(Der Nutzeffekt der Beifütterung von Cholin und Vitamin B_{12} an Ferkel.)** Životnovodstvo, Moskva **25** (1963) Nr. 5. S. 78–79. – 2 Tab.
36 Ferkel von 40 Tagen mit einem Gewicht von ⌀ 10,7 kg wurden in 3 Gruppen einem 118 Tage dauernden Versuch unterworfen. Dabei bestand die Grundration aus 40,2% Hafer, 40,2% Gerste, 2,1% Fischmehl, 9,6% Sonnenblumenkuchen, 4,7% Heumehl, 1,5% Magermilch, 0,9% kohlensaurem Kalk; 0,8% Salz und 4 mg Kobaltchlorid, 4 mg Kupfersulfat, 14 mg Eisensulfat und 1000 IE Vit. A/kg Grundration. Die Kontrollgruppe erhielt nur die Grundration, Gr. I – Grundration + Cholinchlorid (1 g/kg Futter), Gr. II – Grundration Vit. B_{12}' (20 μg/kg Futter). Die Tagesdurchschnittszunahmen betrugen dabei 330 g, 420 g und 445 g bei einem Futteraufwand von 4,8; 4,5 und 4,4 FE/kg Zunahme. B. Schenk. 8158.

3-64/07-0598 Perek, M. und Kendler, J.; Rehovot, Israel, Hebrew Univ. of Jerusalem, Fac. of Agric. Ascorbic acid as a dietary supplement for White Leghorn hens under conditions of climatic stress. **(Ascorbinsäure als Futterzusatz bei Weißen Leghorns unter klimatischen Streßbedingungen.)** Brit. Poultry Sci. 4 (1963) Nr. 2. S. 191–200. – 4 Abb., 5 Tab., 27 Lit.

Die Versuche wurden im Jordantal durchgeführt, wo vom März bis zum Okt. kein Regen fällt u. die tägl. Temperaturschwankungen groß sind (bis zu 13 °C), bei Maxima von mehr als 39 °C. In Versuchen an 216 Hennen in Batteriehaltung setzten Vff. 25, 75 u. 400 ppm eines Ascorbinsäurepräparates (**I**) zu. **I** erhöhte die Eiererzeugung um 23,6% während der ersten 4 Versuchswochen (die in den legearmen Monat April fielen) der 1. Versuchsreihe u. um 11,2% während der 12 Versuchswochen der 2. Das Eigewicht nahm nur im ersten Fall zu, die Schalendicke veränderte sich nicht. Die Ausfälle durch Merzen der nicht mehr legenden Hennen u. durch Tod waren in allen Gruppen mit **I** weit geringer. Im Juli, dem heißesten Monat, ging der Ascorbinsäuregehalt im Blut stark zurück (von 0,60 auf 0,21 mg). C. Engelmann. 8160.

3-64/07-0599 Jankovskaja, B. I. Nekotorye voprosy biosinteza askorbinovoj kisloty v životnom organizme. **(Einige Fragen der Biosynthese von Ascorbinsäure im tierischen Organismus.)** Uspechi sovremennoj biologii, Moskva **56** (1963) Nr. 1. S. 3–19. – 2 Abb., 7 Tab., 79 Lit.

Bei Zuführung von $CaCl_2$ findet man beim Meerschweinchen in einzelnen Organen (Leber, Niere, Nebenniere) weniger Ascorbinsäure gegenüber einer Fütterung ohne diesen Zusatz. Bei weißen Ratten liegen die Verhältnisse entgegengesetzt. Quantitative Gesetzmäßigkeiten in der Dynamik der Biosynthese werden aufgezeigt; eine Beschleunigung derselben tritt bei Zusatz von Thiamin ein. Der Mengenzusatz an Thiamin und die dabei eintretende Steigerung der Ascorbinsäureproduktion sind zahlenmäßig tabellarisch zusammengefaßt und diskutiert. Auf der gleichen Ebene sind Bremswirkungen bei Zusatz von Tetrachlorpentan und Anilin beschrieben. Weiterhin wurden die gewichtsmäßigen Veränderungen der Ascorbinsäurekonzentrationen im Mäuse- und Rattenhoden während der Protonenbestrahlung (660 MeV) in Dosen zu 600 Rad.-Einheiten untersucht. G. Rothe. 8160.

3-64/07-0600 Kolb, E. **Die Ubichinone und Ubichromenole — eine stoffwechselphysiologisch bedeutsame Gruppe von Verbindungen und deren Beziehungen zu essentiellen Nahrungsfaktoren, insbesondere zum Vitamin-E- und Selenstoffwechsel.** Mh. Veterinärmed. **18** (1963) Nr. 17. S. 658–663. – 1 Abb., 7 Tab., 22 Lit.

Die bedeutsame Gruppe von Verbindungen – die Ubichinone und Ubichromenole – haben große Bedeutung bei der biologischen Oxydation. Ihre Synthese steht in engem Zusammenhang mit der Vit.-E- und der Se-Versorgung. In vorliegender Arbeit werden u. a. die Beziehungen zum Vit. A und E, Se, Vit. K und den B-Vitaminen behandelt. Hervorgehoben wird, daß nicht nur das Se das Vit. E in zahlreichen Stoffwechselfunktionen ersetzen, sondern auch bei Vit.-E-Mangel die Ubichinonsynthese durch Se gefördert werden kann. W. Richter/Kleinmachnow. 8162.

3-64/07-0601 Aschkenasy, A. und Nataf, B. Influence de la carence en protéines et en certains acides aminés sur l'activité thyroiidienne étudiée à l'aide de l'iode radioactif. **(Einfluß der Abwesenheit von Proteinen und bestimmten Aminosäuren auf die Schilddrüsenaktivität nach Untersuchung mit radioaktivem Jod.)** Ann. Nutrit. Alimentat. [Paris] **17** (1963) Nr. 4/5. S. B 247 bis B 262. – 2 Tab., 27 Lit.

Vff. untersuchten an wachsenden Ratten den Einfluß eines Mangels an Protein und bestimmten Aminosäuren (phenolische und schwefelhaltige AS sowie Lysin und Trypthophan) auf die Schilddrüsenaktivität der Tiere, indem sie das Konzentrationsvermögen des J durch die Schilddrüse und vergleichsweise dazu die Autoradiographie der Schilddrüse und des Blutplasmas mit Hilfe von ^{131}J bestimmten. Bei guter Versorgung der Tiere mit J unterscheiden sich J-Konzentration in der Schilddrüse, die Hormon-Produktion der Schilddrüse sowie ihre Hormon-Zirkulation bei proteinfrei und proteinreich ernähr.

ten Ratten nicht. Bei J-arm ernährten Ratten sind die ^{131}J-Aufnahme durch die Schilddrüse und das Konzentrationsvermögen nach proteinfreier Ernährung höher als bei proteinreicher Diät. Damit widersprechen die Ergebnisse der Hypothese von einer funktionellen Hemmung der Schilddrüse bei proteinfreier Ernährung. H.-D. Bock. 8175.

3-64/07-0602 Roche, Jean und Michel, Raymond; Paris, Coll. de France. Sur quelques emplois du radioiode en physiologie et en biochimie thyroidiennes. **(Über einige Anwendungsmöglichkeiten des Radiojodes in der Physiologie und Biochemie der Schilddrüse.)** Ann. Nutrit. Alimentat. [Paris] **17** (1963) Nr. 4/5. S. B 107–B 133. – 11 Abb., 62 Lit.

Vff. geben einen Überblick über die derzeitigen Erkenntnisse, die durch Anwendung von ^{131}J beim Studium der Schilddrüsenfunktionen gewonnen wurden. Es werden die Art und Weise des Transportes der zirkulierenden Schilddrüsen-Hormone, ihr Eindringen in die Zellen, ihr Stoffwechsel in den einzelnen Organen (Leber, Nieren) sowie ihre Aktivität innerhalb der Zellen, in den Mitochondrien und Mikrosomen, dargestellt. H.-D. Bock. 8175.

3-64/07-0603 Clark, John D., Dyer, I. A., Templeton, Judith und Galgan, M. W.; Pullman, Washington State Univ. Effects of cortisone on ruminant performance. **(Wirkung von Cortison auf die Körperentwicklung von Wiederkäuern.)** J. Animal Sci. **22** (1963) Nr. 2. S. 463–465. – 2 Tab., 9 Lit.

Gaben von Cortison (implantiert od. injiziert od. per os gegeben) hatten keinen signifikanten Einfluß auf die Entwicklung von Lämmern. Dagegen entwickelten sich bei tiefen Umgebungstemperaturen (27 °F) gehaltene Bullenkälber nach Behandlung signifikant besser. J. Bergfeld. 8175.

3-64/07-0604 Burroughs, Wise und Zmolek, William. 62 questions about stilbestrol answered. **(62 Fragen über Stilboestrol beantwortet.)** Iowa State Univ. Sci. Technol., agric. Home Econ. Exp. Stat., Bull. **1963** Nr. 133. S. 1 bis 12. – 8 Abb. 8175.

3-64/07-0605 Kwiatkowski, T. und Rogowska, W. Aktywność lipazy trzustkowej w krwi cieląt w okresie wzrostu. **(Die Aktivität der Bauchspeicheldrüsen-Lipase im Blute der Kälber während des Wachstums.)** Med. weteryn. **19** (1963) Nr. 4. S. 209–211. – 1 Abb., 1 Tab., 8 Lit.

Die Aktivität der Serumlipase bei den am Euter der Kuh saugenden Kälber beträgt durchschnittlich 1,7 ml n/20 NaOH; nach dem Absetzen vermindert sie sich bis zu 0,86 (kritischer Moment) und danach erhöht sie sich wieder (bis zu 1,24), obwohl die Kälber verdünnte Milch erhalten. Bei erwachsenen Kühen betragen diese Werte 1,52–5,75. Aus den Ergebnissen ist zu entnehmen, daß die Aktivität der Bauchspeicheldrüsen-Lipase mit dem Alter des Tieres zunimmt und diese Zunahme scheint nicht nur mit den in der Nahrung aufgenommenen Fettmengen in Zusammenhang zu stehen.
PRL/CBR, übersetzt v. I. Roesler. 8175.

3-64/07-0606 Kochanovskaja, T. M., Popova, G. O. und Džumanbaeva, A. A.; Moskau, Zentr. Inst. für Ärztl. Fortbild. O dinamike koncentracii antibiotikov v kurinom ėmbrione. **(Über die Dynamik der antibiotischen Konzentration im Hühnerembryo.)** Antibiotiki, Moskva **8** (1963) Nr. 10. S. 934–939. – 3 Abb., 17 Lit. Zus. in Engl.

Es wurden 300 Hühnerembryos in 5 Gruppen von verschiedenem Alter bis zu 9 Tagen eingeteilt, die Allantoinflüssigkeit mit verschiedenen max. vertragbaren Dosen Antibiotica versetzt und von 1 Std. bis zu 5 Tagen beobachtet. An Antibiotica wurden verwendet: Penicillin, Streptomycin, Tetracyclin, Oxytetracyclin und Chlortetracyclin. Versuche haben ergeben, daß die max. vertragbaren Mengen bei Penicillin 3260 Einheiten, bei Streptomycin 1440 Einheiten und in der Reihe der Tetracycline 2 mg betragen. Alle da-

rüber liegenden Mengen wirkten mehr oder weniger stark toxisch. In der Geschwindigkeit der Absorption aus der Allantoinflüssigkeit übertrifft Penicillin Streptomycin und Tetracyclin wiederum Chlortetracyclin.
G. Rothe. 8185.

3-64/07-0607 Tomov, V. Izpitvane vlijanieto na biovit 30 vŭrchu rasteža i zdravoslovnoto sŭstojanie na piletata. **(Die Prüfung des Einflusses von Biovit-30 auf das Wachstum und den Gesundheitszustand der Küken.)** Izvestija na Instituta po carevicata — Kneža, Sofija **5** (1963). S. 181–186. — 6 Tab., 2 Lit.
Bei dem Versuch mit 2 Gruppen von je 84 Leghorn-Küken wurde festgestellt, daß eine Zugabe von Biovit 30 (Chlortetracyclin ≃ 30000 IE je g) in einer Menge von 1 g Kraftfuttergemisch, das aus 88% pflanzlichem Futter und 12% tierischer Herkunft bestand, zur Erhöhung der Gewichtszunahme um 8,4%, zur Senkung des Futteraufwandes um 6,3% je kg Gewichtszunahme und zur Senkung der Sterblichkeit um 4,8% beitrug.
NRB/ZSNTI, übersetzt v. I. Posdirca. 8185.

3-64/07-0608 Czakó, J. und Jakabffy, M. Antibiotikumtartalmu készitmény (Erra) hatása a fiatal borjak fehérje anyagcseréjére. **(Wirkung eines antibiotischen Präparates [Erra] auf den Eiweißstoffwechsel von Jungkälbern.)** Kisérletügyi Közlemények, Növénytermesztés [Mitt. landwirtsch. Versuchsstellen Ungarns, Pflanzenbau] **56/B** (1963) Nr. 2. S 27–55. — Aus: Ung. Agrar-Rdsch. **1963** Nr. 4.
Das ungarische antibiotische Präparat „Erra“ beeinflußte bei Kälbern auch bei einem Futter von verschiedenem Eiweißgehalt weder die N-Verwertung noch die N-Retention. Auch auf die Verwertung der übrigen Nährstoffe wurde weder eine hemmende noch eine fördernde Wirkung festgestellt. 8185.

3-64/07-0609 Astrup, Harald. Forsøk med antioksydanter i fôrmidler. **(Versuche mit Antioxydantien in Futtermitteln.)** Tidsskr. norske Landbruk **70** (1963) Nr. 5. S. 101–111. — 1 Abb., 7 Tab., 16 Lit. Zus. in Engl.
Die Beigabe verschiedener Mengen der Antioxydantien BHT und EMQ schützte das Carotin in Grasmehl sowie das Fett in Getreideschroten oder Heringsmehl. Die Verfütterung von Heringsmehl, geschützt durch BHT, oder von Mischfutter mit Beigabe der genannten Antioxydantien sowie Tocopherol an Schweine führte zu einer höheren Stabilität der Fettkomponenten im Tierkörper und verbesserte ihre Schlachtqualität. Der Ration von Kühen zugesetzt, verliehen die Antioxydantien der Milch eine höhere Stabilität gegen die Oxydation. L. Sperling. 8195.

3-64/07-0610 Beeson, William Malcolm; Lafayette, Ind., Purdue Univ. The influence of feed additives on the production of food. **(Der Einfluß von Futterzusätzen auf die Produktion von Nahrungsmitteln.)** J. agric. Food Chem. **11** (1963) Nr. 5. S. 374–375.
Die Futterzusätze wie Antibiotica, Hormonpräparate etc. haben in den letzten Jahren die Futterwirkung in der Rindermast um 17%, in der Lämmermast um 10% und in der Geflügel- und Schweinemast um 15% erhöht. In einer kurzen Übersichtsarbeit gibt Vf. die Wirkung im einzelnen an. Bei Rindern wird der Einfluß der Antibiotica auf die Zunahmen mit 4–12% und auf die Erhöhung der Futterverwertung mit 5–19% angegeben und der Einfluß von Diaethylstilboestrol mit 14 bzw. 10%. Die Wirkung der Enzyme und Tranquilizer wird beschrieben. Bei Schweinen wird die Wirkung auf die Zunahmen mit 6–9% und auf die Futterverwertung mit 8–10% angeführt.
W. Jentsch. 8195.

3-64/07-0611 Potsubay, J. und Duduk, V. A gibberellinsav hatása a növendékkakasok fejlödésére és takarmányértékesitésére. **(Einfluß der Gibberellinsäure auf die Entwicklung und Futterverwertung von Junghähnchen.)**

Állattenyésztés [Tierzucht] **12** (1963) Nr. 1. S. 93–99. – Aus: Ung. Agrar-Rdsch. **1963** Nr. 4.
Im 1. Versuch verabreichten Vff. tägl. in wäßriger Lösung in das Futter vermischt je kg Lgw. 0,1–0,3 mg, in den übrigen 3 Versuchen 0,1 mg Gibberellin. Die größte zusätzliche Gewichtszunahme (15,9%) wurde durch eine Dosierung von 0,1 mg je kg Lgw. erreicht. 8195.

3-64/07-0612 *Billeter, Martin.* **Über die Umwandlung von K-Vitaminen pflanzlichen und bakteriellen Ursprungs in 2-Methyl-3-(geranyl-geranyl)-1,4-naphthochinon im Tierkörper.** Diss. Techn. Fak. Zürich. 1961. (50 S.) 8°. (Diss. 8264)
3-64/07-0613 *Filippov, Vladimir Vasil'evič.* Hrsg.: Akad. nauk SSSR, Glav. botaničeskij sad. **Biotin v rastitel'nom i životnom organizmach.** (Biotin im pflanzlichen und tierischen Organismus.) Moskva: Izd. Akad. nauk SSSR. 1962. (231 S.) 8°. (1962 A 1208)
3-64/07-0614 *Woodbine, Malcolm,* Ed. **Antibiotics in agriculture.** London: Butterworths. 1962. (XI, 439 S.) 8°. (1963 A 1351)

E. VERWERTUNG DER NÄHRSTOFFE UND FUTTERMITTEL

3-64/07-0615 Fisher, Hans und Griminger, Paul; New Brunswick, N.J., State Univ. Aging and food restriction: changes in body composition and hydroxyproline content of selected tissues. **(Alterung und Futterbeschränkung: Veränderungen in der Tierkörperzusammensetzung und im Hydroxyprolingehalt von ausgewählten Geweben.)** J. Nutrit. [Philadelphia] **80** (1963) Nr. 4. S. 350–354. – 5 Tab., 7 Lit.
2 Gruppen ♂ Küken wurden vom 1. Lebenstag an 3 Jahre lang mit Standardrationen ad libitum bzw. zu 80% der ad libitum-Einnahme gefüttert. Während der Versuchszeit wurden fortlaufend der Hydroxyprolingehalt von Leber, Haut, Muskel, Kamm und Hauptschlagader und am Versuchsende die Tierkörperzusammensetzung bestimmt. Eingeschränkte und ad libitum-Fütterung äußerten sich nicht in einer unterschiedlichen Tierkörperzusammensetzung. Der Hydroxyprolingehalt von Haut, Leber, Muskel und Kamm erreichte eine Konzentrationsspitze zwischen dem 1. und 3. Lebensmonat. Zwischen den Tieren bei voller und eingeschränkter Fütterung bestand eine Differenz im Hydroxyprolingehalt allein in den Geweben der Bauchaorta im Alter von 6–12 Monaten; die eingeschränkt gefütterten Tiere hatten einen signifikant höheren Gehalt. Die Sterblichkeit der Tiere war bei eingeschränkter Fütterung geringer als bei Sattfütterung. L. Hoffmann. 8205.

3-64/07-0616 Tkačev, I. F. und Taranenko, G. A.; Landwirtsch. Inst. des Kubangebietes. Obmen veščestv i ėnergii u teljat mjasnych i moločnych porod. **(Stoff- und Energiewechsel bei Kälbern der Fleisch- und Milchrassen.)** Vestnik sel'skochozjajstvennoj nauki, Moskva **8** (1963) Nr. 5. S. 65–71. – 9 Tab. Zus. in Engl., Franz., Dtsch.
Versuche ergaben, daß Kälber von Fleischrassen auf Grund des um 10–14% niedrigeren Grundstoffwechsels die verd. Nährstoffe der Tränkmilch um 8% besser verwerten als Tiere der Milchrassen. Dementsprechend war der Futterverbrauch je kg Zuwachs um 8% niedriger, der Aufwand an verd. Protein aber um die gleiche Menge höher. Der Zuwachs wurde bei den Fleischrassen mit höherem Fettanteil gebildet und hatte bis 14% höheren Kaloriengehalt. Als effektivste Mastmethode hat sich die Intensivmast mit erhöhtem Eiweißanteil bis 120 g je FE bewährt. Dabei wurden im Vergleich zur gemäßigten Fütterung bis zu 35% Wachstumssteigerung und bis zu 22% höhere Energieanlagerung beobachtet. Im Vergleich zur Altrindermast liegt der Wert der FE bei Kälberintensivmast um 26% höher. G. Bernert. 8215.

3-64/07-0617 Reussner jun., G., Andros, J. und Thiessen jun., R.; Tarrytown, N. Y., Gen. Foods Corporation. Studies on the utilization of various starches and sugars in the rat. **(Untersuchungen über die Verwertung verschiedener Stärke- und Zuckerarten durch die Ratte.)** J. Nutrit. [Philadelphia] **80** (1963) Nr. 3. S. 291–298. – 4 Tab., 11 Lit.

An wachsende Ratten wurden 28 Tage lang verschiedene Kohlenhydrate mit Casein oder Weizenkleber verabreicht. Unveränderte Kartoffelstärke und -amylose ergaben bei 6% Casein oder 9 bzw. 15% Weizenkleber erhöhte Körpergewichtszunahmen und Vergrößerungen des Caecum. Beide Kohlenhydrate zeitigten bei Erhöhung des Caseingehaltes auf 15% relativ geringe Körpergewichtszunahmen und Proteinwirksamkeit. Unveränderte Stärke von Mais, Weizen, Reis, Tapioka und Amioka, sowie Maltose, Mais- und Kartoffelamylopektin ergaben bei hohem und niedrigem Proteingehalt normale Gewichtszunahmen, Proteinwirksamkeit und Caecumgewichte. Lactose, unmodifizierte Pfeilwurzstärke, Fructose und Glucose hatten niedrigere Gewichtszunahmen und Proteinwirksamkeiten zur Folge. Das Auftreten von Diarrhoe und Vergrößerungen des Caecum deuteten darauf hin, daß Maisdextrin und prägelatinisierte Amiokastärke nicht so gut ausgenutzt werden wie unmodifizierte Mais- und Amiokastärke. W. Jentsch. 8215.

3-64/07-0618 Schiemann, R. **Probleme des energetischen Erhaltungsbedarfs.** Dtsch. Akad. Landwirtsch.-Wiss. Berlin, Tagungsber. **1963** Nr. 63. S. 59–73. — 12 Tab., 9 Lit. Zus. in Russ., Engl. — nach Zus.

Aus dem Problemkomplex des energetischen Erhaltungsbedarfs heraus wird die Frage eingehend erörtert, welche energetische Kennzahl den Erhaltungsbedarf am besten zu beschreiben gestattet. Ferner wird über orientierende Versuche an Ochsen und Ratten berichtet, in denen geprüft wurde, inwieweit differierende Nettoenergiegehalte (NK_F) von Rationen gleicher umsetzbarer Energie die Energiebilanz in der Nähe des Erhaltungsbedarfs beeinflussen. Die Versuche ergaben übereinstimmend, daß die umsetzbare Energie dem Erhaltungsbedarf nicht proportional ist und daß zwischen der Verwertung der Rationen für die Erhaltung und für die Körperfettbildung bestimmte Beziehungen bestehen. 8220.

3-64/07-0619 Hoffmann, L. **Die energetischen Kennzahlen der Nährstoffe.** Dtsch. Akad. Landwirtsch.-Wiss. Berlin, Tagungsber. **1963** Nr. 63. S. 37–58. — 17 Tab., 16 Lit. Zus. in Russ., Engl. — nach Zus.

Die energetischen Kennzahlen Brutto-, verdauliche, umsetzbare und Netto-Energie reiner Nährstoffe und der Futternährstoffe werden zwischen den Tierarten Rind, Schaf, Schwein, Kaninchen und Ratte vergleichend besprochen. Für Kraftfutterstoffe werden multiple Regressionsgleichungen angegeben, die die Kennzahlen mit einer Streuung von ± 1–4% des mittleren Energiegehaltes zu berechnen erlauben. — Rind und Schaf sind sowohl im Energieansatz pro g verdautem Nährstoff als auch in der Verwertung der umsetzbaren Energie der Nährstoffe für Fettbildung nicht völlig gleichzusetzen. Im Ansatz der Stärke, Saccharose und der N-fr. E. ist das Schaf dem Rind überlegen, im Ansatz und auch der Verwertung der umsetzbaren Energie der Cellulose dagegen deutlich unterlegen. Ansatz und Verwertung für Saccharose ist bei beiden Tierarten gegenüber der Stärke erniedrigt. Zwischen Schwein und Ratte besteht für die energetischen Kennzahlen sowohl bei reinen als auch Futternährstoffen eine weitgehende Übereinstimmung. 8225.

3-64/07-0620 Martin, A. K. und Blaxter, K. L.; Kirkhill, Ayr, Hannah Dairy Res. Inst. The specific dynamic effect of protein. **(Die spezifisch dynamische Wirkung von Eiweiß.)** Proc. Nutrit. Soc. **22** (1963) Nr. 2. S. XIV bis XV. — 1 Tab., 6 Lit.

An Schafen wurden 7 Versuche mit permanenten Fisteln am Labmagen durchgeführt. Jedes Tier wurde in einer Respirationskammer gehalten und hungerte 14 Tage. Die Messung des Energie- und N-Stoffwechsels erfolgte täglich. Während der ersten 5 Tage wurde jeden Tag 1 l physiol. NaCl-Lösung in den Labmagen geleitet. Vom 6.–10. Hungertag wurden in 6 Experimenten 1 l 6%ige Caseinlösung und in einem Versuch eine 6%ige Weißei-Proteinlösung ebenfalls per Infusion verabreicht, und vom 11.–14. Tag wurde wieder die NaCl-Lösung gegeben. Mit der abomasalen Methode konnte eine Umsetzung der Proteine im Pansen ausgeschlossen werden. In diesen Versuchen mit Schafen wies das Protein keinen Energieverlust in den Fäces auf. Es wird ein Vergleich mit den Versuchen von Rubner mit Fleisch vorgenommen. Die Stoffwechselenergie des Caseins und des Weißeies (ausgedrückt auf der Basis von 16% N) war ungefähr 20% höher als die Werte (4,0–4,1 Cal/g), die auf die Arbeiten von Rubner zurückgehen. K. Gruhn. 8265.

3-64/07-0621 Sindarovskaja, I. N.; Ukrain. Forsch.-Inst. für Geflügelzucht. Nekotorye čerty vzaimosvjazi azotistogo i ėnergetičeskogo obmena v ontogeneze kur. **(Einige Wechselbeziehungen des Stickstoff- und Energieumsatzes in der Ontogenese der Hühner.)** Sbornik rabot molodych učenych. Doklady na naučnoj konferencii aspirantov. Vsesojuznyj naučno-issledovatel'skij institut pticevodstva, Moskva **4** (1961, hrsg. 1962) S. 177–182. – 1 Abb., 2 Tab.
Die Versuche wurden an Küken der Rassen Russische Weiße, New Hampshire und der Kreuzung Plymouth Rock × New Hampshire vom 1. bis 80. Tag und an Junghennen der Russischen Weißen Rasse durchgeführt. Der Grundumsatz der Küken erreicht am 10. Tag sein Maximum, um dann ständig abzunehmen. Mit zunehmendem Alter verstärkt sich die Verbindung zwischen N- und Energieumsatz, was sich u. a. in der Erhöhung der energetischen Nutzung des Eiweißes ausdrückt. Selbst bei intensiv legenden Hennen ist die produktive Nutzung des Eiweißes im Futter zweimal niedriger als bei wachsenden Küken. W. Bonitz. 8265.

3-64/07-0622 Nehring, K. **Über Arbeiten zum Eiweißproblem.** Dtsch. Akad. Landwirtsch.-Wiss. Berlin, Tagungsber. **1963** Nr. 63. S. 77–95. – 15 Tab. Zus. in Russ., Engl. – nach Zus.
Es wurde eine kurze Übersicht über die in den letzten 10 Jahren am Oskar-Kellner-Institut für Tierernährung Rostock auf dem Eiweißgebiet durchgeführten Arbeiten gegeben. Eine größere Anzahl von Futterstoffen wurde auf den Gehalt an Aminosäuren und auf die BW des Eiweißes untersucht und die erhaltenen Ergebnisse, insbesondere im Hinblick auf eine gegenseitige Ergänzungswirkung, diskutiert. Besonders wird auf den günstigen Lysingehalt hingewiesen, der in den meisten der jungen Grünfutterstoffe festgestellt werden konnte. Über das Ergebnis von Untersuchungen über den Einfluß exogener Faktoren, insbesondere der Düngung, auf Eiweißgehalt und Eiweißqualität, wurde eingehender berichtet. 8265.

3-64/07-0623 *Gebhardt, Günter.* **Die Bewertung des Futtereiweißes nach dem N-Bilanz-Verfahren an wachsenden Tieren.** Habilschr. Landwirtsch. Fak. Halle-Wittenberg. 1962. (XXII, 160 S. m. Tab.) 4°. (Diss. 9390)

F. ERNÄHRUNGSSTÖRUNGEN UND MANGELKRANKHEITEN

3-64/07-0624 Nilsson, Gerda; Uppsala, Dep. of Microbiol. The nature of the substances of rain-blighted grain associated with muscular dystrophy. **(Die Natur der Substanzen in verregnetem Getreide in Beziehung zur Muskeldystrophie.)** Kungl. Lantbrukshögskolans Ann. **28** (1962) S. 123–134. – 2 Abb., 4 Tab., 31 Lit.
Nach Diskussion der Ätiologie der Muskeldystrophie (MD) wird über Verfütterung von verregnetem Getreide als Ursache der MD bei Schweinen berichtet. Auf die Kenntnis der Natur der toxischen Stoffe gerichtete Bestimmungen ergaben, daß hinsichtlich der Menge an S-haltigen Aminosäuren kein Unterschied zwischen verregnetem und normalem Getreide besteht, daß der Äthanolextrakt aus verregnetem Getreide jedoch eine Hemmwirkung auf das Succinoxydase-System ausübt. Zur Feststellung der Art der dafür ver-

antwortlichen Substanzen wurden Modellversuche durchgeführt, bei denen Linolsäure, oxydierte Linolsäure und Na-Linoleat einen ausgesprochenen Hemmeffekt auf das Succinoxydase-System ausübten. Im Muskel der erkrankten Schweine wurden hohe Thiobarbitursäure-Werte und gleichzeitig eine Erhöhung des Glutamin-Oxalessigsäure-Transaminase-Testes festgestellt. L. Sperling. 8330.

3-64/07-0625 Guggenheim, K., Ilan, J., Fostick, M. und Tal, E.; Jerusalem, Hebrew Univ., Med. School. Prevention of „meat anemia" in mice by copper and calcium. **(Verhütung der Fleisch-Anämie der Mäuse durch Kupfer und Calcium.)** J. Nutrit. [Philadelphia] **79** (1963) Nr. 2. S. 244–250. – 5 Tab., 13 Lit.
Bei Verfütterung einer hauptsächlich aus rohem Rindfleisch (Muskel) bestehenden Ration an abgesetzte Ratten wurde schlechtes Wachstum und Hb-Abfall beobachtet. Der Zusatz verschiedener Ca-Salze verbessert die Zunahme und vermindert den Hb-Abfall. 2,25 g $SrCl_2$/kg Futter sind in gleicher Weise wirksam. 1 mg Cu/kg Futter führt zu normalen Hb-Werten, verbessert aber das Wachstum nicht in höherem Maße als die Ca-Zulagen. Da bei einer Milchdiät mit dem gleichen Cu-Gehalt wie in der Fleischgruppe keine Anämie auftritt, vermuten die Autoren, daß Fleisch einen die „Cu-Verwertung" störenden Faktor enthält. Ca erhöht auch die Cu-Werte in der Leber. Es wird angenommen, daß Ca für die Cu-Verwertung bei der Hämatopoese erforderlich ist. A. Hennig. 8330.

3-64/07-0626 Nikov, S. und Šefer, M. Vŭrchu otravjaneto sŭs zacharoza i glikoza pri kravi. **(Die Vergiftung mit Saccharose und Glykose bei Kühen.)** Naučni trudove. Visš veterinarnomedicinski institut „Prof. d-r G. Pavlov", Sofija **11** (1963) S. 145–152. – 1 Abb., 9 Lit. NRB/ZSNTI. 8360.

G. BEWERTUNG DER FUTTERSTOFFE

3-64/07-0627 Denisov, N. I.; Dubrowizy, Gebiet Moskau, Unions-Inst. für Tierzuchtforsch. der Akad. der Wiss. der UdSSR. Novaja sistema ocenki pitatel'nosti kormov i norm kormlenija životnych. **(Ein neues System der Bewertung der Futternährstoffe und der Futternormen für Tiere.)** Vestnik sel'skochozjajstvennoj nauki, Moskva 8 (1963) Nr. 8. S. 78–85. – 4 Tab. Zus. in Engl., Franz., Dtsch.
Das neue System der energetischen Bestimmung des Futterwertes, der Futterrationen und der Futternormen beruht auf den Angaben der umsetzbaren Energie. Leistung, Gesundheit, Fruchtbarkeit, die Qualität der Nachkommen und der Produkte als auch die Produktion je FE sollten als Kriterium für die Tierfütterung dienen. Dadurch werden die Methoden und die Technik der Ermittlung der FE viel einfacher und die Ergebnisse dieser Ermittlungen zuverlässiger. G. Leisner. 8400.

H. FÜTTERUNG DER LANDWIRTSCHAFTLICHEN NUTZTIERE

3-64/07-0628 Kottke, M. W., Haller, T. E. und Fellows, I. F.; Storrs, Univ. of Connecticut. Optimum forage programs for Connecticut dairy farms. **(Optimale Futterplanung für Milchviehfarmen in Connecticut.)** Connecticut agric. Exp. Stat., Bull. **1963** Nr. 377. S. 1–14. – 12 Tab.
Vff. erörtern zuerst die Möglichkeiten einer höheren Feldfutterproduktion, sowie die Beziehungen zum Herdenumfang, zum Arbeitsaufwand, zur Silokapazität und zur Weidemöglichkeit. Anhand derartiger Daten werden 3 Betriebsbeispiele der linearen Programmierung unterworfen und nach den günstigsten futterwirtschaftlichen und betriebswirtschaftlichen Bedingungen optimiert. Die Restriktionen, die die spez. Verhältnisse in Connecticut und die besonderen Betriebsbedingungen einer Milchviehfarm berücksichtigen,

bringen entsprechend spez. Ergebnisse, die nicht verallgemeinert werden können. Vff. empfehlen zusammenfassend, daß es notwendig ist, mehr Maissilage zu bereiten und mehr Luzerne anzubauen. Die ertragärmeren Kulturen müssen durch ertragsichere ersetzt werden und eine stärkere Düngung muß zur Anwendung gelangen. H. Bergner. 8451.

3-64/07-0629 Potter, L. M., Mamer, J. W., Lampe, H. C. und Hoffman, E. Linear programming and its use in the feed manufacturing industry. **(Die lineare Programmierung und ihr Gebrauch in der Futtermittelindustrie.)** Connecticut agric. Exp. Stat., Bull. **1962** Nr. 371. S. 1–14. — 9 Tab.
Vff. geben einleitend eine allgemeine Übersicht über Zweckmäßigkeit und Verfahrensweise einer linearen Programmierung. Für die Fütterung soll aus den Gleichungen des Nährstoffbedarfs und den Futterbestandteilen die Diät mit den niedrigsten Kosten ermittelt werden. Es werden dann einige Angaben über geeignete Rechenautomaten (Type, Literaturhinweise) gemacht. Zur Veranschaulichung der linearen Programmierung folgen tabellarische Übersichten über Futterbestandteile für Broilerdiäten, Nährstoff- und Wirkstoffbedarf für Broiler sowie Nährstoff- und Wirkstoffgehalt einzelner Futterstoffe und die Preise dieser Futterstoffe in den einzelnen Mon. Sept. bis Dez. 1959. Aus diesen Angaben werden die günstigsten Futtermittelkombinationen mit den niedrigsten Kosten ermittelt. Die preisgünstigste Diät enthielt 50% Maismehl, 22% Weizenkleber, 9,7% Fleischmehl und 9,9% Sojaschrot (insges 23,3% Protein). H. Bergner. 8451.

3-64/07-0630 Reyntens, N. und Groote, G. de; Gontrode, Stat. de Petit Élevage de l'État. Programmation linéaire et formulation de rations pour poulets de chair. **(Lineare Programmierung und Zusammenstellung von Rationen für Masthühner.)** Rev. Agric. [Bruxelles] **16** (1963) Nr. 4. S. 655 bis 662. — 6 Tab., 8 Lit. Vgl. 3-64/02-0608.
In Fortführung früherer Untersuchungen wurden unter Reduktion der auferlegten Bedingungen mit Hilfe der elektronischen Rechenmaschine IBM 650 4 neue, ausgeglichene, gegenüber einem bewährten konventionellen Futter preisgünstige Mischungen für Mastküken zusammengestellt und in Fütterungsversuchen mit gutem Erfolg erprobt. Dabei zeigte sich, daß die Schmackhaftigkeit der Futterstoffe einen wichtigen Faktor darstellt, der in Zukunft bei der linearen Programmierung mit berücksichtigt werden muß.
L. Sperling. 8451.

3-64/07-0631 Reiher, W. und Wildenhain, G. **Die Multiplex-Methode und ihre Anwendung auf ein Problem der Landwirtschaft.** Z. Agrarökon. **6** (1963) Nr. 9. S. 270–275. — 14 Tab., 4 Lit. 8451.

3-64/07-0632 Beyer, A. **Systematische Durchführung der vollmilchsparenden Kälberaufzucht.** Tierzucht **17** (1963) Nr. 8. S. 347–349. — 3 Abb.
Um eine genaue Einhaltung des Tränkplans bei der vollmilcharmen Kälberaufzucht zu gewährleisten, wurde eine Drehscheibe entwickelt. Auf der Peripherie der großen Scheibe werden die Kalenderwochen eingetragen. Auf der darüberliegenden konzentrisch angebrachten kleinen Scheibe ist die laufende wöchentl. Tränkmilchskala, unterteilt nach Voll- und Magermilch sowie nach Geschlecht, aufgeteilt. Die Kälbertafeln enthalten neben Ohrmarke und Geschlecht nur die Kalenderwoche, in der das Kalb geboren ist.
Herbert Winkler. 8454.

3-64/07-0633 Krüger, L. und Meyer, F.; Gießen, Univ., Inst. für Tierzucht und Haustiergenetik. **Erfahrungen bei der Kälbermast.** Mitt. Tierhalt. **1963** Nr. 83. S. 11–18. — 6 Abb., 9 Tab.
Vff. berichten über die Ergebnisse, die sie in 19 Fütterungsversuchen an 139 Tieren ermittelten. Frischmagermilch wurde mit reinem bzw. aufgefettetem Magermilchpulver, mit Fettkonzentrat bzw. Fettemulsion bzw.

Nährmehl ergänzt. Weiterhin gelangten Milchaustauscher zum Einsatz. Sehr günstige Resultate erbrachten Frischmagermilch mit aufgefetteter Trockenmagermilch. Die Kälber wurden satt getränkt und verzehrten bis 18 l Magermilch je Tier und Tag. Zu Versuchsbeginn waren sie älter als 14 Tage und z. T. 55 kg schwer. Milchaustauscher erbrachte in den ersten beiden Versuchswochen ungünstige Gewichtszunahmen. Es wird ein Eiweiß-StE-Verhältnis von 1:4–4,5 angenommen und 90 g Fett je Tier und Tag als ausreichend angesehen. Schlachtergebnisse und Futterkosten sind angegeben.

B. Piatkowski. 8458.

3-64/07-0634 Blosser, T. H., Gross, K. I. und Murdock, F. R. Feeding Washington dairy cows. **(Die Fütterung der Milchkühe im Gebiet Washington.)** Washington agric. Exp. Stat., Extens. Circ. **1962** Nr. 486. S. 1–27.

Vff. geben eine Reihe von praktischen Hinweisen für die Fütterung der Milchkühe. Bei schlechter Raufutterqualität erscheint ein Fettzusatz von 4% im Mischfutter vertretbar. Hinsichtlich der Mineralstoffaufnahme bevorzugen Kühe ein loses Gemisch gegenüber Lecksteinen. Die Milchleistung steigt um 3,5–4%, wenn die Kühe öfters kleinere Mengen saufen als täglich 2mal. Der günstigste Schnittzeitpunkt für Luzerne (0–10% in der Blüte) ist von außerordentlicher Bedeutung für die Milchleistung. Eine alleinige Silagefütterung ist nur dann zu empfehlen, wenn Silage guter Qualität zur Verfügung steht. In der Kraftfuttermischung soll der Gersteanteil 40–60% betragen, bei höherem Anteil und gleichzeitiger Luzernefütterung steigt die Blähgefahr. Hafer lockert die Mischung auf, Erbsen sind bis zu 30% einzusetzen. Verschiedene Rezepturen für Mischungen und die Rentabilität des Kraftfuttereinsatzes bei verschiedenem Grundfutter werden ausführlich besprochen.

B. Piatkowski. 8460.

3-64/07-0635 Piatkowski, B.; Dummerstorf, Inst. für Tierzuchtforsch. der Dtsch. Akad. der Landwirtsch.-Wiss. zu Berlin. **Die Fütterung der Milchkuh während der Trockenzeit.** Tierzucht **17** (1963) Nr. 4. Fütterungsberatung 4 Nr. 2. S. 9. — 1 Tab., 1 Lit.

Ein zu niedriges Angebot an Nähr- und Mineralstoffen während der Trockenzeit wirkt sich für den zu hohen Leistungen bestimmten Organismus der Kuh ungünstig aus. In einem Schema wird die 60tägige Trockenzeit in drei 20-Tage-Abschnitte eingeteilt, die Fütterung erfolgt entspr. einer Leistung von 5, 7 und 10 kg Milch. Der Nährstoffverbrauch in den 3 Abschnitten beträgt 290 kg-StW und 42 kg verd. Rohprotein. Der Bedarf an Mineralstoffen bei der trockenstehenden Kuh beträgt 60 g Ca und 40 g P je Tag. Die P-Versorgung während der Trockenperiode ist entscheidend für das Fruchtbarkeitsgeschehen zu Beginn der Laktation. Es werden Empfehlungen über die Zusammensetzung der Futterration gegeben. Herbert Winkler. 8460.

3-64/07-0636 Hoffmann, M. **Zur rationellen Fütterung von Hochleistungskühen.** Tierzucht **17** (1963) Nr. 4. Fütterungsberatung 4 Nr. 2. S. 10–13. — 7 Tab.

Zur Zeit werden nur 60% der Erbanlagen in Milch von der Landeszucht ausgefüttert. Je höher die Leistungen der Kühe sind, desto größer sind die Anforderungen an Menge und Qualität des Futters. Durch sachgemäße Futtergewinnung und Futterkonservierung sowie durch eine Verteilung der einzelnen Futterqualitäten entspr. der Leistungshöhe der Kühe ist der opt. Einsatz von Grundfutter auch bei Hochleistungskühen möglich.

Herbert Winkler. 8460.

3-64/07-0637 Arandi, P. Ja. und Lucht, A. Ja.; Tartu, Estn. Forsch.-Inst. für Tierzucht und Veterinärmed. Vlijanie silosnych racionov na organizm moločnych korov. **(Der Einfluß der Silofutterrationen auf den Organismus der Milchkühe.)** Vestnik sel'skochozjajstvennoj nauki, Moskva 8 (1963) S. 58–61. — 2 Tab., 7 Lit. Zus. in Engl., Franz., Dtsch.

Es wurde der Einfluß von Silofutter (erläutert am Beispiel der Maissilage) auf den Organismus von Milchkühen untersucht. Die reine Silagefütterung verursachte im Organismus der Milchkühe keinerlei spez. Veränderungen. Eine Zugabe von Heu in der ausschließlich aus Silage bestehenden Futterration der Milchkühe verursachte eine bessere Ausnutzung des Futters, eine Erhöhung der aufgenommenen Menge an Tr.-Subst. und demzufolge eine bessere Milchleistung. B. Hoffmann. 8460.

3-64/07-0638 Tkačenko, E. I. und Modjanov, A. V.; Dubrowizy, Gebiet Moskau, Unions-Inst. für Tierzuchtforsch. Karbamid i bikarbonat ammonija, kak istočniki proteina v racione moločnych korov. **(Karbamid und Ammoniumbikarbonat als Eiweißquellen in der Futterration von Milchkühen.)** Životnovodstvo, Moskva **25** (1963) Nr. 6. S. 29–31. — 2 Tab.
Milchkühe erhielten 1 Jahr lang zum Ausgleich des Eiweißmangels in der Futterration Ölkuchen (Kontrollgruppe — I), Karbamid (II) oder Ammoniumbikarbonat (III) (im Winter in Maissilage, im Sommer in Melasse). Der Gesamtnährwert der Tagesration betrug ⌀ 8,6; 8,5 und 8,3 FE. Die Tagesmilchleistungen waren in Gr. I und III gleich, in Gr. II 0,4 kg höher. Das durchschnittl. Lgw. stieg gegenüber dem Gewicht zu Beginn des Versuchs bei I um 4 kg, bei II um 39 und bei III um 24 kg. Das Abkalben verlief bei den Versuchskühen ohne Komplikationen, und die Kälber waren gesund. B. Schenk. 8460.

3-64/07-0640 Počernjaeva, G. M. Vlijanie skarmlivanija različnych količestv kukuruzy na rost, razvitie i reproduktivnye sposobnosti remontnych svinok. **(Einfluß der Verfütterung verschiedener Mengen Mais auf Wachstum, Entwicklung und Reproduktionsfähigkeit der jungen Zuchtsauen.)** Naučn. tr. Poltavsk. n.-i. in-t svinovodstva **22** (1962) S. 74–85. — Aus: Referativnyj žurnal Moskva. Životnovodstvo, veterinarija **1963** Nr. 7.58.218. S. 26–27.
Auf Grund der durchgeführten Versuche ist Vf. der Ansicht, daß man mit Rationen, die 60–65% (nach dem Nährwert) Mais enthalten, kombiniert mit anderen Kraft-, Grün-, Saft- und Rauhfuttermitteln, hochwertige Jungsauen ebensogut aufziehen kann wie mit Rationen, die 35% Mais oder sogar gar keinen Mais enthalten. übersetzt v. G. Boetticher. 8538.

3-64/07-0641 Rettig, G. **Grünfutter und Silage als Sauenfutter.** Wiss.-techn. Fortschr. Landwirtsch. **4** (1963) Nr. 9. S. 405–407.
An Untersuchungen in 5 Betrieben wird festgestellt, daß i. allg. zu viel Kraftfutter in der Sauenfütterung eingesetzt wird, was die Futterkosten verteuert. An Hand der Erfahrungen des VEG Eisleben wird aufgezeigt, welche Möglichkeiten eines höheren Einsatzes von Grünfutter und Grünfuttersilage in der Sauenfütterung bestehen, und wie damit die Futterkosten um ca. 10% gesenkt werden können. G. Möbius. 8538.

3-64/07-0642 Anonym. **Der Nähr- und Wirkstoffbedarf des Geflügels.** Dtsch. Geflügelwirtsch. **15** (1963) Nr. 42. S. 581–582. 584. 586–587.; Nr. 43. S. 600 bis 601. — 2 Abb., 12 Tab., 1 Lit.
Im Auftrage des Landwirtschaftlichen Forschungsrates in Großbritannien arbeitete eine Kommission die ersten europäischen Nähr- und Wirkstoffbedarfsnormen für Geflügel auf der Grundlage von 650 Veröffentlichungen aus. Als „Bedarf" galt dabei der „Nettobedarf" an Nähr- und Wirkstoffen oder Energie in verschiedenen Altersabschnitten und unter verschiedenen Leistungsbedingungen des Geflügels, unter Zugrundelegung einer angemessenen Umwelt und einer — dort üblichen — lufttrockenen Futtermischung von 2800 kcal umsetzbarer Energie/kg. Neben dem Mittelwert werden die Grenzfälle der im jeweiligen Falle ausgewerteten Versuchsergebnisse angeführt. Im einzelnen wurde angegeben: Der Wasserbedarf richtet sich nach der Leistung des Huhns. Normen wurden nicht festgelegt. Für Broiler liegen

noch keine ausreichenden europäischen Versuchsdaten vor. Wachsende, noch nicht geschlechtsreife Legehennen benötigen je g Zuwachs 2900-3600 kcal oder wenn sie Fett ansetzen 8700–9500 kcal. Beim Bedarf der legenden Hennen wurde unterschieden zwischen dem für die Erhaltung (bei 1500 g Lgw. = 185 kcal, bei 2000 g = 250 kcal, bei 3000 g = 370 kcal) und für die Leistung (je Ei von 56, Tg = 122 ± 10 kcal). Weitere Angaben beziehen sich auf die Energiequellen, den Eiweiß- u. Aminosäurenbedarf, sowie den Vitamin- und Mineralstoffbedarf. Eine Übersicht über gefährlich wirkende Anteile von Cu, Fl, J, Mo, Se und Zn im Futter bildet den Abschluß. (Originalarbeit „The Nutrient Requirements of Farm Livestock, No 1. Poultry. Summary of Recommandations". Agric. Res. Council London 1963.)
C. Engelmann. 8544.

3-64/07-0643 Fröhlich, Allan; Rimbo, Smedsmora Res. Farm. Some nutritional effects on chick growth. **(Die Wirkung einiger Nahrungsfaktoren auf das Wachstum von Küken.)** Kungl. Landbrukshögskolans Ann. **28** (1962) S. 37–92. – 45 Tab., 132 Lit.

Der Vf. berichtet über eine große Zahl von Kükenaufzuchtversuchen, in denen die Bedeutung bestimmter Nahrungsfaktoren für die Ausgeglichenheit von Futtermischungen geprüft wurde. Im I. Teil der umfangreichen Arbeit werden das Material und die Methoden besprochen. Dabei wird unter den Futterstoffen der Gerste und dem Hafer, denen je nach ihrer Provenienz eine unterschiedliche Nährwirkung zukommt, sowie dem Ca und Fe besondere Aufmerksamkeit geschenkt. Für das methodische Vorgehen ist die Meinung maßgebend, daß die Tiere unter Stress-Bedingungen leben. In Teil II wird die Wirkung rein pflanzl. Rationen, bei denen Sojaschrot unterschiedlicher Qualität (mehr oder weniger erhitzt) verwendet wurde, in Abhängigkeit von verschiedenen Mengen an Vit. D und Vit. B_{12} untersucht. In Teil III werden nach Erörterung der mit dem Sojaextraktionsschrot verbundenen Fragen vornehmlich die Methoden besprochen, die zur Testung seiner Qualität dienen, und dabei auch ein neuer vom Vf. erarbeiteter Farbabsorptionstest angegeben.
L. Sperling. 8544.

3-64/07-0644 Mantel, K. **Untersuchungen über die zweckmäßige Zusammensetzung von Legemehl bei erhöhter Körnergabe an Legehennen.** Arch. Geflügelkunde **27** (1963) Nr. 4. S. 335–343.

Geprüft wurden 240 Leghornjunghennen zu je 4 Gruppen (2 × 30 Tiere) während 351 Tagen. Der Anteil an Rohprotein im Legemehl betrug bei der Gruppe I 18%, Gruppe II 20%, Gruppe III 22%, Gruppe IV 24%. Der tägl. Legemehlverbrauch betrug bei der Gruppe I–III 50,4 g – 50,9 g – 50.3 g, bei Gruppe IV 56,8 g. Die Gesamtleistung einschließlich Körpergewichtszuwachs, ausgedrückt in Normaleiern (55 g) stieg mit erhöhtem Rohproteingehalt im Mischfutter in der Reihenfolge der Gruppen: 223 – 238,6 – 245.3 – 247,6 Stück. Die Verwertungszahl war mit 217 in der Gruppe III am günstigsten. Die Gruppen II und IV hatten die Verwertungszahl 226 aufzuweisen. Sehr ungünstig schneidet Gruppe I ab, die für 100 g Erzeugung 242 g Gesamtnährstoffe benötigte. Der Bedarf an produktiver Energie für 100 g Erzeugung betrug in der Reihenfolge der Gruppen710, 653, 632, 652 kcal. Zur Erreichung einer guten Futterverwertung und hoher Rentabilität sind bei einer tägl. Körnergabe von 75 g 20–22% Rohproteingehalt im Legemehl am günstigsten.
E. Lippmann. 8548.

3-64/07-0645 Keppens, L.; Gontrode, Stat. de Petit Élevage de l'État. Antibiotiques et supplément de graisse animale dans les aliments pour poulets de chair. **(Die Antibiotica und die Beigabe von tierischem Fett zum Futter von Masthähnchen.)** Rev. Agric. [Bruxelles] **16** (1963) Nr. 4. S. 667–672. – 4 Tab.

25 Gruppen zu je 20 Eintagshähnchen (Cornish × Sussex), die in beheizten Käfigen auf Tiefstreu gehalten wurden, dienten zur Prüfung der Wirkung steigender Mengen von Penicillin (0; 5; 10; 20; 40 g/t) in einem mit 0; 2,5; 5,0; 7,5 und 10% tierischem Fett (½ Schweineschmalz, ½ Pferdefett) versetzten Futter. Die Fettbeigabe erfolgte derart, daß das Verhältnis C/P nahezu konstant blieb. Die während des 8 Wochen laufenden Versuches in Abständen vorgenommenen Einzelwägungen der Tiere ließen keinen Nutzen von der Beigabe des Antibioticums erkennen, während die Beimischung des Fettes sowohl die Zunahmen als auch die Futterverwertung signifikant verbesserte, und zwar am stärksten bei 7,5% Fett. L. Sperling. 8552.

3-64/07-0646 Splittgerber, H., Gysae, M. und Wein, F.; Unna-Königsborn, Lehr- und Versuchsanst. **Prüfung von getrockneten, geschnitzelten Zuckerrüben als Komponente im Geflügelmast-Alleinfutter.** Arch. Geflügelkunde **26** (1962) Nr. 6. S. 474–482. – 2 Tab. Zus. in Engl.

Der Anteil der Zuckerschnitzel an der Gesamtmischung betrug im 1. Versuch ca. 20%, im 2. 10, 20 und 30%. Die Erhöhung der Anteile erfolgte jeweils im Austausch mit Mais. Die durchschnittlichen Zunahmen der einzelnen Gruppen mit steigenden Anteilen an Zuckerschnitzeln sowie der durchschnittliche Futterverbrauch je kg Zunahme wiesen keine signifikanten Unterschiede auf, so daß keine Verbilligung der Mast erfolgte. U. Hofmann. 8552.

3-64/07-0647 Berg, Benjamin N., Simms, Henry S. und Everitt, Arthur V. New York, Columbia Univ., Coll. of Physicians and Surgeons. Nutrition and longevity in the rat. V. Weaning weight, adult size, and onset of disease. **(Ernährung und Langlebigkeit der Ratte. 5. Mitt. Entwöhnungsgewicht, Ausgewachsenen-Größe und Krankheitsbeginn.)** J. Nutrit. [Philadelphia] **80** (1963) Nr. 3. S. 255–262. – 8 Abb., 2 Tab., 13 Lit. 4. Mitt. vgl. LZ. Abt. III **8** (1963) Nr. 10. S. 2163.

Die Versuche wurden mit 1051 ♂ und 452 ♀ infektionsfreien Sprague-Dawley-Ratten von der Entwöhnung an bis zu 1200 Lebenstagen unter standardisierten Temperatur-, Luftfeuchtigkeits- und Beleuchtungsbedingungen durchgeführt. Alle Tiere erhielten ein vollwertiges handelsübliches, pelletiertes, Vit.-D-freies Mischfutter für Labortiere ad lib. Bei der Entwöhnung waren die Ratten entsprechend ihren Gewichten (von 40–89 g) in 4 verschiedene Gruppen eingeteilt worden. Körpermasse und -länge sowie Länge der Tibia waren bei den Ratten mit den höchsten Entwöhnungsgewichten auch im Erwachsenenstadium (über 900 Tage alt) am größten. Das Auftreten der hauptsächlichsten Krankheiten (chron. Glomerulonephritis, Myocard-Degeneration, Periarthritis und Muskeldegeneration) und von Tumoren stand demgegenüber in keinem Zusammenhang mit den jeweiligen Entwöhnungsgewichten der Versuchstiere. Bei ♂ Ratten lag der Krankheitsbeginn i. a. früher als bei ♀. H.-D. Bock. 8570.

3-64/07-0648 *Lucas, Ian Albert MacKenzie* and *Lodge, Geoffrey Arthur.* **The nutrition of the young pig.** A review. Farnham Royal: CAB. 1961. (119 S.) 8° = Commonwealth bureau of animal nutrition. Technical communication. No. 22. (1963 A 1507)

FUTTERMITTELKUNDE

A. FUTTERSTOFFE, IHRE BEEINFLUSSUNG, KONSERVIERUNG UND ZUBEREITUNG

3-64/07-0649 Burton, Glenn W., Jackson, J. E. und Hart, R. H.; Tifton, Ga., Crops Res. Div. Effects of cutting frequency and nitrogen on yield, in vitro digestibility, and protein, fiber, and carotene content of coastal Bermudagrass. **(Wirkungen von Schnitthäufigkeit und Stickstoffdüngung auf Ertrag, in vitro-Verdaulichkeit sowie Rohprotein-, Rohfaser- und Carotingehalt bei**

Küsten-Bermudagras.) Agronomy J. **55** (1963) Nr. 5. S. 500–502. – 5 Tab., 11 Lit.

Bei Gaben von 0–900 lb./acre zu *Cynodon dactylon* und 4wöchigen Schnittintervallen wurden 1,14–6,81 t/acre Tr.-Subst. mit einem Rohproteingehalt (R.) von 9,9–17,3% geerntet, wobei 103200–170400 I. U. Vit. A/lb. ermittelt wurden. Unterschiedliche Schnittintervalle (3, 4, 5, 6, 8, 12 und 24 Wochen) zeigten einen R. von 18,5–8,4% (3jähr. ⌀) und einen Rohfasergehalt von 27,0–33,9% bei 199900–32800 I. U. Vit. A. Die in vitro-Verdaulichkeit der Tr.-Subst. variierte von 65,2–43,2% (vom 3wöchigen zum 24wöchigen Schnittabstand). H. Pätzold. 8620.

3-64/07-0650 Reid, D. Studies on the cutting management of grass-clover swards. III. The effects of prolonged close and lax cutting on herbage yields and quality. **(Untersuchungen über Schnittmethoden auf Gras-Kleenarben. 3. Mitt. Die Wirkung anhaltend tiefer und höherer Schnitte auf Weideertrag und Qualität.)** J. agric. Sci. **59** (1962) Nr. 3. S. 359–368. – 5 Ab., 3 Tab., 11 Lit.

Angesäte Bestände von *Lolium perenne* sowie *Phleum pratense* plus *Trifolium repens* wurden 2,5 und 5–7,5 cm hoch geschnitten. Tiefer Schnitt brachte in 5 Versuchsjahren bei *Lolium* durchschnittlich 34% Mehrertrag. *Phleum* verhielt sich in 3 Versuchsjahren ähnlich. Weiterhin wurden einmalige Nutzung zu einem Termin mit einer 2. nach 5 Tagen, wie sie bei längerer Besatzzeit einer Koppel vorkommen kann, verglichen und nach der wiederholten Nutzung erhebliche Mindererträge festgestellt. N-Düngung wirkte bei scharfer Nutzung meist etwas besser. Nach scharfer Nutzung des 1. Aufwuchses wurden im 2. Aufwuchs weniger Blütenstände gezählt als nach höherem 1. Schnitt. W. Kreil. 8620.

3-64/07-0651 Molen, H. V. D.; The Hague, Netherlands Nitrogen Ind. Experience with high amounts of nitrogen on grassland at nitrogen experimental farms in the Netherlands. **(Experimente mit hohen Stickstoffgaben auf Grünland auf Stickstoffversuchswirtschaften in den Niederlanden.)** J. Brit. Grassland Soc. **18** (1963) Nr. 3. S. 235–242. – 1 Abb., 12 Tab.

Es wird über Versuchsergebnisse der letzten 7 Jahre berichtet, die in Versuchswirtschaften in Verbindung mit der N-Industrie bei der Düngung mit 200 kg N/ha auf Dauergrünland erhalten wurden. Quantität und Qualität der Grünlandproduktion litten nicht unter der Anwendung hoher N-Gaben. Mit der Zeit wurde kein abnehmender N-Effekt beobachtet. Die tierische Produktion erhöhte sich infolge erhöhter Grasproduktion und die Leistung pro Tier war hoch. Die Gesundheit der Tiere entsprach dem Landesdurchschnitt. Besondere Aufmerksamkeit sollte dem Bedarf der Tiere an Energie Kupfer und Magnesium geschenkt werden. Die finanzielle Entwicklung der Versuchswirtschaften war bedeutend besser als die der Wirtschaften, die weniger N anwendeten. W. Jentsch. 8630.

3-64/07-0652 Ahlrichs, L. E., Hanson, R. G. und MacGregor, J. M.; St. Paul, Minn., Univ. Molybdenum effect on alfalfa grown on thirteen Minnesota soils in the greenhouse. **(Molybdänwirkung zu Luzerne, die auf dreizehn Minnesota-Böden im Gewächshaus angebaut wurde.)** Agronomy J. **55** (1963) Nr. 5. S. 484–486. – 4 Tab., 14 Lit.

Auf 13 Böden aus dem Südosten Minnesotas, die schwach sauer reagierten (pH 5,5–6,4), führten Kalkgaben ($CaCO_3$ bis zum pH-Wert von 7,0) und Mo-Gaben (1 und 2 lb./acre Mo als C. P. MoO_3) zu erhöhtem Mo-Gehalt und zu verstärkter Mo-Aufnahme. Ertrag und Proteingehalt wurden dagegen nicht beeinflußt. Vff. schließen daraus, daß auf diesen Böden zum gegenwärtigen Zeitpunkt keine Mo-Düngung erforderlich ist. H. Kretschmer. 8630.

3-64/07-0653 Anke, M., Szentmihályi, S., Hennig, A. und Anke, E. **Der Einfluß des Molybdäns auf den Futterwert der Luzerne verschiedener geologischer Formationen im Kreis Arnstadt.** Z. landwirtsch. Versuchs- u. Untersuchungswes. **9** (1963) Nr. 4/5. S. 349–360. – 5 Abb., 6 Tab., 19 Lit. Zus. in Russ., Engl. – nach Zus.
Die Luzerne des Kreises Arnstadt zeigte auf oberem Muschelkalk- und Keuperverwitterungsboden Mo-Mangel-Symptome. Mo- und Rohproteingehalt der Luzerne und des Rotklees waren positiv miteinander korreliert. Die Düngung von 2 kg Natriummolybdat/ha erhöhte den Rohproteingehalt der Luzerne des 2. Schnittes gegenüber dem der ungedüngten auf den Verwitterungsböden des mittleren und oberen Muschelkalks und des Keupers. Dagegen beeinflußte die gleiche Mo-Gabe auf oberen und mittleren Buntsandstein und unterem Muschelkalkverwitterungsboden den Rohproteingehalt der Luzerne nicht. Bis zu einem Mo-Gehalt von 0,30 ppm reagierte die Luzerne auf die Mo-Gabe mit einer Erhöhung des Rohproteingehaltes. Durch die Mo-Düngung wurde der Mineralstoffgehalt der Luzerne mit Ausnahme des Mo nicht beeinflußt. Auf allen geologischen Formationen enthielt die Luzerne des 1. und 2. Schnittes weniger als 3,0 g P und blieb damit unter dem für die Wiederkäuer geforderten Mindestgehalt von 3 g/kg Trockensubstanz. Als besonders P-arm erwies sich die auf Keuperverwitterungsboden gewachsene Luzerne. 8630.

3-64/07-0654 Perov, A. Sdobrennyj ammiačnoj vodoj silos povyšaet privesy. **(Anreicherung der Silage mit Ammoniakwasser erhöht die Gewichtszunahmen.)** Moločnoe i mjasnoe skotovodstvo, Moskva **7** (1962) Nr. 9. S. 19 bis 20.
Zur Geschmacksverbesserung der Maissilage wird diese mit Ammoniakwasser übergossen (10 l 25%iges Ammoniakwasser auf 1 t Silage). Dabei entsteht Wärme, die die Silage weich macht und sie auch bei minus 15–20 °C nicht gefrieren läßt. Die Silage muß jedoch sofort nach der Bearbeitung verfüttert werden. Durch ihren angenehmen Geschmack und den höheren Eiweißgehalt wird sie gern gefressen, was zu einer Erhöhung der Gewichtszunahmen führt. R. Ihssen. 8730.

3-64/07-0655 Burkser, G., Valujskaja, R. und Gololobov, P.; Kirgis. Landwirtsch. Inst. Dobavlenie karbamida v silos pri zakladke. **(Zusatz von Carbamid zum Silofutter.)** Moločnoe i mjasnoe skotovodstvo, Moskva **7** (1962) Nr. 9. S. 12–14. – 1 Tab.
Gleichzeitig mit der Einbringung der Grünmasse in das Silo wird ihr Carbamid zugesetzt, was zu einer N-Anreicherung des Futters führt. Silage mit Carbamidzusatz enthält in der Tr.-Subst. 2% N, Silage ohne Carbamidzusatz dagegen nur 1,78%. Der pH-Wert der behandelten Silage beträgt 3,8, der unbehandelten Silage 4,2. Die Silage wird anfangs weniger gern gefressen, nach einigen Tagen haben sich die Tiere jedoch an den Geschmack gewöhnt und nehmen die volle Ration auf. R. Ihssen. 8730.

3-64/07-0656 Weissbach, F. **Über die Abhängigkeit des Gärungsverlaufes von der chemischen Zusammensetzung des Ausgangsmaterials bei der Grünfuttersilierung.** Dtsch. Akad. Landwirtsch.-Wiss. Berlin, Tagungsber. **1963** Nr. 63. S. 189–204. – 4 Abb., 9 Tab., 6 Lit. Zus. in Russ., Engl. – nach Zus.
Die Auswertung der Ergebnisse von Silierversuchen zu verschiedenen Problemen führte zu folgender Deutung der Abhängigkeit des Gärungsverlaufes von der chem. Zusammensetzung des Ausgangsmaterials bei der Grünfuttersilierung: 1. Unter Voraussetzung eines ausreichenden Zuckergehaltes wird um so mehr Milchsäure gebildet, je größer die Pufferkapazität des Ausgangsmaterials ist. 2. Je größer die Pufferkapazität ist, um so höher muß der Gehalt an vergärbaren Kohlenhydraten sein, damit der für die Konservierung erforderliche pH-Wert erreicht werden kann. 3. Die notwendige Menge an

Zucker ist bei gegebener Pufferkapazität außerdem davon abhängig, wie rationell dieser für die Milchsäuregärung genutzt werden kann. 4. Wird der notwendige Gehalt an vergärbaren Kohlenhydraten wesentlich überschritten, dann führt die Vergärung dieses Zuckerüberschusses zu zusätzlichen Gärverlusten. 5. Die Vergärbarkeit der Futterpflanzen ist somit davon abhängig, inwieweit die Pufferkapazität und der Gehalt an vergärbaren Kohlenhydraten in einem optimalen Verhältnis zueinander stehen. 8730.

3-64/07-0657 Weiland, G. und Thöns, H. **Melasse als Sicherungszusatz zu eiweißreichem Siliergut.** Wiss.-techn. Fortschr. Landwirtsch. **4** (1963) Nr. 10. S. 464–466. – 3 Abb. 8730.

3-64/07-0658 Minson, D. J. Covering silage with plastic. **(Silageabdeckung mit Plaste.)** New Zealand J. Agric. **107** (1963) Nr. 4. S. 341. 344–345. – 2 Abb., 1 Tab. 8730.

3-64/07-0659 Maknev, K., Lambrov, B., Prodanski, P. u. a. Silažirane na ljucerna s bakterijni zakvaski. **(Das Silieren von Luzerne mit Bakterienkulturen.)** Naučni trudove. Visš selskostopanski institut „Vasil Kolarov“. Agronomičeski fakultet, Plovdiv **12** (1963) Nr. 1. S. 197–209. – 4 Abb., 8 Tab., 23 Lit. 8730.

3-64/07-0660 Maknev, K., Tanev, V., Prodanski, P. u. a. Silažirane na carevica s bakterijni zakvaski. **(Das Silieren von Mais mit Bakterienkulturen.)** Naučni trudove. Visš selskostopanski institut „Vasil Kolarov“. Agronomičeski fakultet, Plovdiv **12** (1963) Nr. 1. S. 191–195. – 1 Abb., 1 Tab., 15 Lit. 8730.

3-64/07-0661 Lindahl, Ivan L. und Terrill, C. E. Use of pelleted roughage in the feeding regime for breeding sheep. **(Die Anwendung pelletierten Rauhfutters in der Fütterung der Zuchtschafe.)** J. Animal Sci. **22** (1963) Nr. 4. S. 953–955. – 4 Tab., 10 Lit. 8860.

B. DIE EINZELNEN FUTTERSTOFFE

3-64/07-0662 Waite, R., Johnston, M. J. und Armstrong, D. G.; Kirkhill, Ayr, Hannah Dairy Res. Inst. The digestibility of the carbohydrate constituents of artificially dried ryegrass, cocksfoot and timothy at various stages of growth. **(Die Verdaulichkeit der Kohlenhydrat-Bestandteile von künstlich getrocknetem Weidelgras, Knaulgras und Timothee bei verschiedenen Wachstumsstadien.)** Proc. Nutrit. Soc. **22** (1963) Nr. 2. S. XXIV–XXV. – 1 Tab., 1 Lit.

Von 3 Gräsern, Weidelgras, Knaulgras und Timothee, wurden Bestandteile der Kohlenhydratfraktion in Abhängigkeit von der Schnittzeit analysiert und die Verdaulichkeit an Schafen bestimmt. Folgende Kohlenhydrate wurden quantitativ gemessen: Summe der löslichen Kohlenhydrate, Hexosen, Saccharose, Cellulose, Hemicellulosen, Fructosane, Xylane, Arabane, Glucane, Galactane, Pectinstoffe. Die Verdaulichkeit wurde bestimmt von Cellulose, Hemicellulosen, Pektinstoffen und der Summe der löslichen Kohlenhydrate. Zwischen den 3 Gräsern bestanden bei gleicher Reife erhebliche Unterschiede in der Zusammensetzung der Kohlenhydratfraktion. Bei allen Gräsern nahmen mit zunehmender Reife die löslichen Kohlenhydrate ab, der Gehalt an Hemicellulosen und Cellulose zu. Die löslichen Kohlenhydrate waren 100% verdaulich. Die Verdaulichkeit von Cellulose und Hemicellulosen war bei allen 3 Gräsern im 1. Schnitt am höchsten und betrug 79–94%. L. Hoffmann. 8910.

3-64/07-0663 Hee, L. van, Roo, R. de und Hofman, M.; Lemberge, Stat. de Rech. de l' État pour l'Amélioration des Plantes de Grande Cult. Variations génotypiques dans la teneur en hydrates de carbone solubles, en protéines brutes, en cellulose brute, en matières minérales et en matière sèche du ray-grass anglais tétraploïde. **(Genotypische Variabilität im Gehalt an löslichen Kohlenhydraten, an Rohprotein, an Rohcellulose, an Mineralstoffen und an Trockensubstanz bei tetraploidem englischen Raygras.)** Rev. Agric. [Bruxelles] **16** (1963) Nr. 7. S. 1079–1091. – 4 Abb., 6 Tab., 11 Lit.

Das vorhandene Material von *Lolium multiflorum* wurde in 2 Gruppen geteilt; Gr. I stellt die 7. und Gr. II die 2. generative Nachkommenschaft dar. Bei Anordnung der Populationen nach abnehmendem Kohlenhydratgehalt ist die gleiche Tendenz auch beim Tr.-Subst.-Gehalt zu verzeichnen. Der Kohlenhydratgehalt der Gruppe I liegt höher als bei Gr. II; erhebliche Unterschiede bestehen auch im Rohproteingehalt, hier liegen die Werte bei der Gr. II eindeutig höher, die Differenzen sind signifikant. Das gleiche gilt auch für den Gehalt an Rohcellulose. Keine Signifikanz ergab sich hinsichtlich des Aschegehaltes. Eine negative Korrelation ($r = -0{,}75$) besteht zwischen Asche- und Tr.-Subst.- sowie Kohlenhydratgehalt, eine positive ($r = 0{,}63$) zwischen Asche- und dem Rohproteingehalt. Die aus den Ergebnissen resultierenden großen Selektionsmöglichkeiten werden diskutiert. So würde z. B. eine Auslese auf Kohlenhydrate zu einer Erhöhung des Tr.-Subst.-Gehaltes und zu einer Verminderung des Rohprotein- und Aschegehaltes führen. J. Schieblich, 8910.

3-64/07-0664 Lanigan, G. W.; Highett, Victoria, C.S.I.R.O. Silage bacteriology. I. Water activity and temperature relationships of silage strains of Lactobacillus plantarum, Lactobacillus brevis, and Pediococcus cerevisiae. **(Bakterienforschung in der Silage. 1. Mitt. Die Wirkung des Wassers und der Temperaturverhältnisse in der Silage auf Kulturen von Lactobacillus plantarum, Lactobacillus brevis und Pediococcus cerevisiae.)** Austral. J. biol. Sci. **16** (1963) Nr. 3. S. 606–615. – 8 Abb., 1 Tab., 20 Lit.

Die logarithmischen Wachstumsraten und die Perioden mit verzögerter Entwicklung bei *L. plantarum, L. brevis* und *P. cerevisiae* sind widerstandsfähig gegenüber einer Verringerung des Wassereinflusses auf das Wachstumsmittel. Bei 30 °C wurde der limitierende Wasserwirkungswert für das Wachstum dieser Spezies wie folgt gefunden: 0,920–0,930, 0,945–0,950 bzw. 0,930 bis 0,940. Es konnte keine wesentliche Wechselwirkung des Wassereinflusses und der Temperatur auf das Wachstum dieser Bakterien nachgewiesen werden. – Die erzielten Ergebnisse weisen darauf hin, daß *L. plantarum* und *P. cerevisiae* höhere Temperaturoptima haben als bisher angegeben. W. Klippel. 8920.

3-64/07-0665 Lüddecke, F.; Rostock, Inst. für Landwirtsch. Untersuchungswes. **Der Einsatz von Futterkartoffel-Markstammkohlsilagen in der Schweinemast.** Z. landwirtsch. Versuchs- u. Untersuchungswes. **9** (1963) Nr. 3. S. 215–235. – 20 Tab., 3 Lit. Zus. in Russ., Engl.

9 Einsäuerungsversuche von 100% gedämpften Kartoffeln (I) im Vergleich zu 66% gedämpften Kartoffeln + 34% gehäckseltem Markstammkohl (II) brachten gleich bewertete, sehr gute Silagequalität. Die **I** enthielt 22,8% Tr.-Subst., 2,0% Rohprotein und 20,4% org. Subst., **II** dagegen 21,3%, 2,2% und 18,2%. In 9 Schweinemastversuchen mit insges. 126 Tieren im Gewichtsabschnitt von etwa 55–95 kg hatten die neben 1 kg Kraftfutter pro Tag mit **I** gefütterten Schweine 629 g tägl. Zunahme, die mit **II** dagegen 585 g. Der Verbrauch an GN pro 100 kg Zunahme war in beiden Gruppen fast gleich (304,8 kg bzw. 306,1 kg). H.-G. Englisch. 8920.

3-64/07-0666 Bazanova, N. U. und Nikitin, B. N.; Inst. für Physiol. der Akad. der Wiss. der Kasach. SSR. Vlijanie ėksperimental'no polučennych silosov na sostojanie i produktivnye kačestva laktirujuščich korov. **(Der**

Einfluß experimentell hergestellter Silage auf Zustand und Leistungsqualität laktierender Kühe.) Životnovodstvo, Moskva **25** (1963) Nr. 9. S. 58–63. – 3 Abb., 4 Tab.

An 3 Kühen wurde der Einfluß mit Propionsäure hergestellter Maissilage auf die Tiere untersucht. Neben Luzerneheu (3–4 kg) wurden je Tier und Tag 25–30 kg Maissilage gefüttert. Die org. Säuren der Silage wurden schnell resorbiert. Der Blutzuckergehalt stieg um 8–12 mg%, der Keton-Anteil sank von 10–12 auf 5–6 mg%. Die Milchfettleistung wurde verbessert.

G. Leisner. 8920.

3-64/07-0667 Kolonij, V. Obrabotannyj ammiačnoj vodoj žom sposobstvuet otkormu. **(Mit Ammoniakwasser bearbeitete Schnitzel begünstigen die Mast.)** Moločnoe i mjasnoe skotovodstvo, Moskva **7** (1962) Nr. 10. S. 16 bis 18. – 1 Tab.

Je t Sauerschnitzel bei 1,5% Säuregehalt werden 15 kg Ammoniakwasser (25%ig) dazugegeben. Dadurch wird der N-Gehalt der Schnitzel von 0,20 auf 0,45–0,47% erhöht. Nach einer kurzen Gewöhnungszeit fressen die Tiere die Schnitzel gern. Bei der Ausschlachtung zeigt sich, daß diese Tiere einen geringeren Wasseranteil (70.9%), mehr Eiweiß (21,3%) und mehr Fett (7,4%) haben.

R. Ihssen. 8920.

3-64/07-0668 Harvey, J. M., Beames, R. M., Hegarty, A. und O'Bryan, M. S.; Yeerongpilly, Queensland, Animal Res. Inst. Influence of grazing management and copper supplementation on the growth rate of Hereford cattle in South-Eastern Queensland. **(Der Einfluß der Weideführung und Kupferzufuhr auf die Wachstumsrate von Hereford-Rindern im südöstlichen Queensland.)** Queensland J. agric. Sci. **20** (1963) Nr. 2. S. 137–159. – 3 Abb., 6 Tab., 30 Lit.

Auf 2 je 30 acres großen Weiden mit den Hauptbestandsbildnern *Paspalum dilatatum* und *Trifolium repens* wurde die Standweide mit einer Koppelweide (4 Teilkoppeln) bei gleicher Besatzstärke von 1 Tier/acre 4 Jahre lang miteinander verglichen. Ein Teil der Weidetiere erhielt i. v. Einspritzungen von $CuSO_4$ (30–60 mg Cu/Tier, 3 × mit 4 Tagen Abstand.) – Im Pflanzenertrag zeigte sich die Koppelweide leicht überlegen, sie ermöglichte auch zusätzliche Grassilierung und deren Winterverfütterung. Bei höherer Besatzstärke wäre die Überlegenheit größer. Die Cu-Zufuhr bewirkte in 3 von 4 Jahren eine höhere Gewichtszunahme der Tiere. Eine positive Relation zwischen dem Cu-Gehalt im Blut und der Leber der Tiere wurde beobachtet.

H. Pätzold. 8940.

3-64/07-0669 Märtin, B. und Franzke, H. **Futterangebot, Weidefutterrückstände und Futteraufnahme in einem Weideversuch mit Milchvieh.** Z. Landeskult. **4** (1963) Nr. 3/4. S. 297–306. – 4 Tab. – nach Zus.

Es wurden relativ hohe Futterbestände (⌀ 24,9 cm) beweidet, und die großen Vorteile längerer Nachwuchszeiten voll genutzt. Das Futterangebot betrug ca. 66 kg Grünmasse je Kuh und Tag. Die absolute Höhe der Weidefutterrückstände schwankte nur in geringen Grenzen, während der prozentuale Anteil bei höheren Weidefutterbeständen geringer war. Eine moderne Weideführung muß die Vorteile längerer Nachwuchszeiten dadurch nutzen, daß nur Erträge über 80 dt/ha Grünmasse abgeweidet werden.

8940.

3-64/07-0670 Falke, H. und Franzke, H. **Erfahrungen mit der Streifenweide.** Tierzucht **17** (1963) Nr. 5. Grünland/Feldfutter **4** S. 15–19. – 1 Abb., 1 Tab., 3 Lit.

Die Futterverluste beim Portionsweideverfahren (P) mit tägl. 1- bis 4maliger Zuteilung werden denen der Streifenweide (S) gegenübergestellt, bei der alle

20–70 Min. ein 60–200 cm breiter Streifen freigegeben wird. Die Streifenlänge je Kuh beträgt 180–220 cm. – Rotklee (35 cm hoch, 73 dt/ha) und Luzerne (44 cm hoch, 71 dt/ha) wurde bei beiden Beweidungsverfahren restlos abgefressen. Bei Leguminosengemenge (75–115 cm hoch, 210 dt/ha) betrugen die Verluste 11,7% (S) und 13,0% (P), bei Grünmais (100–150 cm hoch, 280 dt/ha) 16% (S) und 18% (P), bei überständigem Weidegras (157 bis 173 dt/ha) 15–27% (S) und 17,5–27,5% (P). Die Futterverluste bei der Streifenweide mit ihrem hohen Arbeitsaufwand waren nicht bzw. nur unwesentlich niedriger als bei Portionsweide. G. Weiland. 8940.

3-64/07-0671 Ingalls, J. R., Morgan, D. E., Thomas, J. W. und Huffman, C. F. Nutritive value of spelt (Triticum sativum spelta) for dairy cattle. **(Der Nährwert von Dinkelweizen [Triticum sativum spelta] für Milchrinder.)** J. Dairy Sci. **46** (1963) Nr. 10. S. 1085–1088. – 4 Tab., 19 Lit. 8990.

3-64/07-0672 Fangauf, K.-W. **Soja — Rohstoff für viele Industrien.** Kraftfutter **46** (1963) Nr. 10. S. 498. 500–501. – 1 Abb., 2 Tab.
Ausgehend von der Verzehnfachung der Sojabohnenerzeugung in den USA seit 1939 führt der Vf. die Wirtschaftszweige an, für die die Sojabohne von großer Bedeutung geworden ist. Da die Sojabohnen unter den Einfuhren Westdeutschlands aus den USA wertmäßig an höchster Stelle stehen, spielen diese nach Wiederaufbau der deutschen Ölmühlenindustrie auch in der Bundesrepublik eine bedeutende Rolle. Diese erstreckt sich auf die Futtermittelindustrie, in der sowohl Sojaschrot als auch Sojaöl und -lezithin verwendet werden, die Margarine-, die Fischkonserven-, die Backwaren- und Süßwarenindustrie. Weitere Anwendungsbereiche der Sojaprodukte sind die Kosmetik, Technik, Chemie und vor allem die Kunststoffindustrie. L. Sperling. 9000.

3-64/07-0673 Strayer, M. **Der Markt für U.S. Sojabohnen für 1963 und 1964.** Kraftfutter **46** (1963) Nr. 10. S. 486. 488. – 2 Abb., 1 Tab.
Der Vf. bespricht die Tendenzen auf dem Markt für Sojabohnen, die in den USA geerntet worden sind. Die Situation wird beherrscht von der laufend angewachsenen Erzeugung, die für das Jahr 1963 auf 19815160 t geschätzt wird, und von dem gewaltigen Überhang an Sojaöl, der am 1. 10. 63 450 Mill. kg betrug. Stützungsaktionen der Regierung für die Einlagerung von Sojabohnen sind geeignet, die Preise dafür ansteigen zu lassen, doch glaubt Vf. nicht, daß sie erheblich über das Stützungspreisniveau klettern werden. Für 1964 sagt er ein noch weiteres Anwachsen der Anbaufläche voraus, womit zum ersten Male das Problem eines Überschusses an Sojabohnen in den USA auftreten würde. L. Sperling. 9000.

3-64/07-0674 Wagh, P. V., Klaustermeier, D. F., Waibel, P. E. und Liener, I. E.; St. Paul, Univ. of Minnesota. Nutritive value of red kidney beans (Phaseolus vulgaris) for chicks. **(Der Nährwert von Roten Nierenbohnen [Phaseolus vulgaris] für Küken.)** J. Nutrit. [Philadelphia] **80** (1963) Nr. 2. S. 191–195. – 6 Tab., 14 Lit.
Phaseolus-vulgaris-Bohnen (**I**) enthielten 21,2% Rohprotein und 0,9% Rohfett. Sie wurden in einer Kükenration in Höhe von 7,5, 15,0, 30,0 oder 50,0% eingesetzt. Die Gewichtszunahmen in g betrugen im 1. Versuch in der Kontrollgruppe (K) 325 und in der Reihenfolge steigender **I**-Dosierung = 317, 311, 287 und 181. In Versuch 2: K = 157 und 145, 136, 104,61. Einweichen (20 Std.) und Trocknen (65 °C) von **I** verbesserte den Futtereffekt nicht. Jedoch Einweichen und Erhitzen bei 121 °C und 15 lb Druck für 30 Min. erhöhte in Versuch 2 die Gewichtszunahme bei 50% **I** auf 120 g. Das Pankreasgewicht nahm mit steigenden **I**-Gaben zu. Aus **I** isoliertes Hemagglutinin (1% der Ration) erniedrigte die Wachstumsrate ohne signifikante Pan-

kreasvergrößerung. Vff. untersuchen die Aminosäurenzusammensetzung von **I** (13 Aminosäurenwerte angegeben) und ergänzen in der **I**-Diät (mit 50% **I**) die fehlenden Aminosäuren. Die Wachstumsdepression und Pankreasvergrößerung konnte dadurch nicht behoben werden. Die Ergebnisse werden diskutiert. H. Bergner. 9000.

3-64/07-0675 Nikolaev, K. Toksikologični izsledvanija vŭrchu polskija sinap (Sinap arvensis L.). II. Sŭobstenie. Vŭrchu toksičnostta na Sinapis arvensis L. za kokoški i pileta. **(Toxikologische Untersuchungen an Ackersenf [Sinapis arvensis L.]. 2. Mitt. Über die Toxizität von Sinapis arvensis L. für Hühner und Küken.)** Izvestija na Veterinarnija naučnoizsledovatelski institut za nezarazni bolesti i zoochigiena, Sofija **3** (1963) S. 91–96. – 2 Tab., 3 Lit. 1. Mitt. vgl. 3-64/01-0613.
Es wurden Versuche mit ätherischem Senföl und mit Senfkörnern durchgeführt. Es wurde festgestellt, daß das Öl für Hühner sehr toxisch ist. Hühner vertragen eine Dosis von 25 mg/kg Lgw., aber Dosen über 30 mg/kg Lgw. sind toxisch. Die DLm beträgt 40 mg/kg Lgw., die DL_{50} – 42 mg/kg Lgw. und die DL_{100} – 50 g/kg Lgw. Ungemahlene Senfkörner sind für ausgewachsene Hühner nicht toxisch. Grobgemahlene Senfkörner in einer Gabe bis 45 g/kg Lgw. sind nicht toxisch. Die DLm beträgt – 52,5 g/Lgw., die DL_{50} – 55 g/Lgw und die DL_{100} – 60 g/kg Lgw. Feingemahlene Körner in Dosen über 17,5 g/kg Lgw. sind toxisch und die DL_{50} – 26 g/kg Lgw. Das Verfüttern von feingemahlenem Senfkörnermehl an 20 Tage alte Küken in einer Dosis von 10% der täglichen Futterration ruft bei diesen Erkrankungen hervor. NRB/ZSNTI, übersetzt v. I. Posdirca. 9005.

3-64/07-0676 Nikolaev, K. Toksikologični izsledvanija vŭrchu polskija sinap (Sinapis arvensis L.). III. Sŭobštenie. Proučvane toksičnostta na S. arvensis L. za ovce. **(Toxikologische Untersuchungen über Ackersenf. 3. Mitt. Untersuchungen der toxischen Wirkung von Sinapis arvensis L. bei Schafen.)** Izvestija na Veterinarnija naučnoizsledovatelski institut za nezarazni bolesti i zoochigiena, Sofija **3** (1963) S. 97–101. – 2 Tab., 3 Lit. 2. Mitt. s. vorst. Ref.
Um die Toxizität von Ackersenf zu prüfen, der gar nicht so toxisch ist wie angenommen wird, wurden Versuche durchgeführt, in denen Ackersenf in Form von Grünfutter, Silo- und Körnerfutter an Lämmer und Schafe verfüttert wurde. Ackersenf wird als Grünfutter von den Schafen nicht gern gefressen, die ziehen ein anderes Grünfutter vor, sobald es vorhanden ist. Ackersenf, der in dieser Form an die Tiere verfüttert wird, ruft bei Schafen Störungen der Verdauungswege hervor, die sich durch ein schnell vorübergehendes Aufblähen und Erschlaffen des Pansens äußern. Beim Einsilieren der Grünmasse wird das ätherische Öl infolge fermentativer Prozesse abgespalten und das Silofutter wird für die Schafe unschädlich. Kraftfutter mit 10–20% Anteil an gemahlenen Senfkörnern ist gleichfalls unschädlich für die Schafe, sogar wenn es längere Zeit an die Tiere verfüttert wird. Gemahlene Senfkörner, die in großen Mengen verfüttert werden, können bei einzelnen Tieren ein schnell vorübergehendes Aufblähen des Pansen hervorrufen.
NRB/ZSNTI, übersetzt v. I. Posdirca. 9005.

3-64/07-0677 Woggon, H.; Potsdam-Rehbrücke, Inst. für Ernähr. **Über den Vitamin-C-Gehalt keimungsgehemmter Kartoffeln.** Ernährungsforschung 8 (1963) Nr. 3. S. 387–405. – 6 Abb., 6 Tab., 39 Lit.
Zur weiteren Klärung der Frage eines Anstieges des Vit.-C-Gehaltes während der Kartoffellagerung im Mai bis Juli führte Vf. eingehende polarographische Untersuchungen an verschiedenen Kartoffelsorten mit und ohne Keimstoppbehandlung durch. Die Ergebnisse weisen darauf hin, daß mit steigender Lagertemp. und einer offensichtlich damit verbundenen Wachstumsanregung

der Ascorbinsäure (I)-Gehalt einen Anstieg aufweist, während der Gesamt-Vit.-C-Gehalt weiter absinkt. Eine ungünstige Beeinflussung des Vit.-C-Gehaltes durch Keimstoppbehandlung wird nicht beobachtet. Weitere Untersuchungen über den Einfluß ionisierender Strahlen (^{60}Co, 4 bis 16 kr) auf den I-Gehalt ergaben nach 5monatiger Lagerung gegenüber unbehandelten Kartoffeln keine auffallenden Verluste. Unmittelbar nach der Bestrahlung sind jedoch je nach Strahlendosis Verluste bis 40%, teilweise aber auch Erhöhungen der Vit.-C-Werte festzustellen. H. Ackermann. 9030.

3-64/07-0678 Hoser, Stefan. Wstępne badania nad wartością odżywczą i przydatnością suszu z soku ziemniaczanego w żywieniu zwierząt. 1. Doświadczenia nad żywieniem trzody chlewnej. **(Einleitende Untersuchungen zwecks Ermittlung des Nährwertes und der Eignung von getrocknetem Kartoffelsaft als Tierfutter. 1. Mitt. Kartoffelsaft als Schweinefutter.)** Zeszyty problemowe postępów Nauk rolniczych **1962** Nr. 36. S. 163–171. – 7 Tab., 2 Lit.

Getrockneter Kartoffelsaft hatte folgende chem. Zusammensetzung (in %): Tr.-Subst. 86,50, Rohprotein 27,05, Rohfett 2,35, Rohfaser 2,35, N-fr. E. 36,83, Asche 17,02. Der Zusatz vom pulverisierten Kartoffelsaft in Höhe von 10% und 20% der Kraftfuttermischung als teilweiser Ersatz von Fleisch-Knochenmehl, Futterhefe und Palmkernkuchen beeinträchtigte die Lebendgewichtszunahme der Versuchstiere im Vergleich zur Kontrollgruppe.
A. Ziołecka. 9125.

3-64/07-0679 Hoser, Stefan, Ponikiewska, Teresa und Skworz, Jerzy. Wstępne badania nad wartością odżywczą i przydatnością suszu z soku ziemniaczanego w żywieniu zwierząt. 2. Doświadczenie nad zastosowaniem suszu z soku ziemniaczanego w żywieniu krów dojnych. **(Einleitende Untersuchungen zwecks Ermittlung des Nährwertes und der Eignung von getrocknetem Kartoffelsaft als Tierfutter. 2. Mitt. Kartoffelsaft als Futter für Milchkühe.)** Zeszyty problemowe postępów Nauk rolniczych **1962** Nr. 36. S. 171 bis 175. – 4 Tab. 1. Mitt. s. vorst. Ref.

Der Zusatz von getrocknetem Kartoffelsaft in Höhe von 0,5 bis 1,5 kg pro Tag und Tier zur Futterration der Milchkühe hatte einen Rückgang der Milchleistung und des Fettgehalts der Milch zur Folge – im Vergleich zur Auswirkung des Zusatzes vom Rapsextraktionsschrot. A. Ziołecka. 9125.

3-64/07-0680 Gawęcki, Kazimierz und Lipińska, Hanna. Wstępne badania nad wartością odżywczą i przydatnością suszu z soku ziemniaczanego w żywieniu zwierząt. 3. Wyniki badań nad zastosowaniem suszu z soku ziemniaczanego w żywieniu drobiu. **(Einleitende Untersuchungen zwecks Ermittlung des Nährwertes und der Eignung von getrocknetem Kartoffelsaft als Tierfutter. 3. Mitt. Kartoffelsaft als Geflügelfutter.)** Zeszyty problemowe postępów Nauk rolniczych **1962** Nr. 36. S. 176–179. – 3 Tab. 2. Mitt. s. vorst. Ref.

Getrockneter Kartoffelsaft in Höhe von 10% der Kraftfuttermisuchng wurde an Legehühner und von 10% und 15,5% an schlachtreife Hähnchen als Ersatz von Leinschrot und Fleisch-Knochenmehl verfüttert. Es wurde eine allgemein schlechtere Futterverwertung, sowie eine geringere Gewichtszunahme der Hähnchen und eine geringere Legeleistung der Junghühner, sowie ein niedrigerer Schlupfprozent der von ihnen gelegten Eier im Vergleich zur Kontrollgruppe festgestellt. Außerdem trat Durchfall auf.
A. Ziołecka. 9125.

3-64/07-0681 Reyntens, N. und Keppens, L.; Gontrode, Stat. de Petit Élevage. L'emploi de mazoferm dans les aliments pour poulets de chair. **(Die Verwendung von Mazoferm im Futter von Masthühnchen.)** Rev. Agric. [Bruxelles] **16** (1963) Nr. 7. S. 1105–1110. – 4 Tab., 3 Lit. Zus. in Engl.

Um einer ca. 45% Milocorn enthaltenden Futtermischung die gleiche Wachstumswirkung bei Küken zu geben wie bei Verwendung derselben Menge Mais und gleichzeitig die mit der Maisfütterung verbundene Gelbfärbung der Ständer und der Haut auszuschließen, wurden in Aufzuchtversuchen 3 bzw. 6% Milocorn durch Mazoferm, einen bei der Stärkefabrikation anfallenden fermentierten Extrakt aus dem Maiskorn, ersetzt. Während 3% Mazoferm lediglich das Wachstum verbesserten, hatten 6% auch einen günstigen Einfluß auf die Futterverwertung. Die Tiere blieben gleichzeitig weißfleischig.

L. Sperling. 9136.

3-64/07-0682 Vasylenko, D. Ja., Šapošnykova, T. M. und Kobal'čuk, I. S.; Lwow, Zootechn. und Veterinärmed. Inst. Zgodovuvannja drižDživ korovam pidvyščuje žyrnist' moloka. **(Fütterung von Hefe an Milchkühe erhöht den Fettgehalt.)** Socialistyčne tvarynnyctvo, Kyïv **1962** Nr. 11. S. 33–35.

Vff. beschreiben Versuche und Resultate in einer Anzahl Betriebe der Ukraine. Besonders gut reagieren auf die Hefefütterung Tiere mit niedrigem Fettgehalt, einige erhöhten um 1%. Milchfettreiche Kühe erhöhten um 0,2–0,3%. Einzelne Exemplare reagierten nicht, im wesentlichen wuchs der Fettgehalt bei 75–90% im ⌀ um 0,2–0,7%. Wenn in der Ration ein hoher Anteil saurer Rübenschnitzel, saurem Gärfutters oder Biertreber enthalten ist, wächst der Fettgehalt nicht, sondern sinkt bei Zufütterung von Hefe noch ab. Die Zubereitung verheften Kraftfutters mit Backhefe wird beschrieben.

K. Neumann. 9155.

3-64/07-0683 Saxena, H. C., Jensen, Leo S. und McGinnis, James; Pullman, Washington State Univ. Influence of age on utilization of raw soybean meal by chickens. **(Einfluß des Alters auf die Ausnutzung von unbehandeltem Sojaschrot bei Küken.)** J. Nutrit. [Philadelphia] **80** (1963) Nr. 4. S. 391–396. – 4 Tab., 12 Lit.

Rohes Sojaschrot hatte nur bis zur 6. Lebenswoche einen wachstumshemmenden Einfluß. Bei Küken wurde auch eine Pankreashypertrophie sichtbar, die keine Wachstumsdepressionen zeigten; die Hypertrophie wurde bis zur 12. Lebenswoche beträchtlich reduziert und fehlte bei den Hennen vollständig. Die Eierproduktion, Futterverwertung und N-Retention war zwischen den Hennen, die unbehandeltes bzw. erhitztes Sojaschrot erhielten, nicht signifikant verschieden. Die Ergebnisse stützen die Annahme, daß rohes Sojaschrot eine aktive Substanz enthält, welche unvollständig verdaut wird.

K. Gruhn. 9170.

3-64/07-0684 Fisher, Hans und Shapiro, Ralph; New Brunswick, N. J., Rutgers State Univ. Counteracting the growth retardation of raw soybean meal with extra protein and calories. **(Gegenwirkung zur Wachstumsverzögerung des unbehandelten Sojaschrotes mit kombinierten Eiweiß- und Kalorienzusätzen.)** J. Nutrit. [Philadelphia] **80** (1963) Nr. 4. S. 425–430. – 4 Tab., 16 Lit.

An Eintagsküken konnten keine befriedigenden Ergebnisse mit zusätzlichem Eiweiß, Aminosäuren bzw. Maisöl erzielt werden, wenn die Ration mehr als 15% unbehandeltes Sojaschrot-Eiweiß enthielt. Dagegen wurden bei 3 Wochen alten Küken sehr gute Ergebnisse mit diesen Zusätzen erreicht. 27% unbehandeltes Sojaschrotprotein und 15% zugefügtes Maisöl in der Ration ergaben das gleiche Wachstum wie 27% erhitztes Sojaschroteiweiß ohne Fettzusatz. Vff. weisen darauf hin, daß im rohen Sojaschrot das Eiweiß und die Energie schlechter ausgenutzt werden als im unbehandelten.

K. Gruhn. 9170.

3-64/07-0685 Hill, F. W. und Renner, Ruth; Ithaca, N.Y., Cornell Univ. Effects of heat treatment on the metabolizable energy value of soybeans and extracted soybean flakes for the hen. **(Wirkungen der Hitzebehandlung auf die Höhe der umsetzbaren Energie bei Sojabohnen und extrahierten Sojabohnenflocken für die Henne.)** J. Nutrit. [Philadelphia] **80** (1963) Nr. 4. S. 375 bis 380. — 6 Tab., 10 Lit.

Bestimmt wurde der Einfluß einer 5, 10, 40 und 60 Min. dauernden Temperatur-Einwirkung von 107 °C und 120 Min. von 120 °C auf die Höhe der umsetzbaren Energie (u. E.) und die Fettverdaulichkeit von Sojabohnen und extrahierten Sojabohnenflocken beim ausgewachsenen Huhn. Die u. E. von Sojabohnen bzw. Sojabohnenflocken erhöhte sich gegenüber dem unbehandelten Ausgangsmaterial (2,84 bzw. 1,94 kcal/g) durch die Temp.-Wirkung wie folgt: 3,8 4 bzw. 2,70; 3,36 bzw, 2,76; 3,40 bzw. 2,86; 3,48 bzw. 2,77; 3,70 bzw. 2,42 kcal/g (Reihenfolge wie oben). Die durch Hitzebehandlung erreichte höhere u. E. bei Sojabohnenflocken war bedingt durch eine Steigerung der Fettverdaulichkeit von 81 auf 96%. Bei Sojabohnen blieb die Fettverdaulichkeit durch Hitzebehandlung unbeeinflußt. Die höhere u. E. resultierte aus einer Erhöhung der u. E. der fettfreien Bestandteile von 1,8 auf 2,5 kcal/g durch die Hitzebehandlung. Wurden unbehandelte Sojabohnen und Sojabohnenflocken als einzige Proteinquellen in Rationen an Hühner verfüttert, ging die Eierproduktion gegenüber hitzebehandeltem Material zurück.

L. Hoffmann. 9170.

3-64/07-0686 Mackrott, Heinrich. **Sojaschrot als Futtermittel.** Kraftfutter **46** (1963) Nr. 10. S. 481-484. — 4 Tab.

Nach Erläuterung des hohen Futterwertes von dampferhitztem, ungeschältem und geschältem Sojaschrot an Hand der analytischen Daten unterzieht der Vf. die z. Z. in Westdeutschland verwendeten Mischfuttermittel einer Prüfung auf den nach den Normen festgesetzten Gehalt an diesem Ölsaatrückstand. Unter Berufung auf die Verhältnisse in den USA und die Ergebnisse wissenschaftlicher Versuche befürwortet er seine stärkere Beimischung zu den verschiedenen Mischfutterarten, womit vornehmlich durch den Ersatz von tierischem Eiweiß eine Verbilligung des Mischfutters möglich wird.

L. Sperling. 9170.

3-64/07-0687 Diser, Gleason M. **Wege zum besten Futterwert des Sojaschrotes.** Kraftfutter **46** (1963) Nr. 10. S. 490. 492. 496–498. — 2 Abb., 4 Tab.

Der Futterwert des Sojaschrotes ist vornehmlich von Ausmaß und Art des Erhitzens bei der Verarbeitung abhängig. Die Einwirkung feuchter Hitze muß eine ganz bestimmte Höhe und Dauer haben, um ein optimales Produkt zu erhalten. Die als Kriterien für die Beurteilung des Sojaschrotes vorgeschlagenen Teste, wie die Bestimmung von Thiamin, der Ureaseaktivität, der Löslichkeit des N und der Dispergierbarkeit des Eiweißes, der Fluoreszenz, der Färbbarkeit, der Brechungsindices der Natriumhydroxydextrakte u. a. m., haben nur einen begrenzten Wert und müssen durch die Ergebnisse von Fütterungsversuchen gestützt werden, um eine besonders für Schweine und Geflügel hochwertige Eiweißquelle zu erzielen. L. Sperling. 9170.

3-64/07-0688 Anonym. **Soja -Soapstock-Dotterfarbe.** Kraftfutter **46** (1963) Nr. 10. S. 484-486. — 1 Tab.

Die Beigabe von 3 und 10% Soja-„Soapstock", einem bei der Entsäuerung von Sojarohöl anfallenden Abgang, zum Mischfutter von White-Rock-Eintagsküken führte zu einer um 3 bis 7,6% besseren Futterverwertung und ergab eine wesentlich stärkere Pigmentierung der Schenkel der Tiere als in den Vergleichsgruppen. Diese Pigmentierung, die von anderen Autoren auch im Eidotter nach Verfütterung dieses Abfallproduktes beobachtet wurde, wird auf das darin in Mengen bis zu 307 μg je g festgestellte Xanthophyll zurückgeführt. L. Sperling. 9170.

FISCHEREI

A. ALLGEMEINES

3-64/07-9001 Iványi, B. Adatok a magyar halászat történetéhez. **(Angaben zur Geschichte der ungarischen Fischerei.)** Magyar mezőgazdasági Múzeum Közleményei [Publ. hung. agric. Museum] **1962** S. 106–115. – Aus: Ung. Agrar-Rdsch. **1964** Nr. 1. 6010.

3-64/07-9002 Stewart, James E.; Halifax, Nova Scotia, Fisheries Res. Board of Canada. An arrangement for automatically and reproducibly controlling and varying illumination in biological experiments. **(Eine Anordnung zur automatischen und reproduzierbaren Beleuchtungsregelung und -variation in biologischen Experimenten.)** J. Fisheries Res. Board Canada **20** (1963) Nr. 4. S. 1103–1107. – 3 Abb., 3 Lit.
Durch das vom Vf. beschriebene transportable Gerät wird für eine größere Anzahl von Aquarien oder ähnlichen Einzelbehältnissen unter Laborbedingungen ein dem natürlichen Tagesablauf entsprechender Beleuchtungsrhythmus erzielt, wie er insbes. zur Untersuchung der Primärproduktion von Gewässern benötigt wird. Das Gerät enthält einen in 24 h umlaufenden Exzenter, der über ein Potentiometer einen motorgesteuerten stufenlosen Regeltransformator beeinflußt, von wo aus, je nach entsprechender Tageszeit, die Beleuchtungskörper mit verschieden hoher Spannung gespeist werden. G. Seifert. 6010.

3-64/07-9003 Anonym. **Jahresbericht über die Deutsche Fischwirtschaft 1962/63.** Jber. dtsch. Fischwirtsch. **1962/63** (hrsg. 1963) S. 1–296. – 1 Abb., Tab., Lit.
Im I. Teil des Jahresberichtes werden behandelt: Die Fischwirtschaftspolitik im Jahre 1962/63 (G. Meseck); Gesetzgebung 1962 (G. Möcklinghoff); Die See- und Küstenfischerei und die Fischversorgung der Bundesrepublik Deutschland im Jahre 1962 (K. Sommer); Die deutsche Fischereiflotte nach dem Stande vom 31. Dez. 1962 (I. Schack); Biologisch-statistischer Bericht über die deutsche Hochseefischerei im Jahre 1962 (J. Lundbeck); Der fischwirtschaftliche Außenhandel im Jahre 1962 (A. M. Groening). Der II. Teil enthält folgende Kapitel: Einsatz der Fischereischutzboote (Fischereihilfsschiffe) „Frithjof", „Meerkatze", „Poseidon" und des Fischereiforschungsschiffes „Anton Dohrn" im Jahre 1962 (G. Ebeling); Aus der Arbeit der Bordwetterwarten auf den Fischereischutzbooten „Meerkatze" und „Poseidon" sowie auf dem Fischereiforschungsschiff „Anton Dohrn" im Jahre 1962 (H. Walden und H. O. Mertins); Die Fischerei und die See-Berufsgenossenschaft (K. Therkorn); Die Arbeiten der Deutschen Wissenschaftlichen Kommission für Meeresforschung (U. Schmidt); Die Fischereiforschung (H. Bohl, H. Mann und G. Wünsche); Die Entwicklungshilfe der Bundesrepublik Deutschland auf dem Gebiet der Fischwirtschaft (W. Becker). Teil III hat die Kleine Hochsee- und Küstenfischerei (W. Seemann), die Binnenfischerei (H. Wiehr) und die Fischindustrie, Fischmehl- und Fischölindustrie sowie Garnelendarren (K. Seumenicht) zum Inhalt. Im IV. Teil wird ein Überblick über die Fischwirtschaft anderer Länder (H. Brockstedt) und den Walfang (G. Hellmich) gegeben. W. Steffens. 6020.

3-64/07-9004 Anonym. Fisheries of Scotland report for 1959. **(Bericht über die Fischerei Schottlands 1959.)** Rep. Fisheries Scotland **1959** (hrsg. 1960) S. 1–100. – 33 Tab., 156 Lit. 6020.

3-64/07-9005 Problemi na našeto sladkovodno ribarstvo. Materiali ot nacionalnoto săveštanie, sătojalo se na 26 i 27 april 1962 g. v Samokov. (Probleme unserer Binnenfischerei. Materialien der nationalen Konferenz vom 26. und 27. April in Sofia.) Sofija: BAN. 1963. (68 S.) Die Schrift enthält 3 Vorträge, die auf dieser Konferenz gehalten wurden: 1. Dringende Probleme der Binnenfischerei in Bulgarien (Georgiev, N.); 2. Die Anwendung einiger neuer Methoden zur Förderung der Spermio- und Ovogenese bei Fischen (Bratanov, K., Dikov, B. und Denčev, D.); 3. Über einige Fischkrankheiten und die Prophylaxe in den Karpfen- und Forellenzuchtbetrieben. Ferner sind die Diskussionen über die einzelnen Vorträge und Vorschläge zur weiteren Entwicklung und Verbesserung der Binnenfischerei abgedruckt.

NRB/ZSNTI, übersetzt v. K. Brust.

B. BIOLOGIE DER FISCHEREILICHEN NUTZTIERE

Biologie der Fische

3-64/07-9006 Newman, H. William; Seattle, Wash., Bureau of Commercial Fisheries. Biopsy cannula for tissue samples from live adult fish. **(Ein Biopsie-Röhrchen zur Entnahme von Gewebeproben von lebenden, erwachsenen Fischen.)** U. S. Dep. Interior, Fish Wildlife Serv., progr. Fish-Culturist **25** (1963) Nr. 162–163. – 3 Abb.

Das Entnahmegerät besteht aus 3 Teilen. Die innere Röhre hat 6 bzw. 8 mm inneren bzw. äußeren Durchmesser, 79 mm Länge und besitzt 4 Zähne aus Phosphorbronze zum Abschneiden des Gewebes. Die äußere Röhre ist 75 mm lang und hat 10 mm äußeren Durchmesser. Zwischen beiden liegt beim Einstechen in das Muskelgewebe ein Zwischenraumhalter, der zur Entnahme herausgenommen wird. Mit einer Drehung der inneren Kanüle mit ihren nun frei ins Gewebe eindringenden Zähnen wird die Gewebsprobe entnommen. Das Gerät wurde für größere Gewebsproben zur chem. Analyse entwickelt.

Th. Mattheis. 6080.

3-64/07-9007 Unterüberbacher, Hans; Wien, Univ., I. Zool. Inst. **Über Wachstum und Lebensweise des Karpfens im Neusiedlersee.** Z. Fischerei Hilfswiss. [N. F.] **11** (1963) Nr. 7/8. S. 481–532. – 22 Abb., 22 Tab., 14 Lit.

Bis 1949 kamen an Karpfen (*Cyprinus carpio*) nur Wildkarpfen in diesem See vor. 1950 begann man, Karpfen aus verschiedenen Teichwirtschaften einzusetzen. Die Wildkarpfen sind gestreckter, ihre Schuppen schmaler und ihre Schwanz- und Afterflossen sind stärker rötlich pigmentiert. Körpermaße und Wägungen vermitteln einen Eindruck über die Veränderungen der Körperform, der Massen- und Längenzunahmen der einzelnen Altersklassen bei dem besserwüchsigen Besatz aus der Teichwirtschaft (Schupper und Spiegler) und den Wildkarpfen. Die Laichzeit der Karpfen im See, die sich anscheinend hauptsächlich von Nematocerenlarven ernähren, liegt zwischen Mitte Apr. und dem 20. Juni. Die Rogener werden mit 4 Jahren geschlechtsreif, die Milchner mit 3.

G. Merla. 6080.

3-64/07-9008 Abrosow, V. und Bauer, O.; Pskow, Staatl. Inst. für Seen- und Flußfischerei der UdSSR. **Die Peledmaräne — ein neues Objekt der Fischwirtschaft.** Z. Fischerei Hilfswiss. [N. F.] **10** (1961) Nr. 4/5. S. 299–307. – 1 Tab., 10 Lit.

Vff. geben einen Überblick über die bisherigen Erfolge bei der Einbürgerung des aus Sibirien stammenden *Coregonus peled* in europäischen Gewässern. Die Art ist der beste Planktonfresser unter den Coregonen und erreicht in Karpfenteichen zweisömmrig 400–500 g Masse. Während der Besatz mit Brut nur in einigen Seen der westlichen UdSSR Erfolg brachte, verlief der Besatz mit einsömmrigen Maränen wesentlich günstiger. Die Hauptfeinde der Brut sind *Perca fluviatilis, Acerina cernua* und *Rutilus rutilus*; es wird daher angestrebt, die künstlich erbrüteten Larven im ersten Jahr in bes. Teichen aufzuziehen, bevor der Besatz in Seen oder Karpfenteiche gelangt. Von den Rognern einiger Seen des Gebietes Pskow wurden 1959 8 Mill. Eier gewonnen. In den Teichen ist der wichtigste Parasit *Diplostomum spathaceum* und in den Seen *Ergasilus sieboldi*. Durch die Ausnutzung des Zooplanktons wird die Peledmaräne ein lohnendes Objekt in Seen und Teichen.

G. Seifert. 6080.

3-64/07-9009 Wunder, Wilhelm. **Körpergestalt und Lebensweise der Fische.** Allg. Fischerei-Ztg. **88** (1963) Nr. 22. S. 640–643.; **89** (1964) Nr. 1. S. 20–22.; Nr. 2. S. 46–47.; Nr. 3. S. 82–84.; Nr. 4. S. 112–114. – 50 Abb., 19 Lit. 6085.

3-64/07-9010 Nybelin, Orvar. **Zur Morphologie und Terminologie des Schwanzskelettes der Actinopterygier.** Ark. Zool. [Stockholm] **16** (1963) Nr. 6. S. 485–516. – 22 Abb., 24 Lit.
Vf. bezeichnet im Schwanzskelett alle Teile hinter der Aufspaltung der Kaudalarterie als urale Elemente, alle kranial davon liegende als präurale Elemente. Nur die von Uralwirbeln ventral bzw. caudal befindlichen medianen Skelettelemente sollten die Benennung Hypuralia tragen. Sie sind durch Fehlen des Hämalkanals gekennzeichnet und stoßen direkt an Uralwirbel bzw. das Chordaende. Die umstrittenen Uroneuralia werden als Schuppenderivate oder exoskelettale Bildungen gedeutet. Sie sollten daher als Urodermalia bezeichnet werden. Die Meinung stützt sich nur auf morphol. Tatsachen. Embryologische Untersuchungen wurden nicht gemacht. Th. Mattheis. 6085.

3-64/07-9011 Ali, M. A., Copes, P. und Stevenson, W. R.; St. John's Memorial Univ. of Newfoundland. Correlation of morphological and intraocular measurements in the Atlantic salmon (Salmo salar) yearling. **(Korrelation morphologischer und intra-okularer Messungen bei einjährigen Lachsen [Salmo salar].)** J. Fisheries Res. Board Canada **18** (1961) Nr. 2. S. 259–272. – 11 Abb., 1 Tab., 9 Lit.
Zwischen der Länge, der Kubikwurzel der Masse, dem Kopfdurchmesser und dem Augendurchmesser fanden sich starke Korrelationen. Bei den intraokularen histol. Messungen an der Stärke der Retina der Zapfen- und Pigmentschicht ergaben sich untereinander und zu den äußeren morphol. Messungen nur geringe Beziehungen. Es wurde gefunden, daß die innere Struktur beider Augen eines Fisches verschieden sein kann und praktisch unabhängig von der Fischgröße ist. G. Seifert. 6085.

3-64/07-9012 Saxena, Subhash Chandra; Delhi, Univ. Adhesive apparatus of an Indian hill-stream sisorid fish, Pseudecheneis sulcatus. **(Der Haftapparat eines indischen Sisoriden der Gebirgsflüsse, Pseudecheneis sulcatus.)** Copeia [Philadelphia] **1961** Nr. 4. S. 471–473. – 2 Abb.
Die Haut der Ventralseite ist bei diesem Fisch zwischen den Pectoralflossen in 13–14 querverlaufende Leisten und Furchen gegliedert und bildet ein Haftorgan. Die Epidermisleisten bestehen aus einer vierfachen Lage von Zellen, die einen dornartigen Fortsatz bilden, der, je näher die Zelle sich an der Hautoberfläche befindet, in zunehmendem Maße verhornt. Unter dieser Lage findet sich eine Schicht polygonaler Epithelialzellen, aus der fortlaufend neue Hornzellen hervorgehen; die äußeren Hornzellen werden nach einer bestimmten Zeit abgestoßen. Eine Anordnung von 4 bedornten Hornzellenlagen übereinander wurde bisher noch nicht gefunden. *Glyptothorax madraspatanus* und *G. telchitta* besitzen nur einfache Zellschichten der beschriebenen Art. G. Seifert. 6085.

3-64/07-9013 Jacoby, Carl; Ann Arbor, Mich., Bureau of Commercial Fisheries. Relative growth of fins in the fourhorn sculpin, Myoxocephalus quadricornis, from the upper Great Lakes. **(Das relative Flossenwachstum bei Myoxocephalus quadricornis aus den oberen Großen Seen.)** Copeia [Philadelphia] **1961** Nr. 4. S. 473–475. – 2 Abb., 1 Tab.
Zur Bestimmung der Geschlechtsunterschiede im Flossenwachstum wurden an 184 Exemplaren Messungen der Totallänge und der Länge aller Flossen durchgeführt. Je nach der Beziehung des Flossenwachstums zum Längenwachstum erhält man bei der Darstellung dieser Werte auf Logarithmenpapier Kurven von bestimmter Steigung, aus denen teilweise ein Geschlechtsunter-

schied ersichtlich wird. Die 2. Dorsalflosse zeigt beim reifen Männchen ein wesentlich stärkeres Wachstum rel. zum Längenwachstum als bei den Weibchen oder unreifen Tieren. Beim männlichen Tier können die längsten Strahlen dieser Flosse fast bis zum Ende der Caudalflosse reichen.

G. Seifert. 6085.

3-64/07-9014 Dornesco, G. T. und Santa, V.; Bukarest, Univ. La structure des aortes et des vaisseaux sanguins de la carpe (Cyprinus carpio L.). **(Die Struktur der Aorten und der Blutgefäße des Karpfens [Cyprinus carpio].)** Anatom. Anz. **113** (1963) Nr. 2. S. 136–145. — 9 Abb., 10 Lit.

Die ins einzelne gehende Untersuchung stellt einige Besonderheiten heraus, die bisher nicht bekannt waren. So besitzt die Aorta dorsalis in ihrer ganzen Längenausdehnung ein dorsomedianes Septum, dessen freier Rand leicht geschwungen ist. Ferner wurden Anhäufungen von Plehn'schen Zellen in der Intima der Aorta ventralis, der zuführenden Kiemenarterien und der hinteren Kardinalvenen gefunden. Schließlich sind eine sehr lockere Periadventitia oder große lymphatische Räume um die Renalarterien herum ausgebildet.

D. Barthelmes. 6085.

3-64/07-9015 Conte, Frank P., Wagner, Harry H. und Harris, Thomas O.; Corvallis, Oregon State Univ. Measurement of blood volume in the fish (Salmo gairdneri gairdneri). **(Messung der Blutmenge bei Salmo gairdneri.)** Amer. J. Physiol. **205** (1963) Nr. 3. S. 533–540. — 6 Abb., 4 Tab., 25 Lit.

Die Blutmenge ergab sich nach der Plasma-Hämatocrit-Methode unter Verwendung von EVANS-Blau mit 3,5 ± 0,9% der Körpermasse; bei Verwendung von ^{131}J-markiertem Humanalbumin betrug sie 3,3 ± 0,9%; beide Indikatoren gleichzeitig verwendet, erbrachten 2,9 ± 0,9%. Für die direkte Messung der Blutmenge aus der Summe der Volumina des Plasmas und der Erythrocyten, der Messungen mit EVANS-Blau oder markiertem Albumin und mit ^{51}Cr-markierten Erythrocyten ergab sich der Wert von 2,8 ± 1,0%. Der Durchschnittswert beträgt 3,1% der Körpermasse und stimmt mit den für Knochenfische in der Literatur mitgeteilten Werten überein.

Th. Mattheis. 6085.

3-64/07-9016 Zwillenberg, Helga H. L. und Zwillenberg, L. O.; Bern, Univ., Anatom. Inst. **Über den Erythrocytenbau in der Forellenmilz, unter besonderer Berücksichtigung der Erythrocytenfeinstruktur.** Z. Zellforsch. mikroskop. Anatom. **60** (1963) Nr. 2. S. 313-324. — 7 Abb., 17 Lit.

Elektronenoptisch wurden Milzen von *Salmo fario*, lichtmikroskopisch und histochem. die von *S. fario* und *S. gairdneri* untersucht. Die in der Forellenmilz phagozytierten Erythrozyten werden in etwas weniger elektronendichte Gebilde umgewandelt, in denen Membrananhäufungen erkennbar sind. Ferner treten in diesen Gebilden filamenthaltige Bezirke, Ferritinanhäufungen und Lipofuscingranula auf. Es wird angenommen, daß die filamentösen Bezirke auf Gerüststrukturen hinweisen, die im intakten Erythrozyten maskiert sind.

Th. Mattheis. 6085.

3-64/07-9017 Wolf, Ken; Kearneysville, W. Va., Bureau of Sport Fisheries and Wildlife. Physiological salines for fresh-water teleosts. **(Physiologische Salzlösungen für Süßwasser-Teleostier.)** U. S. Dep. Interior, Fish Wildlife Serv., progr. Fish-Culturist **25** (1963) Nr. 3. S. 135–140. — 2 Tab., 19 Lit.

Vf. referiert und stellt zusammen Arbeiten über Zusammensetzung des Blutserums (anorg. und org. Stoffe), über isotonische Natriumchloridlösungen und physiol. Salzlösungen. Th. Mattheis. 6085.

3-64/07-9018 Fine, Jean und Drilhon, Andrée. Existence de globulins de faible mobilité électrophorétique dans le sérum de l'anguille soumise à des injections répétées de sérum humain. **(Globuline von schwacher elektrophoretischer Beweglichkeit im Aalserum nach wiederholten Injektionen von**

Menschenserum.) C. R. hebd. Séances Acad. Sci. **252** (1961) Nr. 24. S. 3891 bis 3893. – 20 Lit.

Im Aalserum (*Anguilla anguilla*) fehlt das γ_2-Globulin, ganz gleich ob es sich um eine optische, Papier-, Gelatine- oder Stärkeelektrophorese handelt. Ähnliche Beobachtungen sind an den meisten Teleosteerseren gemacht worden. Dagegen enthält das Aalserum eine starke β-Globulinfraktion. Es sollte festgestellt werden, ob diese Fraktion stellvertretend für das γ_2-Globulin als Grundlage von Immunitätsvorgängen gelten kann. Es wurden Aale von 540–850 g mit intramuskulären Injektionen von Menschenserum versehen (Serumgemisch von 20 Normalindividuen). Entsprechende Kontrollen wurden gleichzeitig angesetzt. Die Injektionen hatten eine hohe Sterblichkeit der Versuchstiere zur Folge (3., 6., 13. bzw. 15. Injektion). Das Serum der Versuchsaale wurde elektrophoretisch und immunoelektrophoretisch (Kaninchenantiserum untersucht. Die Kontrollen zeigten keine Veränderungen des Serums. Bei den behandelten Aalen wurden folgende Veränderungen festgestellt: papierelektrophoretisch ist ein Ansteigen des Präalbumins und des γ-Globulins zu beobachten. Mit anderen elektrophoretischen Methoden ist auch ein Ansteigen der β_2- und γ_1-Fraktion zu sehen, die bei Normaltieren nicht auffallen. Ferner tritt eine γ_2-Fraktion hinzu. Immunoelektrophoretisch ist ein Anstieg des β_2- und γ_1-Globulins zu registrieren. Es zeigt sich also, daß eine γ_2-Fraktion bei serumbehandelten Aalen neu hinzutritt, die mit dem Serum aalimmunisierter Kaninchen reagiert. Das Kaninchenserum enthält demnach den Antikörper zu dieser γ_2-Fraktion. Diese Fraktion muß also auch normalerweise beim Aal vorhanden sein, entzieht sich aber dem elektrophoretischen Nachweis bei Normaltieren. Sie wird erst nach Injektion von Humanserum zusammen mit dem β_2- und γ_1-Globulin elektrophoretisch manifest. Es zeigt sich ferner eine Relation zwischen den Antikörper-γ-Globulinen und den Plasmo- bzw. Reticulocyten, die entsprechend der schwachen Entwicklung des γ-Globulins bei manchen Teleosteern ebenfalls nur spärlich entwickelt sind. E. Amlacher. 6085.

3-64/07-9019 Balachnin, I. A. und Potapov, M. I.; Moskau, Unions-Inst. für Hochseefischerei und Ozeanogr. Vyjavlenie gruppovoj differenciacii ėritrocitov plotvy (Rutilus rutilus L.) rastitel'nymi gemaggljutininami. **(Blutgruppenbestimmung bei Rutilus rutilus mit Hilfe von pflanzlichen Hämagglutininen.)** Žurnal obščej biologii, Moskva **24** (1963) Nr. 6. S. 428–434. – 4 Tab., 11 Lit. Zus. in Engl.

Bei den meisten Fischarten existieren keine Isoagglutinine. Mit Hilfe eines Phytoagglutinins aus Samen von *Vicia faba* gelang es, 2 Blutgruppen aufzustellen, die auf dem Vorhandensein und dem Fehlen der Agglutinierbarkeit des R-Faktors in den Erythrocyten basieren. Vff. halten die Verwendung von Phytoagglutininen, die in einigen Fällen Tieragglutinine ersetzen können, für sehr vielversprechend bei der Aufdeckung der Blutgruppenverhältnisse von Fischen. Th. Mattheis. 6085.

3-64/07-9020 Leray, Claude. Contribution à l'étude de la morphologie hypophysaire chez Lepadogaster gouani Lacépède (Téléostéens, Gobiesocidae). **(Beitrag zum Studium der Hypophysenmorphologie von Lepadogaster gouani [Teleostei, Gobiesocidae].)** C. R. hebd. Séances Acad. Sci. **252** (1961) Nr. 24. S. 3876–3878.

Die Hypophyse ist eine kleine ovoide Drüse einer Größe von 150 × 250 μ. Sie ist auf ihrer ganzen Länge an den Lobi inferiores inseriert. Der Symmetrieplan der Drüse ist um 90° gegenüber jenem des Gehirns angeordnet. Es ist ein langer Hypophysenstiel vorhanden, der aus dem Hypothalamus hervorgeht und in die Adenohypophyse eindringt. In der Neurohypophyse ist ein kleiner Hohlraum vorhanden, der aber nicht als Fortsetzung des Infundibulums gelten kann. Der Hypophysenstiel enthält zahlreiche neurosekretorische Fasern. Die Neurohypophyse enthält einen fingerförmigen Cortex, in dem drei konzentrische Zonen zu unterscheiden sind. In Horizontalschnitten des Gehirns (sie entsprechen sagittalen Drüsenschnitten) ist eine acidophile Zellschicht zu finden, die sich gleichfalls mit Orange und Carmin, nicht aber mit Naphthol bei pH 3 färben läßt. Solche Zellen treten auch, zu Inseln gruppiert, in der Neurohypophyse auf. Diesen Zellen untermischt sind basophile Zellen von unregelmäßiger Gestalt, die fuchsinophile Granula enthalten. Sie zeigen PAS-Reaktion. Auch histochem. Unterschiede bei pH 0,2 lassen sich machen, wobei bes. mittels der PAS-Reaktion die neurosekretiven Granula darzustellen sind. Auch eine Hülle chromophiler Zellen ist vorhanden. Die Untersuchungen gestatten eine Homologisierung gegenüber anderen Teleosteern nur mit gewissen Vorbehalten. Mit Ausnahme der Caudalpartie kann dies Organ einer Mesoadenohypophyse entsprechend der Klassifikation von Pickford und Atz gleichgesetzt werden. Ein Äquivalent zur Pars anterior der Hypophyse läßt sich nicht finden. E. Amlacher. 6085.

3-64/07-9021 Sawyer, Wilbur und Dyke, H. B.; New York City, Columbia Univ., Coll. of Physicians and Surgeons. Isolation of the oxytocin-like pituitary principle of a teleost fish (Pollachius virens) and comparison of its properties with those of synthetic 4-serine, 8-isoleucine oxytocin. **(Isolierung des oxytocinähnlichen Hypophysenstoffes eines Knochenfisches [Pollachius virens] und Vergleich seiner Eigenschaften mit denen des synthetischen 4-Serin, 8-Isoleucin-Oxytocin.)** Endocrinology **73** (1963) Nr. 3. S. 394–396. — 1 Abb., 1 Tab., 13 Lit.

Die Eluate aus den Hypophysen sind mit dem synthetischen Peptid 4-Serin, 8-Isoleucin-Oxytocin pharmokologisch verglichen worden. Die Rf-Werte nach Entwicklung in Butanol:Essigsäure:Wasser, das Verhältnis Rattenuterus-Einheiten/mg niedere Peptide u. a. sind bei beiden Substanzen einander so ähnlich, daß an eine Identität beider Stoffe gedacht werden kann. M. Hegemann. 6085.

3-64/07-9022 Kasimov, R. Ju.; Leningrad, Physiol. Inst. der Akad. der Wiss. der UdSSR. Sutočnyj ritm dvigatel'noj aktivnosti vidov osetrovych ryb i ich gibridov. **(Der Tagesrhythmus der motorischen Aktivität von Acipenseriden und deren Hybriden.)** Zoologičeskij žurnal, Moskva **40** (1961) Nr. 1. S. 63–72. — 4 Abb., 4 Tab., 22 Lit. Zus. in Engl.

Die Acipenseriden und ihre Hybriden zeichnen sich durch ihre ganztägige motorische Aktivität aus, wobei sie sich je nach der Lichteinwirkung in verschiedenen Tiefen bewegen. Die motorische Aktivität ändert sich im Laufe der Ontogenese und hängt ab von den Lichtverhältnissen. Die einzelnen Arten reagieren in unterschiedlicher Weise auf das Licht, die Beeinflussung durch Lichteinwirkung kann jedoch auch durch andere Reize, z. B. durch Wahrnehmungen des Geruchszentrums aufgehoben oder beeinträchtigt werden. H.-W. Hattop. 6085.

3-64/07-9023 Le kuang Long, Nguyen dinh Sau und Nguyen kuang Binh; Hanoi, Univ. Pervye itogi issledovanija dejstvija temperatury na rybu Tilapia mossambica Peters, akklimatiziruemuju vo V'etname s 1951 g. **(Erste Untersuchungsergebnisse über Temperatureinflüsse auf den Fisch Tilapia mossambica, der seit 1951 in Vietnam akklimatisiert wird.)** Žurnal obščej biologii, Moskva **22** (1961) Nr. 6. S. 444–451. — 2 Abb., 5 Tab., 17 Lit. Zus. in Engl.

Versuche über die physiol. Aktivität von *Tilapia mossambica* unter Laboratoriumsbedingungen zeigten, daß die letalen Wassertemperaturen bei 5,5° bzw. 42,2 °C liegen. Die optimale Gedeihtemperatur liegt bei 30 °C und der Bereich guten Gedeihens zwischen 20° und 35 °C. Der seit 1951 in der VR Nordvietnam akklimatisierte Fisch sollte deshalb nur in der Zeit von Apr. bis Okt. aufgezogen werden, weil in der kalten Jahreszeit sowieso kein Wachstum erreicht wird. G. Predel. 6085.

3-64/07-9024 Morawa, F. **Wie reagiert der Blaufelchen (Coregonus wartmanni Bloch) auf die Veränderungen im Bodensee?** Allg. Fischerei-Ztg. 88 (1963) Nr. 21. S. 612–614. — 2 Tab., 3 Lit.
Der Vergleich des Gesamtfettgehalts und der Fettverteilung bei jugendlichen Bodensee-Blaufelchen in den Jahren 1955 und 1961 zeigte eine der Zunahme der Eutrophierung des Sees, der Wachstumgeschwindigkeit und Frühreife und der Fangertragssteigerung entsprechende Erhöhung des Fettgehalts. Die zwei- und dreijährigen Felchen waren 1961 wesentlich fetter als die z. T. sogar beträchtlich kleineren des Jahres 1955. Die Felchen erreichen heute schon als zweijährige fast dieselbe Länge wie früher mit 4 Jahren. Die Masse ist heute um fast $^1/_4$ größer als früher. Die Nährwerte für Bauch-, Rücken- und Schwanzfleisch haben sich von 135 — 125 — 115 Kal. auf 200 — 170 — 140 Kal. erhöht. H.-J. Rümmler. 6085.

3-64/07-9025 Altuchov, K. A. Meroprijatija po vosproizvodstvu belomorskoj sel'di. **(Maßnahmen zur Reproduktion des Herings des Weißen Meeres.)** Rybnoe chozjajstvo, Moskva **39** (1963) Nr. 7. S. 13–17. — 2 Abb.
1961 waren die normalen Laichbedingungen des Weißmeerherings (*Clupea harengus*) dadurch gestört, daß die reichen *Zostera*-Bestände im Litoral eingegangen waren. Über die Ursachen dieses Rückganges werden verschiedene Ansichten geäußert. Der Schaden im Hinblick auf das Laichen der Heringe war jedoch offensichtlich. Vf. schlägt folgende Maßnahmen zur Sicherung des Laichens der Heringe im Gebiet vor: Völliges Verbot des Heringsfanges während der Laichzeit, Verbot der Algengewinnung auf den Laichplätzen, Aufstellung künstlicher Laichnester während der Laichzeit. Als künstliche Laichnester sollten alte Netzstreifen zur Verwendung gelangen. G. Predel. 6090.

3-64/07-9026 Burcev, I. A.; Saratow, Abt. des Staatl. Forsch.-Inst. für Binnenfischerei. O vosproizvoditel'noj sposobnosti gibrida osetra so sterljad'ju. **(Über die Fortpflanzungsfähigkeit des Hybriden aus Stör × Sterlet.)** Doklady Akademii nauk SSSR, Moskva **144 (30)** (1962) Nr. 6. S. 1377–1379. — 7 Abb., 6 Lit.
Die überwiegende Mehrzahl der Stör × Sterlet-Hybriden (*Acipenser sturio* × × *A. ruthenus*) ist nicht fortpflanzungsfähig. Lediglich unter den Männchen gibt es zahlreiche Exemplare, die im Alter von 8–16 Jahre ihre normale Reife erlangen. Die Entwicklung der Eierstöcke bleibt dagegen zurück und hört bei den meisten Weibchen mit dem Reifestadium I auf. Das histologische Bild der Eierstöcke 4jähriger Weibchen unterscheidet sich durch nichts von dem der Eierstöcke 8–9jähriger Fische. Die Sterilität der Hybriden schließt jedoch nicht die Möglichkeit aus, die erste Generation in Teichen zu Speisefischen heranzuziehen. A. Kozianowski. 6090.

3-64/07-9027 Olivereau, Madeleine; Paris, Inst. d'Océanographie. Maturation sexuelle de l'anguille mâle en eau douce. **(Die Geschlechtsreife des männlichen Aales im Süßwasser.)** C. R. hebd. Séances Acad. Sci. **252** (1961) Nr. 23. S. 3660–3662. — 20 Lit.
Die Geschlechtsreife des männlichen Aales kann im Süßwasser bei 20 °C nach einer 40–65tägigen Behandlung mit thyreotropem Hormon erreicht werden. Im Meerwasser führt Prolaninjektion bei 23 °C zu dem gleichen Ergebnis. In der Adenohypophyse kommt es zu simultanen Veränderungen chromophober Zellen, die sich zu β- und γ-gonadotropen Zellen wandeln. Die Versuche wurden an Aalen von 22–45 g bzw. 38–74 g durchgeführt. Sie erhielten tägl. oder zweitägig 0,5–1 g thyreotropes Hormon injiziert. Die Kontrollen wurden mit physiol. Serum behandelt. Zu Anfang wird eine Stimulation des cranialen Gonadenteils beobachtet. Das Syrski'sche Organ verliert seine Transparenz, vergrößert sich, und seine Durchblutung wird erhöht. 9 Aale erreichten die Geschlechtsreife. Die Brustflossen zeigen eine Melanisierung,

desgleichen die dorsale, perianale und die Cephalregion. Exophthalmus tritt regelmäßig auf. Das Interrenalorgan hypotrophiert bei deutlicher Zunahme der Schilddrüsenaktivität. In 7 Fällen waren die Stannius'schen Körperchen makroskopisch sichtbar. Der Fettgehalt der Leber steigt, ihr Glykogengehalt sinkt ab. Die Spermatogenese ist unabhängig von der Gonadenmasse manifest. Es werden die hormonalen Relationen dieser Versuche theoretisch diskutiert, zumal das Einbringen von Aalen in eine Thyroxinlösung im Experiment nicht zur Maturation der Gonaden führt. Die Wanderung des Aales aus dem Süßwasser ins Meerwasser ist also nicht zur Erreichung der Geschlechtsreife Bedingung. Diese kann durch Hormongaben auch im nicht strömenden Süßwasser erzielt werden. E. Amlacher. 6090.

3-64/07-9028 Mohsen, Tahsin; Dakar, Fac. des Sci. Sur la présence d'un organe copulateur interne, très évolué chez Skiffia lermae (Cyprinodonte Goodeidae). **(Über das Vorhandensein eines stark entwickelten inneren Kopulationsorgans bei Skiffia lermae [Cyprinodontidae, Goodeidae].)** C. R. hebd. Séances Acad. Sci. **252** (1961) Nr. 21. S. 3327–3329. – 2 Abb., 6 Lit.
Bei den lebendgebärenden Cyprinodonten werden die Spermatophoren durch verschiedenartig gestaltete Gonopodien übertragen. Bei den Goodeidae liegen Besonderheiten vor. Im Gegensatz zu den anderen viviparen Familien der Cyprinodonten ist die Afterflosse bei den Männchen der Goodeiden nicht zu einem Organ der Spermatophorenübertragung geworden, sie übt lediglich eine Funktion im Sinne des Hinleitens des Spermatophors zum Porus genitalis des Weibchens aus. Diese Funktion erhellt auch aus der bes. Muskelstruktur des Pseudopenis, welche die Leitfunktion unterstreicht. Ohne das Paarungsverhalten der Goodeidae kennengelernt zu haben, werden folgende Funktionsmechanismen des Pseudopenis postuliert: 1. Die Muskelkontraktion dieses Organs bewirkt ein Ausschleudern des Spermatophors in Richtung der Urogenitalpapille, wobei der Transport mit Hilfe des Wassers erfolgt, oder 2. die Terminalpartie des Pseudopenis vermag sich auszustülpen, um die Spermatophoren in die weiblichen Genitalwege einzuführen oder sie zumindest auf der Urogenitalpapille zu deponieren. Im letztgenannten Fall müßte man von einem Penis sprechen. Die erstgenannte Möglichkeit wird aber für wahrscheinlicher gehalten und daher die Bezeichnung Pseudopenis vorgezogen. E. Amlacher. 6090.

3-64/07-9029 Detlaf, T. A.; Moskau, Sewerzow-Inst. für Tiermorphol. der Akad. der Wiss. der UdSSR. Dinamika kortikal'nych izmenenij i proischoždenie kolloida perivitellinovogo prostranstva v jajcach osetrovych ryb pri oplodotvorenii i iskusstvennoj aktivacii. **(Die Dynamik kortikaler Veränderungen und die Herkunft des Kolloids im perivitellinen Raum der Acipenserideneier bei Befruchtung und künstlicher Aktivation.)** Žurnal obščej biologii, Moskva 22 (1961) Nr. 6. S. 411–424. – 11 Abb., 70 Lit. Zus. in Engl.
Es werden Resultate von Versuchen angeführt, die der Klärung der Veränderungen bei Störeiern zu Beginn der Befruchtung sowie dem Vergleich dieser Prozesse mit denen bei anderen Tieren dienten. Bereits 1–2 s nach dem Befruchtungsimpuls breiten sich die Veränderungen in der Schicht der Kortikalgranulae rasch in 2–3 min über die gesamte Eioberfläche aus. Die Bildung des perivitellinen Raums erfolgt erst bedeutend später und steht in enger Beziehung zur Exkretion der hydrophilen Kolloide. Die beobachteten Veränderungen bei den Störeiern in frühen Stadien sind denen bei einer Reihe anderer Tierarten (Seesterne, Knochenfische) vergleichbar. G. Predel. 6090.

3-64/07-9030 Detlaf, T. A. und Zujčenko, S. I. Metafaza pervogo delenija sozrevanija v ovocitach osetrovych ryb. **(Die Metaphase der ersten Reifungsteilung bei den Oocyten der Acipenseriden.)** Doklady Akademii nauk SSSR, Moskva **152 (31)** (1963) Nr. 1. S. 246–248. – 1 Tab., 11 Lit.

Vff. ermittelten die Zeitpunkte der Metaphasen der ersten Reifungsteilung in den Oocyten des Sternhausens (*Acipenser stellatus*) und des Störes (*Acipenser güldenstädti colchicus*), die bei unterschiedlichen Temperaturen gehalten wurden. Das Untersuchungsmaterial wurde durch Injektion der Mutterfische mit Hypophysensuspension gewonnen. H.-W. Hattop. 6090.

3-64/07-9031 Ignat'eva, G. M. Sravnenie dinamiki processa invaginacii materiala chordomezodermy u zarodyšej sevrjugi, osetra i aksolotlja. **(Ein Vergleich der Dynamik der Invaginationsprozesse der Chordomesodermsubstanz bei Embryonen von Sternhausen, Stör und Axolotl.)** Doklady Akademii nauk SSSR, Moskva **151 (31)** (1963) Nr. 6. S. 1466–1469. – 2 Abb., 16 Lit.
Vf. untersuchte die Verschiebung der Chordomesodermsubstanz in Richtung auf den animalischen Pol während der Periode der Gastrulation bei den Eizellen von *Acipenser Güldenstädti, A. stellatus* und *Amblystoma mexicanum*, welche sich bei gleichbleibenden Temperaturen (18–22 °C) entwickelten. Es wird festgestellt, daß die Verschiebungsgeschwindigkeit bei den Eizellen des Axolotls einerseits und den beiden Acipenseridenarten andererseits große Unterschiede aufweist. Der Verschiebungswinkel beträgt beim Axolotl 105° beim Stör 54° und beim Sternhausen 48°. Die anfänglich doppelt so große Winkelgeschwindigkeit der Verschiebung bei den Eizellen des Axolotls gegenüber denen der Acipenseriden verringert sich gegen Ende der Gastrulation, so daß der erzielte Vorsprung wieder etwas kleiner wird.
H.-W. Hattop. 6090.

3-64/07-9032 Woynárovich, Elek; Debrecen, Ungarn, Univ. **Zur Frage der Vermehrung des Zanderbestandes im Balaton.** Allg. Fischerei-Ztg. 88 (1963) Nr. 22. S. 646-649. – 7 Abb., 3 Tab.
Die Hohe des Zanderertrages im Balaton (Plattensee) wird durch 3 Faktoren bestimmt: 1. durch das Aufkommen an Jungfischen, 2. durch das ausreichende Angebot der Nahrung in entsprechender Größe und Menge und 3. durch die Höhe der Verluste durch Parasiten und Krankheiten. Das natürliche Aufkommen ist durch unterschiedliche Witterungsverhältnisse im Frühjahr sehr wechselhaft und kann durch die künstliche Erbrütung von Zandereiern in Sprühkammern gefördert werden. Das Angebot an passender Nahrung für 3–7 cm lange Jungfische ist im Plattensee oft ebenso in unzureichender Menge vorhanden, wie für 25–30 cm lange, 3sömmrige Zander. Daraus resultieren erhebliche Verluste durch Verhungern oder Kannibalismus und ein rel. schlechter Abwachs der Zander. Den unwesentlichsten Einfluß auf den Zanderertrag im Plattensee besitzen dagegen Parasitenbefall und Krankheiten.
K. Anwand. 6095.

3-64/07-9033 Larsen, Knud. Fish populations in small Danish streams. **(Fischpopulationen in kleinen dänischen Fließgewässern.)** Int. Verein. theoret. angew. Limnol., Verh. **14** (1959, hrsg. 1961) S. 769–772. – 6 Abb., 1 Lit.
Der Fischbestand von 26 dänischen Forellenbächen wurde an 35 Stellen mit Hilfe eines Elektrofanggerätes untersucht. *Salmo trutta fario* war zahlenmäßig mit 75% und *Anguilla anguilla* mit über 12% am Gesamtergebnis beteiligt. 6,7% des Fanges bestanden aus *Gasterosteus aculeatus*, weitere 13 Species waren von untergeordneter Bedeutung Der stärkste Bestand waren 432 Fische/a, davon 412 Forellen, 12 *Salmo salar* und 8 *A. anguilla*. Die gefangenen Forellen waren im Durchschnitt sehr klein, es stellte sich heraus, daß 91 bis 98% weniger als 2 Jahre alt waren. Die Verlustrate ist bei den Forellen ziemlich hoch, im Brandstrup-Bach überleben von 1000 Individuen der Altersgruppe 0 nur 452 das nächste und 14 das übernächste Jahr.
G. Seifert. 6095.

3-64/07-9034 Tanaka, Syoiti. A method of analysing a polymodal frequency distribution and its application to the length distribution of the porgy, Taius tumifrons (T. and S.). **(Eine Methode der Analysierung einer**

polymodalen Häufigkeitsverteilung und deren Anwendung bei der Längenverteilung von Taius tumifrons.) J. Fisheries Res. Board Canada **19** (1962) Nr. 6. S. 1143–1159. – 5 Abb., 5 Tab., 14 Lit.

Bei Bestandsuntersuchungen sind Darstellungen von Häufigkeitsverteilungen verschiedener Merkmale und Merkmalsgruppen unumgänglich. Die Zerlegung derartiger Kurven in ihre einzelnen Komponenten ist häufig nicht möglich. Mit Hilfe einer vom Vff. angewendeten halblogarithmischen Darstellung der Verteilung kann eine Zerlegung vorgenommen werden. Am Beispiel der Häufigkeitsverteilungen von Merkmalen bei *Taius tumifrons* wird der Vorteil dieser Methode demonstriert. K. Anwand. 6095.

3-64/07-9035 Zilanov, V. K.; Murmansk, Forsch.-Inst. für Hochseefischerei und Ozeanogr. Atlantičeskaja treska (Gadus morhua morhua Linné) nad bol'šimi glubinami otkrytogo morja. **(Atlantischer Kabeljau [Gadus morhua morhua] über großen Tiefen im offenen Meer.)** Zoologičeskij žurnal, Moskva **42** (1963) Nr. 7. S. 1108–1109. – 1 Abb., 7 Lit. Zus. in Engl.

Sowjet. Wissenschaftler stellten Kabeljaubestände an der Nord- und Ostküste Islands in Tiefen über 500–160 m fest. Die Fische selbst befanden sich im Pelagial, und zwar während des Tages in 150 bis 300 m und während der Nachtzeit in 10 bis 15 m Tiefe. Der Fang selbst erfolgte mit Schwimmtrawl oder Treibnetzen. Es handelte sich um nahrungssuchenden erwachsenen Kabeljau, der wahrscheinlich um Island laicht. Auch eine andere Herkunft scheint nicht ausgeschlossen. Möglicherweise ergeben sich aus den Funden von Kabeljau über großen Tiefen auch neue Perspektiven für den Fang dieser Fischart. G. Predel. 6100.

3-64/07-9036 Krefft, Gerhard. **Beryx splendens, ein Erstfund in nordeuropäischen Gewässern nebst Bemerkungen zum Auftreten von B. decadactylus.** Arch. Fischereiwiss. **12** (1961) Nr. 1/2. S. 24–38. – 5 Abb., 3 Tab., 27 Lit. 6100.

3-64/07-9037 Palmer, G. A record of the gobiid fish Cryptocentrus lutheri Klausewitz from the Persian Gulf, with notes on the genus Cryptocentrus. **(Bericht über den Gobiiden Cryptocentrus lutheri aus dem Persischen Golf, mit Bemerkungen über die Gattung Cryptocentrus.)** Senckenbergiana [Frankfurt a. Main], biol. **44** (1963) Nr. 6. S. 447–450. – 1 Abb., 11 Lit. 6100.

3-64/07-9038 Savvaitova, K. A. K voprosu o vozmožnosti primenenija nekotorych fiziologičeskich pokazatelej v sistematike ryb. **(Zur Frage der Möglichkeit der Anwendung von physiologischen Merkmalen in der Systematik der Fische.)** Vestnik Moskovskogo universiteta. Serija VI. Biologija, počvovedenie **18** (1963) Nr. 3. S. 25–28. – 2 Tab., 24 Lit.

An Hand des Beispieles der innerartlichen Formen des Arktischen Saiblings (*Salvelinus alpinus*) wird nachgewiesen, daß einige physiol. Merkmale zur Unterscheidung der systematischen Gruppen herangezogen werden können. Es handelt sich dabei sowohl um verhältnismäßig feststehende Merkmale, z. B. den Fettgehalt, als auch um stark veränderliche Kennzeichen, z. B. den Hämoglobingehalt und die Blutzusammensetzung. Diese Merkmale sind allerdings nur unter Berücksichtigung der örtlichen Milieuverhältnisse zu verwenden. H.-W. Hattop. 6100.

3-64/07-9039 Altuchov, Ju. P.; Karadag, Gebiet Baku, Biol. Stat. der Akad. der Wiss. der UdSSR; Kertsch, Forsch.-Inst. für Hochseefischerei und Ozeanogr. des Asow-Schwarzmeergebietes. Citofiziologičeskij analiz raspredelenija molodi „krupnoj" stavridy (Trachurus mediterraneus ponticus) v severnom i vostočnom rajonach Černogo morja. **(Cytophysiologische Analyse der Verteilung der Jugendformen des „Großen" Stöckers [Trachurus mediterraneus ponticus] im nördlichen und östlichen Teil des Schwarzen**

Meeres.) Zoologičeskij žurnal, Moskva **42** (1963) Nr. 4. S. 589–595. – 1 Abb., 4 Tab., 13 Lit. Zus. in Engl. Vgl. 3-64/02-9037.

Einige Autoren betrachteten die im Schwarzen Meer vorkommenden „Großen“ und „Kleinen“ Stöcker lediglich als Lokalformen der gleichen Unterart. Vf. wies dagegen nach, daß die Wärmebeständigkeit der Muskeln bei beiden Fischformen unabhängig von Geschlecht und Alter deutliche Unterschiede aufweist, wie es für nahe verwandte, aber verschiedene Arten charakteristisch ist. Mit Hilfe dieser Methode lassen sich die Jugendformen des „Großen“ Stöckers eindeutig bestimmen, und deshalb ist es auch möglich, die Biologie der „Großen“ Stöcker näher zu erforschen. Die Untersuchungsmethodik wird erläutert. G. Predel. 6100.

3-64/07-9040 Fingerman, Sue Whitsell und Suttkus, Royal D.; New Orleans, La., Tulane Univ. Comparison of Hybognathus hayi Jordan and Hybognathus nuchalis Agassiz. **(Ein Vergleich zwischen Hybognathus hayi und Hybognathus nuchalis.)** Copeia [Philadelphia] **1961** Nr. 4. S. 462–467. – 1 Abb., 1 Tab., 5 Lit.

Zur Festlegung von Unterscheidungsmerkmalen wurden an den beiden, im Pearl-Fluß, Miss., vorkommenden Species vergleichende Untersuchungen vorgenommen. Beide Arten unterscheiden sich zunächst in der Färbung. Weiterhin wurden eindeutige Unterschiede in der Position der Dorsal-, Ventral- und Analflossen, in der Länge des Schwanzstieles und der Kopfbreite sowie der Analflossenlänge und der kleinsten Suborbitalbreite festgestellt. Der Darmtrakt war bei *Hybognathus hayi* rel. zur Totallänge des Fisches kürzer als bei *Hybognathus nuchalis.* G. Seifert. 6100.

3-64/07-9041 Weber, Erhard. **Über Ruhelagen von Fischen** Z. Tierpsychol. **18** (1961) Nr. 5. S. 517–533. – 4 Abb., 12 Lit. Zus. in Engl.

Vf. hat das Ruheverhalten verschiedener im Berliner Aquarium gehaltener Fische als Beitrag zum Problem des Schlafes der Fische studiert. Das Schlafbedürfnis der Fische scheint geringer zu sein als das anderer Wirbeltiere. Der Ruheort ist verschieden, meist den sonstigen arteigenen Besonderheiten angepaßt. Das Erwachen der Fische geht entweder plötzlich vor sich oder nimmt längere Zeit in Anspruch. *Pseudobalistes fuscus* benötigt bei plötzlicher Beleuchtung ca. 5 min zum Erwachen. Neben die Eigenbeobachtungen werden einige, schon aus der Literatur bekannte Mitteilungen, gestellt. M. Hegemann. 6105.

3-64/07-9042 Dambach, Martin; Tübingen, Univ., Zoophysiol. Inst. **Vergleichende Untersuchungen über das Schwarmverhalten von Tilapia-Jungfischen (Cichlidae, Teleostei).** Z. Tierpsychol. **20** (1963) Nr. 3. S. 267–296. – 22 Abb., 8 Tab., 50 Lit.

Im Anschluß an eine eingehende Darstellung der Entwicklung der Larven und Jungfische und ihres Bewegungsverhaltens wird die Bindung isoliert von den Eltern aufgezogener, erfahrungsfreier Jungtiere untereinander von 3 *Tilapia*-Arten (*macrocephala, nilotica, tholloni*) untersucht und eine Analyse der für das unterschiedliche Schwarmverhalten maßgebenden spez. und unspez. Faktorengruppen durchgeführt. Die Bindung nimmt in der Zweiergruppe mit der somatischen Entwicklung zu und ist nicht artspez., sondern entwicklungsphasenbedingt. In aus artungleichen Jungfischen gebildeten Zweiergruppen ist der Zusammenhalt ebenso fest wie bei artgleichen Gruppen, wenn das Differenzierungsniveau das gleiche ist. Ein statistisch feststellbarer Mindestabstand in der Zweiergruppe wird nicht unterschritten,vergrößert sich mit zunehmendem Alter und ist nicht artlich unterschieden. Schwarmatrappen sowohl wie Einzelatrappen lösten bei den Jungfischen aller 3 Arten Nachfolgen aus. Für die Schwarmbildung sind außer der optischen Bindung auch optomotorische Reaktionen von Bedeutung. H.-J. Rümmler. 6105.

3-64/07-9043 Morawa, F. **Pflanzenfressende Fische in Eurasien.** Fischwirt **13** (1963) Nr. 12. S. 346–350. – 2 Abb., 5 Lit.

Ein sich hauptsächlich von Algen ernährender Meeresfisch, auch in Zuchtanlagen aufgezogen, ist *Chanos chanos*. Als einheimischen typischen Pflanzenfresser führt Vf. *Scardinius erythrophthalmus* an, von den indischen Karpfenfischen wird *Catla catla* in dieser Hinsicht zuerst genannt. Große wirtschaftliche Bedeutung in China haben der mittelwüchsige Graskarpfen (*Ctenopharyngodon idella*) und der Tolstolob (*Hypophtalmichthys molitrix*), als dessen Vorzugsnahrung Phytoplankton genannt wird. Bei den *Tilapia*-Arten, die auch Pflanzen verwerten, steht *T. mossambica* an Bedeutung an 1. Stelle. *T. Zilli* frißt ebenfalls die weiche Unterwasserflora; dieser Fisch wird in Frankreich in warmen Kühlwasserteichen erfolgreich gezüchtet.
G. Merla. 6110.

3-64/07-9044 Havlena, František. Príspevok k potravovej biológii pstruha dúhového (Salmo gairdneri irideus Gibbons, 1855) v rybníku v priebehu zimného obdobia. **(Beitrag zur Ernährungsbiologie der Regenbogenforelle [Salmo gairdneri irideus Gibbons, 1855] im Teich im Verlaufe der Winterperiode.)** Biológia [Bratislava] **18** (1963) Nr. 6. S. 450–454. – 1 Abb., 1 Tab., 8 Lit. Zus. in Russ., Dtsch.

Im Winter setzte sich die Nahrung zahlenmäßig zu 93% aus typischem Winterplankton (Copepoda) zusammen, Cladocera, *Chaoborus* und Chironomidae nahmen eine mittlere Stellung ein. Der Massenanteil der Copepoda stieg im Lauf des Winters regelmäßig an (0,8–2,6–19,5%). Die Masse der Trichoptera betrug im Nov. 10,4%, im Jan. entfielen auf *Chaoborus* und Chironomidae 9,7%, auf Cladocera und Copepoda 28,2%. Der Anteil an Ballaststoffen war hoch (67%). Der Füllungsindex des Verdauungskanals wies kaum Schwankungen auf. ČSSR/ÚVTI. 6110.

3-64/07-9045 Johannes, R. E. und Larkin, P. A.; Vancouver, Univ. of Brit. Columbia. Competition for food between redside shiners (Richardsonius balteatus) and rainbow trout (Salmo gairdneri) in two British Columbia lakes. **(Nahrungskonkurrenz zwischen Richardsonius balteatus und Salmo gairdneri in zwei Seen Britisch-Kolumbiens.)** J. Fisheries Res. Board Canada **18** (1961) Nr. 2. S. 203–220. – 4 Abb., 3 Tab., 17 Lit.

Zur Bestimmung der Nahrungskonkurrenz wurden Verteilung, Wanderungen, Verhalten und Ernährung von *R. balteatus* und *S. gairdneri* im Paul- und Pinantan-See untersucht. Ein aggressives Verhalten wurde nicht beobachtet. Magenuntersuchungen zeigten, daß *R. balteatus* einen strengen tägl. Nahrungszyklus einhält. *Gammarus sp.* wird von *R. balteatus* häufig schon als Jugendstadium zwischen den Krautbeständen aufgenommen, Stellen, die von *S. gairdneri* nicht aufgesucht werden. Das Zooplankton wird bei höheren Konzentrationen von *R. balteatus* stark reduziert, bevor es im tieferen Wasser für die jungen Forellen erreichbar wird. Der Bestand an *R. balteatus* beträgt ca. das 50fache von *S. gairdneri*. G. Seifert. 6110.

3-64/07-9046 Braum, Erich; Falkau, Schwarzwald, Limnol. Inst. der Univ. Freiburg. **Die ersten Beutefanghandlungen junger Blaufelchen (Coregonus wartmanni Bloch) und Hechte (Esox lucius L.)** Z. Tierpsychol. **20** (1963) Nr. 3. S. 257–266. – 10 Abb., 24 Lit. Vgl. LZ. Abt. III **7** (1962) Nr. 11. S. 2410.

Vergleichend wird der Entwicklungsablauf vom Schlüpfen bis zur ersten Nahrungsaufnahme bei Blaufelchen- und Hechtlarven dargelegt und das Verhalten beim ersten Beutefang mit Hilfe von Laufbildaufnahmen analysiert. Die pausenlos schwimmenden Felchenlarven fressen nur lebendes Plankton, spucken leblose Beutetiere und Partikel wieder aus, verfolgen die fliehende Beute und suchen sie, wenn sie dem Gesichtsfeld entkommen ist. Verhaltens-

weise und Fangbewegungen sind angeboren. Die auf der Stelle schwebenden Hechtlarven beachten nur bewegte Objekte und weichen beim Zustoßen entsprechend der Bewegungsrichtung der Beute etwas von der Visierlinie ab. Beim ersten Fressen betragen die erfolgreichen Schnappreaktionen bei den Felchen 3%, bei den Hechten 30%. Der Vergleich unerfahrener und erfahrener Tiere in der zweiten Woche ergibt bei den Felchen Treffsicherheitswerte von 3% gegen 22%, bei den Hechten solche von 28% gegen 32%.
H.-J. Rümmler. 6110.

3-64/07-9047 Rešetnikov, Ju. S. Izmenčivost' i mnogoobrazie form sigov v svjazi s osobennostjami ich pitanija v vodoemach severa. **(Variabilität und Unterschiedlichkeit der Coregonen nordischer Gewässer im Zusammenhang mit der Eigenart ihrer Nahrungsaufnahme.)** Doklady Akademii nauk SSSR, Moskva **152 (31)** (1963) Nr. 6. S. 1465–1466. — 10 Lit.
Die nordischen Gewässer zeichnen sich ganz allg. durch ein armes und unbeständiges Nahrungsangebot aus. Um sich diesen Verhältnissen anzupassen, entwickelten die dort lebenden Coregonen zahlreiche formgebundene Eigenarten bei der Nahrungsaufnahme. In mehreren lappischen Seen konnten euryphage und polymorphe Formen beobachtet werden. Die 1. Gruppe nutzt zu ihrer Ernährung die verschiedenartigsten Organismen. Die 2. Gruppe ist zwar mehr an bestimmte Nährtierarten gebunden, aber sie kann sich dafür an verschiedene ökologische Verhältnisse anpassen. Zu der 1. Gruppe gehören vorwiegend Coregonen mit wenigen (16–30) und zu der 2. Gruppe solche mit zahlreichen (30–45) Kiemendornen. A. Kozianowski. 6110.

3-64/07-9048 Botnariuc, N. und Spataru, P. Étude de la nourriture naturelle de la bréme (Abramis brama L.) dans le complexe d'étangs Crapina-Jijila (zone innondable du Danube). **(Untersuchung der natürlichen Nahrung des Brachsens [Abramis brama] im Teichkomplex Crapina-Jijila [Überschwemmungsgebiet der Donau].)** Věstník českoslov. Společnosti zool. **27** (1963) Nr. 2. S. 130–146. — 6 Abb., 6 Tab., 15 Lit.
Bis zum Alter von 1 Jahr setzt sich die Nahrung zusammen aus: Copepoden, Cladoceren, Chironomiden, Nematoden u. a. Einen kleinen Teil der Nahrung bilden Algen. Mit steigendem Alter vergrößert sich der Anteil der Chironomiden und Nematoden sowie der pflanzlicher Stoffe (Samen, Algen u. a.).
ČSSR/ÚVTI. 6110.

3-64/07-9049 Kogan, A. V.; Wolgograd, Abt. des Staatl. Forsch.-Inst. für Binnenfischerei. O sutočnom racione i ritme pitanija čechoni Cimljanskogo vodochranilišča. **(Über die tägliche Nahrungsmenge und den Rhythmus der Nahrungsaufnahme beim Sichling der Zimljanskier Talsperre.)** Zoologičeskij žurnal, Moskva **42** (1963) Nr. 4. S. 596–601. — 3 Abb., 1 Tab., 16 Lit. Zus. in Engl.
Die tägl. Nahrungsmenge und der Ernährungsrhythmus erwies sich bei den Sichlingen (*Pelecus cultratus*) in den verschiedenen Teilen der Talsperre und zu den verschiedenen Jahreszeiten als sehr unterschiedlich. Die größte tägl. Nahrungsmenge erreichte 1,67% der Körpermasse des Fisches. Beim Absinken der Nahrungsmenge unter 1% (0,4–0,9%) der Körpermasse zeigt sich bereits ein Rückgang der Wachstumsgeschwindigkeit. Die stärkste Nahrungsaufnahme erfolgt während der Nacht, solange sich der Sichling von Fischen (*Clupeonella delicatula*) ernährt. Tagsüber besteht die Nahrung aus Mysiden und Entomostracen. H.-W. Hattop. 6110.

3-64/07-9050 Frost, Winifred E. und Kipling, Charlotte. Some observations on the growth of pike, Esox lucius, in Windermere. **(Einige Beobachtungen über das Wachstum des Hechtes, Esox lucius, im Windermere-See.)** Int. Verein. theoret. angew. Limnol., Verh. **14** (1959, hrsg. 1961) S. 776–781. — 4 Abb., 1 Tab., 5 Lit.

Die Bestimmung des Wachstums durch Schuppenuntersuchungen ist zum Teil unzuverlässig, aus diesem Grunde wurde das Alter an den Jahresmarken der Opercularknochen ermittelt. Bei älteren Exemplaren können die ersten beiden Jahresmarken auf diesen Knochen unkenntlich sein. Es wird beschrieben, wie durch die graphische Methode nach Walford (1946) das Wachstum des Hechtes auch für diesen Zeitabschnitt rückberechnet werden kann. G. Seifert. 6110.

3-64/07-9051 Zawisza, J. und Patalas, K. **Einige Regelmäßigkeiten des Wachstums der Fische in limnologisch verschiedenen nordpolnischen Seen.** Int. Verein. theoret. angew. Limnol., Verh. **14** (1959, hrsg. 1961) S. 740 bis 745. – 4 Abb., 9 Lit.

Die Gesetzmäßigkeiten des Wachstums der 8 wichtigsten Fischarten aus 69 polnischen Seen und die Zusammenhänge zwischen Wachstumsgeschwindigkeit, Fischertrag, Primärproduktion und limnologischen Seentypus werden erörtert. Eine Übereinstimmung der Wachstumsintensität von *Rutilus rutilus, Abramis brama, Scardinius erythrophthalmus* und *Blicca björkna* wurde nicht beobachtet, das Wachstum der einzelnen Art ist unabhängig vom Zuwachs der übrigen Arten. Auch die thermischen Verhältnisse und die normalen Fluktuationen in der Bestandsdichte beeinflußten das Wachstum nicht nachweisbar. Ebenso unabhängig war das Wachstum einiger Arten von der Primärproduktivität und dem Fischertrag. Weiterhin wurden die Ursachen von erheblichen Veränderungen in der Bestandsdichte, wie biozönotische Katastrophen und deren Auswirkungen auf das Wachstum der Fische untersucht. G. Seifert. 6110.

3-64/07-9052 Pyefinch, K. A. und Mills, D. H.; Pitlochry, Freshwater Fisheries Lab. Observations on the movements of Atlantic salmon (Salmo salar L.) in the River Conon and the River Meig, Ross-Shire. I. **(Beobachtungen über die Wanderungen des Atlantik-Lachses [Salmo salar] in den Flüssen Conon und Meig, Ross-Shire. 1. Mitt.)** Freshwater Salmon Fisheries Res. **1963** Nr. 31. S. 1–24. – 3 Abb., 13 Tab., 34 Lit.

Zur Beobachtung der Lachswanderung im Conon-Flußsystem wurde 1957 unterhalb des Meig-Staubeckendamms und des Loch-Luichart-Staudammes je eine Lachsfanganlage sowohl für abwandernde als auch für aufsteigende Lachse in Betrieb genommen. Die 1957–1960 darin gefangenen Lachse wurden gezählt, z. T. gemessen, gewogen und markiert, die Wasser- und Lufttemperaturen und die Wetterverhältnisse wurden aufgezeichnet. In den 4 Jahren passierten beide Fanganlagen außer Junglachsen (parr) und absteigenden Lachsen (kelts) 47 146 abwandernde Junglachse (smolts) und 2092 aufsteigende Lachse. 12 960 smolts wurden markiert. Die Fang- und Beobachtungsergebnisse werden analysiert und der Einfluß des Einbaus von Elektrokraftwerkanlagen auf den Lachs diskutiert. Ursprünglich war beabsichtigt, das natürliche smolt-Aufkommen im Meig mit den Verhältnissen des Bran (= Conon) zu vergleichen, der bis zur Passierbarmachung der Conon-Fälle für den aufsteigenden Lachs nur ausgesetzte Lachsbrut aufzuweisen hatte. Aus im einzelnen dargelegten Gründen sind die Ergebnisse unvollständig und nicht ohne weiteres verwertbar. H.-J. Rümmler. 6110.

3-64/07-9053 Johnson, W. E. und Groot, C.; Nanaimo, Brit. Columbia, Fisheries Res. Board of Canada. Observations on the migration of young sockeye salmon (Oncorhynchus nerka) through a large, complex lake system. **(Beobachtungen über die Wanderung junger Rotlachse [Oncorhynchus nerka] durch ein ausgedehntes, komplexes Seensystem.)** J. Fisheries Res. Board Canada **20** (1963) Nr. 4. S. 919–938. – 13 Abb., 10 Lit.

Durch Markierungen, Direktbeobachtungen und Orientierungstests wurde die Wanderung der jungen *O. nerka* durch das Babine-See-System untersucht. Die Wanderung der Fische war eindeutig zum Abfluß des Sees gerichtet und fand in Oberflächennähe statt, mit der größten Aktivität während der Abenddämmerung. Die Wanderrate nimmt mit fortschreitender Jahreszeit zu und ist von der täglichen Sonnenscheindauer abhängig. Versuche mit maskenartigen Vorrichtungen, die den Fischen nur eine Orientierung am Himmel ermöglichten, ließen erkennen, daß eine Orientierung nach der Strömung, nach den Tiefenkonturen oder der Uferlinie ausscheidet. Bei experimentellen Unterwasserbeobachtungen nahmen die Fische vorwiegend die Kompaßrichtung zum See-Abfluß ein. Die Methode zur Bestimmung der Hauptwanderrichtung wird dargestellt. G. Seifert. 6110.

3-64/07-9054 Lindsey, C. C. und Northcote, T. G.; Vancouver, Univ. of Brit. Columbia, Inst. of Fisheries. Life history of redside shiners, Richardsonius balteatus, with particular reference to movements in and out of Sixteenmile Lake streams. **(Lebensgeschichte von Richardsonius balteatus unter besonderer Berücksichtigung der Hin- und Rückwanderungen in den Flüssen des Sixteenmile-Sees.)** J. Fisheries Res. Board Canada **20** (1963) Nr. 4. S. 1001 bis 1030 — 11 Abb., 4 Tab., 21 Lit.
Die Arbeit enthält neue Daten über Biostatistik, Laich- und Brutwanderungen von *R. balteatus*. Die auf der Grundlage von 6jährigen Reusenfängen und Markierungen im Zu- und Abfluß des 0,2 km² großen Sixteenmile-Sees gewonnenen Ergebnisse gestatten Rückschlüsse auf den Populationsaustausch zwischen verschiedenen Seen. Die ersten Laicher suchen den Zufluß im Frühjahr bei Anstieg der Wassertemperatur auf 10 °C unabhängig von der Stärke der Wasserführung auf. Die Abwanderung der Brut erfolgt hauptsächlich nachts und bei stärkerer Strömung. Der Anteil an Zufluß-, Abfluß- und Seenlaichern wird durch den Rückkehr- und Heimatsinn der Fische bestimmt.
G. Seifert. 6110.

3-64/07-9055 Anonym. Ryby znaczone izotopem radioaktywnym. **(Radioaktive Isotope als Markiermittel für Fische.)** Postępy Techn. jądowej **1963** Nr. 3. S. 191.
Um die Wanderwege und Gewohnheiten der Fische kennenzulernen, haben sowjet. Ichthyologen Markierungen von Fischen mit radioaktiven Isotopen vorgenommen. Die Kennzeichnung erfolgt, indem man die Fische einige Stunden lang in Lösungen mit aktivem P oder Ca bringt. Die in den Fischorganismus eingedrungenen Isotope lagern sich hauptsächlich im Skelett ab. Die geringen Isotopenmengen wirken sich auf den Fischorganismus nicht schädlich aus und sind auch für den Menschen nicht gefährlich. Die Methode wird in der SU zur Kontrolle der Störbestände angewandt.
PRL/CBR, übersetzt v. O. Kasperl. 6115.

3-64/07-9056 *Cuinat, R.* **Demographic diagnosis on fish populations in trout streams.** Rome: FAO 1963. (26 S.) 4° = General fisheries council for the mediterranean. Studies and reviews. 21. (SR 2751, 21)

3-64/07-9057 *Leutelt, Renate.* **Das weiße Blutbild des gesunden und an infektiöser Bauchwassersucht erkrankten Karpfens. (Cyprinus carpio L.).** Diss. München. 1960. (54 S.) 8°. (Diss. 9377)

3-64/07-9058 *Seidel, Georg Rudolf.* **Ein Beitrag zur Narkose der Fische.** Diss. München. 1962. (40 S.) 8°. (Diss. 9383)

3-64/07-9059 *Turdakov, Fedor Alekseevič.* **Ryby Kirgizii.** (Die Fische Kirgisiens.) Frunze: Izd. Akad. nauk Kirgizskoj SSR. 1963. (282 S.) 8°. (1963 A 1592)

C. LEBENSRAUM DER FISCHE
(Hydrographie und Hydrobiologie)

3-64/07-9060 Barthelmes, Detlev; Berlin-Friedrichshagen, Inst. für Binnenfischerei der Dtsch. Akad. der Landwirtsch.-Wiss. zu Berlin. **Ein bemerkenswertes Windtriftsystem im Gr. Müggelsee (Berlin).** Arch. Hydrobiol. **59** (1963) Nr. 3. S. 391–398. — 9 Abb., 1 Tab., 17 Lit.

Im Gr. Müggelsee treten nach Driftkörperbeobachtungen bei NE-Windlagen Strömungssysteme auf, die in gewissen Zügen übereinstimmen. Sie ähneln manchmal sehr dem System, das Livingstone für den Idealfall eines runden, flachen Sees mit ausschließlich horizontaler Wasserbewegung beschrieben hat; manchmal entwickeln sie sich aber auch zu einer direkten Umkehrung desselben. Es wird ein Schema des bei NE-Wind ausgebildeten Strömungssystems im Gr. Müggelsee gegeben. D. Barthelmes. 6135.

3-64/07-9061 Votincev, K. K.; Irkutsk, Univ., Physiko-Chem. Forsch.-Inst.; Ostsibir. Zweigstelle der Sibir. Abt. der Akad. der Wiss. der UdSSR. Gidrochimija ozera Bajkal. **(Hydrochemie des Baikal-Sees.)** Trudy Bajkal'skoj limnologičeskoj stancii. Akademija nauk SSSR. Sibirskoe otdelenie. Vostočno-Sibirskij filial, Moskva **20** (1961) S. 1–309. – 28 Abb., 169 Tab., 255 Lit.

Die physiko-chem. Untersuchung des Baikal-Sees ergab, daß alle Hauptkomponenten seines Wassers in 2 Gruppen eingeteilt werden können. Zu der 1. Gruppe gehören alle wichtigsten Komponenten des gesamten Ionengehalts, wie Ca^{++}, Mg^{++}, Na^{+}, K^{+}, SO_4^{--}, Cl^{-}. Der Gehalt dieser Ionen ist im ganzen See fast gleichmäßig und unterliegt keinen räumlichen und zeitlichen Schwankungen. Zu der 2. Gruppe können alle Verbindungen biogener Elemente wie Stickstoff, Phosphor, Kieselsäure, Eisen und Mangan sowie org. Stoffe und einige Gase (Sauerstoff, freies CO_2) gerechnet werden. Der Gehalt dieser Verbindungen ist nicht in allen Wasserschichten gleich hoch und unterliegt bis zu einer Tiefe von 100–150 m regelmäßigen Veränderungen. A. Kozianowski. 6135.

3-64/07-9062 Müller, Horst. **Zur Limnologie der Restgewässer des Braunkohlenbergbaues.** Int. Verein. theoret. angew. Limnol., Verh. **14** (1959, hrsg. 1961) S. 850–854. – 7 Abb., 2 Lit.

Die Restgewässer des Braunkohlentagebaus der Reviere Senftenberg, Halle und Borna sind durch steile Scharflächen und ein unebenes Bodenrelief gekennzeichnet. Nur vereinzelt, bei Anwendung von Spülkippen, entstehen ausgedehnte, flache Scharflächen. In den Revieren Halle und Borna reagiert das Wasser leicht alkalisch, in der Lausitz ist es dagegen fast durchweg sauer und enthält bis zu 50 mg/l Fe, was den Bodenschlamm nahezu steril macht. Die Restgewässer sind limnologisch oligotroph bis schwach eutroph. Infolge der ungünstigen Ufergestaltung entwickeln sich Uferflora und Litoralfauna nur langsam. Zur Ausnutzung des sich schnell entwickelnden Planktons sollte zunächst *Coregonus albula* eingesetzt werden, erst nach fortschreitender Eutrophierung Arten wie *Cyprinus carpio*, *Tinca tinca* und *Esox lucius*. Einige Maßnahmen, die zur schnelleren fischereilichen Nutzung dieser Restgewässer führen, werden empfohlen. G. Seifert. 6135.

3-64/07-9063 Rodgers, G. K. und Anderson, D. V.; Maple, Ontario Dep. of Lands and Forests. A preliminary study of the energy budget of Lake Ontario. **(Eine vorläufige Untersuchung über den Energiehaushalt des Ontario-Sees.)** J. Fisheries Res. Board Canada **18** (1961) Nr. 4. S. 617 bis 636. – 7 Abb., 5 Tab., 22 Lit.

Die von dem Forschungsschiff „Porte Dauphine" ausgeführten bathythermographischen Messungen lieferten Material über die Temperaturverteilung im Ontario-See, welches eine Voruntersuchung über das Energiebudget dieses Sees gestattet. Durch langsame Erwärmung des Sees im Sommer und Abkühlung im Winter kommt es zu erheblichen Disproportionen zwischen der aufgenommenen Sonnenenergie und der Wärmeabgabe in Form von Verdunstung, Wärmeleitung und langwelliger Rückstrahlung. Die durch Advektion in den See gelangende Wärmemenge ist rel. gering. Berechnungen des Energiehaushaltes sind daher nicht allein von der genauen Kenntnis des Wasserhaushaltes abhängig, sondern in weit größerem Maße vom Vorhandensein einer genügenden Anzahl meteorologischer Daten aus der Atmosphäre über der Wasseroberfläche. G. Seifert. 6135.

3-64/07-9064 Bursche, Eva-Maria; Plön, Max-Planck-Ges., Hydrobiol. Anst. **Änderungen im Chlorophyllgehalt und im Zellvolumen bei Planktonalgen, hervorgerufen durch unterschiedliche Lebensbedingungen.** Int. Rev. ges. Hydrobiol. **46** (1961) Nr. 4. S. 610–652. – 22 Abb., 11 Tab., 40 Lit.
Vf. überprüfte anhand von Algenkulturen unter Laboratoriumsbedingungen den Aussagewert der Chlorophyllmethode. Als Versuchsalgen dienten *Diatoma elongatum, Stephanodiscus hantzschii, Scenedesmus quadricauda, Pediastrum boryanum* und *Ankistrodesmus falcatus*. Von diesen wurde nach unterschiedlicher Nitraternährung der Chlorophyllgehalt bestimmt und auf das Algenvolumen (berechnet aus der Zellzahl und der gemessenen Zellgröße) bezogen. Während der Chlorophyllgehalt je Zelle bzw. Coenobium bei den untersuchten Algen ca. gleich groß war, besaßen die Chlorococcales pro 1 mm^3 Standardvolumen etwa fünfmal mehr Chlorophyll als die Diatomeen. Bei Nitratmangel nahm der Chlorophyllgehalt aller untersuchten Algen ab. Ein und derselbe Chlorophyllwert kann sehr unterschiedliche Substanzmengen repräsentieren, da das Verhältnis vom Chlorophyll zu den verschiedenen Zellbezugsgrößen nicht konstant ist, sondern von den herrschenden Umweltbedingungen und der artspez. Pigmentzusammensetzung abhängt.
M. Schlüter. 6135.

3-64/07-9065 Fedorov, V. D.; Moskau, Lomonossow-Univ. O zakonomernosti otmiranija kletok v razmnožajuščichsja kul'turach sinezelenych vodoroslej Anabaena variabilis i Amorphonostoc punctiforme. **(Über die Gesetzmäßigkeit des Absterbens von Zellen in Kulturen der Blaualgen Anabaena variabilis und Amorphonostoc punctiforme.)** Doklady Akademii nauk SSSR, Moskva **144(30)** (1962) Nr. 6. S. 1380–1383. – 4 Abb.
Die Algenzellen, untersucht am Beispiel von *Anabaena variabilis* und *Amorphonostoc punctiforme*, sterben nach einem bestimmten Schema ab. Die Mutterzelle bildet innerhalb einer Generation Tochterzellen und geht zugrunde. Jede Tochterzelle verhält sich ähnlich. Die abgestorbenen Zellen werden nach einer gewissen Zeit zersetzt und lösen sich auf. Dadurch steigt die Anzahl der toten Zellen nicht kontinuierlich an, sondern das Verhältnis ändert sich periodisch zu Gunsten der lebenden Zellen. A. Kozianowski. 6135.

3-64/07-9066 Maksimova, I. V. und Pimenova, M. N.; Moskau, Lomonossow-Univ. Dejstvie antibiotikov na rost nekotorych predstavitelej odnokletočnych zelenych vodoroslej. **(Die Wirkung von Antibiotica auf das Wachstum einiger Vertreter einzelliger Grünalgen.)** Mikrobiologija, Moskva **31** (1962) Nr. 4. S. 646–653. – 4 Tab., 14 Lit. Zus. in Engl.
Kulturen wachsender Grünalgen bilden ein ausgezeichnetes Medium für die Entwicklung verschiedener Mikroorganismen, die bei starker Vermehrung die Algenkultur vernichten können. Versuche mit mehreren antibiotischen Mitteln zeigten, daß Grünalgen (z. B. *Chlorella vulgaris, Scenedesmus obliquus* und *Ankistrodesmus alcatus*) weit höhere Konzentrationen ohne Schaden ertragen können als die sie gefährdenden Mikroorganismen. Die Empfindlichkeit der Algen gegen Antibiotica hängt sehr von der Zusammensetzung des Nährbodens, von der Art der gezüchteten Algen und von dem angewandten antibiotischen Mittel ab. A. Kozianowski. 6135.

3-64/07-9067 Christen, H. R. **Über die Gattung Katodinium Fott (= Massartia Conrad).** Schweiz. Z. Hydrol. **23** (1961) Nr. 2. S. 309–341. – 22 Abb., 22 Lit.
Vf. nimmt eine Überarbeitung der Süßwasservertreter der Gattung *Katodinium* (Dinophyceae) vor. Die bisher bekannten Merkmale werden diskutiert und

zu einer Gattungsdiagnose zusammengefaßt. Vf. nennt 22 Süßwasserarten (einschl. 4 Neubeschreibungen) und gibt für diese einen Bestimmungsschlüssel. Jede Art wird genau beschrieben und abgebildet. 4 in der Literatur vorhandene Arten sind zu streichen. Es konnte noch kein Vertreter dieser planktischen Flagellaten kultiviert werden. M. Schlüter. 6135.

3-64/07-9068 Līne, R. Produktivnost zooplanktona ozera Rušonu. **(Produktivität des Zooplanktons im Rušonu-See.)** Izvestija Akademii nauk Latvijskoj SSR, Riga **1963** Nr. 9. S. 71–75. – 2 Tab., 3 Lit. Orig.: lett., Ausz.: russ. 6135.

3-64/07-9069 Mončenko, V. I.; Kiew, Zool. Inst. der Akad. der Wiss. der Ukrain. SSR. O vidovoj samostojatel'nosti Acanthocyclops americanus (Marsh) i nachoždenii ego v SSSR. **(Über die Selbständigkeit der Art Acanthocyclops americanus [Marsh] und ihr Vorkommen in der UdSSR.)** Zoologičeskij žurnal, Moskva **40** (1961) Nr. 1. S. 13–19. – 1 Abb., 1 Tab., 7 Lit. Zus. in Engl.
Die bisher nur aus Nordamerika bekannte Art *A. americanus* wurde erstmalig in der SU in 6 voneinander getrennten Gewässern der mittleren Ukraine gefunden. Auf Grund eingehender Untersuchungen weist Vf. nach, daß es sich dabei um eine selbständige Art handelt, die in der SU in zwei Populationsgruppen auftritt. H.-W. Hattop. 6135.

3-64/07-9070 Stewart, James E., Hoogland, P. L., Freeman, H. C. und Waddell, A. E. J.; Halifax, Nova Scotia, Fisheries Res. Board of Canada. Amino acid composition of representatives of eight bacterial genera with reference to aquatic productivity. **(Die Aminosäurenzusammensetzung von 8 Bakteriengenera in Beziehung zur Produktivität der Gewässer.)** J. Fisheries Res. Board Canada **20** (1963) Nr. 3. S. 729–734. – 1 Tab., 20 Lit.
Zellen repräsentativer Stämme von *Aerobacter aerogenes, Escherichia coli, Pseudomonas aeruginosa, Serratia marcescens, Achromobacter* spec., *Micrococcus aureus, Sarcina lutea* und *Bacillus cereus*, die unter gleichen Bedingungen gezüchtet worden waren, wurden konzentriert, gewaschen und quantitativ mit chem. Methoden auf 18 Aminosäuren untersucht. Alle Stämme enthielten diese 18 Aminosäuren. Es wurden nur geringe Schwankungen in der Zusammensetzung festgestellt. Der Stickstoffgehalt der Zellen betrug im Mittel 11,9% der Trockenmasse. Einige ernährungsphysiol. Aspekte werden diskutiert. Th. Mattheis. 6135.

3-64/07-9071 Lanser, Otto; Wien, Bundesmin. für Land- und Forstwirtsch. **Gliederung und Morphologie der Stau- und Speicherseen.** Wasser u. Abwasser [Wien] **1961** Zur Limnol. der Speicherseen u. Flußstaue S. 13–34. – 4 Abb., 3 Tab., 6 Lit.
Vf. unterscheidet Stauseen oder Flußstaue, die eine mittlere Verweildauer in der Größenordnung von einigen Stunden bis höchstens Tagen haben, und Speicherseen, bei denen die mittlere Verweildauer mehrere Monate bis Jahre beträgt. An Beispielen wird erläutert, daß Speicherseen in der Stärke der Strömung weitgehend den natürlichen Seen gleichen, jedoch größere Wasserspiegelschwankungen aufweisen. Flußstaue gleichen trotz herabgesetzter Strömungsgeschwindigkeit grundsätzlich dem ungestauten Fluß, da die Geschwindigkeiten noch zur Durchmischung der gesamten Stauwassermasse ausreichen. Die Wasserstandsschwankungen im Flußstau sind dagegen, verglichen mit dem ungestauten Fluß, ganz unbedeutend geworden. Bei den Speicherseen unterscheidet Vf. fjordartige Flußtal-Speicherseen von sackartigen Speichertrögen, die in den Hochalpen auftreten und ihre Form der Gletschertätigkeit verdanken. D. Barthelmes. 6138.

3-64/07-9072 Knie, Karl; Wien-Kaisermühlen, Bundesanst. für Wasserbiol. und Abwasserforsch. **Über den Chemismus der gestauten Gewässer.** Wasser u.

Abwasser [Wien] **1961** Zur Limnol. der Speicherseen u. Flußstaue S. 71–77. – 8 Lit.
Der Chemismus der gestauten und nichtgestauten Oberflächengewässer wird durch folgende Faktoren bestimmt: 1. Durch die petrographischen Verhältnisse des Einzugsgebietes (insbesondere Härte, Pufferung und pH-Wert), 2. durch den Gasaustausch mit der Atmosphäre (O_2, CO_2, N_2), 3. durch die Wechselwirkung mit dem Untergrund, die bei Staugewässern durch Schwankungen des Wasserspiegels und durch die Humusschichten der ehemaligen Äcker, Wiesen und Wälder bes. intensiv ist, und 4. durch die Strömungsgeschwindigkeit. Als Musterbeispiel eines Staues mit Flußcharakter werden die hydrologischen Daten des Stauraumes Ybbs-Persenbeug angegeben, die hydrol. Daten des Stauraumes von Ottenstein dienen als Beispiel eines Staues mit Seencharakter. D. Nehring. 6138.

3-64/07-9073 Eckel, Othmar. **Zur Thermik der Staubecken.** Wasser u. Abwasser [Wien] **1961** Zur Limnol. der Speicherseen u. Flußstaue S. 170–189. – 11 Abb., 1 Tab., 2 Lit.
Tagesspeicher gleichen in Zeiten des Wasserstaues langgestreckten, abflußlosen Seen, in Zeiten der Verarbeitung der gestauten Wassermenge aber Flüssen. Temperaturgang und -verteilung wechseln dementsprechend. Jahresspeicher werden vom Frühjahr ab gefüllt, wobei die Temperatur gegen die Wasseroberfläche ansteigt, aber seltener ausgeprägte Sprungschichten auftreten. Im Herbst ist bei Vollstau und geöffneten Tiefenablässen in Staubecken mit hinreichender Durchflutung das gesamte Becken bis in Höhe des Ablasses erwärmt, da das kühlere Tiefenwasser abgeflossen ist. Dadurch tritt mit beginnender Abkühlung schon bei rel. hohen Temperaturen Isothermie auf. Interne Wellen kommen wahrscheinlich auch in Staubecken vor. Das aus dem Speicher abfließende Wasser hat keinen Tagestemperaturgang, der sich aber flußabwärts bald ausbildet. Die Tagesschwankungen sind an dem Ort, den das Wasser nach 12 h erreicht, sehr groß, an dem, den das Wasser nach 24 h erreicht, sehr klein. Diese Erscheinung wird mit dem Verlauf der Extremwerte des bewegten Wasserteilchens erklärt.
D. Barthelmes. 6138.

3-64/07-9074 Pechlaner, Roland. **Umweltsbedingungen und Lebewelt in alpinen Speicherseen.** Wasser u. Abwasser [Wien] **1961** Zur Limnol. der Speicherseen u. Flußstaue S. 190–244. – 8 Abb., 1 Tab., 106 Lit.
An Hand eigener Untersuchungsergebnisse und von Angaben aus der Literatur gibt Vf. einen Überblick über die Kenntnisse von den phys. und chem. Umweltfaktoren und der pflanzlichen und tierischen Besiedlung der Hochgebirgsspeicher. Das Wasser der alpinen Speicher wird durch starke Wasserstandsschwankungen im Laufe eines Wasserwirtschaftsjahres weitgehend erneuert. Eine thermische Schichtung des Wassersfehlt in der Regel ständig, doch sind häufig diurne Oberflächensprungschichten ausgebildet. Die Eisbedeckung entspricht i. allg. der von natürlichen Hochgebirgsseen. Es wird eine kurze Übersicht über die am Gewässergrund und im Freiwasser alpiner Speicher registrierten pflanzlichen und tierischen Organismen gegeben. Eine fischereiliche Nutzung der Hochgebirgsspeicher durch Sportfische ist möglich. Als Fischnahrung dient vornehmlich Anflugnahrung aus der Umgebung der Speicher sowie im Speicher produziertes Zooplankton, zu dessen besserer Verwertung der Besatz mit Futterfischen empfohlen wird.
D. Barthelmes. 6138.

3-64/07-9075 Lighthart, Bruce; San Diego, Calif., San Diego State Coll. Sulfate-reducing bacteria in San Vicente servoir, San Diego County, California. **(Sulfatreduzierende Bakterien im San-Vicente-Staubecken, San Diego County, Kalifornien.)** Limnol. and Oceanogr. 8 (1963) Nr. 3. S. 349–351. – 1 Abb., 1 Tab., 9 Lit.

Während des Untersuchungszeitraumes konnten 3 Phasen der Entwicklung von Sulfatreduzenten festgestellt werden. 24. Jan.–29. März: schnelle Massenentwicklung, 29. März–10. Mai: stationäre oder gehemmte Phase, 10. Mai bis 31. Mai: erneute Massenentwicklung. Den Anstoß zur Initial-Massenentwicklung gab das Entstehen reduzierender Bedingungen in oberen Sedimentschichten und das Vorhandensein von geeigneten Nährstoffen. Mit der Hemmphase korrespondierte eine Zunahme des Mangangehaltes auf 0,2–0,5 mg/l. Mangan soll das Wachstum von Sulfatreduzenten hemmen. Als der Mg-Gehalt zurückging (3. Phase), begann eine erneute Massenentwicklung. H_2S wurde erst nach Erschöpfung des O_2-Gehaltes und -90 mv Redoxpotential im Sediment im Wasser nachgewiesen. Th. Mattheis. 6138.

3-64/07-9076 Zieba, J. Fauna dennych zwierzat bezkręgowych w stawach rybnych. **(Die Fauna der wirbellosen Bodentiere in Fischteichen.)** Acta hydrobiol. [Kraków] **5** (1963) Nr. 2/3. S. 79–127. – 5 Abb., 4 Tab., 76 Lit.

Vf. untersuchte die Bodenfauna in gedüngten und ungedüngten Karpfenteichen. Als Dünger wurden Superphosphat (32 kg P_2O_5/ha) und Düngekalk (300 kg/ha) verwendet. Org. Dünger lieferte die freie Haltung von Enten und Nutria. Proben wurden das ganze Jahr hindurch, beginnend mit dem Frühjahr, in 2wöchentlichen Abständen entnommen. Die gefangenen Tiere wurden in 4 Größengruppen aufgeteilt. Mit Ausnahme der Tendipediden-Larven erwies sich die Bodenfauna der Wirbellosen artenmäßig sehr wenig differenziert. Nematoden wurden selten in Einzelexemplaren angetroffen. Oligochäten waren hauptsächlich durch *Limnodrilus hoffmejsteri* sowie *Lumbriculus variegatus* vertreten. Ziemlich zahlreich kamen Hirudineen vor. Von Isopoden trat in der Mehrzahl der Teiche *Asellus aquaticus* auf. Die Zahl der Odonaten-Larven vergrößerte sich zum Herbst. Trichopteren-Larven fanden sich zahlreich in mit Enten und Nutria besiedelten Teichen. Superphosphatdüngung hatte eine Vergrößerung der Zahl der Tendipediden-Larven zur Folge. Die Nutriahaltung hatte auf die Tendipediden einen außerordentlich günstigen Einfluß. In Teichen mit Entenhaltung waren bes. größere Tendipediden-Arten zahlreich vertreten.

PRL/CBR, übersetzt v. R. Hüffer. 6140.

3-64/07-9077 Barthelmes, Detlev; Berlin-Friedrichshagen, Inst. für Binnenfischerei der Dtsch. Akad. der Landwirtsch.-Wiss. zu Berlin. **Schwarmbildung von Eucricotopuslarven im Freiwasser.** Z. Fischerei Hilfswiss. [N. F.] **11** (1963) Nr. 7/8. S. 571–573. – 1 Abb., 8 Lit.

Es werden Schwärme von ausgewachsenen *Eucricotopus*-Larven beschrieben, die sich im Freiwasser flacher Teiche mehrere Stunden an der gleichen Stelle hielten. Die einseitige Zusammensetzung der Schwärme macht Erklärungsversuche sehr schwierig. D. Barthelmes. 6140.

3-64/07-9078 Dendy, J. S.; Auburn, Ala., Univ. Observations on bryozoan ecology in farm ponds. **(Beobachtungen zur Bryozoen-Ökologie in Farmteichen.)** Limnol. and Oceanogr. 8 (1963) Nr. 4. S. 478–482. – 4 Abb., 6 Lit.

Bei den in den Teichen vorherrschenden Bryozoen-Arten handelte es sich um *Plumatella repens* und *Pl. casmiana,* auch *Pectinatella magnifica* trat gelegentlich häufig auf. Fisch-geschützte *Plumatella*-Kolonien entwickelten sich verzweigt, zylindrische Kolonien fanden sich bei uneingeschränkter Freßtätigkeit bes. von *Lepomis macrochirus.* Trotzdem hing das Bryozoen-Vorkommen in den einzelnen Teichen nicht von den Fischen ab, anscheinend sind hier die Bespannungsverhältnisse von Bedeutung. Mit den Bryozoen lebten eine ganze Reihe Tierarten vergesellschaftet, wobei Chironomiden quantitativ dominierten. Die Fische könnten die Bryozoen auch wegen der mit ihnen lebenden Tiere aufnehmen. Vf. weist auf die Nützlichkeit der Bryozoen zur Teichgütebestimmung hin. G. Merla. 6140.

3-64/07-9079 Schmitz, Wolfgang. **Fließgewässerforschung — Hydrographie und Botanik.** Int. Verein. theoret. angew. Limnol., Verh. **14** (1959, hrsg. 1961) S. 541–566. – 45 Abb., 6 Tab., 54 Lit.

Vf. behandelt grundsätzliche Gesichtspunkte der gegenwärtigen Fließgewässerforschung. Die Fließgewässer unterscheiden sich von den Seen vor allem durch die Wirkung des Strömungsfaktors. In diesem Zusammenhang werden eingehend Abfluß und Strömungsverhältnisse an Hand von mathematischen Formeln und graphischen Darstellungen besprochen. Auch der Wärmehaushalt der Fließgewässer hängt von den Abflußverhältnissen ab; der Chemismus derartiger Gewässer wird neben dem Abfluß von den regionalen Verhältnissen und der Bioaktivität der Organismen beeinflußt. Vf. geht weiterhin auf die soziologischen Verhältnisse der höheren Pflanzen, Moose und Algen ein und kommt zu dem Schluß, daß für die Entwicklung eines natürlichen Fließgewässersystems die pflanzensoziologische Analyse wertvollere Dienste als Kriterien des Stoffhaushaltes liefern dürfte. M. Schlüter. 6145.

3-64/07-9080 Busniță, Th.; Bukarest, Kommiss. für Hydrobiol. **Chemische und biologische Einwirkungen der Nebenflüsse im rumänischen Landesbereich auf die Donau.** Arch. Hydrobiol. **27** (1963) Nr. 2. S. 119–130. – 1 Abb., 3 Tab., 18 Lit.

Der rumänische Abschnitt der Donau steht stark unter dem Einfluß von 7 Nebenflüssen, die sämtlich stark getrübtes Wasser führen, dessen Trübung außerdem jahreszyklischen Schwankungen unterliegt. Dadurch wird die Planktonentwicklung stark gehemmt, während das Benthos kaum beeinflußt wird. Der Gesamtsalzgehalt schwankt in der Donau zwischen 270–310 mg/l, in den Nebenflüssen zwischen 225–1278 mg/l. Oberhalb 300 mg/l Salzgehalt ist die Besiedlung des freien Wassers und das Benthos reduziert. So verhalten sich die Individuenzahlen des Planktons der Nebenflüsse zu denen der Donau wie 1:20. Für die Nebenflüsse werden ausführliche Artenlisten angegeben. W. v. Tümpling. 6145.

3-64/07-9081 Wachs, Bodo; Schlitz, Hessen, Limnol. Flußstat. **Zur Kenntnis der Oligochaeten der Werra.** Arch. Hydrobiol. **59** (1963) Nr. 4. S. 508–514. – 4 Abb., 1 Tab., 18 Lit.

In dem durch Abwässer der Kaliindustrie versalzten Abschnitt der Werra von Philippsthal bis zur Mündung wurden 15 Oligochaeten-Arten nachgewiesen. Die dominierenden Arten sind *Lumbriculus rivalis*, *Nais elinguis* und *Paranais litoralis*. Ökologie und Morphologie aller 15 Arten werden kurz diskutiert. W. v. Tümpling. 6145.

3-64/07-9082 Korn, Hermann; Kiel, Univ., Zool. Inst. **Studien zur Ökologie der Oligochaeten in der oberen Donau unter Berücksichtigung der Abwassereinwirkungen.** Arch. Hydrobiol. **27** (1963) Nr. 2. S. 131–182. – 27 Abb., 91 Lit.

Bei der 1959/60 durchgeführten Untersuchung der Donau zwischen Möhringen und Ulm wurden an 50 Stellen die hydrographischen, phys. und chem. Verhältnisse untersucht sowie die Oligochaetenfauna aufgenommen. Die Verbreitung der 26 gefundenen Arten wird vergleichend mit den chem. und phys. Faktoren besprochen. Für die 8 häufigsten Arten werden die Zusammenhänge zwischen der Häufigkeit des Auftretens und den Umweltfaktoren dargestellt. Alle Arten kommen bevorzugt in einer Wassertiefe von 20–30 cm vor. Die Verbreitung der Arten wird wesentlich durch Strömungsgeschwindigkeit und Substratstruktur bestimmt, während der Chemismus des Wassers rel. geringe verbreitungsregulierende Bedeutung hat. Als Leitformen für die biol. Wasseranalyse sind die Oligochaeten nur sehr bedingt geeignet.
W. v. Tümpling. 6145.

3-64/07-9083 Zak, I. M. Izmenenie bakteriologičeskogo sostava vody reki Angary. **(Veränderungen der Bakterienflora der Angara.)** Mikrobiologija, Moskva **31** (1962) Nr. 4. S. 708–712. – 3 Tab., 5 Lit. Zus. in Engl.
Unter dem Einfluß der Wassermassen des Irkutsker Stausees haben sich die physischen Eigenschaften des Wassers der Angara geändert. Mikrobiol. Untersuchungen zeigten, daß sich dadurch die Zusammensetzung der Mikroflora sehr zu Ungunsten der psychrophilen Bakterien verschoben hat. Trotz der eingetretenen Veränderungen ist der sanitäre Zustand des Wassers der mittleren Angara auch weiterhin einwandfrei geblieben. A. Kozianowski. 6145.

3-64/07-9084 Sananman, Michael und Lear, Donald W.; New York, Coll. of Physicians and Surgeons; Kingston, R. I., Narragansett Marine Lab. Iron in Chesapeake Bay waters. **(Eisen im Wasser der Chesapeake Bay.)** Chesapeake Sci. **2** (1961) Nr. 3/4. S. 207–209. – 1 Abb., 1 Tab., 4 Lit.
Die Chesapeake Bay weist während des Hochsommers eine typische Schichtung auf. Die untere Wasserschicht zeigt im Gegensatz zum Oberflächenwasser einen höheren Salzgehalt, allg. niedrigere Temperaturen sowie niedrigeren pH-Wert und Sauerstoffgehalt. Gelegentlich tritt im Tiefenwasser sogar Schwefelwasserstoff auf. Der Gesamteisengehalt liegt in der Oberflächenschicht (bis 30 Fuß Wassertiefe) zwischen 0,040–0,045 mg/l. In der Zwischenschicht von 30–50 Fuß Tiefe steigt er auf 0,108 mg/l an, während der Höchstwert von 0,205 mg/l in 100 Fuß Wassertiefe gemessen wurde. Diese Zahlen zeigen, daß das Eisen kein produktionsbegrenzender Faktor in der Chesapeake Bay ist. D. Nehring. 6150.

3-64/07-9085 Johnston, R.; Aberdeen, Marine Lab. Effects of gibberellins on marine algae in mixed cultures. **(Einwirkungen verschiedener Gibberilline auf gemischte Kulturen mariner Algen.)** Limnol. and Oceanogr. **8** (1963) Nr. 2. S. 270–275. – 4 Tab., 9 Lit.
Vf. untersuchte die Wirkung der Gibberilline 1, 3, 4, 5 u. 7 auf marine Phytoplankter in gemischten Kulturen. Die festgestellte Wachstumsförderung war nicht groß, häufiger war eine Wachstumshemmung. Lediglich Gibberillin 5 verbesserte das Wachstum von *Skeletonema* in einer Konzentration von 10^{-8} g/ml und das von *Peridinium* ssp. bei 10^{-9} g/ml signifikant. Das Wachstum von Ciliaten und Flagellaten stimulierte Gibberillin 7 in einer Konzentration von 10^{-9} g/ml. M. Schlüter. 6150.

3-64/07-9086 Jašnov, V. A.; Moskau, Univ. Vodnye massy i plankton. 2. Calanus glacialis i Calanus pacificus kak indikatory opredelennych vodnych mass morej Tichogo okeana. **(Wassermassen und Plankton. 2. Mitt. Calanus glacialis und Calanus pacificus als Indikatoren bestimmter Wassermassen des Pazifiks.)** Zoologičeskij žurnal, Moskva **42** (1963) Nr. 7. S. 1005–1021. – 6 Abb., 57 Lit. Zus. in Engl. 1. Mitt. vgl. LZ. Abt. III **7** (1962) Nr. 12. S. 2664.
Auf Grund umfangreicher eigener Untersuchungen und eines gründlichen Literaturstudiums kommt Vf. zu der Ansicht, daß *Calanus glacialis* und *C. pacificus* als gute Indikatoren von Wassermassen verschiedenen Ursprungs zu betrachten sind. Im Nordpazifik repräsentiert *C. glacialis* die kalten und *C. pacificus* die warmen Wasserkörper. G. Predel. 6150.

3-64/07-9087 Reeve, M. R. Feeding of zooplankton, with special reference to some experiments with Sagitta. **(Fütterung von Zooplankton, unter besonderer Berücksichtigung einiger Versuche mit Sagitta.)** Nature [London] **201** (1964) Nr. 4915. S. 211–213. – 3 Abb. 6150.

3-64/07-9088 Nejman, A. A.; Moskau, Unions-Forsch.-Inst. für Hochseefischerei und Ozeanogr. O zakonomernostjach sostava morskich donnych biocenozov. **(Über die Gesetzmäßigkeiten der Zusammensetzung mariner**

Benthos-Biozönosen.) Zoologičeskij žurnal, Moskva **42** (1963) Nr. 4. S. 618 bis 621. — 1 Abb., 1 Tab., 9 Lit. Zus. in Engl.

Auf Grund zoogeographischer und tropischer Analysen benthaler Biozönosen in der östlichen Bering-See wird die Vorstellung bekräftigt, daß sich Biozönosen aus solchen Arten zusammensetzen, die in möglichst geringem Maß miteinander konkurrieren. Deshalb ist es günstig, wenn die wichtigsten Formen der Biozönosen zu trophisch verschiedenen Gruppen gehören, bei morphologisch und trophisch verwandten Arten eine räumliche Trennung infolge der unterschiedlichen zoogeographischen Natur erfolgt und Unterschiede in den Nahrungsgewohnheiten bei solchen Arten vorhanden sind, die zur gleichen trophischen Gruppierung gehören und infolge ihrer gleichen zoogeographischen Zugehörigkeit zusammen leben. G. Predel. 6150.

3-64/07-9089 Zemcova, Ė. V. und Kriss, A. E.; Moskau, Inst. für Mikrobiol. der Akad. der Wiss. der UdSSR. Vyživaemost' morskich mikroorganizmov (geterotrofov) pri kul'tivirovanii v laboratornych uslovijach. **(Überlebensfähigkeit von Meeresmikroorganismen [Heterotrophen] bei der Kultivierung im Laboratorium.)** Doklady Akademii nauk SSSR, Moskva **142 (30)** (1962) Nr. 3. S. 695–698. — 2 Tab., 3 Lit.

In den Jahren 1956–1959 wurden 4000 Stämme aus verschiedenen Tiefen des Indischen, Pazifischen und Atlantischen Ozeans und des Nördlichen Eismeeres isoliert (Membranfilter, Bebrütung der Filterscheiben auf Nähragar, Überimpfung auf Schrägagar) und in Kultur genommen. Der Zeitraum zwischen den Überimpfungen hat großen Einfluß auf die Kultivierbarkeit. Während nach 3,5 Mon. die Überimpfungen noch anwuchsen, gingen sie nach 4 Mon. oft nicht mehr an. Bes. im 2. und 3. Jahre der Kultur erhöhte die häufigere Überimpfung die Überlebensrate. Allg. läßt sich sagen, daß Stämme aus hohen geographischen Breiten schwerer als solche aus niedrigen Breiten zu kultivieren sind, da erstere größere fermentative Aktivität besitzen und dementsprechend mehr schädigende Stoffwechselprodukte in den Nährboden abgeben. Th. Mattheis. 6150.

3-64/07-9090 Wagner, Hubert; Bad Godesberg, Bundesmin. für Atomenergie und Wasserwirtsch. **Registrier- und Meßeinrichtungen für die Gewässerüberwachung.** Wasser u. Abwasser [Wien] **1961** Zur Limnol. der Speicherseen u. Flußstaue S. 134–140. — 18 Lit.

Registriergeräte für die Messung von Niederschlag, Wasserstand und Abfluß haben sich schon viele Jahre lang bestens bewährt. Im Gegensatz dazu finden Meßgeräte zur Anzeige und Kontrolle bestimmter Kennwerte der Wassergüte (Temperatur, pH-Wert, Leitfähigkeit, neuerdings auch Sauerstoffgehalt usw.) für den spez. Zweck der Gewässerüberwachung erst seit jüngster Zeit in rel. geringem Umfang Verwendung, da hierfür ein erheblicher baulicher und apparativer Aufwand erforderlich ist. Bei kleineren Wasserläufen können die Kontrollstationen am Lande errichtet werden. Um bei größeren Flußläufen möglichst nahe am Stromstrich zu messen, empfiehlt sich hier die Anlage von Kontrollstationen an Brückenpfeilern oder besser an Wehren. Für örtliche Untersuchungen und Kontrollen haben sich Meßschiffe bestens bewährt. Für lange Dauerregistrierungen kommen sie dagegen nicht in Frage.
D. Nehring. 6200.

3-64/07-9091 Günther, Burkhard; Greifswald, Zool. Inst. und Museum. **Ein neuer Bodengreifer.** Z. Fischerei Hilfswiss. [N. F.] **11** (1963) Nr. 7/8. S. 635–639. — 6 Abb.

Es wird ein kleiner, 3 Pfund schwerer und zusammengelegt 25 × 17 × 6 cm großer Bodengreifer beschrieben, der auch auf sandigem Boden gut funktionieren soll. Das Gerät kann mit einfachen Mitteln im Eigenbau hergestellt werden. D. Barthelmes. 6200.

3-64/07-9092 Patrick, Ruth und Strawbridge, Dennis. Methods of studying diatom populations. **(Methoden zur Untersuchung von Diatomeen-Populationen.)** J. Water Pollut. Control Federat. **35** (1963) Nr. 2. S. 151–157. – 3 Tab., 10 Lit.

Vff. führen aus, daß nicht verunreinigte Flußstrecken durch Diatomeen-Gemeinschaften mit hohen Artenzahlen, aber rel. kleinen und in ihrer Größe variablen Populationen charakterisiert werden. Da weiterhin der Wechsel in der Struktur der Population als zuverlässiger Anzeiger für den Wechsel von Abwasserbelastungen angesehen wird, beschreiben Vff. eine mathematische Methode, die es ermöglicht, die Variationsgrenzen einer natürlichen Population zu bestimmen. Mit dieser Methode kann außerdem auf Grund einer einmaligen Untersuchung der Struktur einer Diatomeen-Population festgestellt werden, ob diese signifikant von den natürlichen Bedingungen einer Gewässerfläche abweicht oder nicht. M. Schlüter. 6200.

3-64/07-9093 El-Sayed, Sayed Z. und Lee, Byung D. Evaluation of an automatic technique for counting unicellular organisms. **(Einschätzung einer automatischen Technik zum Zählen von einzelligen Organismen.)** J. Marine Res. **21** (1963) Nr. 2. S. 59–73. – 7 Abb., 5 Tab., 8 Lit.

Vff. untersuchen kritisch die Anwendbarkeit eines elektronischen Zählapparates (Coulter counter) zum Zählen von Algen. Der Apparat war ursprünglich zur schnellen Bestimmung der Blutkörperchenzahl entwickelt worden. Das Gerät eignet sich gut zum Zählen einzelliger, aber nicht kettenförmiger Algen in Reinkultur. Es können auch verschiedene Species des Mikroplanktons und marine Bakterien gezählt werden. Innerhalb von 15 s kann die Zellzahl in 0,5 ml festgestellt werden. Die mit dem elektronischen Gerät ermittelten Zellzahlen stimmen gut mit denen eines Blutkörperchen-Zählapparates überein. M. Schlüter. 6200.

3-64/07-9094 Thomasson, Kuno; Uppsala, Växtbiol. Inst. **Die Kugelkurven in der Planktologie.** Int. Rev. ges. Hydrobiol. **48** (1963) Nr. 4. S. 627 bis 628. – 7 Lit.

Vf. weist auf die in der planktologischen Literatur wiederholt anzutreffende Verwechslung von Würfel- und Kugelkurven hin. Vorzuziehen sind die von Lohmann 1908 in die Planktonforschung eingeführten Kugelkurven, deren Radius nach der Formel $r = \sqrt[3]{\frac{v}{4,19}}$ zu berechnen ist. M. Schlüter. 6200.

3-64/07-9095 *Alekin, O. A.* **Grundlagen der Wasserchemie.** Eine Einführung in die Chemie natürlicher Wässer. Leipzig: VEB Deutscher Verlag für Grundstoffindustrie. 1962. (260 S. m. 61 Abb., 74 Tab. u. 95 Lit.) 15 × 22 cm. DM 32,–. Die Originalausgabe dieses Werkes von Prof. O. A. Alekin erschien 1953 in Leningrad. Mit der vorliegenden Übersetzung, die Dr. J. Kaeding bearbeitete, wurde das Buch den deutsch-sprachigen Interessenten zugänglich gemacht und eine Lücke im einschlägigen Schrifttum geschlossen. Auch von seiten der Fischerei ist diese Arbeit, die die Chemie der natürlichen Wässer zum Inhalt hat, bes. zu begrüßen. Nach einer Einführung, in der auf die Bedeutung der Wasserchemie hingewiesen wird, beschreibt der Autor im 2. Kapitel die Eigenschaften des Wassers als Lösungsmittel. Kapitel 3 behandelt die chem. Zusammensetzung von natürlichen Wässern, und im 4. Abschnitt wird kurz auf die wasserchem. Untersuchungsmethoden eingegangen. In Kapitel 5 und 6 werden die chem. Zusammensetzung atmosphärischer Niederschläge und der unterirdischen Wässer geschildert. Die nächsten Abschnitte sind der Chemie der Flußwässer, der Chemie der Seewässer und der Chemie des Meerwassers gewidmet. Das abschließende 10. Kapitel hat den Titel: Bedeutung der chem. Zusammensetzung des Wassers für die praktische Verwertung des Wassers. Das Werk ist leicht verständlich geschrieben, übersichtlich gegliedert und mit 61 Abb., 74 Tab. sowie einer hydrographischen Karte der Flüsse der UdSSR versehen. Das Literaturverzeichnis umfaßt 95 Nummern. W. Steffens.

3-64/07-9096 *Hoc, Siegfried.* **Die Moostiere (Bryoza) der deutschen Süß-, Brack- und Küstengewässer.** Wittenberg Lutherstadt: Ziemsen. 1963. (62 S. m. 107 Abb.) 8° = Die Neue Brehm-Bücherei. 310. (SR 71, 310)

3-64/07-9097 *Kuznecov, Sergej Ivanovič.* Hrsg.: Akad. nauk SSSR, Inst. biologii vnutrennich vod. **Mikrobiologičeskoe izučenie vnutrennich vodoemov.** (Mikrobiologische Untersuchung der Binnengewässer.) Moskva: Izd. Akad. nauk SSSR. 1963. (128 S.) 8°. (1963 A 1670)

D. FISCHEREIWIRTSCHAFT

Binnenfischerei

3-64/07-9098 Sharpe, F. Phillip; Nashville, Tennessee Game and Fish Commiss. A midsummer plant of rainbow trout in a stratified Tennessee impoundment. **(Ein Hochsommerbesatz von Regenbogenforellen in einem geschichteten See Tennessees.)** U. S. Dep. Interior, Fish Wildlife Serv., progr. Fish-Culturist **23** (1961) Nr. 4. S. 152–155. — 4 Abb.
Bei Oberflächentemperaturen von 30 °C wurden 500 Setzlinge von *Salmo gairdneri* durch Taucher in der Nähe der Thermokline ausgesetzt. Die Thermokline befand sich in 3–4 m Tiefe, in ihrer oberen Schicht herrschte eine Temperatur von 20,5 °C. Die Fische schwammen zunächst im Kreise und hielten sich dann in 2–3 m Tiefe auf, wo Temperaturen von 23 °C herrschten. Einige schwammen zur Oberfläche, kehrten aber rasch in kühlere Schichten zurück. Fische, die zum Vergleich an der Oberfläche ausgesetzt wurden, fanden nur in Einzelfällen das kühlere Tiefenwasser, die meisten verendeten an der warmen Oberfläche. Die Möglichkeit des Besatzes durch eine Röhre, die bis zur Thermokline reicht und mit kühlem Wasser gefüllt ist, wird erörtert.
G. Seifert. 6240.

3-64/07-9099 Osadčich, V. F.; Astrachan, Forsch.-Inst. für Hochseefischerei und Ozeanogr. des Kasp. Meeres. Rol' vselencev v bentose Severnogo Kaspija. **(Die Rolle der Ansiedler im Benthos des nördlichen Kaspisees.)** Zoologičeskij žurnal, Moskva **42** (1963) Nr. 7. S. 990–1004. — 16 Abb., 2 Tab., 23 Lit. Zus. in Engl.
Die starken jährlichen Schwankungen in der Benthosbiomasse des Kaspisees unter Einfluß der Umweltbedingungen waren ein wesentlicher Grund dafür, Akklimatisationsversuche mit solchen Benthosorganismen durchzuführen, die gegenüber solchen Veränderungen weniger empfindlich sind. Vf. berichtet ausführlich über die Erfolge der Akklimatisationsversuche seitens der UdSSR im Nordteil des Kaspischen Meeres. Die Versuche begannen bereits 1934 unter der bes. Mitwirkung von L. A. Senkewitsch. Die besten Erfolge wurden mit *Nereis* und *Syndesmya* erzielt, die heute zu wichtigen Nahrungsobjekten der Wirtschaftsfische, bes. der Störe, geworden sind. G. Predel. 6240.

3-64/07-9100 Rodewald-Rudescu, Ludwig. **Schilfrohr- und Fischkultur im Donaudelta.** Int. Verein. theoret. angew. Limnol., Verh. **14** (1959, hrsg. 1961) S. 695–699. — 17 Lit.
Durch Eindämmung der für die Rohr-(*Phragmites*-)Ernte vorgesehenen Flächen mit kleinen Erddämmen in der Weise, daß die Flächen vom Frühjahrshochwasser überflutet, im Winter aber trocken liegen, konnte die Schilfrohrkultur in idealer Weise mit der Fischkultur verbunden werden. Da das Wasser auf diesen Flächen bis zum Herbst zurückgehalten werden kann, erhöhte sich der Fischertrag des Ostrovul Maliuk von 20–30 kg/ha auf 100 bis 150 kg/ha und die Rohrausbeute von 3–5 t/ha auf 18 t/ha bei gleichzeitiger Qualitätsverbesserung des Rohres. Durch diese Kultivierung ist es möglich geworden, in Zukunft die Verschlechterung der hydrobiol. Verhältnisse eines 284 000 ha großen Gebietes aufzuhalten und das Gebiet ohne Veränderung der hier vorhandenen Flora und Fauna wirtschaftlich zu nutzen.
G. Seifert. 6250.

3-64/07-9101 Cookingham, Russell A. und Hudson, Carleton; Buzzards Bay, Mass., Div. of Fisheries and Game. A unique source of warm-water fish for restocking managed waters. **(Eine einzigartige Bezugsquelle für Warmwasserfische zum Besatz bewirtschafteter Gewässer.)** U. S. Dep. Interior, Fish Wildlife Serv., progr. Fish-Culturist **25** (1963) Nr. 4. S. 208–210. — 1 Abb., 1 Tab.

Der Besatz mit diesen Fischen, meist *Perca flavescens* und *Notemigonus crysoleucas*, betrifft vorrangig zur Bewirtschaftung neu hergerichtete Gewässer. Seit 1958 konnten die Satzfische großenteils in einem Bootshaus an einem ca. 94 ha großen See gefangen werden. Vor Auftreten einer Eisdecke auf dem See im Herbst und im Frühjahr bei Eisrückgang sammeln sich dort Schwärme, die leicht zu erbeuten sind, wenn das Haus außen mit Netzen abgesperrt wird. Auf diese Weise fing man jährlich ca. 13,5 kg Fische/ha aus dem See. Die Satzfische, die im Mittel 22 g/Stück wiegen und 2,5 Cents/Stück kosten, werden zu 60–125 Stück/ha ausgesetzt und erreichen bei dieser Besatzdichte schon nach 1 Jahr Fanggröße. Sie sind begehrte Angelobjekte und dienen auch als Nahrungsgrundlage für Raubfische. G. Merla. 6255.

3-64/07-9102 Alm, Gunnar, **Die Ergebnisse der Fischaussätze in den Kälarne-Seen.** Rep. Inst. Freshwater Res., Drottningholm Nr. 42 (1961) S. 5–83. – 40 Abb., 20 Tab., 33 Lit.

Durchführung und Ergebnisse von Besatzversuchen in 92 meist kleinen und z. T. fischleeren Seen in der Umgebung der Fischereiversuchsstation Kälarne in Nordschweden werden beschrieben. Es wurden überwiegend Salmoniden (Forellen, Lachse, Saiblinge, Coregonen) in verschiedenen Altersstufen, Brut bis mehrjährige Setzlinge, aber auch Barsche, Zander, Hechte und Aale ausgesetzt. Ziel der Fischaussetzungen war die Ermittlung der Wirkung des Besatzes auf die Nutzungsmöglichkeit der Seen, bes. der bis dahin fischleeren Seen, durch Sport- und Küchenfischerei. In vielen Seen wurden gute Fangmöglichkeiten geschaffen und Fänge erzielt, die wertmäßig den getätigten Besatz übertrafen. Bei Salmonidensetzlingen konnten bis zu 50% der eingesetzten Stückzahl wiedergefangen werden. J. Rahn. 6255.

3-64/07-9103 Jaudzims, J. und Beuschold, E.; Wernigerode, VEB Binnenfischerei; Wasserwirtsch.-Direktion Mittlere Elbe-Sude-Elde. **Zur fischereilichen Nutzung der Ostharz-Talsperren.** Dtsch. Fischerei-Ztg. 10 (1963) Nr. 10. S. 281–290. – 4 Abb., 8 Tab.

Die vom VEB Binnenfischerei Wernigerode bewirtschafteten Ostharztalsperren liegen zwischen 420 und 451 m über NN. Im Gegensatz zu der bei Normalstau 350 ha großen und bis 83 m tiefen Rappbodetalsperre (Trinkwassertalsperre) ist in den beiden Vorsperren, die normalerweise 26 ha und 14 m max. Tiefe (Hasselvorsperre) sowie 23 ha und 15 m max. Tiefe (Rappbodevorsperre) haben, während der Stagnationsperiode das Hypolimnion O_2-leer. Das ebenfalls bewirtschaftete Hochwasserschutzbecken Kalte Bode ist infolge geringer Tiefe kaum geschichtet. Wirtschaftsfisch ist die Forelle (Bach- und Regenbogenforelle). Es wurde mit 330–740 Stck. Setzlingen/ha besetzt. Das Wachstum der Forellen war sehr gut. Die Fische ernährten sich in den Vorsperren hauptsächlich von Planktonkrebsen. Der Fang erfolgte mit Stellnetzen, die sehr scharf fischen (z. B. Wiederfang in der Hasselvorsperre 44,2%). Die intensive Bewirtschaftung mit hohem Besatz und jahrgangsweisem Wiederfang soll fortgesetzt werden. Die Erträge lagen 1962 in den kleinen Sperren zwischen 34,2 und 50,8 kg/ha!

D. Barthelmes. 6255.

3-64/07-9104 Nümann, Wilhelm; Langenargen/Bodensee, Staatl. Inst. für Seenforsch. und Seenbewirtsch. **Das Problem der Ertragssteigerung und Überfischung in der Blaufelchenfischerei am Bodensee.** Z. Fischerei Hilfswiss. [N. F.] 10 (1961) Nr. 4/5. S. 241–252. – 10 Lit.

Vf. weist nach, daß aus der Fangstatistik der Blaufelchenfischerei (*Coregonus wartmanni*) die abs. Bestandsmengen erhalten werden können, weil nahezu alle Individuen kurz nach dem Erreichen des Schonmaßes von 30 cm durch den Fang erfaßt werden. Durch die in den letzten Jahren zunehmende Eutrophierung des Bodensees, die Umstellung der Fischerei auf Kunstfasernetze und die Kalterbrütung von Felcheneiern erhöhte sich der Jahresertrag von 120000 kg 1910 auf 700000 kg in den letzten Jahren. Infolge des beschleunigten Wachstums setzen sich die Fänge heute aus erheblich jüngeren Altersklassen zusammen als früher und der Anteil noch nicht abgelaichter Fische nimmt zu. Letzten Endes ist dies das Anzeichen einer Überfischung, weil durch den Fortfang gut wachsender Felchen bei reichlichem Nahrungsangebot nicht die optimalen Erträge aus dem See geholt werden. Bei der heutigen Befischungsintensität werden 1. die optimalen Erträge unterbunden und 2. der Bestand infolge zu geringer Nachkommenschaft reduziert. Bei Erhöhung des Schonmaßes um mehrere cm könnte die Produktion sicher noch größer sein.

G. Seifert. 6255.

3-64/07-9105 Tesch, F. W. und Fries, G.; Hannover, Niedersächs. Inst. für Binnenfischerei. **Die Auswirkungen des eingebürgerten Flohkrebses (Gammarus tigrinus) auf Fischbestand und Fischerei in der Weser.** Fischwirt **13** (1963) Nr. 11. S. 319–326. – 4 Abb., 11 Lit.

Die im Jahre 1957 in der Werra ausgesetzte nordamer. Gammaridenart sollte auf Grund ihres halophilen Charakters die durch salzhaltige Abwässer verödeten Flußstrecken besiedeln. Die neue Krebsart hat sich sehr schnell verbreitet und wurde 1963 bereits in der Weser bei Bremen nachgewiesen. Im Sommer 1963 erfolgte eine so starke Vermehrung, daß der Eindruck einer Masseninvasion entstand. Die Krebse überfielen die Fische in den Fanggeräten und zehrten sie bis zum Skelett auf, so daß die Fischer gezwungen waren, ihre Fanggeräte öfter als üblich zu kontrollieren. Andererseits bildete dieser Krebs 1963 durch sein Massenauftreten den Hauptanteil der Nahrung von *Perca fluviatilis*, *Anguilla anguilla*, *Leuciscus leuciscus*, *Gobio gobio*, *Abramis brama* und *Leuciscus idus*, wodurch die Zuwachsrate bei den untersuchten Fischen erheblich größer war als in den Vorjahren. Weiterhin machte sich der Krebs nützlich, indem er die Fangeräte vom Bewuchs freihielt.

G. Seifert. 6255.

3-64/07-9106 Rudziński, E. Karp w Polsce. **(Der Karpfen in Polen.)** Gospodarka rybna **15** (1963) S. 6–8. – 7 Abb.

Der Karpfen erscheint in der polnischen Literatur bereits bei Dlugosz (1415 bis 1480). Genauere Angaben stammen aus Lwow (Lemberg), wo bereits 1417 die Preise für Karpfen notiert und in den Rechnungen eines Salzbergwerks (1420) die Einfuhrzölle aus der Walachei usw. angegeben sind. Es wird angenommen, daß der Karpfen durch den Zisterzienserorden aus den Flußgebieten am Schwarzen Meer nach Polen eingeführt worden ist. Die Züchtung des Teichkarpfens begann jedoch erst später und erfolgte in den Bistümern von Wloclawek und Gniezno. Im 14. Jahrhundert bestanden bereits Teichwirtschaften im Fürstentum von Cieszyn, Pszczyna und Oswięcim. Die Deutschen ließen sich im 15. Jahrhundert polnische Spezialisten zum Bau von Teichen kommen. Der Fortschritt in der Entwicklung des Karpfens ist nicht genügend erforscht worden. Nur aus Zeichnungen kann man sich ein Bild davon machen, wie sich das Äußere des Karpfens veränderte. Beschuppung und Körperform wandelten sich. Bloch gab 1785 eine genaue Zeichnung, in welcher die vertikale Lage der Vorderrippen die gleiche wie bei unseren Zuchtkarpfen ist. PRL/CBR, übersetzt v. R. Hüffer. 6310.

3-64/07-9107 Kempińska, H. Ułuszczenie – ważna cecha w selekcji karpia. **(Die Beschuppung als wichtiges Merkmal der Karpfenselektion.)** Gospodarka rybna **15** (1963) Nr. 7. S. 6–8. – 1 Abb., 2 Tab.

PRL/CBR. 6310.

3-64/07-9108 Kocyłowski, B. Wpływ bodźców nerwowych, gonadotropowych i mieśniowych na tarło karpi. **(Der Einfluß nervlicher, gonadotroper und Muskel-Stimulantia auf das Laichen der Karpfen.)** Gospodarka rybna **15** (1963) Nr. 7. S. 4–5.

Die Ursachen für fehlendes Laichen bei äußerlich gesunden Laichkarpfen, die günstige Laichbedingungen hatten, wurden untersucht, um festzustellen, ob das mangelnde Laichen nur auf verringerte Ausscheidung von Hypophysenhormonen oder auch auf eine geschwächte Leistungsfähigkeit des zentralen Nerven- und Muskelsystems zurückzuführen ist. In den Versuchen wurden verwendet: 1. Frische Hypophysen von Karpfen (jedem Laichkarpfen wurde i. m. 1 Hypophyse als gonadotropes Hormon injiziert); 2. Salpetersaures Strychnin, i. p. injiziert, um die Nerventätigkeit anzuregen; 3. Vitamin B_1 [2–4 mg] und Vitamin C [5 mg in 1 ml 40%iger Glykoselösung] zur Stärkung der Muskeln. Die Versuche ergaben, daß Hypophyse, salpetersaures Strychnin, Vitamine B_1 und C sowie Glykose, gleichzeitig angewendet, einen sehr günstigen Einfluß auf den normalen Verlauf des Laichens haben (von 28 Laichkarpfengruppen laichten 21). Salpetersaures Strychnin hat auf die Vermehrung, bes. in der 2. Phase des Laichens, beim sogen. „Laichspiel", einen günstigen Einfluß. Die Vitamine B_1, C und Glykose wirken hingegen sehr vorteilhaft auf die 3. Phase, den Laichakt selbst, ein.

PRL/CBR, übersetzt v. R. Hüffer. 6315.

3-64/07-9109 Krupauer, V. Vliv velikosti životního prostředí na růst kapra. **(Einfluß der Größe des Lebensraumes auf das Wachstum des Karpfens.)** Českoslov. Rybářství **1963** Nr. 6. S. 85. – 2 Abb., 1 Tab.

Auch bei Nahrungsüberschuß wuchs Karpfenbrut (*Cyprinus carpio*) im Aquarium langsamer als im Teich. Nach einem halben Jahr wogen die Fische aus dem Aquarium durchschnittl. 0,2–0,47 g, die aus dem Teich dagegen 192 g.

ČSSR/ÚVTI. 6315.

3-64/07-9110 Wolny, P. Czynniki warunkujące prawidłowe zimowanie karpi. **(Faktoren, die ein gutes Überwintern der Karpfen bedingen.)** Gospodarka rybna **15** (1963) Nr. 9. S. 3–7. – 2 Abb., 3 Tab.

Für das Überwintern der Karpfen ist es notwendig, daß die Teiche für diesen Zweck vorbereitet und den physiol. Bedingungen bes. der Brut angepaßt werden, deren rascherer Stoffwechsel eine schnellere Erschöpfung der Reserven zur Folge hat. Auch die Fische müssen in der der Überwinterung vorausgehenden Zeit in Bezug auf ihren Ernährungszustand und ihre Masse vorbereitet werden. Die Stückmasse der K_1 soll bei einem Fettgehalt von 46% über 20 g betragen. Die Pflege der Winterteiche erfolgt durch Trockenlegung und gute Bodenbearbeitung sowie rechtzeitiges Bespannen (ca. 15,9.). Die Wassertemperatur soll optimal +1 °C betragen. O_2-Mangel läßt sich durch mechan. und biol. Luftzuführung vorbeugen.

PRL/CBR, übersetzt v. R. Hüffer. 6315.

3-64/07-9111 Lietmann, H. **Sicherheit der Überwinterung, besonders von K_1, ist eine wesentliche Folge von Erfahrung, Beobachtung und Überlegung.** Allg. Fischerei-Ztg. 88 (1963) Nr. 22. S. 629–630.

Zur Überwinterung sind statt größeren mehrere kleinere, 1,5–2 m tiefe Teiche zu empfehlen. Einheitlich geltende Besatzdichten für Winterteiche lassen sich nicht anführen, Zufluß- und Bodenverhältnisse im Teich sind hierbei von wesentlicher Bedeutung. Wo das möglich ist, ist die Überwinterung der K_1 (*Cyprinus carpio*) im Brutstreckteich vorteilhaft. Vf. ist der Ansicht, Winterteiche brauchten keine stärkere Erzeugung von Nährtieren, weil die gefütterten K_1 an das Kunstfutter gewöhnt sind. So lange als möglich sollte ein „entsprechend zusammengesetztes" Futter auch in der Winterung gegeben werden.

G. Merla. 6315.

3-64/07-9112 Wolny, P. Ocena sorga jako paszy dla karpi. **(Der Wert des Sorghum als Karpfenfutter.)** Gospodarka rybna **15** (1963) Nr. 4. S. 3–4. – 4 Tab.

1962 erfolgte ein Vergleich der Fütterung von Karpfen mit *Sorghum* und – als Kontrolle – mit inländischen, bis 15% durch Unkrautsamen verunreinigten

Mühlenabfällen. Es wurde die Variabilität der chem. Zusammensetzung von *Sorghum* festgestellt (Tab. 1). 1958 enthielt der Transport 70% und 1961 nur 39,2% Kohlenhydrate. In geschmacklicher Hinsicht übertrafen die Mühlenabfälle das *Sorghum*. Die Sterblichkeit der mit *Sorghum* gefütterten Karpfen war größer. Wahrscheinlich ist dies zum Teil eine Folge des geringen Kalzium- und Vitamin-A-Gehaltes sowie der erheblichen Alkaloidmengen im *Sorghum*. Der Zuwachs der mit *Sorghum* gefütterten Speisekarpfen betrug durchschnittl. 354 kg/ha (Schwankungen zwischen 209–549 kg/ha) der der Kontrollfische hingegen durchschnittl. 410 kg/ha. Der Stückzuwachs der mit *Sorghum* gefütterten Karpfen war gleichfalls unbefriedigend. Die Futterkoeffizienten für *Sorghum* und Mühlenabfälle wahren ähnlich – 6,6 und 6,5 (Tab. 3). Bei Fütterung mit *Sorghum* zum Preise von 225,– Zl/dz betrug die Bruttoeinnahme 2861,– Zl/ha, bei Fütterung mit Müllereiabfällen zum Preise von 53,70 Zl/dz – 7753,– Zl/ha (Tab. 4). Daraus ergibt sich, daß *Sorghum* nur dann ein lohnendes Futtermittel sein kann, wenn das Korn vollwertig ist (Stärkegehalt von 60%) und wenn es im Gemenge verfüttert wird unter Zusatz von Futtermitteln mit hohem Vitamingehalt und von inländischem Mineralstoffgemisch. PRL/CBR, übersetzt v. R. Hüffer. 6320.

3-64/07-9113 Fish, G. R.; Malacca, Malaya, Fish Cult. Res. Stat. Conditioning of fish ponds. **(Vorbereitung von Fischteichen.)** Int. Verein. theoret. angew. Limnol., Verh. **14** (1959, hrsg. 1961) S. 709–712. – 2 Abb., 4 Lit.

Die Teiche der „Fish Culture Research Station Malacca" in Malaya liegen auf Boden, der meist aus weißem Ton und Laterit besteht. Das Zuflußwasser läuft durch ein Gebiet von *Melaleuca-leucodendron*-Wald und hat pH-Werte von 3,5–4,0. Von 2 ähnlichen Teichen blieb der ungedüngte klar und braun bei ca. 50% O_2-Sättigung. Der mit 3,7 t $CaCO_3$/ha und Ammoniumphosphat gedüngte Teich wurde grün und trübe und hatte bei dauernder O_2-Sättigung eine hohe Primär- und Sekundärproduktion. In 36 Teichen von je 1 acre (= 0,405 ha) wurde die Hauptuntersuchung durchgeführt. Bei Erhöhung der $CaCO_3$-Mengen über 1884 kg/ha stieg der pH-Wert nicht über den Neutralpunkt, dagegen stiegen Pufferung und Ca-Gehalt weiter. Die höchste Fischernte ($\approx$ 116 kg/ha) brachte ein mit 5 t/ha gekalkter Teich. 5 oder 2,5 t/ha $CaCO_3$ brachten ähnliche und signifikant höhere Ernten als niedere Mengen. Die vorläufig vorgeschlagene Mindestmenge von 2,5 t/ha für Teiche auf sehr saurem Boden liegt viel tiefer als die aus veröffentlichten Tab. abzuleitende. Wolfgang Müller. 6325.

3-64/07-9114 Schrader, B. von. **Gebläsekalkstreuer.** Fischwirt **13** (1963) Nr. 12. S. 353–357. – 5 Abb.

Um die Arbeit des Düngerstreuens zu mechanisieren, entwickelte Vf. u. a. das Gerät „S 2", das das Düngegut durch ein Gebläse im Teich verteilt. Das Düngegut (ca. 12 dt) kann über eine Rutsche in die Landeschale des Kahnes gelangen und wird von dort in einen über dem Boden befindlichen Trichter geschaufelt, der über dem Windkanal angebracht ist. Das Gebläse selbst und ein 5-PS-Benzinmotor sind im hinteren Kahnteil untergebracht. Bei günstiger Streuwirkung muß das rechtwinklig gebogene Mündungsrohr des Windkanals eine Aufwärtsrichtung von 20–30° haben. Der Kahn wird durch einen Außenbordmotor vorwärtsbewegt, zur Bedienung des gesamten Streuers sind daher 2 Mann nötig. Die Leistung beträgt z. B. bei Branntkalk 50 bis 100 dt/Arbeitstag, sie wird beeinflußt durch Teichgröße – Umsetzen mittels Fichtenstangenschleppe – und Düngermenge, die je ha verblasen werden soll. G. Merla. 6325.

3-64/07-9115 Schäperclaus, W. **Produktionsbedingungen und Ertrag in sechs verschiedenen Karpfenteichen.** Int. Verein. theoret. angew. Limnol., Verh. **14** (1959, hrsg. 1961) S. 700–708. – 7 Abb., 5 Tab.

In 2 Teichwirtschaften der Lausitz wurden je 3 verschieden fruchtbare Teiche nach den Wirtschaftsunterlagen ausgewählt. Chem. Bodenuntersuchungen der 3 cm starken aktiven Schicht auf P_2O_5, CaO und Sesquioxyde zeigten 1956 keine Beziehung zur Produktivität, auch nicht die Beschaffenheit des Wassers. Phytoplanktonanalysen zeigten, daß die besten Teiche *Scenedesmus*-Kugelgrünalgen-Teiche sind. Dort waren lange Zeit *Daphnia longispina* und zeitweilig *D. pulex* zu finden. Höchste Karpfenproduktivität wird erreicht, wenn neben viel grobem Zooplankton viel Phyto- und Benthofauna vorhanden ist. Im besten Teich überwog wohl das Benthal die produktionsbiol. Bedeutung des Pelagials. Wolfgang Müller. 6340.

3-64/07-9116 Lukács, Gy. und Tusnádi, Gy. A termelési tényezők kapcsolatának vizsgálata a pontytenyésztés gyakorlatában. **(Untersuchung der Zusammenhänge zwischen den Produktionsfaktoren in der Karpfenteichwirtschaft.)** Állattani Közlemények [Zool. Mitt.] **50** (1963) Nr. 1/4. S. 93–98. — Aus: Ung. Agrar-Rdsch. **1964** Nr. 1.
Vff. werteten 12jährige Produktionsdaten der Teichwirtschaft Szeged aus. Es wurden die Zusammenhänge zwischen Besatzzahl, Besatzmasse, Naturertrag, Bruttoertrag und Futtermenge (in StW) untersucht. Quantitative Veränderungen einzelner Faktoren wirken sich nicht nur auf den Ertrag, sondern auch auf die übrigen Faktoren aus. Der Naturertrag wächst mit der Erhöhung des Bruttoertrages. Primäre Ursache des Anstiegs des Naturertrages ist die Erhöhung des Besatzes. Eine Steigerung der Düngung ist nur bei Besatzerhöhung wirkungsvoll. 6340.

3-64/07-9117 Barthelmes, Detlev; Berlin-Friedrichshagen, Inst. für Fischereiwes. **Fischereibiologie großer Karpfenabwachsteiche in der Lausitz unter besonderer Berücksichtigung der Nährtierbestände und ihrer Ausnutzung durch die Karpfen.** Z. Fischerei Hilfswiss. [N. F.] **11** (1963) Nr. 5/6. S. 321 bis 451. — 42 Abb., 27 Tab., 254 Lit.
1957 und 1958 wurden die Entwicklung der Nährtierbestände in 3 sehr großen Karpfenabwachsteichen der Teichwirtschaft Peitz sowie die Ausnutzung der Nährtierbestände durch die Karpfen (*Cyprinus carpio*) untersucht. Es werden Angaben über Bewirtschaftung, Größe, Boden- und Wasserverhältnisse sowie über die Entwicklung von Unter- und Überwasserpflanzen gemacht. Auf den Gyttjaflächen herrschen die Larven der *Chironomus plumosus*-Gruppe sowie die Tubificiden *Limnodrilus claparedeanus* und *Ilyodrilus hammoniensis* vor. Die Tubificiden erreichen ihr Massemaximum im Frühjahr und Herbst, die *Chironomus*-larven dagegen im Sommer. Die Gesamtnährtiermasse schwankt auf den Gyttjaflächen im Laufe des Jahres zwischen ca. 0,3 und 3 g/0,1 m². Auf sandigen Flächen treten unter den Oligochaeten regelmäßig *Paranais uncinata* und *Dero* spec. auf. Die Chironomidenlarven sind besonders durch *Cladotanytarsus, Lauterbornia, Polypedilum, Paratanytarsus* und *Procladius* vertreten. Die Gesamtmassen schwanken zwischen 0 und ca. 0,5 g/0,1 m². Gelegentlich höhere Massen gehen auf atypische Besiedelungsdichten von *Chironomus plumosus* an einer Sandstation oder auf einen übernormal hohen Anteil verirrter Pflanzenbewohner zurück. Durch die Besiedlung mit Unterwasserpflanzen wird der Nährtierbestand der Sandflächen beträchtlich erhöht. Es wurden bis zu 20 g Nährtiermasse über 0,1 m² Bodenfläche festgestellt. Am wichtigsten sind die Larven der *Endochironomus-nymphoides*-Gruppe sowie der Gattung *Caenis*. Eine große Rolle spielen auch Chironomidenlarven vom *Glyptotendipes-pallens*-Typ sowie vom *Cricotopus*- und *Trichocladius*-Typ. Das Maximum der Besiedlung wird im Hochsommer erreicht. Nach ihrem Plankton gehören die Teiche zum Weimann'schen *Aphanizomenon-Daphnia*-Typ bzw. zum *Anabaena-Cyclops*-Typ. Die als direkte Karpfennahrung wichtigen *Daphnia longispina* und *Daphnia pulex* erreichten im Hochsommer ihr Entwicklungsmaximum mit

ca. 4–5 g über 0,1 m^2 Bodenfläche bei 80 cm Wassertiefe. *Daphnia pulex* trat aus ungeklärten Gründen nur 1958 auf. Die Bodentierproduktion wird für 1958 auf 1,2–4,2 g/0,1 m^2 geschätzt, die Produktion an Daphnien auf 15–54 g über 0,1 m^2 und der Naturnahrungsverbrauch der Karpfen auf 6 bis 20 g/0,1 m^2. Die Gesamtnahrungsmenge ist in den untersuchten Teichen im Frühjahr sehr gering, im Sommer am größten. Die Hauptnahrung der Karpfen bestand 1958 aus Daphnien und *Chironomus-plumosus*-Larven. Die Masse der gefressenen Chironomidenlarven kann nach der Kopfkapselgröße nur sehr grob rekonstruiert werden. Der Charakter der Karpfennahrung wird weitgehend vom Charakter des Nährtierbestandes bestimmt. *Chironomus plumosus* wurde jedoch im Vergleich zu allen anderen Chironomidenlarven bevorzugt gefressen. Die Nahrungsarmut der Teiche im Frühjahr spiegelt sich in den Karpfendärmen wider. Die Karpfen fressen in dieser Zeit Organismen, die im Sommer gänzlich unbeachtet bleiben. Der Betrieb muß versuchen, dem Karpfen im Frühjahr bessere Ernährungsbedingungen zu schaffen. Auch die weitere Intensivierung der Karpfenproduktion in den Teichen durch verstärkte Besetzung und Fütterung hängt von der Lösung dieser Aufgabe ab. Das Problem der optimalen zeitlichen Verteilung des Körnerfutters ist noch nicht gelöst. D. Barthelmes. 6340.

3-64/07-9118 Barthelmes, Detlev; Berlin-Friedrichshagen, Inst. für Binnenfischerei der Dtsch. Akad. der Landwirtsch.-Wiss. zu Berlin. **Weitere Untersuchungen zur Frage der Probefänge in Karpfenteichen.** Z. Fischerei Hilfswiss. [N. F.] **11** (1963) Nr. 7/8. S. 575–588. – 3 Abb., 7 Tab., 18 Lit. Vgl. LZ. Abt. III 5 (1960) Nr. 5. S. 805.

In größeren Karpfenbeständen müssen Probefänge bei K_1 zwischen 22 und 232 Stück und bei K_2 zwischen 7 und 184 Stück umfassen, wenn das Stückmassemittel des Probefanges bei 95% statistischer Sicherheit nicht mehr als $\pm 10\%$ vom wahren Stückmassemittel abweichen soll. Bei K_3 sind zwischen 16 und 124 Stück zu fangen, deren Durchschnittsmasse dann bei 95% statistischer Sicherheit nach dem vorliegenden Material nicht stärker als $\pm$ 5% vom wahren Mittel abweicht. Die starke Streuung des Variabilitätskoeffizienten in verschiedenen Karpfenbeständen läßt die Ableitung allgemeingültiger Richtzahlen kaum zu. Lediglich die notwendige Größenordnung der Probefänge kann abgeschätzt werden. Sie ließe sich für die Belange der Praxis bei K_1 auf etwa 100–150 Stück und bei K_2 sowie K_3 auf 50–75 Stück festlegen. Bisher wurden keine klaren Beweise dafür erhalten, daß Probefänge von Futterstellen signifikant höhere Durchschnittsstückmassen hatten als Probefänge in futterstellenfreien Teichbezirken. D. Barthelmes. 6340.

3-64/07-9119 Gurzęda, A. Kilka uwag o połowach kontrolnych w stawach. **(Kontrollfänge in Fischteichen.)** Gospodarka rybna **15** (1963) Nr. 7. S. 10 bis 11. – 1 Abb., 2 Tab. PRL/CBR. 6340.

3-64/07-9120 McCrimmon, Hugh R. und Berst, A. H.; Guelph, Ontario. Agric. Coll. A survey of licensed commercial trout hatcheries in Ontario. **(Ein Überblick über die lizensierten, wirtschaftlich betriebenen Salmoniden-Zuchtanstalten in Ontario.)** U. S. Dep. Interior, Fish Wildlife Serv., progr. Fish-Culturist **25** (1963) Nr. 4. S. 187–192. – 1 Abb., 6 Tab., 1 Lit.

Alle 16 Privatbetriebe (Stand von Nov. 1962) liegen im Gebiet zwischen Ontario-, Erie- und Huron-See. Ausgehend von der gesetzlichen Grundlage, die bis vor kurzem nur den Satzfischverkauf gestattete, wird auf Wirtschaftseinrichtungen und -art, z. B. auch Vertrieb von Angelkarten für selbstbewirtschaftete Gewässer, eingegangen. Neben Trockenfutter werden viel Leber und Milz verwendet. Meist wird *Salvelinus fontinalis* gezüchtet, ferner *Salmo gairdneri*. Der Markt ist sehr aufnahmefähig, die Preise liegen z. T. beträchtlich über denen der Nachbarländer. Seit 1955 läßt sich ein

steigendes Interesse für die Errichtung neuer Anstalten erkennen, wobei aus Konkurrenzgründen in Zukunft intensivere Betriebsweisen nötig sind.
G. Merla. 6425.

3-64/07-9121 Anonym. **Einfluß der Wassertemperatur auf Aufzucht und Fütterung von Lachsbrut.** Allg. Fischerei-Ztg. **88** (1963) Nr. 24. S. 707–708.
Erste Akklimatisationsversuche mit *Oncorhynchus gorbuscha* und *O. keta* in den nördlichen europäischen Gewässern wurden von der SU im Jahre 1933 begonnen. Ab 1959 ging man dazu über, an Stelle von Larven vorgestreckte Brut auszusetzen (0,2–0,4 g Masse). 1960 wurde das erste laichreife Exemplar von *O. gorbuscha* im Weißen Meer gefangen. Die Anfütterung der Brut bereitet gewisse Schwierigkeiten, da die optimalen Temperaturen von +3 bis +8 °C nach Eisaufgang nur kurze Zeit (max. 1 Mon.) andauern. Bei hohen Temperaturen entsteht in den Aufzuchtbecken leicht Sauerstoffmangel.
W. Steffens. 6450.

3-64/07-9122 Anwand, K.; Berlin-Friedrichshagen, Inst. für Binnenfischerei der Dtsch. Akad. der Landwirtsch.-Wiss. zu Berlin. **Die Wirkung von Hypophysen- und Gonabioninjektionen auf Hechtmilchner.** Dtsch. Fischerei-Ztg. **10** (1963) Nr. 7. S. 202–207. — 4 Abb., 2 Tab., 5 Lit.
Durch Injektion von 2–4 Hypophysen oder 500–1000 IE Gonabion war es möglich, bei nicht reifen oder wenig fließenden Hechtmilchnern (*Esox lucius*) eine künstliche Reifung der Geschlechtsprodukte zu erzielen bzw. diese abstreichbar zu machen. Unterschiede zwischen Hypophysen- und Gonabionbehandlung waren nicht zu ermitteln. Es werden gewisse Bedenken im Hinblick auf eine übertriebene Anwendung dieser Methode zur Gewinnung von Hechtmilch geäußert.
K. Anwand. 6450.

3-64/07-9123 Smíšek, J. Růst plůdku lína obecného a jeho potrava. **(Das Wachstum der Schleienbrut und ihre Nahrung.)** Českoslov. Rybářství **1963** Nr. 7. S. 100. — 1 Abb., 1 Tab.
Schleienbrut, die mit Karpfen und Hechten gemeinsam aufgezogen worden war, hatte im Alter von 122 Tagen eine durchschnittl. Stückmasse von 625 mg und eine Körperlänge von 29–30 mm. Sie ernährt sich vorwiegend von Kleinplankton und ist daher für Karpfenbrut kein Nahrungskonkurrent, da diese zur gleichen Zeit bereits größere Wasserorganismen frißt.
ČSSR/ÚVTI. 6450.

3-64/07-9124 Sadov, I. A. und Kochanskaja, E. M. Inkubacija ikry osetrovych ryb v lotkach. **(Erbrütung der Eier von Acipenseriden in Wannen.)** Trudy Instituta morfologii životnych im. A. N. Severcova. Akademija nauk SSSR, Moskva **37** (1961) S. 5–66. — 15 Abb., 9 Tab., 76 Lit.
Die Eier der Acipenseriden werden nach der Befruchtung in wannenähnliche, 8 m lange Langstromapparate aus rostfreiem Stahlblech gebracht, wo sie gleichmäßig verteilt innerhalb von 7–8 min am Boden ankleben. Der Durchfluß wird in den Brutapparaten so reguliert, daß die Eier stets von einer 0,6–0,8 cm hohen Wasserschicht umströmt werden, die sehr sauber und stark sauerstoffhaltig ist. Die Verpilzung der Eier in den Wannenapparaten wird durch ultraviolette Strahlen bekämpft. Im Gegensatz zu den Apparaten von Justschenko, Weiß u. a. herrschen in den Langstromapparaten Erbrütungsverhältnisse, die den natürlichen Bedingungen am ähnlichsten sind und die die Erbrütung großer und lebensfähiger Larven garantieren.
A. Kozianowski. 6450.

3-64/07-9125 Crawford, Bruce und Hulsey, Andrew; Little Rock, Ark., Game and Fish Commiss. Effects of M. S. 222 on the spawning of channel catfish. **(Der Einfluß von M. S. 222 auf das Laichen von Ictalurus punctatus.)** U. S. Dep. Interior, Fish Wildlife Serv., progr. Fish-Culturist **25** (1963) Nr. 4. S. 214–215.

Die Stacheln von *I. punctatus* können schmerzhafte und auch gefährliche Wunden beim Personal der Zuchtanstalten hervorrufen, dem die Fische während der Laichzeit durch die Hände gehen. Man versuchte daher festzustellen, welche Wirkung eine Betäubung der Laicher mit 4 g M. S. 222 (Tricain-Methansulfonat) pro ca. 36 l Wasser auf Ablaichen, Brutaufkommen und -wachstum hat. Die Laicher waren 15 min in dieser Lösung gehalten worden. Es wurde festgestellt, daß weder Ablaicherfolg noch Vitalität der Brut durch die vorausgegangene Betäubung der Elternfische beeinträchtigt waren. G. Merla. 6450.

3-64/07-9126 Maloy, Charles R.; Dexter, N. Mex., Nat. Fish Hatchery. Hauling channel catfish fingerlings. **(Transport von Ictalurus-punctatus-Setzlingen.)** U. S. Dep. Interior, Fish Wildlife Serv., progr. Fish-Culturist **25** (1963) Nr. 4. S. 211–212. – 3 Lit.

400000 Setzlinge mußten ca. 1200 km weit transportiert werden. Zunächst wurden Versuchsfahrten mit einem auf einem Lastkraftwagen stationierten Behälter durchgeführt, der zur Temperatur-Isolierung doppelwandig gebaut war. Die weitere Unterteilung des Behälters in Abteile für Fische und Eis, die Geräte und Anlagen, die Wasserzirkulation und O_2-Versorgung sicherten, werden beschrieben. Am Aussetzungsort der Fische wurde auf vorherige Temperatur-Angleichung des Transportwassers geachtet. Bei z. T. 17stündigen Fahrten war unter Eisverwendung ein Massenverhältnis Fisch zu Wasser von 1-2,4 möglich. Dieses Resultat liegt nahe bei den Maximalwerten für den Salmoniden-Transport. G. Merla. 6450.

3-64/07-9127 Unter d. Red. v. *Pavlovskij, Evgenij Nikanorovič*. Hrsg.: Akad. nauk SSSR, Gos. kom. po rybnomu chozjajstvu pri SNCh SSSR. **Osetrovoe chozjajstvo v vodoemach SSSR.** (Der Störfang in den Gewässern der UdSSR.) Moskva: Izd. Akad. SSSR. 1963. (206 S.) 4°. (1963 B 278)

3-64/07-9128 *Tesch, Friedrich Wilhelm*. **Die zweckmäßige Pflege der Fischbestände.** Eine prakt. Anl. f. Angler u. Berufsfischer an Binnengewässern. Hamburg; Berlin: Parey. 1963. (111 S. m. 10 Abb. u. 9 Zeichn.) 8°. (1964 A 41)

Küsten- und Hochseefischerei

3-64/07-9129 Alekseev, G. D. O rabote glavnych dvigatelej srednich rybolovnych traulerov v uslovijach tralovogo promysla donnych ryb. **(Über die Arbeit der Hauptmotoren mittelgroßer Trawler beim Grundschleppfang.)** Rybnoe chozjajstvo, Moskva **38** (1962) Nr. 2. S. 29–34. – 3 Abb., 1 Tab.

Bis auf eine geringe Anzahl Mitteltrawler, die mit dem 400-PS-Motor ausgerüstet sind und deshalb im Sommer Schleppnetzfischerei betreiben, werden die meisten SRT (mit 300-PS-Motor) im Treibnetz-Heringsfang eingesetzt. Im Sommer ist die Treibnetzfischerei wegen sinkender Fänge und schlechter Heringsqualität unrentabel. Deshalb geht die Mehrzahl dieser Trawler zur Kombi-Fischerei über, d. h. im Herbst-Winter-Frühjahr Treibnetzfischerei, im Sommer Schleppnetzfischerei. Dabei muß die unterschiedliche Motorenleistung beider Typen beachtet werden. Während des Schleppens macht der R8DV136-Motor (400 PS) 280–320 Umdrehungen/min, der R6DV148-Motor (300 PS) 215–235 Umdrehungen/min. E. Schlieker. 6555.

3-64/07-9130 Karapyzov, A. I.; Murmansk, Höhere Seefahrtsschule. O vlijanii prodol'noj kački traulera na nagruzku vaerov trala. **(Über den Einfluß des Längsschlingerns des Trawlers auf die Belastung der Kurrleinen.)** Rybnoe chozjajstvo, Moskva **38** (1962) Nr. 2. S. 34–36. – 2 Abb., 1 Lit.

Bei starkem Seegang schleppt man gegen die See oder mit ihr. In dieser Lage erleidet das Fahrzeug Längsschlingerbewegungen als vertikale Versetzung (fortschreitende Schwingungsbewegung) und Stampfbewegungen (drehende Schwingungsbewegungen). Solche Schwingungsbewegungen vollführen auch die Aufhängepunkte der Kurrleinen beim Seiten- und beim Hecktrawler. Der Einfluß dieser Bewegungen auf die Bewegung der Scherbretter und damit auf das Schleppnetz läßt sich berechnen und ist beim Seitentrawler (RT) etwas anders als beim Hecktrawler (BMRT). E. Schlieker. 6560.

3-64/07-9131 Ionas, V. A. O dviženii donnogo nevoda. **(Über die Bewegung des Grundnetzes.)** Rybnoe chozjajstvo, Moskva **38** (1962) Nr. 2. S. 47 bis 53. — 5 Abb., 6 Lit.
Im Schwarzen Meer unter Wasser durchgeführte Beobachtungen zeigten, daß der Fangerfolg bei der Schleppnetzfischerei ganz wesentlich von der Öffnung der Geräte und im Zusammenhang damit von der Maschenstellung abhängt. Die Beobachtungen erfolgten an Grundschleppnetzen. Beim richtig konstruierten Netz bestimmen die Bodenverhältnisse des Fangplatzes hauptsächlich den Fangerfolg, die Schleppgeschwindigkeit beeinflußt Netzöffnung und Maschenstellung und muß deshalb der Netzkonstruktion angemessen sein. Allg. wird eine Schleppgeschwindigkeit von 40–50 m/min empfohlen, für die letzten Minuten des Zuges eine Geschwindigkeit bis zu 90 m/min.
E. Schlieker. 6560.

3-64/07-9132 Semenov, I. Opyt ėkspluatacii oborudovanija dlja lova sajry na svet. **(Anwendung von Licht beim Sairafang.)** Rybnoe chozjajstvo, Moskva **39** (1963) Nr. 6. S. 64–67.
1962 fingen die Fischer Sachalins bei ihrer Saira-Expedition 8300 t Saira. Das waren 5000 t mehr als 1961 und 2700 t über den Plan 1962. Der Fischerei auf *Cololabis saira* im Nordpazifik durch die sowjet. Hochseeflotte werden noch große Perspektiven vorausgesagt. Spez. Angaben über die Technik des Sairafanges zeigen, daß die Kombination von elektrischem Licht, Fischpumpen und elektrischem Strom die besten Ergebnisse liefert. Auch die Qualität des Lichtes spielt offensichtlich eine Rolle; so sollen Versuche mit Lampen, die Tageslicht ausstrahlen und gewöhnlichen Glühlampen in großem Umfang weitergeführt werden. Auch die Kontrolle der Wassertemperaturen zum Auffinden der Sairaschwärme soll aufgenommen werden.
G. Predel. 6560.

E. BEEINFLUSSUNG DER FISCHEREI DURCH DIE UMWELT

3-64/07-9133 Škadovskij, S. N., Messineva, M. A., Uspenskaja, V. I. und Telitčenko, M. M. Novye gidrobiologičeskie priemy ulučšenija kačestva vody i bořby s biologičeskimi pomechami pri ėkspluatacii kanalov i vodochranilišč. **(Neue hydrobiologische Verfahren zur Verbesserung der Wasserqualität und zur Beseitigung biologischer Verunreinigungen bei der Nutzung von Kanälen und Talsperren.)** Vestnik Moskovskogo universiteta. Serija VI. Biologija, počvovedenie **18** (1963) Nr. 3. S. 43–46. — 4 Lit.
Die biol. Wasserreinigung kann durch sog. lebende Filter von Fadenalgen (z. B. *Cladophora fracta* und *Spirogyra crassa*) erfolgen. Dabei besteht jedoch die Gefahr der Verunreinigung des Wassers, wenn plötzlich größere Algenmassen absterben. Vff. beschreiben eine neuartige Einrichtung, bei der die Wasserreinigung durch Aufwuchsorganismen erfolgt, die sich auf einem spez. Trägersystem ansiedeln. Hierbei erfolgt die Erneuerung der Filterorganismen in regelmäßigen Abständen, und es kommt nicht zu Verunreinigungen durch absterbende Pflanzenmassen. H.-W. Hattop. 6655.

3-64/07-9134 Mackiewicz-Golachowska, Jadwiga; Wroclaw, Polen, Zaklad Limnol. **Einige Ursachen des Phenolschwundes im Flußwasser.** Int. Rev. ges. Hydrobiol. **48** (1963) Nr. 4. S. 613-626. — 9 Abb., 2 Tab., 12 Lit.
Untersuchungen über den Phenolschwund in einem Fluß ergaben, daß der Phenolgehalt im Wasser viel schneller abnimmt, als es dem einfachen Verdünnungsverhältnis entspricht. Die Adsorption durch Bodenablagerungen

war gering. Immerhin können auf diesem Wege 25% der in den Fluß eingeleiteten Phenole (2 t/Tag) beseitigt werden, vorausgesetzt, daß die einmalig aufgenommenen Phenole im Bodenschlamm völlig biochem. abgebaut werden. Je höher der Gehalt des Schlammes an org. Substanz war, um so mehr Phenol wurde adsorbiert. Durch Zusatz von städtischen Abwässern wird der Abbau von Phenolabwässern beschleunigt. 20 mg Phenol/l werden in 3 Tagen, 50 mg/l in 7-14 Tagen zur Hälfte durch beigefügte städtische Abwässer abgebaut. Dabei war die Menge des zugesetzten städtischen Abwassers praktisch ohne Bedeutung. Vermutlich spielen nur die in diesen Abwässern vorhandenen Mikroorganismen eine Rolle. D. Nehring. 6655.

3-64/07-9135 Schräder, Theodor; Jena-Lobeda, Forschungsstelle für Limnol. der Dtsch. Akad. der Wiss. zu Berlin. **Verunreinigung von Staugewässern.** Wasser und Abwasser [Wien] **1961** Zur Limnol. der Speicherseen u. Flußstaue S. 153–169. — 5 Abb., 3 Tab., 8 Lit.

Neben den künstlichen Verschmutzungen gelangen stets auch unvermeidbare „natürliche" Verunreinigungen und Belastungen in die Stauseen. Es sind 3 Hauptquellen zu unterscheiden: 1. Einbringung von Stoffen aus dem Wasser auch „sauberer" Zuflüsse, 2. Zufuhr von Stoffen aus der Atmosphäre und 3. Auslaugung von Stoffen aus dem überstauten Gelände. Die künstliche Verunreinigung von Stauseen wird am Beispiel der Bleilochsperre erläutert. Hier gelangen die Ablaugen und Schlempen einer Sulfitzellstoff-Fabrik in ein praktisch stagnierendes Gewässer und schichten sich während der Sommerstagnation in einer Tiefe von 4-10 m in das Metalimnion ein. Bei Teilzirkulation kann es deshalb im Sommer zu Fäulnisprozessen im Epilimnion kommen. Einige Sonderfälle werden ebenfalls diskutiert und Änderungen der Planktonzusammensetzung aufgezeigt. D. Nehring. 6665.

3-64/07-9136 Pescheck, Erich; Wien-Kaisermühlen, Bundesanst. für Wasserbiol. und Abwasserforsch. **Beiträge zur Biologie des Kampstaues Ottenstein.** Wasser u. Abwasser [Wien] **1961** Zur Limnol. der Speicherseen u. Flußstaue S. 302–305. — 1 Tab.

Im Kampstau Ottenstein haben Strömungsgeschwindigkeit und Gewässertiefe großen Einfluß auf die arten- und mengenmäßige Zusammensetzung der Lebensgemeinschaften. Die reiche Besiedlung des ungestauten Flusses wird an der Stauwurzel und unterhalb der Staumauer durch in großen Intervallen wechselnde Strömungsverhältnisse mehr oder weniger völlig zum Verschwinden gebracht. Der Stauraum selbst enthält eine völlig andersgeartete Biozönose, deren formenmäßige Zusammensetzung jedoch sowohl im freien Wasser als auch am Grunde kein einheitliches Bild bietet.

D. Barthelmes. 6685.

3-64/07-9137 Weber, Edmund. **Biologie des Donaustaues Ybbs-Persenbeug.** Wasser u. Abwasser [Wien] **1961** Zur Limnol. der Speicherseen u. Flußstaue S. 52–60. — 3 Abb., 2 Tab.

Die Gewässersohle des Stauraumes ist stark mit Makroorganismen besiedelt, deren Dichte zur Stauwurzel hin abnimmt. Die Sohle des ungestauten Teiles der Donau ist wegen der dauernden Geschiebebewegung azoisch. Das reiche Vorkommen von Makroorganismen im litoralen Benthos der ungestauten Strecke nimmt von der Stauwurzel stromabwärts ab. Infolge der geringen Wasserspiegelschwankungen zeigen die Ufer des Staues einen reichen Algenbewuchs. Trotz Herabsetzung der Trübung durch den Stau findet keine übermäßige Planktonentwicklung statt, da die Aufenthaltszeit des Wassers im Stauraum nur sehr kurz ist. Der Fischbestand oberhalb des Staues ist beträchtlich zurückgegangen, da kein Fischpaß eingebaut wurde. Es wird ein Ausgleich durch intensiven Besatz mit Jungfischen angestrebt.

D. Barthelmes. 6685.

3-64/07-9138 Stundl, Karl. **Biologische und wirtschaftliche Probleme der Stauhaltungen in der Mur.** Wasser u. Abwasser [Wien] **1961** Zur Limnol. der Speicherseen u. Flußstaue S. 93–109. – 4 Abb., 2 Tab., 7 Lit.

Die vom Wasser mitgeführten Schwebestoffe setzen sich in den Stauseen stark ab. Von den gelösten Anteilen nimmt nur der Eisengehalt ab. Eine Beeinträchtigung der zeitweise recht reichlichen Schlammfauna durch die eingebrachten Abwässer war nicht nachzuweisen. Es ist ein erheblicher Fischbestand vorhanden. Durch die bisher übliche Räumung der Staue durch Ausspülen des Schlammes bei Hochwasser wurden die Zulaufkanäle der flußabwärts gelegenen Betriebe verschlammt und der Fischbestand geschädigt. Zur Verhinderung einer allzu starken Sedimentation schlägt der Autor vor, durch Verengung der Durchflußprofile der Stauräume die Durchflußgeschwindigkeit des Wassers zu erhöhen. D. Barthelmes. 6685.

3-64/07-9139 Liepolt, Reinhard; Wien, Hochschule für Bodenkult., Inst. für Hydrobiol. und Fischereiwirtsch. **Biologische Auswirkung der Entschlammung eines Hochgebirgsstausees in einem alpinen Fließgewässer.** Wasser u. Abwasser [Wien] **1961** Zur Limnol. der Speicherseen u. Flußstaue S. 110 bis 133. – 11 Abb., 5 Tab.

Die Möll, der Abfluß des Pasterzengletschers, wurde nach Errichtung eines alpinen Speichers in ihrer Wasserführung und Schwebstofffracht verändert. Im Sommer und Herbst 1960 und 1961 mußten zur Verhinderung einer weiteren Reduzierung des Speicherraums durch den Gletscherschluff je ca. 50000 m³ feinster Mineralschlamm ausgebaggert werden. Die im Abfluß reduzierte Möll wurde durch diese Schlammengen sehr stark getrübt. Bei Niederwasserführung wurde der Bestand an niederen Organismen durch starke Sedimentation beeinträchtigt. Fischereiwirtschaftlich wurden durch die künstliche Schlammeinbringung keine größeren unmittelbaren Schäden verursacht, jedoch litten die Jungäschen wahrscheinlich sehr.
D. Barthelmes. 6685.

3-64/07-9140 **Bewirtschaftung und Reinhaltung des Wassers.** Bericht über die intern. Vortragstagung pro Aqua 1961 in Basel. München: Oldenbourg. 1963. (448 S. m. 123 Abb.) 8°. (1963 A 1449)

F. FISCHKRANKHEITEN

3-64/07-9141 Townsley, P. M., Wight, H. G. und Scott, M. A.; Halifax, Nova Scotia, Fisheries Res. Board of Canada. Marine fish tissue culture. **(Gewebekulturen von Meeresfischen.)** J. Fisheries Res. Board Canada **20** (1963) Nr. 3. S. 679–684. – 4 Abb., 2 Tab., 10 Lit.

Im Medium 199 + 10% Menschenserum konnten Gewebe von *Gadus morhua*, *Roccus americanus*, *Pseudopleuronectes americanus*, *Raja radiata*, *Lophius americanus*, *Pollachius virens* und *Myoxocephalus scorpius* kultiviert werden. Es gelangen Kulturen von Flossen, Milz, Herz, Niere, Leber, Gonaden, Gehirn, Uterus und Thymus. Eine Nierengewebekultur von *Pseudopleuronectes* konnte über einige Mon. kultiviert werden. Herzexplantate von *Gadus* pulsierten kräftig in der Gewebekultur. Th. Mattheis. 6710.

3-64/07-9142 Rajkova, E. V. Morfologičeskie i citochimičeskie izmenenija v oocitach sterljadi i osetra pod vlijaniem parazitirovanija Polypodium hydriforme Ussov (Coelenterata). **(Die morphologischen und cytochemischen Veränderungen in den Oocyten des Sterlets und des Störes durch das Parasitieren von Polypodium hydriforme [Coelenterata].)** Doklady Akademii nauk SSSR, Moskva **152 (35)** (1963) Nr. 4. S. 985–988. – 16 Lit.

In den von *Polypodium hydriforme* befallenen Acipenserideneiern (*Acipenser ruthenus* und *A. güldenstädti*) werden die synthetischen Prozesse fortgesetzt, und der Zellkern wird bis zum Ende der Oogenese nicht zerstört. Die Entwicklung verläuft synchron zur Entwicklung der nichtbefallenen Eier. Durch die Tätigkeit des Parasiten kommt es jedoch zu starker Vakuolenbildung, zur Hypertrophie und zu einer abnormen Vergrößerung des Durchmessers der Eier, da der Parasit einen großen Teil des Zytoplasmas der Zelle einnimmt. Ähnliche pathologische Veränderungen treten auch bei den benachbarten, nicht befallenen Eizellen auf. H.-W. Hattop. 6730.

3-64/07-9143 Noble, Elmer R., King, Roy E. und Jacobs, Berne L.; Santa Barbara, Univ. of California. Ecology of the gill parasites of Gillichthys mirabilis Cooper. **(Ökologie der Kiemenparasiten von Gillichthys mirabilis.)** Ecology **44** (1963) Nr. 2. S. 295–305. – 8 Abb., 12 Tab., 14 Lit.

Als Parasiten kamen vor: *Trichodina* sp., *Gyrodactylus elegans*, *Hysterolecitha trilocalis* (digene Trematode) und *Ergasilus auritus*. *E. auritus* bevorzugte als Wirte Weibchen. Sowohl *H. trilocalis* als auch *E. auritus* zeigten eine Abhängigkeit der Befallsstärke von der Wirtsgröße. Eine Abwehrreaktion des Wirtes konnte gegen *H. trilocalis* beobachtet werden. Durch statistische Methoden konnte nachgewiesen werden, daß beim Vorkommen von 2 Parasiten die Befallsstärke höher ist, als wenn nur eine Art allein vorkommt. Th. Mattheis. 6730.

3-64/07-9144 Fernando, C. H. und Furtado, Jose I.; Singapore, Univ. A study of some helminth parasites of freshwater fishes in Ceylon. **(Eine Studie über einige parasitische Würmer aus Süßwasserfischen von Ceylon.)** Z. Parasitenkunde **23** (1963) Nr. 2. S. 141–163. – 4 Abb., 1 Tab., 40 Lit.

Es werden Fundmitteilungen von 11 Arten gemacht. Alle Arten außer einer *Zeylanema anabantis*) sind Erstfunde für Ceylon. Darunter sind 2 neue Nematodenarten: *Camallanus ceylonensis* n. sp. und *Procamallanus confusus* n. sp. und 1 neue Acanthocephalenart: *Zeylanechinorhynchus longinuchalis* n. gen. et n. sp. Vff. diskutieren ferner die mögliche Herkunft (Einschleppung) und die Taxonomie mehrerer Arten der Cestoden, Acanthocephalen und Nematoden. Th. Mattheis. 6750.

3-64/07-9145 Uspenskaja, A. V.; Leningrad, Unions-Forsch.-Inst. für Binnenfischerei. Vlijanie Dactylogyrus vastator Nybelin, 1924 (Monogenoidea, Dactylogyridae) na organizm karpa. **(Der Einfluß von Dactylogyrus vastator [Monogenoidea, Dactylogyridae] auf den Karpfenorganismus.)** Zoologičeskij žurnal, Moskva **40** (1961) Nr. 1. S. 7–12. – 4 Abb., 4 Tab., 10 Lit. Zus. in Engl.

D. vastator verursacht mech. Beschädigungen der Kiemen und bewirkt dadurch einen Rückgang der Atmungsintensität auf die Hälfte des normalen Umfanges. Die Hämoglobinmenge geht stark zurück, und die Leucozytenformel ändert sich dahingehend, daß der Anteil der Neutrophilen ansteigt. H.-W. Hattop. 6750.

3-64/07-9146 Margaritov, N. Slučaj na daktilogiroza po nulevogodišni šarančeta. **(Dactylogyrus-Befall bei jungen Karpfen.)** Izvestija na Opitna stancija sladkovodno ribarstvo – Plovdiv, Sofija **2** (1963) S. 25–27. – 1 Tab., 7 Lit.

In den bulgarischen Fischzuchtbetrieben kommen bei Karpfen (*Cyprinus carpio*) folgende 4 Arten monogener Trematoden der Gattung *Dactylogyrus* vor: *D. anchoratus*, *D. minutus*, *D. extensus* (*D. solidus*) und *D. vastator*. Bedeutung hat jedoch nur die Art *D. vastator*, die bei Karpfenbrut mit einer Länge von max. 2–5 cm Schäden hervorruft. Die Untersuchung von 324 verendeten Jungfischen hat gezeigt, daß bei einer Länge von 19–27 mm 60 bis 154 Parasiten zum Tode führen und bei einer Länge von 21,6 mm die Letalzahl der Parasiten 102,6 Exemplare beträgt. NRB/ZSNTI, übersetzt v. Ch. Eshkowa. 6750.

3-64/07-9147 Paperna, I.; Jerusalem, Hebrew Univ. Enterogyrus cichlidarum n. gen. n. sp., a monogenetic trematode parasitic in the intestine of a fish. **(Enterogyrus cichlidarum n. gen. n. sp., ein monogener Trematode aus dem Darm eines Fisches.)** Bull. Res. Council Israel, Sect. B **11 B** (1963) Nr. 4. S. 183–187. – 3 Abb., 3 Lit.

Bei Untersuchungen von *Tilapia zilli* und *T. nilotica* aus den Küstenflüssen Israels konnten im Vorderdarm Exemplare monogener Trematoden gefunden werden, deren ungewöhnliche Morphologie und Lokalisation die Aufstellung eines neuen Genus mit einer neuen Art forderten. Die Gattungsdiagnose basiert auf 7 Exemplaren. Auf Grund der Anordnung der 14 Randhäkchen und der 2 Paar Zentralhaken im hinteren Saugnapf, von denen eines randhäkchenähnlich, das andere Paar typisch zweiwurzlig ist, wird die Gattung zu der Unterfamilie Tetraonchinae gestellt. Th. Mattheis. 6750.

3-64/07-9148 Lewis, William M. und Lewis, Sue D.; Carbondale, Ill., Southern Illinois Univ. Control of epizootics of Gyrodactylus elegans in golden shiner populations. **(Bekämpfung von Gyrodactylus-elegans-Epizootien bei Notemigonus crysoleucas.)** Trans. Amer. Fisheries Soc. **92** (1963) Nr. 1. S. 60–62. – 5 Lit.

Im Frühjahr bei Wassertemperaturen von 40–60 °F entwickeln sich diese Epizootien mit Massensterben. In Teichen brachte ein Formalin-Dauerbad (25 mg/l einer 40%igen Formaldehydlösung) ausgezeichnete Bekämpfungserfolge. In Becken konnten die Ektoparasiten mit 50 mg/l Formalin, Badedauer 14 h, mit befriedigendem Erfolg bekämpft werden.
Th. Mattheis. 6750.

3-64/07-9149 Manter, Harold W.; Lincoln, Univ. of Nebraska. Studies on digenetic trematodes of fishes of Fiji. III. Families Acanthocolpidae, Fellodistomatidae, and Cryptogonimidae. **(Untersuchungen über digene Trematoden aus Fischen von Fiji. 3. Mitt. Familien Acanthocolpidae, Fellodistomatidae und Cryptogonimidae.)** J. Parasitol. [Lancaster] **49** (1963) Nr. 3. S. 443–450. – 16 Abb., 5 Lit.

6 neue Arten der Digenea werden beschrieben: *Acantocolpus tenuis* sp. n. aus den Eingeweiden eines unbekannten Meeresfisches; *Tergestia clonacantha* sp. n. aus den Eingeweiden von *Hemiramphus* sp.; *Paracryptogonimus hirastrictus* sp. n. aus den Eingeweiden eines unbekannten Meeresfisches; *P. saccatus* sp. n. aus den Eingeweiden eines unbekannten Meeresfisches; *Paracryptogonimus* sp. aus den Eingeweiden, Wirt unbekannt; *Mitotrema anthostomatum* gen. n., sp. n. aus den Eingeweiden von *Plectropomus maculatus* (?).
Th. Mattheis. 6750.

3-64/07-9150 Fischthal, Jacob H. und Kuntz, Robert E.; Binghamton, State Univ. of New York, Harpur Coll. Trematode parasites of fishes from Egypt. Part VII. Orientocreadium batrachoides Tubangui, 1931 (Plagiochioidea) from Clarias lazera, with a review of the genus and related forms. **(Parasitische Trematoden von Fischen aus Ägypten. 7. Mitt. Orientocreadium batrachoides Tubangui, 1931 [Plagiorchioidea] aus Clarias lazera, mit einer Überarbeitung der Gattung und verwandter Formen.)** J. Parasitol. [Lancaster] 49 (1963) Nr. 3. S. 451–464. – 1 Abb., 61 Lit.

Orientocreadium batrachoides wird aus *Clarias lazera* neu beschrieben mit großer morphologischer Variationsbreite. Ein Rückblick auf die ungültige Unterfamilie Orientocreadiinae zeigt, daß nur 2 echte plagiorchioide Gattungen, nämlich *Orientocreadium* und *Ganada*, existieren. Diese können entweder zu den Plagiorchiidae oder teilweise zu letzteren und teilweise zu den Brachycoeliidae gestellt werden, je nach Anwendung der Familiendiagnosen verschiedener Autoren. Die sehr verwickelten Synonymitätsverhältnisse der beiden Gattungen werden eingehend diskutiert. Th. Mattheis. 6750.

3-64/07-9151 Bourns, T. K. R.; London, Univ. of Western Ontario. A method for collecting cercariae. **(Eine Methode zur Gewinnung von Cercarien.** J. Parasitol. [Lancaster] **49** (1963) Nr. 3. S. 370.
Mit einem einfachen Apparat (Plastikkästchen, schwarz lackiert, und eingefügtes Dialysis-Röhrchen) gelang es, Cercarien von Arten zu sammeln, die mit bisherigen Methoden nicht zu gewinnen waren. Hierbei wurde auch die verschiedene Phototaxis der Cercarien ausgenutzt. Der Apparat und seine Gebrauchsanweisung werden eingehend beschrieben. Th. Mattheis. 6750.

3-64/07-9152 Townsley, P. M., Wight, H. G., Scott, M. A. und Hughes, M. L.; Halifax, Nova Scotia, Fisheries Res. Board of Canada. The in-vitro maturation of the parasitic nematode, Terranova decipiens, from cod muscle. **(In-vitro-Reifung des parasitischen Nematoden Terranova decipiens aus Kabeljau-Muskulatur.)** J. Fisheries Res. Board Canada **20** (1963) Nr. 3. S. 743–747. – 6 Abb., 12 Lit.
Es gelang, Larven von *T. decipiens* in Kulturen zur Reifung zu bringen. Normalerweise geschieht dieses im Magendarmkanal von Robben. Es wurde ein kompliziertes Nährmedium verwendet, das sich aus dem Medium 199 (für Gewebezucht), Glukose, Rinderembryonenextrakt, Rindsleberextrakt und Antibiotika zusammensetzte. Die Reifungszeit (16–20 Tage) in der Kultur war annähernd dieselbe wie im Magendarmkanal von Robben. Die Bebrütungstemperatur betrug 35 °C. Th. Mattheis. 6750.

3-64/07-9153 Rusev, B. Beležki vŭrchu zarazenostta na čitata (Acipenser ruthenus L.) s Contracaecum bidentatum (Linstow) v bŭlgarskija sektor na reka Dunav. **(Bemerkungen zum Befall des Sterlets [Acipenser ruthenus] mit Contracaecum bidentatum im bulgarischen Teil der Donau.)** Izvestija na Opitna stancija sladkovodno ribarstvo – Plovdiv, Sofija **2** (1963) S. 73–75. – 3 Lit.
Die Untersuchung von 387 Exemplaren des Donau-Sterlets, die in der Periode von 1953–1958 gefangen wurden, ergab, daß 1,08% der Gesamtmasse des Mageninhalts auf Parasiten der Art *Contracaecum bidentatum* entfallen. Die durchschnittliche Extensität des Befalls betrug 15,85%, die max. Intensität (41 Exemplare) wurde bei einem Sterlet von 53 cm Länge festgestellt, der bei der Stadt Swischtow am 23. 5. 1957 gefangen wurde.
NRB/ZSNTI. 6750.

3-64/07-9154 Rae, Bennet B.; Aberdeen, Marine Lab. The incidence of larvae of Porrocaecum decipiens in the flesh of cod. **(Das Vorkommen der Larven von Porrocaecum decipiens in der Muskulatur von Gadus morhua.)** Dep. Agric. Fisheries Scotland, Marine Res. **1963** Nr. 2. S. 1–28. – 2 Abb., 7 Tab., 46 Lit.
Von Juli 1958–Sept. 1961 wurden mehr als 8200 Fische aus schottischen Gewässern untersucht. Unter 30 cm Länge sind die Fische kaum befallen. Zwischen 31–50 cm wird der Befall merklich stärker und erreicht mit dem adulten Fisch von 70 cm und mehr sein Maximum. Der Befall war am stärksten an der Westküste, bes. auf den küstennahen Fangplätzen. In der Nordsee beschränkte sich der Befall auf das Gebiet zwischen Nord-Schottland und Farne Island bis zu 30 Meilen seewärts. Im Vergleich zu früheren Untersuchungen ist der *Porrocaecum*-Befall von *Gadus* angestiegen. Diese Zunahme korrespondiert mit der Verbreitung und zahlenmäßigen Zunahme der Robben an der schottischen Küste in den letzten 30 Jahren. Th. Mattheis. 6750.

3-64/07-9155 Lawler, G. H. und Watson, N. H. F.; London, Ontario, Fisheries Res. Board of Canada. Measurements of immature stages of Triaenophorus. **(Messungen an Eiern und Larvenstadien von Triaenophorus.)** J. Fisheries Res. Board Canada **20** (1963) Nr. 4. S. 1089–1093. – 2 Abb., 2 Tab., 4 Lit.

Aus dem Heming-See, Manitoba, wurden Eier, Coracidien und Procercoide von *T. crassus* und *T. nodulosus* gemessen. Die Eier beider Arten waren größenmäßig sehr ähnlich. Im Vergleich zu Eiern aus anderen Seen waren sie etwas kleiner als diese. Auch die Coracidien waren größenmäßig gleich. Unterschiede zwischen verschiedenen Fundorten bestanden nicht. Das Wachstum der Procercoide konnte im Experiment bei *Cyclops bicuspidatus* verfolgt werden. Die Anzahl der Parasiten pro Wirt limitierte das Wachstum ersterer, so daß Abweichungen zu Angaben früherer Untersucher auftraten. Ebenso spielt die Temperatur eine wichtige Rolle. Die Ausbildung des Cercomers oder Schwanzanhangs zeigt die stattgefundene Reife des Procercoids an.
Th. Mattheis. 6750.

3-64/07-9156 Watson, N. H. F.; London, Ontario, Fisheries, Res. Board Canada. A note on the upper lethal temperature of eggs of two species of Triaenophorus. **(Eine Bemerkung zur oberen Letaltemperatur für Eier von 2 Triaenophorus-Arten.)** J. Fisheries Res. Board Canada **20** (1963) Nr. 3. S. 841 bis 843. – 2 Abb.

Ökologisch interessant ist, daß *T. crassus* und *T. nodulosus* weniger weit südlich verbreitet sind als ihr Endwirt, *Esox lucius*. Als begrenzender Faktor waren kritische Temperaturen im Frühjahr oder Frühsommer angenommen worden, die mit der 70 °F-Juli-Isotherme korrespondieren sollten. In Versuchen ergab sich, daß bei oder über 30 °C die bereits embryonierten Eier eine zunehmende Absterberate hatten. Gutes Schlüpfen fand bei Temperaturen von 24 °C, nicht aber bei 30 °C statt. Th. Mattheis. 6750.

3-64/07-9157 Lom, Jiří. Prvoci na našich rybách. **(Protozoen auf unseren Fischen.)** Živa **11 (49)** (1963) Nr. 4. S. 126–129. – 9 Abb.

Neben den Würmern gehören die Protozoen zu den häufigsten Fischparasiten. Vf. geht zunächst auf die Gattungen *Scyphidia* und *Epistylis* ein. *Trichodina domerguei* und *T. nigra* können vor allem bei Brut zu Schäden führen. Ausschließlich auf den Kiemen leben *Trichodinella* und Tripartiella. Auch *Trichophrya intermedia* ist auf den Kiemen zu finden. Weiterhin werden genannt: *Costia necatrix, Chilodonella cyprini* und *Ichthyophthirius multifiliis*. Gute Überwinterungsverhältnisse beugen dem Befall mit Protozoen vor. Zur Bekämpfung eignen sich verschiedene Chemikalien. ČSSR/ÚVTI. 6760.

3-64/07-9158 Bogdanova, E. A. Process delenija Trichodina truttae Mueller (Infusoria, Peritricha). **(Der Teilungsprozeß bei Trichodina truttae Mueller [Infusoria, Peritricha].)** Doklady Akademii nauk SSSR, Moskva **151 (31)** (1963) Nr. 6. S. 1458–1461. – 2 Abb., 9 Lit.

Die Fortpflanzung erfolgt bei *T. truttae* wie bei den anderen Infusorien durch Teilung und Konjugation, sie findet vorzugsweise im Frühjahr bei Wassertemperaturen von 1–4 °C statt. Vf. gibt eine Beschreibung der einzelnen Teilungsstadien und geht insbesondere auf die Vorgänge ein, die mit der Regeneration der aus Chitinoidelementen bestehenden Hakenkränze nach der Teilung zusammenhängen. H.-W. Hattop. 6760.

3-64/07-9159 Uspenskaja, A. V. Gialuronidaza na raznych stadijach žiznennogo cikla Ichthyophthirius multifiliis. **(Die Hyaluronidase in frühen Entwicklungsstadien des Lebenszyklus von Ichthyophthirius multifiliis.)** Doklady Akademii nauk SSSR, Moskva **151 (31)** (1963) Nr. 6. S. 1476–1478. – 2 Abb., 22 Lit.

Das Ferment Hyaluronidase, das bei einigen Parasiten vorkommt, findet sich auch bei *I. multifiliis*. Es tritt gleich nach Beendigung der Fortpflanzungsprozesse auf und verschwindet erst dann wieder, wenn sich der Organismus zur Fortpflanzung umgestaltet. Es wird vermutet, daß es zur Nahrungsaufnahme und zur Ausführung einer gewissen Fortbewegung in der Haut des Wirtstieres dient. Bisher ist nicht bekannt, wo das Ferment gebildet wird, man nimmt jedoch an, daß eine enge Verbindung zum Mundapparat besteht. H.-W. Hattop. 6760.

3-64/07-9160 Rychlicki, Z. und Hłond, S. Próby stosowania wapna palonego przy inwazji kulorzeska (Ichthyophthirius). **(Versuche zur Anwendung von gelöschtem Kalk gegen Ichthyophthirius-Befall bei Karpfen.)** Roczniki Nauk rolniczych, Ser. B **82** (1963) Nr. 1. S. 183–186. – 6 Lit.
In den Teichen von 2 Versuchsbetrieben wurde gelöschter Kalk in Form von Stücken bis zu 7 mm zur Bekämpfung eines *Ichthyophthirius*-Befalls bei Karpfen verwendet. Es wurden bei der Fischbrut keine Ausfälle festgestellt. Die Fische verhielten sich normal. Die Ergebnisse der Beobachtungen zeigen, daß die Verwendung von gebranntem Kalk zur Bekämpfung von *Ichthyophthirius* zweckmäßig ist. Nach Anwendung von Kalk ging der Schädling zugrunde. Es müssen hohe Kalkdosen angewandt werden, vor allem in der Anfangsphase des Befalls, d. h. zum Zeitpunkt der Vermehrung des Parasiten, sobald er auf die Oberfläche der Fischhaut gelangt. Anschließend setzt er sich unter der Haut fest. Die Karpfenbrut zeigt große Resistenz gegen Kalkeinwirkung. PRL/CBR, übersetzt v. O. Kasperl. 6760.

3-64/07-9161 Guilford, Harry G.; Breen Bay, Univ. of Wisconsin. New species of myxosporidia found in percid fishes from Green Bay (Lake Michigan). **(Neue Myxosporidienarten von Perciden aus der Green Bay [Michigan-See].)** J. Parasitol. [Lancaster] **49** (1963) Nr. 3. S. 474–478. – 12 Abb., 2 Lit.
Es werden mehrere neue histozoische Myxosporidienarten mit ihren Sporen und vegetativen Formen beschrieben: *Myxosoma neurophila* sp. n. aus dem Nervengewebe des Mittelhirns von *Perca flavescens* und *Etheostomum nigrum*, *Myxosoma scleroperca* sp. n. aus dem Sklera-Knorpel von *Perca flavescens* und *Percina caprodes*. Nach den Funden muß angenommen werden, daß sich der Parasit während des ganzen Sommers entwickelt. *Henneguya doori* sp. n. wurde in den Kiemenblättchen von *Perca flavescens* gefunden.
Th. Mattheis. 6760.

3-64/07-9162 Dayal, Ram; Allahabad, C. M. P. Degree Coll. Nitrogen requirements of some members of the family Saprolegniaceae. **(Stickstoffbedarf von einigen Arten der Saprolegniaceae.)** Proc. nat. Acad. Sci., India, Sect. B **31** (1961) Nr. 3. S. 332–336. – 1 Tab., 18 Lit.
Die Verwertung von verschiedenen N-Quellen unter bestimmten Bedingungen wurde bei *Achlya aplanes*, *Isoachlya toruloides* und *Saprolegnia parasitica* geprüft. Diese Organismen konnten keine Nitrate oder Nitrite verwerten, wuchsen aber auf Ammoniumnitrat am besten. Ammoniumsulfat wurde mit einer Ausnahme von den Pilzen nur schlecht verwertet. Ihr Verhalten gegenüber verschiedenen org. N-Quellen war recht unterschiedlich. Jede der 4 Arten wuchs bei Anwesenheit einer anderen Monoaminomonokarbonsäure am besten. Glutaminsäure, Asparagin, Arginin und Histidin waren ebenfalls gut geeignete N-Quellen. Auch Pepton erwies sich in der benutzten Konzentration als günstiger Nährboden. Th. Mattheis. 6780.

3-64/07-9163 Lucký, Z., Mesároš, E. und Pleva, V. Příspěvek k etiologii infekční vodnatelnosti kaprů. **(Beitrag zur Ätiologie der infektiösen Bauchwassersucht des Karpfens.)** Sborník Vysoké Školy zemědělské Brně, Řada B **10 (31)** (1962) Nr. 3/4. S. 113–122. – 8 Abb., 10 Tab., 19 Lit. Zus. in Russ., Engl., Dtsch.
Gesunde Karpfen (*Cyprinus carpio*) von 30–40 bzw. 250–400 g Masse wurden i. p. oder per os mit Stämmen von *Aeromonas punctata* oder mit Filtrat von Organen und Haut von Fischen, die an der inneren Form der Bauchwassersucht erkrankt waren, infiziert. In den Bakterienversuchen gingen die meisten Fische ein, in den Versuchen mit den Organfiltraten bzw. -suspensionen

wurde in allen Fällen Bauchwassersucht hervorgerufen, aber die Fische starben im Verlauf von 2 Mon. nicht. Die Frage der Virusätiologie konnte nicht entschieden werden. ČSSR/ÚVTI. 6790.

3-64/07-9164 Sorvačev, K. F. und Medvedkina, O. A. Nukleinovye kisloty u potomstva karpov, polučennych ot giperimmunizirovannych proizvoditelej. **(Die Nukleinsäuren bei der Nachkommenschaft von hyperimmunisierten Laichkarpfen.)** Vestnik Moskovskogo universiteta. Serija VI. Biologija, počvovedenie **18** (1963) Nr. 3. S. 29–34. — 4 Tab., 22 Lit.
Mit Hilfe der Papierchromatografie und der Ultraviolett-Spektrofotometrie wurde der Nukleotidgehalt der DNS der Leber, der Nieren und Gonaden sowie der RNS-Gehalt der Leber bei der Nachkommenschaft von Laichkarpfen (*Cyprinus carpio*) untersucht, welche gegenüber der Bauchwassersucht nicht immunisiert oder hyperimmunisiert worden waren. Die DNS des Karpfens gehört zum AT-Typ $\left(\frac{\text{Adenin und Tymin}}{\text{Guanin und Zytosin}} = 1{,}50\text{–}1{,}52\right)$, sie besitzt keine organbedingte Spezifität. Die RNS der Karpfenleber gehört zum GZ-Typ. $\left(\frac{\text{Guanin und Zytosin}}{\text{Adenin und Urazil}} = 1{,}51\text{–}1{,}54\right)$. Im Nukleotidgehalt der DNS und RNS der Nachkommenschaft von nichtimmunisierten und hyperimmunisierten Laichkarpfen besteht kein wesentlicher Unterschied.
H.-W. Hattop. 6790.

3-64/07-9165 Schubert, Ralph H. W. **Über die biochemischen Merkmale von Aeromonas salmonicida.** Zbl. Bakteriol., Parasitenkunde, Infektionskrankh. Hyg., I. Abt., Orig. **183** (1961) Nr. 4. S. 485–494. — 3 Tab., 26 Lit.
6790.

3-64/07-9166 Bellet, Roland. La furonculose de la truite ou „septicémie hémorragique". **(Die Furunkulose [„Hämorrhagische Septikämie"] der Forellen.)** Bull. franç. Piscicult. **35** (1962) Nr. 207. S. 45–66.
Erreger, Symptomatologie, Prognose, Ätiologie, Prophylaxe und therapeutische Behandlung der Furunkulose der Forellen (Vf. hält die Bezeichnung „Hämorrhagische Septikämie" für korrekter) werden besprochen. Die Beimengung zweier Sulfonamidpräparate („Sulfadimerazin" = Dimethylderivat des Sulfamidopyrimidins + Sulfaguanidin) oder andererseits von Chloramphenicol oder Terramycin zum Futter wird empfohlen und die Dosierung angegeben. Eine anschließende Vitaminkur wird für unerläßlich erachtet. Vf verwendet mit Erfolg das Präparat „Salmovit", das außer den Vitaminen noch Cholin enthält. H.-J. Rümmler. 6790.

3-64/07-9167 Warren, James W.; Cook, Wash., Bureau of Sport Fisheries and Wildlife. Kidney disease of salmonid fishes and the analysis of hatchery waters. **(Bakterielle Nierenerkrankung der Salmoniden und die chemische Analyse des Zuflußwassers.)** U. S. Dep. Interior, Fish Wildlife Serv., progr. Fish-Culturist **25** (1963) Nr. 3. S. 121–131. — 4 Tab., 7 Lit.
Vf. untersucht die in zunehmendem Maße gemachte Beobachtung, daß Stationen mit weichem Wasser die größten Schwierigkeiten mit der Nierenerkrankung haben, solche mit hartem Wasser dagegen kaum betroffen werden, durch Sammeln chem. Wasseranalysen der betreffenden Station und deren statistische Auswertung näher. 37 von 40 Stationen werden nach dem Ausmaß der Erkrankung in 5 Gruppen eingeordnet und jeder Station ihre spez. Wasseranalyse zugeordnet. Es konnte festgestellt werden, daß mit abnehmendem Ionenvorkommen im Wasser eine zunehmende Tendenz zur Erkrankung an Nierenkrankheit besteht. Th. Mattheis. 6790.

3-64/07-9168 Ross, A. John. Mycobacteria in adult salmonid fishes returning to national fish hatcheries in Washington, Oregon, and California in 1958–59. **(Mycobakterien in adulten Salmoniden, die 1958-1959 zu Staatsbrutanstalten in Washington, Oregon und Kalifornien zurückkehrten.)** U. S. Dep. Interior, Fish Wildlife Serv., spec. sci. Rep. **1963** Nr. 462. S. 1–5. – 6 Tab., 1 Lit.

Beweise für einen bestimmten Trend in der Entwicklung der Infektionsrate (Zu- oder Abnahme) konnten nicht gefunden werden. Fische aus Zuchtanstalten haben durchweg eine höhere Infektionsrate als wilde Populationen. Während der 3 Untersuchungsjahre 1957–1959 war nur eine Zuchtanstalt frei von Mycobakterieninfektionen. In ihr waren niemals rohe Salmonidenabfälle gefüttert worden. Jedoch können andere Faktoren nicht ausgeschlossen werden. In einer Station am Unterlauf des Columbia-Flusses hatten die 1961 und 1962 zurückkehrenden Lachse fast keine unterentwickelten Gonaden mehr (Folgen einer Infektion), ohne daß eine Änderung der Fütterung stattgefunden hatte. Th. Mattheis. 6790.

3-64/07-9169 Parisot, Thomas J., Yasutake, William T. und Bressler, Vernon; Seattle, Wash., Western Fish Disease Lab.; Springville, Ut., Springville Nat. Fish Hatchery. A new geographic and host record for infectious pancreatic necrosis. **(Ein neuer geographischer und Wirtsfund für die infektiöse Pankreasnekrose.)** Trans. Amer. Fisheries Soc. **92** (1963) Nr. 1. S. 63 bis 66. – 5 Abb., 5 Lit.

Über das Vorkommen der infektiösen Pankreasnekrose (IPN) bei *Salmo gairdneri*, *Salvelinus fontinalis* und *Salmo clarki* wird für Weststaaten der USA zum ersten Mal berichtet. Für *Salmo clarki* ist es gleichzeitig der erste Krankheitsbericht. Gewebekulturen (Flossen von *Salvelinus fontinalis*) zeigten nach Inokulation mit bakterienfreien Filtraten kranker Fische nach 24 h einen deutlichen cytopathogenen Effekt. *Oncorhynchus tshawytscha*, *O. nerka* und *O. kisutsch* waren für Injektionen nicht empfänglich. Histologisch konnten bei spontan erkrankten Fischen schwere Pankreasnekrose und Hyalinisierung der quergestreiften Muskulatur festgestellt werden, während bei künstlich infizierten Fischen die Symptome in der Muskulatur fehlten.
Th. Mattheis. 6790.

3-64/07-9170 Ghittino, Pietro; Torino, Italia, Ist. Zooprofilattico Sperimentale del Piemonte e della Liguria. **Differential-Diagnose der bei Regenbogenforellen vorkommenden „lipoiden Leberdegeneration" und „infektiösen Nierenschwellung und Leberdegeneration" auf Grund histopathologisch-anatomischer Untersuchungen.** Z. Fischerei Hilfswiss. [N. F.] **11** (1963) Nr. 7/8. S. 549–556. – 5 Abb., 11 Lit.

Makroskopisch sind die im Körper überall verstreuten Hämorrhagien für INuL hochspezifisch. Mikroskopisch gelten nekrobiotische Schädigungen in Leber und Niere (Pyknose, Karyolyse, Vakuolenbildung) als typisch für INuL. Nierenschwellung als Lymphoidgewebehyperplasie weist auf INuL hin. Für lipoide Leberdegeneration ist die ockergelbe Leber spezifisch. Im Schnitt fehlen nekrobiotische Schädigungen in der Leber, es bestehen aber in ihr mehr oder weniger ausgeprägte Ceroidablagerungen. Th. Mattheis. 6790.

3-64/07-9171 Dorier, A. und Tissot, Ch. Synostose vertébrale chez une truite sauvage (Salmo trutta L.). **(Eine Wirbelsäulensynostose bei einer Bachforelle [Salmo trutta].)** Trav. Lab. Hydrobiol. Piscicult. Univ. Grenoble **52/53** (1960/61, hrsg. 1961) S. 147–151. – 2 Abb., 3 Lit.

Im Mai 1961 wurde in dem Bach „La Bourbre" eine abnorm gestaltete Forelle gefangen. Sie fiel durch eine Verkürzung des Rumpfes und eine große Körperhöhe auf, wodurch sie einem Blei ähnlich war. Kopf und Schwanzstiel waren normal gestaltet. Die Körperfarbe und -zeichnung entsprach dem Jugendkleid der Bachforelle. Es handelte sich um ein Weibchen von

3 ½ Jahren. Der Fisch hatte folgende metrischen Merkmale: Gesamtlänge 15,6 cm, Höhe 7 cm, Breite 4 cm, Kopflänge 4 cm, Rumpflänge 5,5 cm, Schwanzlänge 6,1 cm, Höhe des Schwanzstieles 1,9 cm, Schuppenzahl der Seitenlinie 116, Schuppenreihen dorsal der Seitenlinie 25, Schuppenreihen ventral der Seitenlinie 28, Flossenstrahlen D III/9, C 0/19, A III/8, V II/8, P I/12, Wirbelzahl 58. Das Verhältnis Höhe:Länge betrug 1:2,23. Im Röntgenbild wurde erkannt, daß die Wirbel 1–3 und 46–58 normal waren. Die Verkürzung der Wirbelsäule ist das Ergebnis einer Verkürzung der mittleren Wirbelkörper. Gleichzeitig ist eine Erhöhung der Neuralbögen zu beobachten. Die Mißbildung des Skeletts wirkt sich auch auf die Dimensionen der Leibeshöhle und der inneren Organe aus. Die Leibeshöhle hat folgende Abmessungen: Länge 5,5 cm, Höhe 3,3 cm, Breite 2,5 cm. Der Magen dehnt sich bis zur Analregion aus, die Leber ist verlängert, der Darm breit und kurz, die Niere ebenfalls verbreitert und verkürzt, die Ovarien unentwickelt.
E. Amlacher. 6800.

3-64/07-9172 Grindley, John R. und Taylor, F. J. R.; Cape Town, South African Museum; Univ. Red water and mass-mortality of fish near Cape Town. **(Rotes Wasser und Massensterben von Fischen in der Nähe von Kapstadt.)** Nature [London] **195** (1962) Nr. 4848. S. 1324. – 9 Lit.

Rotes Wasser, das durch eine Massenentwicklung der Dinoflagellaten *Gonyaulax polygramma* und *Prorocentrum micans* in der False Bay bei Kapstadt im März/Apr. 1962 entstand, verursachte ein Massensterben von Fischen und Wirbellosen. Rotes Wasser ist an den Küsten Südafrikas keine Seltenheit, in früheren Fällen wurde z. T. Giftigkeit von Muscheln aus „Rot-Wasser-Gebieten" erwähnt. Das beschriebene Sterben trat infolge O_2-Schwunds bei Absterben der Planktonblüte ein. Eine bei der *Gonyaulax*-Population festgestellte morphol. Variation wird geschildert. Anfang März wurde *Gonyaulax* im kalten Wasser südwestlich von Kapstadt gefunden, dieses kalte, nährstoffreiche Wasser floß in die False Bay ein. Hier stieg die Temperatur schnell an und bot günstige Entwicklungsbedingungen für die Dinoflagellate.
J. Waldmann. 6805.

3-64/07-9173 Théodoridès, Jean. Sur la distinction entre les grégarines des familles des Cephaloidophoridae et des Porosporidae, parasites de Crustacés Décapodes. **(Zur Unterscheidung der an dekapoden Krebsen parasitierenden Gregarinenfamilien Cephaloidophoridae und Porosporidae.)** C. R. hebd. Séances Acad. Sci. **252** (1961) Nr. 23. S. 3640–3642. – 1 Abb., 7 Lit.

Die Krabbe, *Calappa granulata*, beherbergt fast ständig im Darm eine Gregarine, die dadurch gekennzeichnet ist, daß die Assoziationen nur zwei Individuen umfassen, bei denen der Protomerit des Satelliten fehlt und beide assoziierten Individuen einen gemeinsamen unseptierten Epicyten aufweisen. Die als *Carcinoecetes calappae* beschriebene Gregarine, die in Calappa flammeus auf den Bermudas schmarotzt, erwies sich in vergleichend-systematischen Untersuchungen als mit *Porospora* synonym. Bei dekapoden Krebsen findet man ferner die Cephaloidophoridae, die den Porosporidae morphologisch nahestehen und ihren gesamten Entwicklungszyklus im Krebs durchmachen. Die Unterschiede zwischen beiden Familien werden am Beispiel der Gregarine *Cephaloidophora ocellata*, die in *Eupagurus prideauxi* lebt, veranschaulicht, und zwar durch die Existenz eines Protomeriten im Satelliten und das Vorhandensein eines deutlichen Septums zwischen dem Primiten und dem Satelliten. Entsprechend diesen Feststellungen werden auch *P. portunidarum* und *P. nephropis* als zu den Cephaloidophoridae gehörig erkannt. Eine weitere zu den Porosporidae gehörende Gregarine aus dem Darm der Krabbe *Atelecyclus septemdentatus* wird unter dem vorläufigen Namen *Pachyporospora laubieri* beschrieben. E. Amlacher. 6822.

G. FISCHVERARBEITUNG

3-64/07-9174 Kaminarskaja, A. K.; Unions-Forsch.-Inst. für Kältetechn. Svobodnyj metod ėlektroforeza belkov ryby. **(Die freie Methode der Elektrophorese des Fischeiweißes.)** Rybnoe chozjajstvo, Moskva **39** (1963) Nr. 4. S. 75–77. — 5 Abb., 1 Tab.

Vf. untersuchte das Eiweiß des Fleisches verschiedener Fischarten in unterschiedlichem Zustand (frisch, gefroren, getrocknet) elektrophoretisch bei einer Stromstärke von 15,5 mA und einer Dauer von 3 h. Die Zahl der Fraktionen schwankt je nach der Art des Fisches und nach dem Zustand des Eiweißes zwischen 3 und 7. Durch das Gefrieren wird unter anderem auch das Prozentverhältnis der einzelnen Fraktionen beeinflußt. H.-W. Hattop. 6825.

3-64/07-9175 Zajcev, V. P. und Sopočkin, V. F. Ešče raz ob ochlaždenii i chranenii ryby v ochlaždennoj morskoj vode. **(Noch einmal über das Kühlen und Aufbewahren von Fisch in gekühltem Meerwasser.)** Rybnoe chozjajstvo, Moskva **39** (1963) Nr. 7. S. 65–71. — 6 Abb., 3 Tab.

Vom Volkswirtschaftsrat der Litauischen SSR wurde für Versuchszwecke ein spez. Mitteltrawler gebaut. Auf diesem Schiff wurden u. a. das Salzen der Fische in zirkulierender Lake und die Aufbewahrung in gekühltem Seewasser untersucht. Die wichtigsten Ergebnisse der Kühlung mit gekühltem Seewasser werden beschrieben. Es zeigte sich, daß diese Methode sehr zweckmäßig ist. Die Abkühlung der Fische konnte um 16mal schneller erfolgen als mit Eis bei guter Gleichmäßigkeit der Kühlung. Frische Heringe konnten 1,5–6 Tagen und Makrelen bis zu 20 Tagen aufbewahrt werden. G. Predel. 6830.

3-64/07-9176 Boach, S. W., Claggett, F. G. und Harrison, J. S. M. A new method for pumping fish. **(Eine neue Methode des Fischpumpens.)** Canad. Fisherman **50** (1963) Nr. 12. S. 49–50. 6840.

3-64/07-9177 Kochanovič, V. B. Opredelenie kačestva lososevoj ikry. **(Die Bestimmung der Qualität des Lachsrogens.)** Rybnoe chozjajstvo, Moskva **39** (1963) Nr. 4. S. 80–86. — 5 Tab.

Vf. gibt Hinweise für die Begutachtung von Lachsrogen, der in der Fischverarbeitung anfällt. Bisher fehlte es in den Verarbeitungsbetrieben des Fernen Ostens an geeigneten Richtlinien, die eine sachgemäße Verarbeitung und eine gute Qualität des Endproduktes gewährleisten. Ein Teil des Rogens wanderte daher in den Abfall. H.-W. Hattop. 6850.

3-64/07-9178 Ousterhout, L. E., Barrington. Factors which cause differences in quality of fish meals. **(Fischmehl-Qualitätsunterschiede.)** Canad. Fisherman **50** (1963) Nr. 10. S. 18–20.

Vf. untersuchte die in einem Zeitraum von 4 Jahren in die USA importierten peruanischen Fischmehle. Die Einflüsse der Behandlung und Lagerung des Fanges und der Abfälle, der zuzusetzenden Konservierungsmittel, des Kochens, Trocknens, Verpackens, Lagerns des Mehls werden besprochen. Die peruanischen Fischmehle enthielten 65–70% Eiweiß, besaßen aber für Brathühnchen nicht den gleichen Futterwert wie die nur 55–60% Eiweiß enthaltenden Fischmehle anderer Herkunft. Die Verdaulichkeit und der Ausnutzungsgrad von Fett und Eiweiß waren im Fütterungsversuch geringer. Die Hühnchen konnten nur ca. 75% des Lysingehaltes verwerten, was vermutlich auch für die meisten anderen Aminosäuren als zutreffend anzunehmen ist. Alles in allem erreichten die peruanischen Fischmehle im Labortest und Fütterungsversuch nicht die hohe Qualität der meisten Fischmehle der amer. Fischindustrie. Die spez. Gegebenheiten in der peruanischen Fischindustrie müssen noch eingehend untersucht werden, wenn die besten Methoden herausgefunden und empfohlen werden sollen. H.-J. Rümmler. 6850.

H. FANGGERÄTE

3-64/07-9179 Lieder, U. und Anwand, K.; Berlin, Humboldt-Univ., Inst. für Fischereiwes. **Ergebnisse und Perspektiven der Fischortung in der Binnenfischerei. 5. Mitt. Über die Möglichkeit der Beurteilung von Fischbeständen in Seen auf Grund einmaliger Echographen-Untersuchungen.** Dtsch. Fischerei-Ztg. **10** (1963) Nr. 6. S. 158–165. — 10 Abb., 1 Tab., 7 Lit. 4. Mitt. vgl. LZ. Abt. III 8 (1963) Nr. 9. S. 2002.
Anhand der Ergebnisse der Untersuchungen des Ober- und Unter-Ueckersees mit dem Echo-Schreibgerät im Apr. und Nov. 1962 wird dargelegt, daß eine Einschätzung der Größe von Fischbeständen eines Gewässers auf Grund einer einmaligen Echographen-Untersuchung nicht immer möglich ist. Im Falle des Fehlens von Fischanzeigen ist eine Wiederholung der Untersuchungen notwendig, bevor sichere Aussagen über die Ertragsfähigkeit gemacht werden können. Als Ursache für geringe oder fehlende Anzeigen in sonst ertragreichen Gewässern kommt die unterschiedliche räumliche Verteilung der mit dem Echolot feststellbaren Arten wie Maräne, Barsch, Plötze, Blei und Stint in Betracht. K. Anwand. 8662.

3-64/07-9180 Anonym. Are you setting your instrument right? **(Setzen Sie Ihr Gerät richtig ein?)** Canad. Fisherman **50** (1963) Nr. 8. S. 21. – 1 Abb.
Liefert der Echograph keine brauchbaren Anzeigen, muß der Fehler nicht beim Hersteller zu suchen sein. Das Gerät muß sorgfältig abgestimmt arbeiten und sollte stets von gleicher Hand bedient werden. Die Reflexion ist bei Fischen sowohl von ihrer Größe als auch von der Art abhängig. Seitliche Schiffsbewegungen bewirken, daß Einzelfische vom Echostrahl mehrmals erfaßt und aufgezeichnet werden. Erst die genauere Kenntnis über die Arbeitsweise eines Echogerätes führt zur Vermeidung von Fehlanzeigen.
E. Schlieker. 6862.

3-64/07-9181 Schlieker, E.; Potsdam-Sacrow, Inst. für Binnenfischerei. **Die Imprägnierung von Polyamidnetzen mit Bornit SB.** Dtsch. Fischerei-Ztg. **10** (1963) Nr. 2. S. 38–50. – 8 Abb., 10 Tab., 4 Lit.
In eingehenden Untersuchungen wurde die Wirkung der Bornitimprägnierung auf Lichtempfindlichkeit, Steifheit, Knotensitz, Dimensions- und Massenveränderungen, Scheuerwiderstand sowie hinsichtlich arbeits-, fangtechn. und betriebswirtschaftl. Gesichtspunkte bei der Verwendung von Polyamidnetzen untersucht. Die ermittelten Werte lassen sehr auf die Brauchbarkeit dieses Imprägnierungsverfahrens schließen. Dabei liegen die Kosten mit ca. 2,5% des Netzwertes niedrig. Die umfangreiche Einführung in die Praxis bestätigt die Richtigkeit der Untersuchungsergebnisse.
E. Schlieker. 6866.

3-64/07-9182 Koura, R.; Hamburg, Inst. für Netz- und Materialforsch. Preservation of cotton twines against rotting and the effect of the Egyptian Mediterranean waters on prepared cotton and man made fibre twines. **(Konservierung von Baumwollzwirnen gegen Fäulnis und der Einfluß des ägyptischen Mittelmeerwassers auf imprägnierte Baumwolle und Synthesezwirne.)** Protokolle z. Fischereitechn. 8 (1963) Nr. 38. S. 267–291. — 11 Abb., 5 Tab., 13 Lit.
Dauerhaftigkeit der Imprägnierung, Wassertemperatur, Strömung und chem. Bestandteile des Wassers sind von Einfluß auf den Fäulnisprozeß der Baumwolle. In ägyptischen Gewässern führten Fäulnisversuche zu folgendem Ergebnis: (Reihenfolge nach Wirksamkeit) 1. Spezialgerbung, 2. Katechu und Testalin, 3. Holländische Methode, 4. Katechu. Nach dem Arigalverfahren behandelte Zwirne waren beständiger als nach der Spezialgerbung ohne Carbolineum, jedoch weniger fäulnisfest als nach der Spezialgerbung mit Nachbehandlung von Carbolineum. Gleichzeitig wurde der Festigkeitsverlust verschiedener synthetischer Zwirne durch Wässerung kontrolliert.
E. Schlieker. 6866.

3-64/07-9183 Schlieker, E.; Potsdam-Sacrow, Inst. für Binnenfischerei. **Gesichtspunkte zur Frage der Anwendung randparalleler Maschen.** Dtsch. Fischerei-Ztg. **10** (1963) Nr. 5. S. 136–139. – 2 Abb., 4 Lit.
Die Anwendung von randparallel geschnittenem Netztuch ist für die Praxis in erster Linie eine betriebswirtschaftliche Frage, da fangtechn. Gesichtspunkte bisher kaum untersucht worden sind. Die Kosten für das Umarbeiten des Netztuches müssen weniger als 3,5% des Wertes des Netzes betragen. Bei manchen Geräten (Reusen, Zugnetze) kann die Netzeinsparung jedoch höher sein und bis zu max. 15% betragen. E. Schlieker. 6866.

3-64/07-9184 Schmakeit, E.; Wismar, VE Fischereifahrzeug- und Gerätestat. **Versuche mit knotenlosen Stellnetzen in der FGS Wismar.** Dtsch. Fischerei-Ztg. **10** (1963) Nr. 8. S. 245–246. – 1 Tab.
Die bisher in Feinnetzen für den Herings- und Kleinmaränenfang bestehende Lücke kann durch knotenlose Raschelnetze aus Dederon-Feinseide Nm 200 geschlossen werden, die von der Textilind. in Zusammenarbeit mit der FGS Wismar entwickelt wurden. Versuche mit knotenlosen Dreiwandnetzen Nm 200/13 und Nm 200/16 ergaben bei 55 mm Maschenweite gegenüber Knotennetzen aus Dederon Nm 34/2 ca. 30% höhere Fänge. Gleichzeitig tritt eine wesentliche Arbeitserleichterung dadurch ein, daß sich die knotenlosen Netze nach dem Einsatz leichter aufklaren lassen. G. Seifert. 6866.

3-64/07-9185 Bekiesza, E. und Swiniarski, J. Łowność wontonów okoniowo-płciowych w zależności od barwy. **(Die Eignung von Kiemennetzen für den Fischfang in Abhängigkeit von ihrer Farbe.)** Gospodarka rybna **15** (1963) Nr. 6. S. 17–18. – 3 Abb., 1 Tab.
Die Sichtbarkeit der Netze hängt ab von der Wasserdurchsichtigkeit und der Bestrahlungsintensität, von der Farbe des Netzes, vom Koeffizienten der Anlage, vom Garndurchmesser und von der Durchsichtigkeit des Materials, aus dem das Netz hergestellt wurde. Die Versuche, die in den verschiedenen Gebieten über die Farbe der Netze durchgeführt wurden, zeigen manchmal ein zehnfaches Ansteigen der Fangerträge. Der Betrieb für Fangtechnik der Hochschule für Landwirtschaft in Olsztyn führt Untersuchungen über die Eignung der Fanggeräte entsprechend ihrer Farbe durch. Die Versuche wurden in dem Logina-See mit einer Fläche von 226 ha und einer Durchschnittstiefe von 12–14 m durchgeführt. Je nach Jahreszeit betrug die Sichttiefe 2–6,5 m. Vom typologischen Gesichtspunkt gehört der See zum mesotrophen Typ B. Die Kiemennetze wurden aus Stylongarn hergestellt und hatten nach dem Montieren eine Länge von jeweils 22,5 m. Es wurden 5 Teile montiert mit folgenden Farben: weiß, rot, grün, bronze und blau. Es zeigte sich, daß die weißen Netze am ungünstigsten waren. Die roten Netze waren im Mai sehr günstig, später jedoch nur noch wenig günstig. Am besten fingen die bronzenen und grünen Netze; mit ihnen erreichte man fast doppelt so hohe Fänge wie mit weißen Netzen. Mit blauen Netzen waren die Erträge gering. In wenig durchsichtigem Wasser sollte man i. allg. mit hellen Netzen (grün, bronze und grau) und in durchsichtigem Wasser mit dunklen Netzen (blau) fischen. PRL/CBR, übersetzt v. O. Kasperl. 6866.

3-64/07-9186 Lawler, G. H.; London, Ontario, Fisheries Res. Board of Canada. Using the trammel net in Canadian waters. **(Die Anwendung des Trammelnetzes in kanadischen Gewässern.)** Canad. Fisherman **50** (1963) Nr. 8. S. 17–20.
Versuche mit Dreiwandnetzen in kanadischen Gewässern ergaben gute Resultate. Hervorgehoben wird dabei die hohe Fängigkeit dieser Netze im Vergleich zu Kiemennetzen und die bessere Lebensfähigkeit der Fische in den Dreiwandnetzen. Neben dem Einsatz in der praktischen Fischerei wird den

Trammelnetzen eine bes. Bedeutung bei wiss. Untersuchungen in Seen zugeschrieben, weil die Geräte vielseitig verwendbar und leicht beweglich sind. G. Predel. 6866.

3-64/07-9187 Uchvačev, B. U. Remont setnych tralovych meškov. **(Reparatur von Trawlernetzen.)** Rybnoe chozjajstvo, Moskva **38** (1962) Nr. 1. S. 40–46. – 9 Abb.
Im Fangbetrieb kommt es oft zu Beschädigungen des Netztuches. Netzschäden entstehen nicht nur durch direktes Reißen des Netzes, sondern auch infolge des Bruches des zum Fanggerät gehörenden Tauwerks. Kleinere Löcher werden durch Nachstricken der Maschen, größere durch Einsetzen entsprechender Netzstücke repariert. Beim Nachstricken wird die Schadenstelle vorher so ausgeschnitten, daß das Stricken fortlaufend vorgenommen werden kann. Fliegende Maschen werden ebenfalls von Hand nachgestrickt. E. Schlieker. 6866.

3-64/07-9188 Malaškin, N. N. Sleduet li v pravilach rybolovstva ograničit' tipy orudij lova po razmeram jačei i konstrukcii. **(Soll man in Fischereiregelungen die Typen der Fanggeräte nach Maschenweite und Konstruktion beschränken.)** Rybnoe chozjajstvo, Moskva **38** (1962) Nr. 2. S. 26–28. – 1 Lit.
Vf. ist nicht der Meinung eines zit. Autors, daß in der gegenwärtigen fischereilichen Situation eine Festlegung der Maschenweiten und Konstruktionen der Fanggeräte mit Ausnahme von Haken, einigen Giften, Betäubungs- und ähnlichen Mitteln unnötig sei. Nach vieljährigen Erfahrungen sind die Vorteile von einheitlichen Regelungen für Maschenweiten und Konstruktionen für die künftige Durchführung der Fischerei nach Gesichtspunkten der Rationalisierung einwandfrei zu erkennen. E. Schlieker. 6866.

Redaktionsschluß: 14. 7. 1964

Herausgeber: Deutsche Demokratische Republik · Deutsche Akademie der Landwirtschaftswissenschaften zu Berlin, Institut für Landwirtschaftliche Information und Dokumentation, Berlin W 8, Krausenstraße 38/39; Fernsprecher: 225161. Chefredakteur: i. V. Dr. Werner Kleeberg, Berlin W 8, Krausenstraße 38/39; Fernsprecher: 225161. Redaktion der Abteilung III – Tierzucht · Tierernährung · Fischerei: Dr. Hans Dieter Hennig, Dr. habil. Bernhard Piatkowski und Dr. habil. Werner Steffens, Berlin W 8, Krausenstraße 38/39; Fernsprecher: 225161. Verlag: Akademie-Verlag GmbH, Berlin W 8, Leipziger Straße 3–4; Fernsprecher: 220441, Telex-Nr. 011773, Postscheckkonto: Berlin 35021. Bestellnummer dieses Heftes: 1030 III – IX/7. Das Landwirtschaftliche Zentralblatt, Abt. Tierzucht · Tierernährung · Fischerei, erscheint monatlich. Einzelheft DM 20,–; einseitig bedruckte Ausgabe DM 24,–. Jahresbezugspreis DM 240,–; einseitig bedruckte Ausgabe DM 288,– einschl. Register, zuzüglich Porto- und Versandkosten. Gesamtherstellung: VEB Druckerei „Thomas Müntzer" Bad Langensalza. Veröffentlicht unter der Lizenznummer 1290 des Presseamtes beim Vorsitzenden des Ministerrates der Deutschen Demokratischen Republik.

Bei Fragen zur Produktsicherheit wenden Sie sich bitte an:
If you have any questions regarding product safety,
please contact:

Walter de Gruyter GmbH
Genthiner Straße 13
10785 Berlin
productsafety@degruyterbrill.com